Liquid Leadership

Andreas Slogar / Lukas C. Jochem

Liquid Leadership

Managementhandbuch für selbstorganisierte Zusammenarbeit

1. Auflage

Schäffer-Poeschel Verlag Stuttgart

Bibliografische Information der Deutschen Nationalbibliothek

Die Deutsche Nationalbibliothek verzeichnet diese Publikation in der Deutschen Nationalbibliografie; detaillierte bibliografische Daten sind im Internet über http://dnb.dnb.de/ abrufbar.

Print: ISBN 978-3-7910-6189-4 Bestell-Nr. 12041-0001
ePub: ISBN 978-3-7910-6190-0 Bestell-Nr. 12041-0100
ePDF: ISBN 978-3-7910-6191-7 Bestell-Nr. 12041-0150

Andreas Slogar / Lukas C. Jochem
Liquid Leadership
1. Auflage, August 2024

www.schaeffer-poeschel.de
service@schaeffer-poeschel.de

Bildnachweis (Cover): KI-generiert mit Midjourney

Produktmanagement: Dr. Frank Baumgärtner
Lektorat: Petra Bandl

Schäffer-Poeschel Verlag Stuttgart
Ein Unternehmen der Haufe Group SE

Vorwort

Als heutiger Senior Fellow Cybersecurity und NextGenIT und ehemaliger Group CIO eines der weltgrößten Versicherungskonzerne konnte ich die überlegene Wirksamkeit kybernetischer Modelle in der täglichen Anwendung in meiner persönlichen Praxis als Führungskraft erleben. Ohne die Potentiale der Kybernetik wäre unsere Abwehr gegen Cyber-Angriffe nicht derart erfolgreich verlaufen.

Andreas Slogar und Lukas C. Jochem schreiben in ihrem Buch über den Einsatz kybernetischer Modelle und Erkenntnisse aus der Perspektive von Managerinnen und Fachexpertinnen in selbstorganisierenden Teams – eine Disziplin, die die Arbeitswelt und unsere Lebensweise in unschätzbarer Weise geprägt hat und weiter prägen wird.

Der Fokus des Buches liegt bewusst auf dem Menschen, auf den menschlichen Fähigkeiten und auf der Art und Weise, wie wir in Netzwerken miteinander interagieren. Denn auch wenn es wichtig ist, dass wir als einzelne »Knoten« in diesen Netzwerken Informationen senden und empfangen können, die Verbindungen zwischen uns sind das, was zählt.

Kommunikation ist der Schlüssel – das mächtigste Werkzeug – das uns Menschen zur Verfügung steht, wenn wir es trainieren und pflegen. Eine erfolgreiche Kommunikation ist Ausdruck der »Power of Collaboration«, d. h. der Stärke und der Anpassungsfähigkeit, die wir aus der Zusammenarbeit autonom vernetzter Teams gewinnen. Denn es sind diese Teams, die gemeinsam Lösungen finden, Innovationen hervorbringen und uns in die Lage versetzen, uns selbst und die Organisationen in Unternehmen, die wir formen, ständig weiterzuentwickeln.

Dabei kann uns beispielsweise ein modellbasiertes Echtzeit-Cockpit helfen, Chancen und Risiken zu erkennen und es ermöglicht uns, unterstützend einzugreifen und unsere Fähigkeiten und Fertigkeiten weiterzuentwickeln. In diesem Buch wird vorgestellt, wie ein kybernetisches Steuerungssystem aussehen kann, das uns ein solches Cockpit ermöglicht, zusammen mit vielen anderen Techniken und Werkzeugen, um die Entwicklung der menschlichen Resilienz und der menschlichen Anpassungsfähigkeit und Kommunikation konsequent zu stützen und zu fördern.

In unserem digitalen Zeitalter ist Autorität nicht mehr nur mit einer hierarchischen Position verbunden, sondern zunehmend auch mit Fachwissen und Erfahrung. Dieses Buch macht dies deutlich und es zeigt uns, wie wir diese Art von Autorität in die Praxis umsetzen und Management als Teamfähigkeit etablieren.

Indem wir das Prinzip der zwischenmenschlichen Kommunikation verstehen, bauen wir Brücken zwischen Technologie und Menschlichkeit. Dieses Buch beleuchtet, wie die Kybernetik uns die Werkzeuge an die Hand gibt, um uns in dieser digital vernetzten Welt zurechtzufinden und unsere kollektiven Stärken zu erkennen und zu nutzen.

Mit diesem Vorwort möchte ich Sie einladen, die Seiten dieses Fachbuchs aufzuschlagen und sich auf eine spannende Reise in die Welt der praktischen Anwendungen der Kybernetik im Arbeitsalltag zu begeben. »Buckle up, the future is now!«

Dr. Ralf Schneider

Inhaltsverzeichnis

1 Aufbau des Buches und Lesehinweise

Dieses Buch ist in Segmente unterteilt, die einander ergänzen, aber nicht voneinander abhängen. Der einleitende Teil, den wir als erstes Segment verstehen, stellt den Kontext und die Zielsetzung vor und gibt den Leserinnen eine Orientierung bezüglich der grundlegenden Beobachtungen und Überlegungen sowie Intentionen und Motivationen der Autoren.

Das zweite Segment ist in Form eines praxisnahen Handbuchs für Managementexpertinnen erstellt. Es ist als strukturierter Leitfaden aufgebaut. Er soll Managerinnen darin unterstützen, ihr individuelles Selbstverständnis einer klassisch hierarchischen Führungskraft tayloristischer und zweckrationaler Prägung in das einer Orientierungskraft zu entwickeln. So können Sie als Managementexpertin Fachexpertinnen, individuell und in Teams, darin unterstützen, ein selbstorganisiertes, leistungsfähiges, vor allem aber menschenzentriertes Arbeitsumfeld zu schaffen. Jedes Kapitel in diesem zweiten Segment enthält immer mindestens zwei Teile. Der erste Teil enthält den jeweiligen Kontext und bietet eine Einführung in das Thema des Kapitels, das einen einzelnen sogenannten Baustein und die darin enthaltenen Elemente des Liquid-Leadership-Modells beschreibt. Darüber wollen wir eine Orientierung zu Schwerpunkt und Inhalt der Bausteine vermitteln.

Der zweite Teil beinhaltet die Beschreibung eines Bausteins und seine praktische Anwendung und die Umsetzung im beruflichen Alltag der Managementexpertin und der Mitarbeitenden. Zur Unterstützung oder Erleichterung besteht der zweite Teil aus konkreten Prozessschritten, Empfehlungen, Übungen, Workshop-Formaten, Simulationen oder Methoden. Sie können wie Werkzeuge bei der Nutzung der beschriebenen Bausteine und ihrer Elemente operativ eingesetzt werden. Jeder Baustein und die dazugehörigen Teile des Handbuchs bilden einen Leitfaden. Er ist auf wissenschaftlichen Grundlagen aufgebaut und/oder durch die persönliche Anwendung der Autoren erprobt und validiert.

Die Kapitel des zweiten Segments folgen chronologisch aufeinander. So können sie sukzessive eingeführt und eingesetzt werden, wenn Sie als Managementexpertin oder als Teammitglied schrittweise, iterativ, aber konsequent aus einer hierarchisch fremdgesteuerten Arbeitsweise in eine selbstorganisierte und autonome Kollaborationsform wechseln wollen. Damit nähern Sie sich kontinuierlich dem angestrebten Zielzustand: einer höheren Veränderungs- und Entscheidungsfähigkeit, Krisenresilienz, Antifragilität und Leistungsfähigkeit. Sie erleben subjektiv und kollektiv eine höhere Selbstwirksamkeit und damit Selbstzufriedenheit der Mitarbeitenden in einer psychologisch sicheren Umgebung.

Das dritte Segment enthält den empirischen Unterbau und damit das Fundament des gesamten Buches. Um das Potenzial des Liquid-Leadership-Modells nicht nur in der theoretischen Anwendung zu beschreiben, sondern die Akzeptanz für das Konzept, und damit die konkrete Umsetzbarkeit, zu demonstrieren, haben wir eigens eine Ministudie durchgeführt. Die Ergebnisse zeigen, dass eine erheblich höhere Offenheit gegenüber Führungskonzepten besteht, die partizipative Kooperationsformen fördern, als man annehmen könnte. Überraschenderweise schreckt der Gedanke, Verantwortung an die Mitarbeitenden abzugeben, Führungskräfte nicht ab. Gleichzeitig wünschen sich viele Mitarbeiterinnen, selbstbestimmter und autonomer arbeiten zu können. Trotzdem schwanken die Akzeptanz und die Offenheit basierend auf demographischen Faktoren wie Alter und Geschlecht. Somit belegt das dritte Segment die vorhergehenden Erläuterungen nicht nur empirisch, sondern identifiziert auch konkrete Schlussfolgerungen, die die Führungskräfte bei der Konzeptimplementierung anwenden können.

Im letzten vierten Segment wird über die Erfahrungen der Edekabank AG berichtet, die mit den Instrumenten und Konzepten des Liquid-Leadership-Modells eine auf Partizipation und Autonomie basierende Kooperations- und Organisationsstruktur entwickelt hat, um ihre Anforderungen an eine nachhaltige Wettbewerbsfähigkeit zu gewährleisten.

Generell ist darauf hinzuweisen, dass Sie als Leserin für das Verständnis unseres Buches und die Anwendung der Bausteine keine speziellen fachlichen oder thematischen Vorkenntnisse mitbringen müssen. Wir hoffen lediglich, dass Sie aus unserem Handbuch mit empirischen Belegen und einem konkreten Erfahrungsbericht Impulse oder Anregungen für Ihre Arbeit als Managementexpertin oder Fachexpertin ziehen können. Wir wünschen Ihnen bei der Anwendung viel Spaß und Erfolg.

Gender-Hinweis: Zur besseren Lesbarkeit wird im Text das generische Femininum genutzt. Die verwendeten Personenbezeichnungen beziehen sich – sofern nicht anders angegeben – auf alle Geschlechter.

Segment 1

2 Das Ende des Managements, wie wir es kennen

Ich muss leider los, denn über meinem Ich muss die Freiheit grenzenlos sein.
Peter Fox, Weisse Fahnen

Die Funktion der Managerin[1] steht nach wie vor in der Kritik. 2023 hat Gallup erneut seine weltweite Umfrage zur Motivation von Angestellten »State of the Global Workplace« durchgeführt. Eines der Ergebnisse: Inkompetente Managerinnen sind weiterhin ein Frustrationsfaktor für Mitarbeitende. Gallup beziffert den daraus resultierenden volkswirtschaftlichen Schaden weltweit auf bis zu 8,8 Billionen Dollar jährlich. Dieser Zustand wird von Gallup seit mehreren Jahren immer wieder festgestellt. Eine Besserung scheint nach wie vor nicht in Sicht. 80 % der Mitarbeitenden machen entweder Dienst nach Vorschrift, haben bereits innerlich gekündigt oder arbeiten sogar bewusst und gezielt gegen das Unternehmen. Da ist es nicht verwunderlich, dass immer weniger Mitarbeitende es als beruflich attraktive Entwicklungsperspektive ansehen, Managementverantwortung zu tragen. Eine dazu passende Studie der Unternehmensberatung BCG aus dem Jahr 2019 ergab: In Deutschland möchten lediglich 7 % der Befragten eine Managementfunktion übernehmen. In China sind es dagegen 47 %.

Das sind in jeder Hinsicht niederschmetternde und aussichtslos erscheinende Entwicklungen. Dieser Trend verstärkt sich seit etwa zehn Jahren immer weiter in fast allen Branchen. Parallel etablieren sich in Unternehmen zunehmend selbstorganisierende Arbeitsformen. Sie lassen die Managerin als treibende Kraft für die Arbeitsorganisation und -koordination in den Hintergrund treten. Im Zuge dieser Entwicklung entstanden alternative Managementmodelle: die Servant Leader oder die Managerin als Agile Coach des Teams. Sie beschreiben ein vordergründig neuartiges, aber weiterhin stark an vertrauten Merkmalen und Prinzipien orientiertes Verständnis von Management. Dabei sind die Konzepte und Empfehlungen von Unternehmensberaterin zu Unternehmensberaterin unterschiedlich. Für den Verkauf von Managementseminaren und Beratungsleistung ist das lukrativ, für betroffene Unternehmen ist es jedoch oft wenig hilfreich.

Es ist offensichtlich an der Zeit, die Funktion der Managerin neu zu denken. Sie scheint aus der Zeit der globalisierten Wirtschaft und der Digitalisierung gefallen zu sein. Oder die Rolle der Managerin und ihr Beitrag an sich müssen neu erfunden werden. Wir möchten Ihnen mit unserem Buch eine praxistaugliche Alternative vorstellen.

1 Managerin: Wir nutzen diesen Begriff synonym für Leader, Führungskraft, Leiterin etc. und im generischen Feminin auch geschlechterübergreifend.

2.1 Historie

Die Form der Organisationsstrukturen in Unternehmen und die Managementhierarchie haben ihren Ursprung in der katholischen Kirche. Unternehmen sind diesbezüglich nach wie vor mit der Kirche vergleichbar: An der Spitze steht, wie der Papst, die CEO. Von ihr geht die Entscheidungsautorität qua Status weiter auf die darunterliegenden Ebenen bis zu den Abteilungs- oder Teamleiterinnen (Kardinälen und Bischöfen), die sich dann unterordnen. Die einzelne Mitarbeiterin ist einer Managerin untergeordnet, die wir bemerkenswerterweise im Deutschen Vorgesetzte nennen. Sie werden der Mitarbeiterin also vorgesetzt. Sie bestimmt die Arbeitsinhalte und die Arbeitsweise der Angestellten. Oft besitzt sie auch aus arbeitsrechtlicher Sicht die disziplinarische Gewalt und ist der Mitarbeitenden gegenüber weisungsbefugt. Was diese Struktur dokumentiert, ist nicht, wie die Organisation funktioniert und ihre operative Leistung erbringt. Vielmehr geht es darum festzulegen, wie Entscheidungsbefugnisse und – wie Erich Fromm es in seinem Buch »Die Furcht vor der Freiheit« (1941) nennt – Autoritäten verteilt sind.

In der Epoche der industriellen Revolution ist das »Scientific Management« von Frederick Winslow Taylor (1856–1915) entstanden und erfolgreich geworden. Taylor definiert den Menschen als reines Produktionsmittel und entmenschlicht ihn damit. Paradoxerweise entwickelte und publizierte Taylors Zeitgenossin Mary Parker Follett (1868–1933) mit ihren Forschungsarbeiten, empirischen Studien und Modellen ein diametral entgegengesetztes Konzept. Sie entwirft ein Menschenbild und auch Kooperationsmodelle für Unternehmen, die dem Scientific Management komplett widersprechen. Liest man ihre Konzepte heute, könnte man auf die Idee kommen, die sogenannte Agile Bewegung habe von ihr abgeschrieben. Doch Taylors Konzept war erfolgreicher: Der neoliberale Turbokapitalismus hat spätestens seit Ende der 70er Jahre einen Höhenflug angetreten und ist zur Globalisierung durchgestartet, die durch technische Innovationen und durch die Digitalisierung aller Lebensbereiche zusätzlich beschleunigt und verstärkt wurde.

Als Folge der Entwicklung des Wirtschafts- und Arbeitslebens ist ein Unternehmen nur so leistungs- und anpassungsfähig, wie die Personen es zulassen oder ermöglichen, die in der Hierarchie qua Status mit Macht ausgestattet sind. Im Zuge der Digitalisierung begannen Managerinnen, in derart strukturierten Organisationen den limitierenden Faktor darzustellen. Von ihnen geht das auf Kontrolle und Steuerung ausgerichtete und praktizierte Managementmodell aus. Demgegenüber steht die globalisierte und digitalisierte Echtzeitökonomie: Ihre Dynamik – d. h. die Anzahl der Überraschungen, Innovationen und Neuerungen pro Zeiteinheit – erfordert auch von den Managementstrukturen in den Unternehmen Entscheidungen in Echtzeit. Doch es herrscht weiter das Diktat der Zeitökonomie zur Effizienzsteigerung und Gewinnmaximierung. Dem kann die hierarchische Machtstruktur in den Unternehmen letztlich nur die vertrauten Mittel der Arbeitsverdichtung, Rationalisierung und Automation entgegensetzen.

Diese Situation stellt den zentralen Kritikpunkt hierarchischer Organisationsstrukturen im Rahmen der digitalen Revolution dar. Die Dynamik des wirtschaftlichen, gesellschaftlichen und politischen Umfelds ausnahmslos aller Unternehmen hat die Grenzen der Leistungsfähigkeit althergebrachter Strukturen sichtbar, spürbar und messbar gemacht. Sie erzwingt geradezu die Notwendigkeit der Entwicklung alternativer Vorgehensmodelle. Der eingangs erwähnte Trend zu selbstorganisierten Kooperationsformen ist ein Indikator für die Notwendigkeit einer Neuentwicklung. Es gibt aber noch weitere Fakten:

- 1 von 2 Angestellten hat Burn-out-Symptome, unter den Millennials sind es 3 von 5 (Arte.tv 2022).
- Die WHO hat Burn-out[2] als Reaktion auf chronische Stressreaktionen durch den Arbeitsplatz definiert, die von den Arbeitenden nicht bewältigt werden können, und dieses Phänomen 2022 als Krankheit eingestuft.
- 50% der Angestellten wissen nicht, welchen individuellen Beitrag sie leisten sollen (Gallup 2022).
- 60% aller Umstrukturierungen in Unternehmen führen zu keinerlei Verbesserung (Webster 2022).
- Nur 23% der Beschäftigten weltweit engagieren sich für ihre Arbeit. In Deutschland sind es sogar nur 13% (Gallup 2023).
- Gallup schätzt die jährlichen Kosten für die Weltwirtschaft durch mangelndes Engagement der Mitarbeitenden auf 8,8 Billionen US Dollar, ca. 9% des globalen BIPs.
- Seit 1920 ist der Anteil von Leitungs-, Management- und Verwaltungsjobs in Unternehmen auf 75% gestiegen (Webster 2022).

Konzeptionelle Ansätze wie die »New Work« des Sozialphilosophen und Anthropologen Frithjof Bergmann gehören zum guten Ton einer jeden kultivierten Expertinnenkonversation über Managementmodelle und die Zukunft der Arbeit. Begriffe wie »Big Resignation«, »Quiet Quitting« oder »Quiet Firing« beherrschen den aktuellen Diskurs am Arbeitsplatz und weisen in eine völlig andere Richtung. Die diskutierten Themen, die Entwicklungen und Tendenzen der realen Situation unserer Arbeitswelt bewegen sich offensichtlich nicht aufeinander zu.

> *Sie können aus der »Neuen Arbeit« keine Handcreme für Galeerensklaven machen. Rudert weiter, wir wollen nur, dass Eure Hände weicher werden, deshalb geben wir Euch die appetitlich riechende Vaseline des wirklich-wirklich Wollens.*
>
> *Frithjof Bergmann (in: Neue Arbeit, neue Kultur, 2017)*

Alles in allem sind die im Umfeld der Arbeitssoziologie beobachtbaren Phänomene aus wissenschaftlicher Sicht ein alter Hut und waren so zu erwarten. Schon Fromm, Adorno und Foucault haben sie gesehen bzw. vorhergesagt. Es kann daher nicht verwundern, dass sich der Trend in Unternehmen auch weiter fortsetzen wird. Mitarbeitende werden sich nicht mehr uneingeschränkt für die Zielvorgaben ihrer Arbeitgeberinnen einsetzen, jederzeit erreichbar sein oder

2 Im Januar 2022 trat der aktualisierte Katalog der Internationalen Klassifikation der Krankheiten (ICD) der WHO in Kraft. Er wurde das erste Mal seit fast 30 Jahren neu aufgelegt. Dabei wurde auch das Burn-out-Syndrom definiert und als Krankheit in die neue Klassifikationsliste ICD-11 aufgenommen.

sich durch unbezahlte Überstunden geradezu selbst ausbeuten. Das persönliche Wohl wird sich dem wirtschaftlichen Wachstum der Arbeitgeberin nicht mehr unterordnen. Der Sinn des Lebens ist nicht mehr in der Arbeit zu finden, wie es beispielsweise der Calvinismus äußerst erfolgreich postuliert hat. Wir leben offensichtlich nicht mehr nur für die Arbeit, sondern wir arbeiten, um zu leben.

Dieser Paradigmenwechsel ist für Unternehmen und Konzerne ausgesprochen irritierend. Sie haben während der gesamten Moderne vom Dogma der Sinnerfüllung durch Arbeit profitiert. Aktuell scheint ihnen eine zeitgemäße und adäquate Antwort zu fehlen. Die Art und Weise, wie die Haltung der sogenannten »Generation Z« diskutiert wird, ist bezeichnend für diese Irritation. Dienst nach Vorschrift, wie Quiet Quitting sinngemäß auch verstanden werden kann, scheint eine zusätzliche Verschiebung in der Bewertung von Arbeit zu repräsentieren. Setzt man die Bemühungen diverser Unternehmen zur Einführung sogenannter agiler Arbeitsformen, selbstorganisierter Arbeit oder agiler Methoden in diesen Kontext, so scheint man sich davon eine Antwort zu erhoffen.

Allerdings ist das Anliegen der Agilen Bewegung[3], die Selbstwirksamkeit der Mitarbeitenden zu steigern. Dazu sollten Rahmenbedingungen wie Autonomie, individueller Ermessensspielraum, soziale Anerkennung, Gemeinschaftsgefühl und psychologische Sicherheit verbessert werden. Die Zielsetzung der Unternehmen bleibt unverändert, die Produktivität, Profitabilität, Effizienz und Effektivität der Mitarbeitenden zu maximieren. Sie erhoffen sich, dies über die Ideale der Agilen Bewegung auch weiterhin sichern zu können.

Es ist dieser Widerspruch zwischen den kommunizierten Werten und Absichten der Unternehmen und den gelebten bzw. von Mitarbeitenden erlebten Verhaltensweisen, vor allem von Managerinnen und Vorständinnen, die zu innerer Resignation führen müssen. Daraus resultieren die beschriebenen Phänomene.

Dieses zugegebenermaßen desolat erscheinende Bild unserer postmodernen Arbeitswelt führt uns im Kontext dieses Buches zu folgender Hypothese: Die Managerin ist als Rolle und Funktion tayloristischer Prägung unzeitgemäß und bedarf einer Revision.

2.2 Kernkompetenzen der Zukunft – Krisenresilienz und Antifragilität

»Uber yourself, before you get Kodak'ed!« Dieses Motto repräsentiert die Essenz der digitalen Revolution und den Zeitgeist des Technologiedarwinismus. Wer heute den Trend von morgen verpasst, ist dem Untergang geweiht – so die Mantras verschiedener Futurologinnen und Hightech-Influencerinnen des Silicon Valley. Wie ein Unternehmen dem Schicksal von Motorola,

3 Siehe das online bereitgestellte Glossar zu diesem Buch.

Polaroid, Kodak oder Nokia entgehen kann? Im Trend liegt seit Jahren der Versuch, über die Einführung spezieller Kooperationsmethoden (Scrum, Kanban etc.) oder durch die Anwendung des sogenannten Spotify-Modells o. ä. organisatorisch veränderungs- oder anpassungsfähig zu werden. All das führt jedoch zu trügerischen Auswirkungen und meist zu unübersichtlichen, komplizierten Kooperationsformen. Das gilt vor allem in Konzernen, die multinational oder weltweit operieren und eine skalierbare Kooperationsstruktur benötigen und nicht überwiegend oder ausschließlich Softwareentwicklung betreiben.

Die Manager von Spotify selbst quittieren den Versuch, ihre Organisationsform zu kopieren, mit folgender Bemerkung: Ihr Modell sei nur für neue Start-ups in Schweden geeignet, die in der Musikbranche tätig seien. Außerdem müsse man dafür unbegrenzte Finanzmittel zur Verfügung haben. Hier bleibt lediglich zu ergänzen, dass das Unternehmen Spotify das gleichnamige Organisationsmodell selbst seit vielen Jahren gar nicht mehr verwendet, sondern weiterentwickelt hat (Lee 2020).

2.2.1 Krisen, das neue Normal?

Im Zuge der Diskussion über die Auswirkungen der Digitalisierung wurde und wird immer wieder betont, dass diese, vor allem von Unternehmen, eine hohe Anpassungsfähigkeit verlangt. In den letzten 20 Jahren waren es aber (Wirtschafts-)Krisen, die Unternehmen besonders zugesetzt haben. Vor allem Krisensituationen haben gezeigt, welche Unternehmen daran scheitern oder, im Sinne der Antifragilität, sogar gestärkt daraus hervorgehen. Zu den besagten Krisen gehören exemplarisch vor allem die Dotcom-Blase (2000–2002), die globale Finanzkrise (2007–2008), die europäische Staatsschuldenkrise (seit 2010), die Rohstoffpreiskrise (2014–2016), die COVID-19-Pandemie (2019–2022) oder der russische Angriffskrieg auf die Ukraine (seit 2014).

Hinweis

Die Antifragilität beschreibt die Fähigkeit eines Systems oder einer Organisation, von Störungen und Unsicherheiten zu profitieren und sich dadurch zu verbessern und zu stärken, im Gegensatz zur bloßen Widerstandsfähigkeit (Resilienz, Robustheit) oder Zerbrechlichkeit. Der Begriff wurde vom libanesisch-amerikanischen Forscher und Risikoanalysten Nassim Nicholas Taleb geprägt.

Diese Krisen hatten unterschiedliche Ursachen und Auswirkungen, aber sie haben die Weltwirtschaft in den letzten zwei Jahrzehnten erheblich beeinflusst und sie haben gezeigt, wie eng die globalen Wirtschaftssysteme der verschiedenen Länder miteinander verknüpft und voneinander abhängig sind. Die Bewältigung solcher Krisen erfordert zum einen internationale Zusammenarbeit und die Anpassung von Wirtschaftspolitik und -struktur, andererseits aber auch die Fähigkeit von Unternehmen, sich an die Auswirkungen derartig drastischer Dynamiken entsprechend anzupassen.

Unternehmen müssen sich an teilweise radikale oder disruptive Veränderungen und Einflüsse ihrer Umwelt anpassen können. Nur wer ein überlebensfähiges System als Unternehmensorganisation besitzt, wird bestehen können. Dafür müssen sich die Organisationsstruktur und das Kooperationsmodell eines Unternehmens schnellstmöglich an seine komplexe, also dynamische Umwelt anpassen lassen. Das ist das vornehmliche Ziel der Veränderungsfähigkeit, Resilienz und Antifragilität aus der Sicht eines Unternehmens. Diese Eigenschaften werden landläufig unter dem Begriff der Agilität subsumiert.

Dr. Michael Pfiffner (2017), ein Schweizer Manager mit jahrzehntelanger Erfahrung als Unternehmensberater, hat eine quantitative Analyse mit 137 teilnehmenden Unternehmen durchgeführt. Diese befanden sich entweder bereits in einer Krisensituation (reaktives Vorgehen) oder waren noch nicht in einer derartigen Schieflage (proaktives Vorgehen). Als Grundlage seiner Analyse nutzte Pfiffner das Viable System Model, das vom Kybernetiker und Unternehmer Stafford Beer in den 70er Jahren entwickelt wurde, und das auch eine wesentliche Grundlage unseres Liquid-Leadership-Modells[4] darstellt.

Die von Pfiffner befragten Unternehmen hatten laut eigener Angaben zu ca. 55% Krisen erlebt. 45% gaben an, keiner Krisensituation ausgesetzt gewesen zu sein. Letztere hatten jedoch die kritischen Entwicklungen rechtzeitig identifiziert und verhindern können. Die Zusammensetzung der Unternehmen war interdisziplinär gewählt. Es gab teilnehmende Firmen aus der Fertigungsindustrie, aus verschiedenen Dienstleistungsbranchen sowie aus Regierungseinrichtungen und Non-Profit-Organisationen.

Anhand eines umfassenden Fragenkataloges wurden 31 Kriterien herausgearbeitet, die nachvollziehbar und messbar machen, ob ein Unternehmen an sich überlebensfähig ist. Es ging u. a. darum, folgende Fragen zu beantworten:

- Welchen Umfang und welche Qualität hat die Unternehmensorganisation?
- Wie funktionieren die Kooperation und die Kommunikation der verschiedensten Organisationsbereiche?
- Spielen Management, Geschäftsführung/Vorständinnen, Mitarbeiterinnen, Team, Abteilungen etc. gut zusammen?
- Wie handlungs- und überlebensfähig ist das Zusammenspiel der Teams und Abteilungen innerhalb des Unternehmens?

2.2.2 7 Dimensionen wirksamer Unternehmensagilität

Das Ergebnis der Analyse hat, hier stark vereinfacht ausgedrückt, Folgendes ergeben: Die handlungs-, reaktions- und entscheidungsfähigeren Unternehmen praktizieren die folgen-

4 Liquid Leadership ist ein unter der #018909811 eingetragener und durch das Amt der Europäischen Union für geistiges Eigentum (EUIPO) geschützter Begriff.

den Dimensionen ihrer Organisation besser als andere. Deshalb überstehen sie aktuelle oder potenzielle Krisensituationen.

1. **Entscheiden und handeln, wo sich Wissen und Kompetenz befinden:** Die Organisationsstruktur besteht aus eigenständig und autonom funktionsfähigen Einheiten. Diese besitzen in ihrem Aufgaben- und Verantwortungsbereich in allen Belangen Entscheidungsautorität. Alle Aktivitäten innerhalb und außerhalb des Unternehmens werden übergreifend und transparent koordiniert, sei es gegenüber den Kundinnen, den Wettbewerberinnen oder Kooperationspartnerinnen. Ganz nach dem Sprichwort: »Die Linke weiß stets, was die Rechte tut.«
2. **Ressourcen bekommt, wer Leistung erbringt**: Ein operatives Management gewährleistet die Bereitstellung der benötigten Ressourcen. Kontinuierlich und übergreifend misst es den Zustand des Unternehmens: Wie steht es um die Produktivität und die Effizienz? Dabei ist das Management selbst Bestandteil dieser Messung. Es findet eine kontinuierliche, qualitätsgesicherte und interdisziplinäre Kommunikation statt. Daten zu allen Belangen interner und externer Fragestellungen werden bereitgestellt. So können Entscheidungen getroffen werden.
3. **Kontinuierliche Situationsanalyse und Rückkopplung**: Veränderungen und Einflussfaktoren der Umwelt müssen konsequent beobachtet und analysiert werden. Dazu gehören: Branche, Wettbewerb, Kundinnen, Politik, Gesellschaft etc. Daraus ergeben sich Entscheidungen: Muss das Unternehmen Schritte einleiten, um eine Krise abzuwehren?
4. **Sensitive, effektive Regelkreise sind vorhanden**: Es gibt eine unmittelbare und unverzügliche Planung und Vorbereitung von Aktionen. Normative, strategische und operative Bereiche des Unternehmens werden an zukünftige Umwelteinflüsse angepasst.
5. **Der Organisationszweck ist allgegenwärtig und handlungsleitend:** Unternehmen stiften Sinn und Identität auf einer normativen Ebene. Es gibt eine Entwicklung sowie die Anpassung und Durchsetzung verbindlicher Richtlinien.
6. **Jede Ebene agiert wie ein Unternehmen im Gesamtkontext**: Die gesamte Organisation arbeitet auf allen Rekursionsstufen: Die jeweiligen Arbeitsweisen, Vorgehensmodelle, Geschäftsprozesse und -modelle etc. werden unmittelbar an die Umwelteinflüsse angepasst, die auf das Unternehmen einwirken.
7. **Sämtliche Kommunikationswege sind offen, neutral und leistungsfähig**: Alle Organisationseinheiten sind miteinander vernetzt. Die Kommunikationsstruktur ist uneingeschränkt, Kommunikationswege sind nachvollziehbar. Zusammen stellen sie einen übergreifenden und interdisziplinären Kommunikationsfluss sicher. Das Wissen des Unternehmens ist jederzeit zugänglich.

Pfiffners Analyse hat gezeigt: Diese sieben Dimensionen halten Unternehmen grundsätzlich am Leben. Je ausgeprägter sie waren, desto überlebensfähiger und resilienter zeigte sich das einzelne Unternehmen. Dabei wurde auch die Qualität der überwundenen oder vermiedenen Krisensituation detailliert erfasst. All das wurde in die empirische Auswertung einbezogen und bestätigt die Wirksamkeit des Viable System Models (VSM), das er als Ausgangsbasis seiner Betrachtung nutzt.

2.2.3 The Infinite Game

Das von Pfiffner in seiner Funktionsweise validierte VSM-Modell und die sich daraus ergebenden Prinzipien für eine Unternehmensführung, die auf Überlebensfähigkeit ausgerichtet ist, hat Simon Sinek in seinem Buch »The Infinite Game« (2020) aus einer ganz anderen Perspektive beleuchtet. Er beschreibt ein Denkmodell, das auf der Beobachtung basiert, dass es in vielen Bereichen des Lebens und der Geschäftswelt keine klaren »Gewinner« oder »Verlierer« gibt. Vielmehr dauert das »Spiel« kontinuierlich an – ohne ein sichtbares Ende und ohne definierte Regeln. Es steht im Gegensatz zum »endlichen Spiel«, bei dem es klare Regeln, einen klaren Endpunkt und eine Gewinnerin gibt, wie beispielsweise beim Fußballspiel oder beim Schach.

Im »Infinite Game« geht es darum, einen dauerhaften Wettbewerb und kontinuierliche Verbesserung anzustreben, um zu überleben, ohne auf ein endgültiges Ziel hinzuarbeiten. Sinek argumentiert, dass erfolgreiche Organisationen und Führungskräfte die Sichtweise eines »Infinite Games« einnehmen sollten, indem sie sich auf langfristige Ziele, den Sinn und die Intention des Unternehmens konzentrieren, anstatt ausschließlich auf kurzfristige Gewinne, Shareholder Value oder alleine auf die Wettbewerberin zu fokussieren.

Das Konzept des »Infinite Games« findet auch in individuellen Lebensbereichen wie Beziehungen, Bildung und der persönlichen Entwicklung Anwendung. Indem man das Leben als einen kontinuierlichen Prozess des Wachsens, Wandelns und Lernens betrachtet, kann man sich besser auf langfristige Ziele und Werte konzentrieren, die wirklich wichtig sind. So ist man nicht von kurzfristigen Herausforderungen, kommerziellen Bedürfnissen (Konsumismus) oder Konkurrenten gebunden.

Insgesamt betont das Denkmodell des »Infinite Games« die Bedeutung von langfristigem Denken, Anpassungsfähigkeit, Zusammenarbeit, einem klaren Sinn und einer verfolgten Intention. Über diesen Schwerpunkt ist man in der Lage, erfolgreich und erfüllend in einem immerwährenden und kontinuierlichen Wettbewerb zu bestehen. Die sieben Dimensionen wirksamer Unternehmensagilität, die Pfiffner identifizieren konnte, sind als das Handwerkszeug des »Infinite Games« von Sinek zu verstehen.

2.2.4 Das Managementdebakel

Haben sich die bisherigen Themen vor allem auf die Perspektive der Unternehmenssteuerung im Allgemeinen fokussiert, so müssen wir noch auf eine subjektive und sehr kritische Problemstellung zu sprechen kommen: Wie in der zitierten Gallup-Studie festgestellt wurde, entsteht aus mangelhaftem Management ein wirtschaftlich und personell seriöses Problem. Wie existenziell dieses Problem eskalieren kann, ist an einzelnen, sehr dramatischen Fällen erkennbar. Managerinnen haben dabei nicht nur mangelhaftes Management praktiziert, sondern durch hohe Machtkonzentration und fehlende Regulative, Unternehmen und Anlegerinnen ruiniert.

»Neueren Untersuchungen zufolge«, sagt der Psychologe Jens Hoffmann in seinem Interview mit der ZEIT Online (Groll 2014), »sind Menschen mit einer narzisstischen oder psychopathischen Persönlichkeit etwa drei- bis viermal häufiger in Machtpositionen vertreten als im Bevölkerungsdurchschnitt. Man geht davon aus, dass etwa vier Prozent der Bevölkerung Narzissten sind und etwa ein bis zwei Prozent Psychopathen. Deren Anteil in Führungspositionen beträgt etwa sechs Prozent.« Ruft man sich die Wirtschaftsskandale von Unternehmen wie Wirecard, Bernard Madoff Investment Securities, FlowTex, Theranos, den Niedergang des Nokia-Konzerns oder den Zusammenbruch des Finanzkonzerns Lehman Brothers in Erinnerung, wird das Ausmaß der Schäden deutlich, wenn Managerinnen mit zweifelhafter Persönlichkeit oder ohne Regulativ operieren. In den genannten Fällen hatten Managerinnen[5] mit scheinbar psychopathischen Persönlichkeiten und extremer Machtkonzentration den Untergang der Unternehmen zu verantworten.

Was in allen hier aufgeführten Fällen und sicherlich auch in weiteren als Ursache der Wirtschaftsskandale festgestellt werden kann: Die jeweiligen Protagonistinnen stand kein ausreichend wirksames Regulativ gegenüber und sie konnten die Macht, die ihnen in ihren Firmen und aufgrund ihrer Persönlichkeitsstruktur zur Verfügung stand, missbrauchen. Zugespitzt formuliert: Managerinnen, die keinem unmittelbaren, unabhängigen und fachkundigen Regulativ unterliegen, können potenziell Machtmissbrauch begehen, wenn ihre persönlichen, ethischen Prinzipien als intrinsisches Regulativ versagen.

2.2.5 Fazit

Was machen wir jetzt mit diesen Erkenntnissen und Einsichten? Auf der einen Seite kann das Management durch Einzelpersonen oder eine definierte Personengruppe der Umweltdynamik nicht mehr gerecht werden, vor allem vor dem Hintergrund der steigenden Anzahl an Krisensituationen. Auf der anderen Seite ist das Management als Funktion in Unternehmen und Organisationen existenziell. Dann stellt sich die Frage, ob nicht ein Paradigmenwechsel erforderlich ist.

Man versucht, Managerinnen in immer ausgefeilteren Praktiken auszubilden oder ihr Selbstverständnis zu einer stärker partizipativ-unterstützenden Funktionen umzugestalten und damit dem »Mehr-vom-Gleichen«-Dilemma oder dem »Alter Wein-in-neuen-Schläuchen«-Vorwurf zu entgehen. Stattdessen könnte das Management aus der Verantwortung Einzelner entnommen werden und als Fähigkeit aller Mitarbeiterinnen verstanden werden. Das heißt: Wir definieren das Management als eine Fähigkeit, die jede Mitarbeiterin als Beitrag zu einer wirkungsorientierten Kooperation und Kommunikation mit allen leistet und die nicht als Machtposition über andere gilt.

5 An dieser Stelle wirkt die Nutzung des generischen Femininum etwas irritierend, da in allen hier aufgeführten Unternehmen, abgesehen von Theranos, ausschließlich Männer ihren Untergang zu verantworten haben.

Diversifiziert man die Macht einer Managerin, beispielsweise in der Ausübung ihrer Entscheidungsautorität über die Verwendung oder Verteilung von Budgets, die Einstellung und Entlassung von Mitarbeitenden oder die Höhe des einzugehenden Risikos in Geschäftsvorfällen, dann schafft man ein regulierendes, im Grunde autopoietisches[6] System, in dem der Machtmissbrauch limitiert wird. Also: weg von der Einzelperson hin zu einer Gruppe von Personen.

Dieses Verständnis von Management und seine praktische Anwendung nennen wir Liquid Leadership.

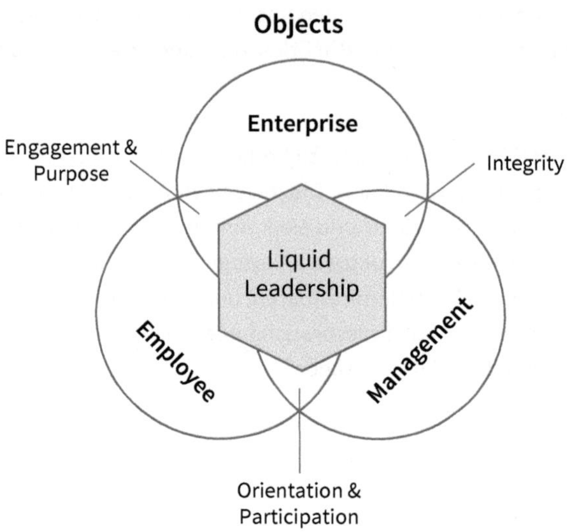

Abb. 1: Gegenseitige Einflussnahme und Erwartungshaltung von Mitarbeitenden, Management und Unternehmen

Die Interessen und Perspektiven, die wir in unserer Einleitung zur Beschreibung der Gesamtsituation betrachtet haben, werden durch das Liquid-Leadership-Modell adressiert. Das Unternehmen als Ganzes unter der Verantwortung seiner Gründerinnen oder Vorständinnen ist daran interessiert, seine Position auf dem Markt zu sichern. Dazu muss es die Fähigkeit etablieren, das kollektive Vorgehen an die dynamischen Veränderungen der Umwelt anzupassen. Von den Mitarbeitenden erwartet oder benötigt das Unternehmen entsprechendes Engagement. Die Mitarbeitenden ihrerseits verfolgen das Interesse, eine sinnvolle bzw. sinnstiftende Arbeit zu leisten, da sie einen Großteil ihrer Lebenszeit, ihre Talente, Kenntnisse und Fähigkeiten einbringen. Von der Managerin erwarten Mitarbeitende eine Orientierungsfunktion, um ein gemeinsames Verständnis der nötigen und möglichen Entwicklungs- und Arbeitsinhalte aufbauen zu können. Gleichermaßen soll es eine partizipative Kooperation geben, da Fachexpertinnen selbstwirksame Arbeitsformen erleben wollen. Letztlich erwarten Unternehmen von der Rolle der Managerin bzw. der Funktion des Managements ein integres Verhalten: Sie sollen

6 Autopoiesis: siehe Glossar.

sich im Sinne und zum Wohl des Unternehmens und der darin organisierten Mitarbeitenden verhalten.

Um den Anforderungen dieser überlappenden Interessengebiete entsprechen zu können und den drei Dimensionen Mitarbeitende, Management und Unternehmen eine gemeinsame Sprache, Grundlage und Kooperationsform zu bieten, wurde das Liquid-Leadership-Modell von uns entwickelt und empirisch untermauert.

> *Power over people is not a good thing. Power with people, that's what you want in the world.*
>
> *Mary Parker Follett*

2.2.6 Disclaimer der Autoren und Abschluss der Einleitung

Uns, den Autoren, ist bekannt und bewusst, dass es weltweit eine Vielzahl von Unternehmen gibt, die sich die vorgenannten, ähnliche oder auch weitergehende Fragen gestellt haben. Sie haben ihr Vorgehen wie auch ihren Unternehmenssinn umfassend überdacht und neu ausgerichtet bzw. sind aktuell dabei, sie neu auszurichten. Diese Unternehmen sind für uns Indikatoren, dass wir die Entwicklung der Arbeitswelt und die Auswirkungen der bestehenden Form der globalisierten Wirtschaft auf Umwelt und Klima durchaus zutreffend einschätzen, das heißt auf der Grundlage der bekannten und allgemein akzeptierten wissenschaftlichen Erkenntnisse. Wir wissen auch, dass die meisten Managerinnen sich ethischen Grundsätzen verpflichtet fühlen und zum Wohle der Mitarbeitenden und im positivsten Interesse des Unternehmens handeln. In diesem Zusammenhang sehen wir unser Buch als ein DIY-Handbuch für Managerinnen und Teams, damit das Management als Fähigkeit in den Unternehmen dahin gehend weiterentwickelt werden kann, die notwendige Effizienz zu erreichen, die tradierte, hierarchische Modelle im Vergleich zum Liquid-Leadership-Modell nicht mehr entfalten können.

Zusätzlich wird die Dringlichkeit in den Unternehmen immer größer, den bestehenden Unternehmenszweck und das Portfolio an Produkten und Leistungen an den Nachhaltigkeitsanforderungen anzupassen. Diese werden nicht zuletzt von regulatorischer, politischer und gesellschaftlicher Seite immer intensiver und konsequenter eingefordert. Das betrifft auch die Ausrichtung auf ein Wirtschaftssystem, das sich vom Wachstumsdogma hin zu einem (nachhaltigen und ressourcenschonenden) Kreislaufwirtschaftsdogma entwickeln muss. Die aus dieser Notwendigkeit resultierende Vielfalt und Komplexität sind weitere Faktoren, die uns darin bestärken, dass Managerinnen die Vielfalt der Talente ihrer Mitarbeitenden aktiv fördern müssen, um den beschriebenen Anforderungen der multiplen Krisen und der Veränderungsdynamik auch nur annähernd gerecht werden zu können.

Doch genug der Einleitung und der Entwicklung unseres Ausgangspunktes für dieses Buch. Wenden wir uns nun dem praktischen Teil zu und beschäftigen uns damit, wie das Management als Teamfähigkeit aufgebaut und etabliert werden kann. Im Zuge dieser Auseinandersetzung werden wir die oben genannten Quellen einbeziehen und im Kontext der einzelnen Prozessschritte nutzen.

Segment 2

3 Liquid-Leadership-Handbuch

Das zweite Segment stellt den handwerklichen oder praktischen Teil unseres Buches dar. In den folgenden Kapiteln wollen wir uns damit auseinandersetzen, wie das Management als Teamfähigkeit in Unternehmen etabliert werden kann und Managerinnen dabei aus der Rolle der hierarchisch definierten Macht- und Entscheidungsfunktion in die der Managementexpertin wechseln können. In dieser Rolle ist sie auf ihren Beitrag fokussiert, sicherzustellen, dass das Management als Teamfähigkeit von allen Betroffenen und Beteiligten verstanden, aufgebaut, etabliert und im Reifegrad kontinuierlich entwickelt und angepasst wird.

Wir beschreiben das dafür geeignete Vorgehen des Liquid-Leadership-Modells, das aus zehn spezifischen Bausteinen, den darin enthaltenen Elementen und den dafür notwendigen Einführungsschritten besteht. Die zugrunde liegenden Überlegungen und wissenschaftlichen Fundamente werden dabei ebenso vorgestellt wie die praktischen Hinweise des Prozesses.

Kontinuierliche Fortentwicklung

Das Liquid-Leadership-Modell wird im Laufe der Zeit weitere Entwicklungen und Ergänzungen erfahren, die aus der kontinuierlichen Anwendungspraxis entstehen. Auf der Webseite liquidleadership.de können Sie sich über den Stand der Entwicklung informieren und sich mit uns, den Autoren, austauschen.

3.1 Liquid Leadership: Management als Fähigkeit vernetzter Teams

Wir möchten ein alternatives Managementmodell vorstellen, das den vorgenannten Anforderungen und Kontexten entspricht. Es soll als Fähigkeit vernetzter, selbstorganisierter und autonomer Teams und nicht als Leistung oder Verantwortung einer einzelnen Person oder Gruppe von hierarchisch organisierten Personen praktiziert werden. Wie kann das aussehen?

Aber ist das Management in einem Unternehmen überhaupt nötig, in dem die Selbstorganisation von Mitarbeitenden und kooperierenden Teams angestrebt oder etabliert ist? Um diese Frage zu beantworten, müssen wir uns im nächsten Schritt von der Historie trennen: nämlich davon, wie das Management aktuell überwiegend verstanden und praktiziert wird. Im Rahmen der Einleitung zu diesem Buch haben wir hierzu bereits verschiedene Aspekte umfassend beleuchtet.

Um einen Perspektivwechsel zu vollziehen und das Management als Fähigkeit vernetzter Teams zu verstehen, müssen wir uns darauf konzentrieren, welchen Beitrag das Management im Kontext eines Wirtschaftsunternehmens leistet. Das Wirtschaftsunternehmen nutzen wir hier lediglich exemplarisch als Anschauungsobjekt. Natürlich ist jede Form der Organisation, ob im sozialen, kulturellen, politischen[7] oder beispielsweise auch gemeinnützigen Kontext, in dem Menschen miteinander kooperieren wollen, in gleicher Weise zu verstehen. Für diese Dekonstruktion bedienen wir uns der Systemtheorie und der darin angesiedelten Kybernetik. Der Begriff Kybernetik bezeichnet die Wissenschaft von der Funktionsweise komplexer Systeme oder, wie Norbert Wiener es 1948 definiert hat: »the control and communication in the animal and the machine«.

Was benötigt ein komplexes System, wie beispielsweise ein Unternehmen, ein Team oder ein einzelner Mensch, um funktions-, interaktions- und kommunikationsfähig zu sein? Diese Frage hat Wieners Kollege Stafford Beer mit dem Viable System Model (kurz VSM) bereits 1972 beantwortet (Beer 1995): Zunächst braucht es eine zentrale und operative Fähigkeit, die eine wertschöpfende Leistung erbringt, wie beispielsweise die Handwerkskunst der Möbelschreinerin, Tische oder Schränke zu konstruieren und herzustellen. Um diese Leistung erbringen zu können, sind elementare organisatorische Fähigkeiten nötig, um als Unternehmenssystem zu existieren, sich weiterentwickeln und selbstorganisiert auf dynamische Veränderungen der Umwelt reagieren zu können.

Stark vereinfacht ausgedrückt handelt es sich dabei um die folgenden fünf Fähigkeiten:

1. Sinn stiften, Regeln vereinbaren und deren Einhaltung ermöglichen = Governance,
2. Anpassung bestehender und Entwicklung neuer Fähigkeiten = Development,
3. Rahmenbedingungen und Ressourcen sicherstellen und Risiken vorbeugen = Management,
4. Kommunikation und Koordination nach innen und nach außen ermöglichen = Coordination,
5. Messen von Leistungsniveau und -balance = Monitoring.

Diese fünf organisatorischen Fähigkeiten sind nötig, um die eigentliche und erwähnte zentrale operative Fähigkeit nachhaltig erbringen zu können. Diese operative Fähigkeit ergänzen wir bei unserer Auflistung unter dem Begriff Operation als sechste der elementaren Fähigkeiten eines komplexen Systems. Die Operation stellt den Dreh- und Angelpunkt aller Kooperationsinhalte, Absichten, Strategien, Produkte oder Leistungsergebnisse dar und vervollständigt so den Baukasten des VSM von Stafford Beer.

Kurzer Exkurs: Viable System Model

Damit Sie sich einen Eindruck vom VSM verschaffen können, ohne die Publikationen von Stafford Beer lesen zu müssen – obwohl wir ihnen das Studium seiner Erkenntnisse und Modelle nur empfehlen können –, haben wir an dieser Stelle die charakteristische Visualisierung des Modells eingefügt.

7 Stafford Beer hat in seinem Buch »Designing Freedom« ein Konzept beschrieben, das die selbstfunktionale Organisation im Kontext demokratischer Gesellschaftsformen beschreibt.

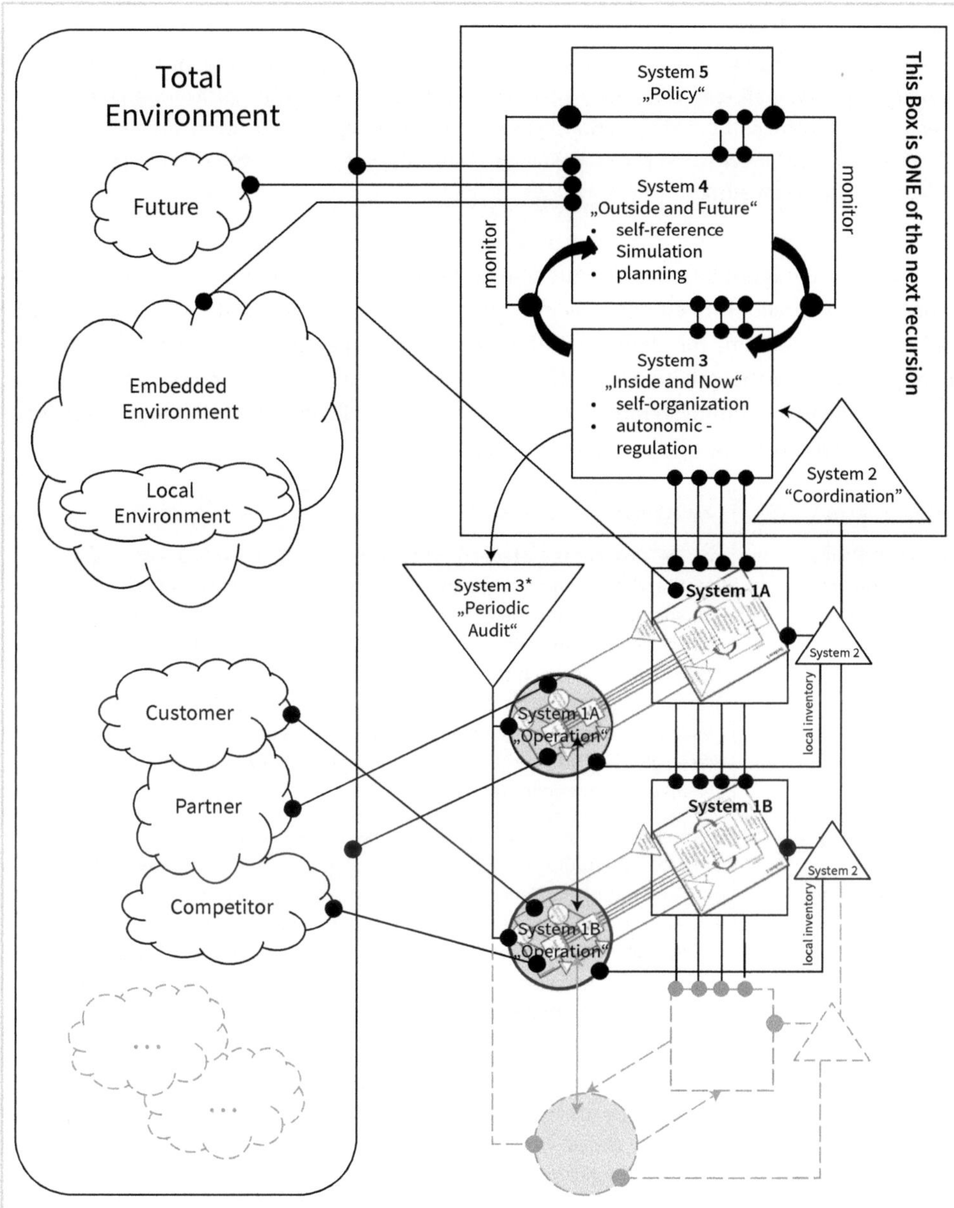

Abb. 2: Gängige, aber nicht einzige Darstellungsform des Viable System Models von Stafford Beer (Slogar 2020)

Hinweis

Stafford Beer hat an verschiedenen Stellen seiner Bücher darauf hingewiesen, dass die hier genutzte Darstellung des VSM als rein schematische Skizze zu verstehen ist. Sie soll lediglich das Verständnis der Systeme fördern und ihre Kooperationsbeziehungen untereinander verdeutlichen, damit ein individuelles Modell für den jeweiligen Kontext entwickelt und übertragen werden kann. Dieser Logik folgen wir in unserem Buch.

Das VSM stellt die Grundlage des Designs eines komplexen Systems dar, das in der Lage ist, sich dynamischen Veränderungen der Umwelt kontinuierlich anzupassen. Wir setzen den Begriff des komplexen Systems mit dem des Unternehmens bzw. der Organisation eines Unternehmens gleich, da sie ebenfalls von Komplexität geprägt ist. Zur Konfiguration seines Modells hat Beer die folgenden (Sub-)Systeme definiert, die in selbstähnlichen Wiederholungen (Rekursionen) alle Elemente des Systems (Unternehmens) bilden.

(SUB-)System	Beschreibung
System 5: Policy [G: Governance]	Im VSM wird dieses System auch Policy genannt. Seine Aufgabe ist es, die Identität des Gesamtsystems zu definieren, den Sinn seines Daseins und Wirkens zu erkennen und zu entwickeln. Außerdem fungiert System 5 als oberste Entscheidungsinstanz, sofern andere Systeme nicht in der Lage sind, eine Entscheidung zu treffen, oder falls eine Fehlentscheidung vorliegt. Das System G legt die grundsätzlichen Rahmenbedingungen fest, die für das Gesamtsystem relevant sind. Alle Systeme und Elemente orientieren sich an diesen gleichen und verbindlichen Grundsätzen, sie wirken und kooperieren gemäß dieser Ausrichtung zusammen.
System 4: Outside and Future [D: Development]	Das System 4 richtet seine Aufmerksamkeit hauptsächlich auf die Einflüsse der Umwelt, auf das Gesamtsystem. Es analysiert sie hinsichtlich ihrer Bedeutung und Auswirkungen. Wenn sich Bedrohungen abzeichnen, die von der Umwelt ausgehen, neue Entwicklungen wie Innovationen, neue Wissensgebiete, Gesetze, Wettbewerberinnen oder neue Kundinnenanforderungen zu erkennen sind, ist es die Aufgabe von System D, sie zu identifizieren und zu analysieren. Es soll ihre Bedeutung und Relevanz einschätzen und Vorhersagen über ihre Auswirkung treffen.
System 3: Inside and Now [M: Management]	Das System Management, das mit M abgekürzt wird, erfüllt im Kern die Aufgabe, alle benötigten Mitarbeitenden, Ressourcen und Rahmenbedingungen zu identifizieren, zu planen, bereit- und sicherzustellen, damit sie von allen beteiligten Elementen – und vor allem vom System 1 Operation – effizient und effektiv für den aktuellen Bedarf genutzt werden können. Dazu gehören bspw. Räume, Elektrizität, Produktionsmittel wie Maschinen, die Lagerlogistik und was sonst benötigt wird, um die erarbeitete Strategie umzusetzen, bestehende Prozesse und Arbeitsabläufe durchzuführen und die Anforderungen der Umwelt, beispielsweise Kundinnenaufträge, zu erfüllen bzw. diesen zu entsprechen und Risiken zu identifizieren und abzuschwächen.

(SUB-)System	Beschreibung
System 3*: Periodic Audit [**M***: Monitoring]	Für das Erreichen und den Erhalt eines ausgewogenen Leistungsniveaus aller Systeme sind zwei Dinge nötig: eine lückenlose und kontinuierliche Kommunikation mit den betroffenen und beteiligten Systemen und die Kontrolle ihrer Leistungsfähigkeit. Diesen Beitrag leistet das System M*. Diese Form von Kontrolle und Prüfung ist allerdings nicht so zu verstehen, dass kooperierende Systeme in ihrer Funktion überwacht werden. Die Aufgabe von Kontrolle und Prüfung ist wie ein Sensor oder Messfühler definiert, der den Zustand eines Systems erfasst und beispielsweise in Kennzahlen misst und bereitstellt. Mithilfe der erfassten Daten und Informationen können die kooperierenden Systeme den Status des bestehenden Leistungszustands miteinander austauschen und die weitergehende, operative und strategische Vorgehensweise entwickeln und vereinbaren.
System 2: Coordination [C: Coordination]	Die zentrale Aufgabe der Coordination ist es, das Zusammenspiel sicherzustellen, also die Koordination und den Informationsaustausch aller Systeme und Funktionen untereinander und miteinander. Der Beitrag von C besteht darin, die Zusammenarbeit aller Systembereiche so reibungslos wie möglich zu gestalten. Alle benötigten Informationen, Regelungen und Vereinbarungen sollen zur richtigen Zeit in der nötigen Qualität an der jeweiligen Stelle im Unternehmen verfügbar sein. Die Nutzerinnen müssen sie verstehen und anwenden können.
System 1: Operation [O: Operation]	In diesem System sind die aktiv produzierenden und wertschöpfenden Funktionen des Unternehmens zusammengefasst. Die bisher genannten Systeme und ihre Funktionen haben im Kern die Aufgabe, sicherzustellen, dass O alle Ressourcen erhält, die notwendig sind, um die operative Arbeit durchführen zu können. Dazu gehören Grundlagen, Rahmenbedingungen, Informationen, Kennzahlen, Ressourcen und Mitarbeitende. Das bedeutet letztlich, dass Operations die Ausrichtung aller Systeme darstellt und der Beitrag dieses Systems darin liegt, die operative Leistungserbringung zu fördern.

Tab. 1: Systeme des Viable System Models (VSM)

Hinweis

Zur Vereinfachung nutzen wir im weiteren Verlauf unseres Buches die in der vorhergehenden Zusammenstellung in eckigen Klammern gesetzten Buchstaben und Begriffe. Sie dienen als Referenz auf die Elemente des Modells von Stafford Beer. Das VSM selbst führen wir konsequent und konsistent weiter.

Bevor wir in die konkrete Anwendung des VSM eintauchen, folgt noch ein kurzer Exkurs zum Thema Selbstorganisation. Was ist das eigentlich und welchen Nutzen soll sie stiften? Das ist von der jeweiligen Perspektive der Unternehmerin oder der Mitarbeitenden abhängig.

Aus der Sicht der Unternehmerin sind mit der Selbstorganisation folgende Hoffnung bzw. Erwartung verbunden: Die Mitarbeiterinnen sollen in kürzerer Zeit und zu geringeren Kosten mehr leisten, als es in der traditionellen, hierarchisch-sequentiellen Arbeitsstruktur der Fall war. Bei dieser Auslegung ist Vorsicht geboten. Sonst gerät man sehr schnell in die gleiche

Arbeitsverdichtungsfalle (höher, schneller, weiter, billiger), wie sie in klassischen Managementmodellen häufig das Ziel ist. Aus Arbeitgeberinnensicht sollen die Mitarbeitenden die Umsetzung notwendiger Aufgaben eigenständig, also autonom, planen, organisieren und umsetzen, um so ihre Produktivität zu steigern. Die Aufgaben selbst werden den Mitarbeitenden von einer Vorgesetzten vorgegeben, die auch Servant Leader, Agile Leader, Business Owner oder Product Owner genannt wird. Das bedeutet nach wie vor, dass die Vorgesetzten die zu erbringende Arbeitsleistung definieren.

Aus der Sicht der Mitarbeitenden geht es bei der Selbstorganisation vor allem darum, Eigeninitiative und Eigenverantwortung für die individuelle Arbeitsweise, die Arbeitsleistung und die Arbeitsinhalte in autonomer Form zu übernehmen. Sie kann auch als die Emanzipation der Mitarbeitenden aus der Eltern-Kind-Beziehung hierarchischer Managementstrukturen verstanden werden. Die Mitarbeitenden verstehen sich als die fachlich kompetente Instanz, die allein beurteilen kann, welche Anforderungen wie umzusetzen sind. Das soll durch Methoden zur autonomen Kollaboration unterstützt werden. Eine Product Owner, als exemplarische Rolle, ist in diesem Kontext lediglich als Repräsentantin und Sprecherin externer Anforderungen der Umwelt definiert, wie z. B. von Kundinnen oder Stakeholderinnen. Sie vertritt und formuliert die zu berücksichtigenden Marktanforderungen oder -bedürfnisse. Die Art und Weise der Umsetzung legt sie jedoch nicht fest.

So plausibel beide Perspektiven auch erscheinen mögen – mit Selbstorganisation hat keine von ihnen etwas zu tun. Selbstorganisation, oder Synergetik[8] (Haken/Schiepek 2010), stellt die Fähigkeit eines komplexen Systems dar, auf das Einwirken dynamischer Einflüsse hin zielgerichtet und unmittelbar eine Ordnung (wieder-)herzustellen.

Diese Fähigkeit hat Heinz von Förster (von Foerster 2007) das »Phänomen der Selbstorganisation« oder auch Order-from-noise-Prinzip genannt. Man erkennt es daran, ob beispielsweise ein Team dazu fähig ist, aus sich selbst heraus eine neue Ordnung und Funktionsfähigkeit zu finden, wenn externe Veränderungen die bisherige Ordnung als ineffizient oder dysfunktional erscheinen lassen. Kann das Team seine Arbeit auf ein alternatives Produkt verlagern? Kann es eine andere Strategie entwickeln und umsetzen, die die auftretende Dynamik kompensiert? Kann es interne oder externe Konflikte eigenständig erkennen und beheben? Die zentrale Frage lautet: Wie schafft es ein Team, in möglichst kurzer Zeit eine neue Ordnung herzustellen und aus dem Zustand der Instabilität wieder in die Stabilität zurückzufinden, nachdem eine Veränderungsnotwendigkeit erkannt wurde?

Folgende Leitfragen sind für die Mitarbeitenden und Managerinnen eines Teams hilfreich, um zielgerichtet und wirkungsorientiert eine Veränderung von Kooperationsweise oder Organisa-

8 Synergetik bezeichnet ein Phänomen, bei dem verschiedene Elemente oder Systeme durch ihre Wechselwirkungen eine gemeinsame, emergente Eigenschaft oder Ordnung entwickeln. Diese geht über die Summe der Einzelteile hinaus. Es geht um ein Verständnis von Selbstorganisation und das Auftreten neuer Strukturen und Muster in komplexen Systemen.

tionsstruktur herzustellen und sich den veränderten Rahmenbedingungen und Einflüssen anzupassen:

- Sind der Sinn und die Intention unserer Arbeit noch gegeben oder müssen wir sie an die neue Situation anpassen? Welche Vereinbarungen müssen wir treffen, damit wir weiterhin handlungsfähig sind oder es wieder werden? – Governance | G
- Welche Fähigkeiten und Kenntnisse müssen wir aufbauen oder anpassen, um der neuen Situation zu entsprechen? Wie sehen unsere Strategie und unsere taktischen Maßnahmen zur weiteren Vorgehensweise aus? – Development | D
- Welche Rahmenbedingungen benötigen wir, um dem definierten Sinn unseres Handelns gerecht zu werden, unsere Fähigkeiten zu entwickeln und die Strategie umzusetzen? – Management | M
- Welches Steuerungsmodell erlaubt es uns, den Fortschritt unseres Vorgehens zu messen und nötige Anpassungsbedarfe unserer Überlegungen zu erkennen? – Monitoring | M*
- Welche Kommunikationsinhalte und -wege müssen wir nutzen oder etablieren, um innerhalb unserer Organisation, innerhalb des Teams und mit unserer Umwelt im Austausch zu bleiben? In welcher Form koordinieren wir unser Vorgehen? – Coordination | C

Diese Leitfragen geben bereits einen Vorgeschmack darauf, wie die Anwendung der elementaren Funktionen des VSM, Management als Fähigkeit des Teams, operativ durchgeführt wird.

Gehen wir jetzt einen Schritt weiter und befassen uns mit den Bausteinen des Liquid-Leadership-Modells. Dabei beginnen wir mit einer initialen Phase bzw. einem initialen Zyklus, in dem wir die wichtigsten Grundlagen schaffen, bevor wir die eingeführten Bausteine und ihre Elemente in der Anwendung erweitern, mit angrenzenden Bereichen im Unternehmen vernetzen und weiter ausbauen, etablieren, skalieren und den Reifegrad kontinuierlich steigern.

3.2 Liquid Leadership: Bausteine

> *The issues we face are so big and so challenging that we know we cannot do it alone, so there is a certain humility and recognition that we need to invite other people in. When we look at any issue such as feed or water scarcity it is very clear that no individual institution, government, or company can provide the solution. (Guardian 2012)*
>
> *Paul Poleman, CEO, Unilever*

Das Liquid-Leadership-Modell (Kooperationsmodell) umfasst zehn Bausteine und darin enthaltene Elemente, die einzeln, vollständig oder mit kompatiblen Ergänzungen und Erweiterungen eingesetzt werden. Der Umfang des Einsatzes ist von der jeweiligen Ausgangslage eines Teams oder einer Gruppe von Teams abhängig, die beispielsweise einen Wertstrom oder einen Geschäftsbereich bilden.

Sind einzelne Teams bereits mit Praktiken selbstorganisierter Kooperation vertraut und haben beispielsweise Methoden wie Kanban oder Design Thinking eingesetzt? Dann sind die Adaption und die Integration des Liquid-Leadership-Modells entsprechend anzupassen, damit vorhandene Fähigkeiten gesichert und ergänzt werden. Sollte ein Team bisher keine oder nur vereinzelte Berührungspunkte mit selbstorganisierter Kooperation gewonnen haben oder fehlt es an positiven bzw. produktiven Erfahrungswerten, ist die vollständige Nutzung des hier beschriebenen Modells empfehlenswert. So wird ein konsistentes Fundament notwendiger Konzepte, Methoden und Praktiken etabliert, das für die selbstorganisierte Kooperation vernetzter Teams förderlich ist.

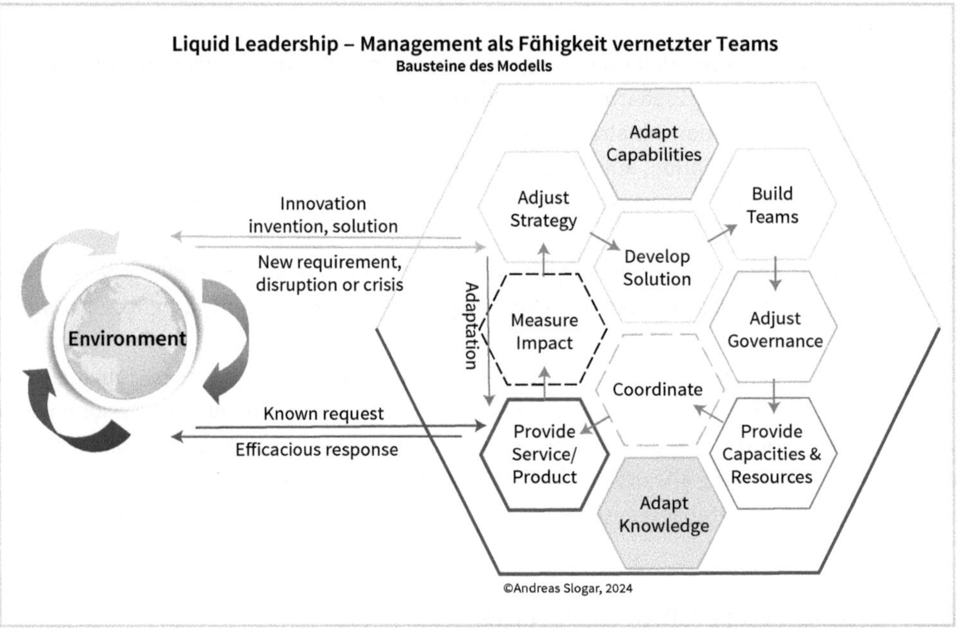

Abb. 3: Darstellung der Bausteine des Liquid-Leadership-Modells

Liquid Leadership erhebt als Modell keinen Anspruch auf Vollständigkeit, sondern stellt eine konkrete Grundlage dar. Generell ist zu empfehlen, die in diesem Buch beschriebenen Bausteine einzuführen und zu etablieren, bis alle Mitarbeitenden in den einbezogenen Teams das Kooperationsmodell verinnerlicht haben, das daraus entsteht. Im Anschluss können weitergehende und ergänzende Konzepte und Methoden oder Frameworks eingesetzt werden, um den individuellen Bedürfnissen des oder der Teams bestmöglich zu entsprechen.

Als Einstieg stellen wir die individuellen Bausteine in der Reihenfolge der Einführung und Etablierung vor, wobei sie später detailliert erläutert werden. Dieser Einstieg dient dazu, Ihnen als Leserin eine erste Übersicht und eine Orientierungshilfe zur Verfügung zu stellen, damit Sie eine Vorstellung von der Art und vom Umfang der Inhalte haben, die wir im Laufe der folgenden Kapitel erörtern und in ihrer Anwendung vertiefen.

Ein Baustein repräsentiert eine spezifische (Geschäfts-)Fähigkeit die ein Team oder eine Organisation insgesamt besitzen muss, um eine bestimmte Funktion erfüllen zu können. Jeder Baustein besteht wiederum aus einer Reihe definierter Elemente, Werkzeuge und Events, die für die Ausübung der Funktion benötigt werden und zu den notwendigen Ergebnissen oder Effekten führen. Am Baustein **Build Teams** ist diese rekursive Struktur exemplarisch dargestellt, die wir anschließend in einer Übersicht zusammenfassen und in Kapitel 5 detailliert erläutern.

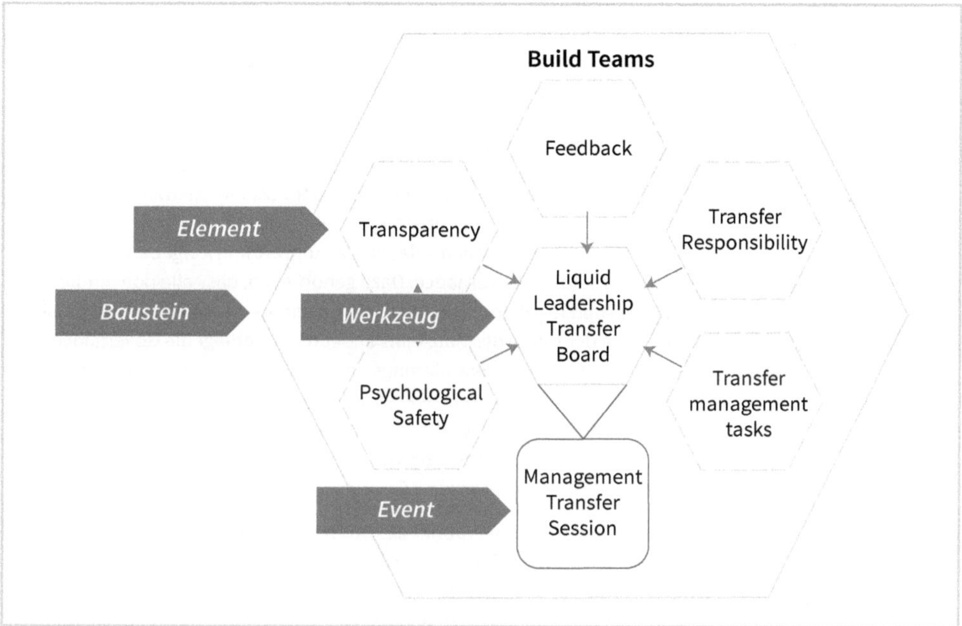

Abb. 4: Bausteine und die darin zusammengefassten Elemente, Werkzeuge und Events der von ihm repräsentierten Fähigkeit

Für die Benennung der Bausteine verwenden wir englischsprachige Begriffe, um zukünftige Übersetzungen des Textes im grundsätzlichen Vokabular konsistent und eindeutig zu halten. Sollten Sie es als notwendig erachten, können Sie gerne die Namen der Bausteine und alle in diesem Buch verwendeten Begrifflichkeiten in Ihre jeweilige Landessprache übertragen.[9] Arbeiten Sie und Ihre Mitarbeitenden in internationalen Kooperationsstrukturen, dann ist eine einheitliche Nutzung der verwendeten Begriffe empfehlenswert, um Missverständnisse und daraus potenziell resultierende Irritationen zu vermeiden.

9 Achten Sie bei der Übertragung in andere Sprachen bitte auf urheber- und nutzungsrechtliche Quellenangaben.

Baustein	Kurzbeschreibung
Build Teams	Wenn Mitarbeitende eines neuen Teams identifiziert und zusammengestellt werden müssen, geht es meist um bevorstehende, neue Anforderungen, die zukünftig erarbeitet und im Rahmen von Problemlösungen, Produkten oder Dienstleistungen umgesetzt werden sollen. Auch wenn bestehende Teams angepasst und neu ausgerichtet werden, soll zukünftig ein höheres Reife- oder Leistungsniveau erreicht werden. Der Baustein **Build Teams** beschreibt, welche Vorgehensweisen hierzu geeignet sind. Er bildet die Grundlage für den Baustein **Provide Service/Product** und stellt sicher, dass die Zusammensetzung und Zusammenarbeit eines Teams kontinuierlich überprüft und angepasst wird oder neue Teams für neue Anforderungen gebildet werden können. *Grundlage des VSM: Development – D*
Adjust Governance	Den Sinn, die Intention und die Spielregeln der Zusammenarbeit in einzelnen Teams, aber auch in der gesamten Organisation des Unternehmens zu definieren und sicherzustellen – das ist der Kontext und Aufgabenbereich des Bausteins Adjust Governance. Dazu gehört auch, dass alle notwendigen rechtlichen und regulatorischen Anforderungen bekannt sind und eingehalten werden. Wie der Name des Bausteins andeutet, unterliegt die Governance einem kontinuierlichen Veränderungs- und Anpassungsprozess. So wird sie den aktuellen Anforderungen gerecht, erforderliche Weiterentwicklungen konsequent zu integrieren und bürokratische Fehlentwicklungen aus dem Mitarbeiterinnenfeedback zu beheben. *Grundlage des VSM: Governance – G*
Provide Capacities & Resources	Der Verantwortungsschwerpunkt des Bausteins **Provide Capacities & Resources** liegt in der Identifikation, in der Planung und in der Bereitstellung von Mitarbeiterinnen und der für die operative Aufgabenstellung der Teams benötigten Kapazitäten. Zu diesem Kontext gehören auch die Planung und die Bereitstellung von Budget, also Finanzressourcen oder Infrastruktur, Energie, Geschäftsprozessen etc. *Anmerkung: Auch wenn Mitarbeitende allgemein in der Betriebswirtschaft zu den Ressourcen eines Unternehmens gezählt werden, empfehlen wir, diesen Begriff aus Gründen der Wertschätzung und der Unternehmensrelevanz durch Kapazitäten zu ersetzen.* *Grundlage des VSM: Management – M*
Coordinate	Die Kernaufgabe des Bausteins **Coordinate** ist es, die Kommunikationskanäle und Kooperationsabläufe so reibungslos wie möglich zu gestalten. Dazu gehören auch der Informationsbedarf und -fluss bei den Mitarbeitenden eines Teams, bei den kooperierenden Teams, bei der gesamten Organisation und der Umwelt. Um eine möglichst produktive, kreative und wertschätzende Zusammenarbeit aller Mitarbeitenden zu gewährleisten, sind diesem Baustein die Identifikation und Lösung von Konflikten zugeordnet, z. B. durch Feedbackrunden oder Supervision. Die Herstellung und Aufrechterhaltung eines psychologisch sicheren und durchgängig wertschätzenden Arbeitsumfeldes sind das wesentlichste Handlungsfeld der Koordinationsfunktion. *Grundlage des VSM: Coordination – C*

Baustein	Kurzbeschreibung
Provide Service/ Product	Dreh- und Angelpunkt aller oben genannten und nachfolgenden Bausteine ist die operative, wertschöpfende und ausbalancierte Leistungserbringung in den Expertinnenteams der gesamten Organisation. Das Zusammenspiel der Mitarbeitenden wird im Baustein **Provide Service/Product** beschrieben, organisiert und durchgeführt. Alle um diesen zentralen wirkenden Baustein herum verfolgen das Ziel, den Mitarbeitenden eines Teams im Kontext von **Provide Service/Product** bestmögliche Rahmenbedingungen zu verschaffen. So haben sie die Köpfe, den Rücken und die Hände frei für ihre wirksame, operative und kreative Tätigkeit und Zusammenarbeit. *Grundlage des VSM: Operation – O*
Measure Impact	Eine sachliche, wirkungs- und beitragsorientierte Analyse des bestehenden und zukünftig benötigten Leistungsniveaus eines Teams und der individuell Mitarbeitenden ist nötig. Nur so kann es nachvollzogen und verändert werden. Dafür sind Kennzahlen und Messwerte nötig. Die Entwicklung von Kennzahlenmodellen, die Organisation und Bereitstellung von Kennzahlen sowie deren kontinuierliche Weiterentwicklung und Anpassung an sich verändernde Informationsbedürfnisse sind im Baustein **Measure Impact** sichergestellt. Der Einsatz eines Steuerungsmodells ist für Teams ausgesprochen relevant. So können die autonome und die partizipative Selbstorganisation sachlich und nachvollziehbar gestaltet werden. *Grundlage des VSM: Monitoring – M**
Adjust Strategy	Identifizierte, absehbare oder auszulösende zukünftige Veränderungen (Innovationen, Inventionen, Krisen, Disruptionen etc.) der Umwelt, des Marktes, des Wettbewerbs und ähnlicher Faktoren zu analysieren und auf ihre Relevanz für das eigene Team bzw. das gesamte Unternehmen zu filtern und zu bewerten – das ist die zentrale Aufgabenstellung des Bausteins **Adjust Strategy.** Basierend auf den Erkenntnissen dieser Analyse und vor dem Hintergrund der bisherigen Vorgehensweise des Unternehmens wird kontinuierlich eine strategische Ausrichtung entwickelt. Diese wird dann für die taktische Planung und Umsetzung in den dafür vorgesehenen Bausteinen und den daran beteiligten Teams und Mitarbeiterinnen zur Verfügung gestellt. Die konsequente Einbindung von Expertinnen in die Strategieentwicklung und -aktualisierung sowie die Rückmeldung über den Grad ihrer Wirksamkeit stellen sicher, dass das zukünftige Vorgehen im gesamten Unternehmen verstanden, akzeptiert und unterstützt wird. Integraler Bestandteil des Bausteins ist, neben der Definition von Entwicklungsanforderungen an Produkte und Services einzelner Teams oder der gesamten Organisation, auch die Berücksichtigung des zukünftig benötigten Wissens der Mitarbeitenden. *Grundlage des VSM: Development – D*

Baustein	Kurzbeschreibung
Develop Solution	Aufbauend auf den Inhalten der (aktualisierten) Strategie werden im Baustein **Develop Solution** die zukünftig benötigten Problemlösungen, Produkte, Dienstleistungen etc. entwickelt. Haben die Entwicklungsergebnisse durch Pilotierung oder Prototyping einen operativ verwertbaren Reifegrad erreicht, werden sie für die weitere Planung und Umsetzung bzw. Produktion genutzt. Auch hier wird durch die Rückkopplung mit den Expertinnen und dem Umfeld des Unternehmens sichergestellt, dass alle Entwicklungsergebnisse anwendbar sind und den Anforderungen entsprechen. *Grundlage des VSM: Development – D*
Adapt Capabilities	Strategische Entwicklungen sollen realisiert und erreicht werden; sich verändernde Umweltanforderungen erfordern eine kontinuierliche Anpassung. Dazu müssen die Geschäftsfähigkeiten (z. B. Controlling, Marketing, Vertrieb, Logistik etc.) und die darin enthaltenen Geschäftsprozesse durch den Baustein **Adapt Capabilities** kontinuierlich und organisationsübergreifend angepasst und weiterentwickelt werden. Darüber hinaus wird sichergestellt, dass die Erbringung der operativen Beiträge im Baustein **Provide Service/Produkt** durch selbstorganisierte Teams auf (Geschäfts-)Prozessen und Standardisierungen aufbaut. Das soll den Mitarbeitenden »den Rücken, die Arme und den Kopf« freihalten, damit sie sich auf ihre fachliche Wertschöpfung konzentrieren können. *Grundlage des VSM: Development – D*
Adapt Knowledge	Neben der operativen Produktivität soll der Baustein **Adapt Knowledge** einen interdisziplinären Erfahrungs- und Wissensaustausch ermöglichen und die konsequente Weiterentwicklung des (Fach-)Wissens aller Mitarbeiterinnen fördern und sicherstellen. Das zukünftig benötigte Wissen, um die nötigen Entwicklungsanforderungen an Produkte, Leistungen und Geschäftsfähigkeiten anzupassen, wird aus dem Baustein **Adjust Strategy** heraus zur Verfügung gestellt. *Grundlage des VSM: Operation – O*

Tab. 2: Kurzbeschreibung der Bausteine des Liquid-Leadership-Modells

3.3 Liquid Leadership: Elementarrollen

Ebenso wie die Bausteine des Liquid-Leadership-Modells auf dem VSM beruhen, sind die Elementarrollen konsequent und konsistent daraus abgeleitet. So wird sichergestellt, dass die eingesetzten Bausteine und die Rollen, die diese Bausteine operativ nutzen, widerspruchsfrei kooperieren und miteinander harmonieren.

So wie die Bestandteile des VSM, die (Sub-)Systeme wie Stafford Beer sie nennt, eine Organisation darstellen, die sich in einer komplexen Umgebung befindet, und mit dieser interagieren, repräsentieren die Elementarrollen die organisatorischen und operativen Verantwortungsbereiche eines Mitarbeitenden, eines Teams, eines Wertstroms etc.

Im nächsten Schritt beschrieben wir die Elementarrollen inhaltlich und erläutern die individuellen Verantwortlichkeiten.

Die folgende Tabelle fasst alle Elementarrollen und ihre grundsätzlichen Verantwortungsschwerpunkte zusammen. Für den Einstieg in den Umgang mit Elementarrollen soll uns dieser Detaillierungsgrad genügen.

Elementarrolle	Kurzbeschreibung
Operation O	• Durchführung einer spezifischen fachlichen Funktion (z. B.Firmenkundenberaterin, Expertin Agile Transformation, Datenschutzexpertin etc.) • Erbringung operativer Leistung als Expertin, als Team oder als Organisation insgesamt
Governance G	• Sicherstellung von Sinn, Intention und Identität von Team(s) und Organisation • Vereinbarung und Einhaltung von Regeln der Zusammenarbeit (inkl. Gesetzgeber & Regulator)
Development D	• Identifikation und Analyse zukünftiger Entwicklungen, Anforderungen und Einflüssen (z. B. Kundenanforderungen, Wettbewerb, Regulatorik etc.) • Definition zukünftig notwendiger Funktionen, Leistungen oder Produkte auf Unternehmens-, Team-, Mitarbeiterin-, Produkt- oder Dienstleistungsebene, inkl. Mitarbeiterinnen-Know-how
Management M	• Sicherstellung von organisatorischen und operativen Rahmenbedingungen (z. B. Budget, Infrastruktur, Mitarbeiterkapazitäten etc.) • Bereitstellung notwendiger Ressourcen und Kapazitäten für die Erbringung operativer Teamleistungen
Monitoring M*	• Kontinuierliche Analyse und Kontrolle der operativen Leistungsfähigkeit von Teams und der ganzen Organisation • Begleitung zur selbstorganisierten Ableitung von Handlungsmaßnahmen zur Erreichung des notwendigen Leistungs-, Qualitäts- oder Produktivitätsniveaus
Coordination C	• Sicherstellung und Weiterentwicklung der Zusammenarbeit und Kommunikation innerhalb von und zwischen Teams • Sicherstellung, dass Form, Umfang, Qualität und Nachvollziehbarkeit der Informationen der (Elementar-)Rollen und Teams untereinander und mit ihrer Umwelt transparent und anschlussfähig sind

Abb. 5: Übersicht über die Elementarrollen des Liquid-Leadership-Modells mit kurzen Beschreibungen zu den primären Verantwortungsbereichen (Slogar 2020)

Operation O: Eine spezifische fachliche Funktion ist der Verantwortungsbereich der Elementarrolle **Operation O**. Sie stellt das Zentrum aller Bemühungen, Überlegungen oder Planungen der übrigen Elementarrollen dar. Die Ausrichtung der übrigen Elementarrollen auf die Rolle Operations verfolgt folgende Zielsetzung: Die Mitarbeitenden, die operative Verantwortung tragen und die Wertschöpfung des Teams darstellen, sollen die bestmöglichen Arbeits- und Rahmenbedingungen erhalten, um sich auf ihre fachliche Expertise und die Realisierung operativer Aufgaben konzentrieren zu können.

Die Vielfalt der fachlichen Inhalte der Elementarrolle **Operation O** ist unendlich; sie stellt das Element der fachlichen Expertise innerhalb eines Teams dar. Das kann die Leistung der Vertriebsmitarbeiterin oder die der Controllerin, der Mitarbeiterin im Lager oder der Chemikerin im Labor sein. An dieser Stelle in unserem Modell steht **Operation O** stellvertretend für die Vielfalt an Fachwissen und fachlichen Detailprozessen, die hier individuell je nach Team und Organisation benötigt werden.

Aus diesem Grund ist es auch an dieser Stelle nicht sinnvoll, auf die Ausgestaltung der Rolle näher einzugehen, da sie im Rahmen des jeweiligen Kontextes im Team oder der Unternehmensorganisation insgesamt über Stellenbeschreibungen oder Job-Profile erfolgt.

Governance – G: Die Elementarrolle **Governance G** stellt sicher, dass Sinn, Intention, Identität und Regeln der Kooperation eines Teams definiert sind und von allen Mitgliedern nachvollzogen, unterstützt und anerkannt werden. Alle Mitarbeitenden sollten sich mit dem Sinn, der Intention und der Aufgabenstellung des Teams identifizieren können. Die Rolle stellt zusätzlich sicher, dass Sinn, Intention und Identität des Teams mit den Definitionen und dem Verständnis dieser Themenfelder und den angrenzenden Teams konsistent zusammenpassen bzw. sich ergänzen und der Gesamtdefinition des Unternehmens entsprechen.

Die Elementarrolle **Governance G** analysiert die Einflussfaktoren und Anforderungen, die auf das Team einwirken und denen das Unternehmen ausgesetzt ist. Sie sorgt dafür, dass Sinn, Intention und Identität des Teams der aktuellen Situation entsprechen und angemessen sind und stellt diese nötigenfalls sicher. Dieser Prozess erfolgt im direkten Dialog mit den Teammitgliedern und den angrenzenden Teams der Organisation.

Die Rolle **Governance G** achtet darauf und unterstützt die Teammitglieder dabei, die Spielregeln der Zusammenarbeit, rechtliche und regulatorische Vorgaben und Unternehmensrichtlinien anzuwenden und einzuhalten, und klärt Verständnisfragen.

Development – D: Sie repräsentiert den Blick nach außen, auf die Umwelt, die das Team umgibt und auf zukünftige Entwicklungen, Einflüsse und Anforderungen: Die Elementarrolle **Development D** analysiert und bewertet den Umfang und die Qualität der notwendigen Weiter- oder Neuentwicklungen (Innovationen und Inventionen), die an Produkten oder Dienstleistungen vorgenommen werden müssen. Fähigkeiten und Fertigkeiten der Mitarbeitenden, die Geschäftsfähigkeiten und Prozesse sowie die verfügbaren Ressourcen des Teams bezieht die Elementarrolle in ihre Überlegungen mit ein.

Dabei prüft sie den Reifegrad der Fähigkeiten und Kenntnisse des Teams in Abhängigkeit von den identifizierten Anforderungen mit der mittelbaren (angrenzenden Teams) und der unmittelbaren Umwelt (externe Einflussfaktoren wie Kundinnen, Lieferantinnen, Wettbewerberinnen etc.). Die Rolle **Development D** berücksichtigt hierbei auch die zugrunde liegende Strategie des Unternehmens und stellt fest, welche Fähigkeiten und Fertigkeiten im Team oder im Unternehmen insgesamt zukünftig benötigt werden.

Management – M: Die von der direkten und indirekten Umwelt an das Team gerichteten Anforderungen und Anfragen werden von der Rolle **Management M** koordiniert und in Kooperation mit der Rolle **Operation O** umgesetzt. Hierbei steht sie auch in direkter Interaktion mit der Rolle **Development D**, um sicherzustellen, dass die bestehenden Fertigkeiten und Fähigkeiten des Teams den zukünftigen Anforderungen und Einflussfaktoren gerecht werden.

Die Rollen **Management M, Development D** und **Operation O** handeln miteinander aus und legen fest, welche Kapazitäten an Mitarbeitenden und Ressourcen benötigt werden, um die bestehenden und absehbaren Aufträge und Anfragen bearbeiten zu können. Dabei achtet die Elementarrolle **Management M** darauf, dass sich die Auslastung der Fachexpertinnen der Elementarrolle **Operation O** in einem ausgewogenen Rahmen bewegt. Überlastungs- sowie Unterforderungssituationen sind zu identifizieren und in Kooperation mit den Fachexpertinnen und der Elementarrolle **Development D** aufzulösen.

Erkenntnisse zu identifizierten Fehlerquellen, Reibungsverlusten und Verbesserungspotenzialen werden von der Elementarrolle **Management M** im Rahmen von Reflexionsrunden mit allen Mitarbeitenden im Team gesammelt, bewertet, verarbeitet und kommuniziert. Sind für die Arbeitsinhalte und Zielsetzungen des Teams bestimmte Standardisierungen oder Geschäftsprozesse nötig, so stellt die Elementarrolle **Management M** sicher, dass diese bereitgestellt oder angepasst werden. Hierbei ist es nicht die Verantwortung der Elementarrolle **Management M**, diese Prozesse oder Standards zu definieren, sondern dafür zu sorgen, dass sie verfügbar sind und den nötigen Reifegrad besitzen. Sie sollen die Fachexpertinnen der Elementarrolle **Operation O** bestmöglich unterstützen und Reibungsverluste im Ablauf der Kooperation reduzieren.

Als letzte Verantwortung stellt **Management M** sicher, dass ein kontinuierliches und konsequentes Risikomanagement aufgebaut und etabliert wird und identifizierte Risiken priorisiert und mitigiert (»entschärft«) werden.

Hinweis

Der Begriff der Information wird landläufig synonym für Zahlen, Daten und Fakten (ZDF) verwendet. Dabei ist wichtig zu berücksichtigen, dass Informationen als solche das Ergebnis kognitiver Prozesse sind, die aus den Reizen unserer Sinnesorgane durch das Gehirn generiert werden. Die menschliche Kommunikation basiert auf den Austausch von Sinnesreizen. Informationen sind das Ergebnis des Interpretationsprozesses subjektiver Denkleistung.

Monitoring – M*: Durch die Entwicklung geeigneter Metriken und die Erfassung dynamischer Kennzahlen zu einem Steuerungsmodell stellt die Elementarrolle **Monitoring M*** sicher, dass der Leistungs- und Entwicklungszustand des Teams und des mittelbaren und unmittelbaren Umfelds gemessen werden kann.

Die gewonnenen Messwerte und Kennzahlen stellt die **Elementarrolle M*** allen Mitarbeitenden im Team in angemessener und verständlicher Form zur Verfügung, sodass sie für den jeweiligen Verwendungszweck genutzt, weiterverwendet oder veredelt werden können. **M*** stellt sicher, dass die Anpassungen der Metriken aus den Erkenntnissen der Reflexionen im Team und den Entwicklungsmaßnahmen der Elementarrollen **Development D** erfolgen. Dabei ist es nicht die Verantwortung der Elementarrolle **Monitoring M***, dass definierte Kennzahlen oder Leistungszusagen des Teams eingehalten werden.

Die Verantwortung konzentriert sich auf die Recherche, Bereitstellung und Aufbereitung der Kennzahlen. Die Mitglieder im Team sollten eine faktenbasierte und sachliche Grundlage besitzen, um Art und Umfang von Veränderungen oder Verbesserungsmaßnahmen zu analysieren, zu entwickeln, zu vereinbaren und umzusetzen.

Coordination – C: Die Sicherstellung der Versorgung aller Elementarrollen eines Teams mit den für die jeweiligen Aufgabenstellungen notwendigen Informationen ist eine Kernaufgabe der Elementarrolle **Coordination C**. Dabei stellt die Elementarrolle sicher, dass Form, Umfang, Qualität, Frequenz, Nachvollziehbarkeit und Aktualität der Informationen und Kommunikationswege den Anforderungen im Team gerecht werden. Hierzu gehören auch die Frequenz, die Ausgestaltung und die Durchführung von Besprechungen, Workshops und Ähnlichem zur Unterstützung der direkten und persönlichen Kommunikation und Kooperation der Mitarbeitenden im Team untereinander und mit den mittelbaren und unmittelbaren Teilen der Umwelt.

Zu den Aufgaben der Elementarrolle **Coordination C** gehören darüber hinaus die Auswahl und Bereitstellung der notwendigen Methoden, Rituale oder Vorgehensmodelle, die für die jeweilige Aufgabenstellung eines Teams oder innerhalb der Organisation anzuwenden sind. Darüber hinaus kann die Elementarrolle **Coordination C** einen effizienten Arbeitsablauf in den Teams unterstützen, damit diese die jeweils geeigneten methodischen Grundlagen oder Industriestandards anwenden und sich auf ihre eigentliche operative Tätigkeit fokussieren können.

Letztlich fungiert die Elementarrolle **Coordination C** als Beobachterin und Beraterin des Teams in Konfliktfällen, aus denen innerhalb oder mit angrenzenden Teams in der Organisation Reibungsverluste entstehen. Über Feedbackformate, Reflexionsrunden oder Einzelgespräche spricht die Elementarrolle **Coordination C** identifizierte Konflikte an, klärt die Situation mit den Betroffenen und unterstützt eine konstruktive und wertschätzende Konfliktlösung. Die Elementarrolle **Coordination C** ist damit die hauptverantwortliche Funktion, um das nötige Niveau an psychologischer Sicherheit im Team und in der Zusammenarbeit mit anderen Teams sicherzustellen und im Dialog mit allen Mitarbeitenden weiterzuentwickeln und zu festigen.

3.4 Liquid Leadership: Einführung des Modells in drei Zyklen

Theoretisch betrachtet können alle Bausteine, Elemente und Elementarrollen des Liquid-Leadership-Modells (Kooperationsmodells) in Form eines »Big Bangs« gleichzeitig eingeführt werden. Aus praktischer Sicht und vor dem Hintergrund der Erfahrungen aus diversen Transformationsvorhaben ist von einer derartigen Vorgehensweise, womöglich noch zu einem durch den Vorstand oder die Geschäftsleitung vorgegebenen Umstellungstermin, dringend abzuraten.

Wir haben Transformationsvorhaben ausgewertet, die eine stichtagsbezogene und radikale Neuausrichtung von Organisations- und Kooperationsstrukturen nach dem »Big Bang«-Ansatz verfolgt haben. Sie alle sind durch die ausgelöste, unüberschaubare Instabilität in der Organisation in ihrem Vorhaben entweder gescheitert, in den ursprünglichen Zustand zurückgefallen oder waren über einen sehr langen Zeitraum mit Nacharbeiten und Korrekturen beschäftigt. Das bindet die operativen Kapazitäten, frustriert Mitarbeitende und verursacht unvorhergesehene Kosten. Unternehmen, in denen stichtagsbezogene Umstellungen von Kooperations- und Organisationsmodellen durchgeführt wurden, haben den Prozess der Transformation mit dem Akt der Reorganisation verwechselt oder gleichgestellt. Die Eigenschaft der Veränderungsfähigkeit in einer Organisation aufzubauen, hat keinerlei Überschneidung oder Gemeinsamkeit mit der Restrukturierung fachlicher Zuständigkeiten und hierarchischer Entscheidungskompetenzen, wie sie in klassischen Organisationsmodellen oder Organigrammen festgelegt werden.

Auch wenn die fachlichen und methodischen Inhalte des Kooperationsmodells und der einzelnen Bausteine keine Raketenwissenschaft darstellen, sind ihre Einführung und Etablierung mit einer Vielzahl an Neuerungen und Veränderungen verbunden. Vor allem in Teams mit geringer Erfahrung mit den Praktiken und Denkmodellen selbstorganisierter Kooperation oder in psychologisch unsicheren Organisationen führen sie dazu, dass Mitarbeitende sich überlastet oder überfordert fühlen können. Diese Konsequenz ist vor allem dann zu erwarten, wenn Mitarbeitende die Auseinandersetzung mit den Neuerungen im Rahmen der operativen Tätigkeiten bewältigen müssen. Erfahrungsgemäß ist es in Organisationen aus wirtschaftlicher Sicht nicht praktikabel, die operativen Arbeiten gänzlich ruhen zu lassen, um neue Fähigkeiten fokussiert zu etablieren und anschließend die Arbeiten wieder aufzunehmen. Vielmehr ist davon auszugehen, dass neue Praktiken und Modelle der Zusammenarbeit, in unserem Falle die der Selbstorganisation durch das Liquid-Leadership-Modell, in einer Art »Learning by Doing«-Vorgehen kontinuierlich erlernt, angewendet und verinnerlicht werden müssen.

Daher ist eine schrittweise Einführung, Baustein für Baustein, Element für Element, auch aus dieser Perspektive sinnvoll. Sie stellt als präferiertes Konzept die Grundlage der von uns konzipierten Vorgehensweise dar. Dabei wird die Einführung der Bausteine in einer vorgegebenen Reihenfolge und in drei Zyklen beschrieben. Die Reihenfolge orientiert sich daran, dass die Bausteine fachlich und inhaltlich aufeinander aufbauen und sich sukzessive ergänzen. So wird schrittweise die bereits erwähnte Grundlage für eine selbstorganisierte Kooperation vernetzter Teams gebildet. Die **Einführung in drei Zyklen** verfolgt konkrete und korrespondierende Ziele.

- Anschlussfähigkeit der Mitarbeitenden sicherstellen;
- Risiken von Fehlentwicklungen durch zu hohe Veränderungskomplexität vermeiden;
- Produktivität und Handlungsfähigkeit der Mitarbeitenden in ihren Teams sicherstellen;
- Wirkungsgrad der Transformation nachvollziehbar und steuerbar halten.

In unserem Vorgehensmodell zur Einführung der Liquid-Leadership-Bausteine gehen wir von der weitverbreiteten Konfiguration klassischer Teams, Abteilungen oder Fachbereiche etc. aus:

Sie bestehen aus einer Reihe von Mitarbeitenden und mindestens einer Führungskraft oder Managerin. Auf dieser Grundlage beschreiben wir die Einführung der Bausteine im **I. Zyklus** aus der Perspektive der Managerin. Sie organisiert als Moderatorin oder Orientierungspunkt die inhaltliche Auseinandersetzung mit den Bausteinen und unterstützt die Mitarbeitenden darin, das notwendige Wissen und die praktische Anwendungssicherheit im Laufe der Einführungsphase zu erwerben.

In der nachfolgenden Grafik ist dieser **I. Zyklus** mit den Ziffern von 1 bis einschließlich 8 nummeriert. Wie bereits erwähnt, gehen die Initiative und die Organisation der Einführung der Bausteine im **I. Zyklus** von der Managerin aus. Die Mitarbeitenden vertrauen in diesem Zyklus auf ihre Orientierungsfunktion und setzen sich mit ihrer Unterstützung konstruktiv mit den Inhalten, Praktiken und Methoden der Bausteine in Theorie und Praxis auseinander. Am Ende des **I. Zyklus** ist davon auszugehen, dass die Fachexpertinnen eines Teams eine ausreichend hohe Vertrautheit in der praktischen Anwendung der Liquid-Leadership-Bausteine erworben haben.

Im **II. Zyklus,** der mit den Ziffern von 9 bis 17 nummeriert ist, wechselt die Perspektive der Managerin. Vom organisierenden und vorgebenden Faktor wird sie zum unterstützenden und orientierenden Faktor.

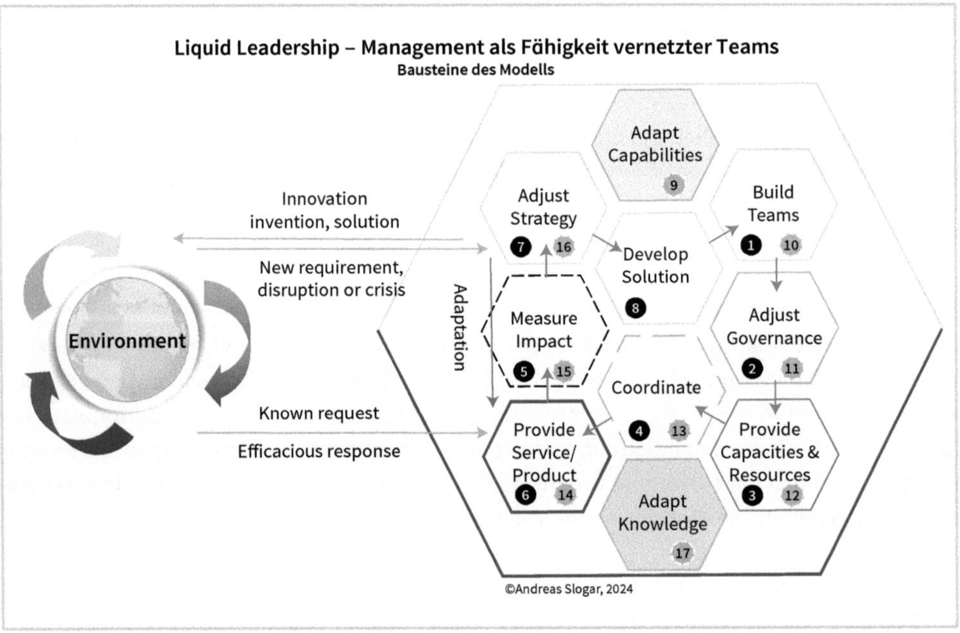

Abb. 6: Reihenfolge der Beschreibung und Einführung der Bausteine des Liquid-Leadership-Modells in den ersten beiden Zyklen (I.: 1 – 8 | II. 9 – 17)

Durch diesen Perspektivwechsel im Selbstverständnis der Managerin soll der **II. Zyklus** dazu beitragen:

1. die Nutzung und Vertiefung der neu erworbenen Kooperationsfähigkeit der Mitarbeitenden in ihren Teams selbstorganisiert fortzuführen,
2. den Reifegrad der Anwendung der Bausteine kontinuierlich auszubauen,
3. die Vertrautheit zu vertiefen und die notwendige Anwendungssicherheit im alltäglichen Miteinander der Teammitglieder zu erreichen und
4. die Erweiterung oder Ausweitung des Liquid-Leadership-Modells, also die Skalierung, auf weitere Teams, Abteilungen und Unternehmensbereiche durchzuführen.

Um diese Steigerung des Reifegrades und die unternehmensweite Skalierung im **II. Zyklus** zu fördern, ist der erwähnte Wandel der Managerin von ihrem bisherigen Selbstverständnis als Vorgesetzte der Fachexpertinnen hin zum Selbstverständnis einer Managementexpertin zwingend notwendig. Das aktualisierte Rollenverständnis ermöglicht es der Managerin, den Fachexpertinnen auf Augenhöhe zu begegnen. D. h., sie wechselt von der Arbeit **im System**, in dem sie Dreh- und Angelpunkt aller managementseitigen und fachlichen Entscheidungen und Vorgaben war, zur Arbeit **am System**.

Der Managerin ist es erst durch diesen Perspektivwechsel möglich, die Mitarbeitenden im Team bei der Ausübung ihrer operativen Tätigkeiten zu beobachten. Durch diese Arbeit am System kann sie Engpässe, Konflikte, fehlende Rahmenbedingungen, Reibungsverluste, fachliche Inkonsistenzen oder dysfunktionale Geschäftsprozesse etc. sehr viel besser erkennen. Auf der Grundlage der so gewonnenen Beobachtungen und Erkenntnisse ist es ihr möglich, die operative Kooperation mit den Mitarbeitenden sukzessive und konsequent zu verbessern, weiterzuentwickeln und sich an die verändernden Umweltanforderungen anzupassen.

Die Arbeit am System bewahrt die Managerin zusätzlich vor der weitverbreiteten Betriebsblindheit und dem Risiko, dass sie zum Flaschenhals oder limitierenden Faktor der Leistungsfähigkeit, Eigeninitiative oder Motivation der Mitarbeitenden wird. Der Perspektivwechsel bzw. der Wechsel des Selbstverständnisses erscheint vielen Managerinnen und Mitarbeitenden erfahrungsgemäß anfangs ungewohnt. Aber er ist der Kern des Liquid-Leadership-Modells. Erst dieser Wechsel ermöglicht es, das volle Potenzial einer Führungskraft als Expertin für das Management von sich selbstorganisierenden Fachleuten, zu entfalten.

Wir hoffen, dass wir an dieser Stelle deutlich machen konnten, dass wir mit dem Liquid-Leadership-Modell Managerinnen nicht abschaffen, sondern vielmehr die Rolle einer Managementexpertin etablieren wollen. In der Rolle der Managementexpertin ist es möglich, die Hände und den Kopf frei zu haben, um die Mitarbeitende in den Teams so zu unterstützen, dass sie ihre gesamten Kenntnisse, ihre Fähigkeiten, Fertigkeiten, Talente und Erfahrungen einbringen und weiterentwickeln können. Findet dieser Wechsel nicht explizit und für alle Mitarbeitenden nachvollziehbar und authentisch statt, kommt es unweigerliche zu Ambivalenz. Eine selbstorganisierte Kooperation der Mitarbeitenden ist unmöglich, wenn die Managerin an ihrem bisherigen Rollenverständnis als »Entscheidungszentrum« festhält.

Der **III. Zyklus** beginnt, nachdem die beschriebene Vertrautheit und Anwendungssicherheit der Mitarbeitenden mit den Praktiken des Liquid-Leadership-Modells erreicht ist. Bei diesem Reifegrad angekommen, können zwei weitergehende Entwicklungen geplant und durchgeführt werden.

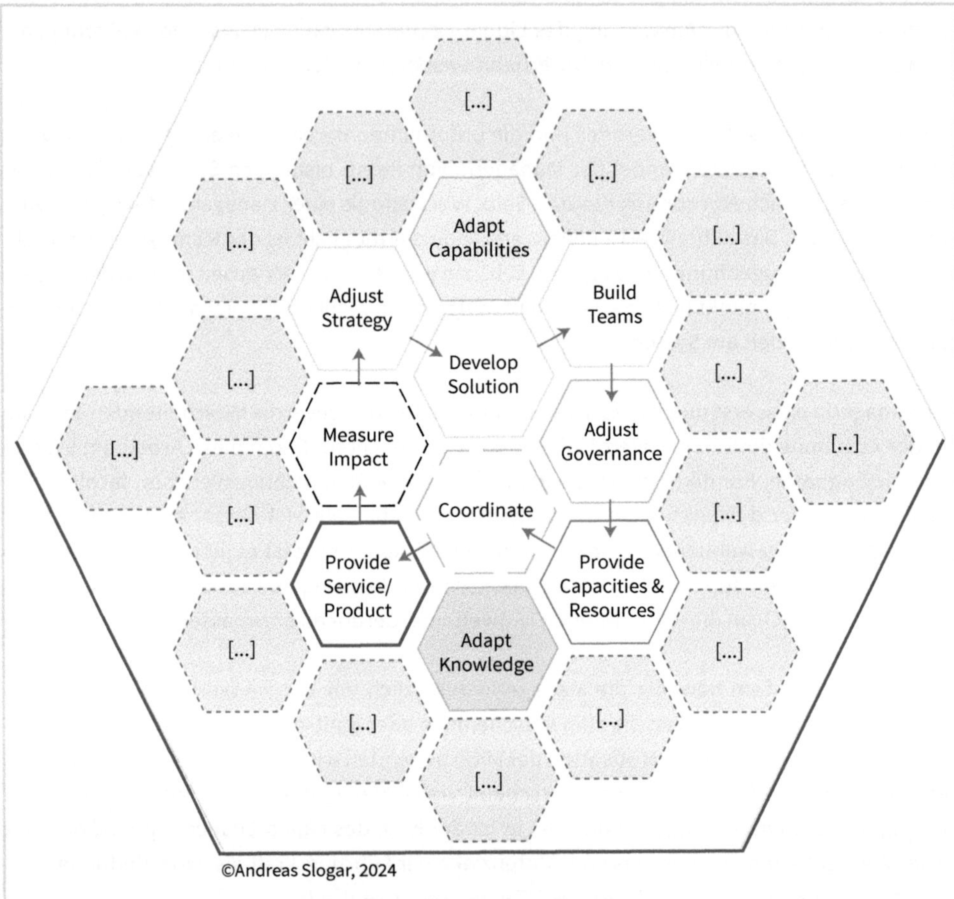

Abb. 7: Der III. Zyklus zur Einführung des Liquid-Leadership-Modells in der Ri-Phase

1. Anpassung oder Ergänzung: Die Anpassung oder Ergänzung bezieht sich auf die im I. und II. Zyklus etablierten Bausteine, die sich operativ in Anwendung befinden. Sie entsprechen den Notwendigkeiten, Erkenntnissen und Beobachtungen der Mitarbeitenden. Hierbei ist darauf zu achten, dass derartige Anpassungen oder Ergänzungen erst nach dem Erreichen der notwendigen und bereits erwähnten Anwendungssicherheit durchgeführt werden.

Leider ist das bei Transformationsvorhaben nicht die Regel. Wir beobachten sehr häufig, dass in der Vorbereitungsphase einer Transformation des Kooperationsmodells die Definitionen von Methoden, Praktiken, Rollenmodellen oder Prinzipien selbstorganisierter Kooperation vor allem von Managerinnen angepasst werden – und zwar bereits auf rein theoretischer Basis, auf der Grundlage vorweggenommener Hypothesen und purer Vermutungen. Und dies, obwohl diese Managerinnen selbst über keine oder nur geringe Kenntnisse und Erfahrungen in der Einführung und Anwendung selbstorganisierter Arbeitsformen verfügen. Die Gründe für dieses Verhalten liegen zumeist in einem befürchteten Einfluss-, Status- oder Prestigeverlust der Managerinnen durch den Einsatz selbstorganisierter Kooperation. Hier sind Trainerinnen, Coaches und Beraterinnen gefordert, die Managerin bei der Neuausrichtung ihres Selbstverständnisses vor der Einführung neuer Kooperationsmodelle der Selbstorganisation, wie dem Liquid-Leadership-Modell zu unterstützen. Sie müssen die Relevanz und die Kritikalität ihres Beitrags und ihrer Verantwortung als zukünftige Managementexpertinnen verdeutlichen. Ist diese Einstellung der Managerinnen nicht gewährleistet, führen substanzlose und rein theoretische A-priori-Anpassungen von Modellen und Praktiken am grünen Tisch zu Zeitverlusten, Risikoerhöhungen, Kostensteigerungen und Frustrationen unter den Mitarbeitenden.

Als Managerin ist es hilfreich, darauf zu vertrauen, dass Kooperationsmodelle wie das Liquid-Leadership-Modell empirisch validiert sind. Ihre Wirksamkeit ist im Kontext anderer Unternehmen und deren Organisationen belegt und überprüfbar. Eine Anpassung der Konfiguration und des Vorgehens aufgrund rein theoretischer Überlegungen oder hypothetischer Befürchtungen schadet daher in der Regel mehr als sie nützt.

2. Kontinuierliche Skalierung: Damit ist die konsequente und kontinuierliche Skalierung des Liquid-Leadership-Modells durch die Anbindung oder Integration weiterer Teams, Bereiche, Wertströme etc. im eigenen Unternehmen gemeint. Sie kann auch auf weltweite Filialen, internationale Tochtergesellschaften und sogar auf Kooperationen mit externen Partnerinnen und Lieferantinnen etc. ausgedehnt werden.

Eine Erweiterung der Nutzung der neu erlernten Praktiken aus dem I. und II. Zyklus ist effizienter, effektiver, risikoärmer, wenn eine initiale Gruppe von Mitarbeitenden und Teams den notwendigen Reifegrad der Anwendungssicherheit bereits erworben hat. Dadurch wird das Prinzip auch für Mitarbeitende anschlussfähiger und nachvollziehbarer. Das ermöglicht, dass Mitarbeitende ihre Kolleginnen unterstützen – beispielsweise im Rahmen eines »Train the Trainer«-Konzepts oder Mentorings bei der Einführung, Nutzung und Etablierung neuer Kooperationspraktiken. Die Vorteile liegen unter anderem in der Unabhängigkeit externer Trainerinnen, externer und interner Coaches oder Beraterinnen, der Vermeidung des »Not invented here«-Syndroms, der Entwicklung einer gemeinsamen Sprache und eines kollektiven Verständnisses zur Art und Weise der Nutzung und des Vorgehens sowie einer Unterstützung und Entwicklung der gegenseitigen Vertrautheit über Team- oder Bereichsgrenzen hinweg.

Das Liquid-Leadership-Modell stellt für die unternehmensweite Verbreitung von Erfahrungen und Kenntnissen zwei Bausteine zur Verfügung: Adapt Capabilities (#9) und Adapt Knowledge (#17). Sie können für eine Skalierung des Modells in das gesamte Unternehmen genutzt werden. Beide Bausteine werden in ihren Inhalten und ihrer Anwendung im Rahmen des **II. Zyklus** beschrieben.

3.4.1 Shu-Ha-Ri – Probieren erweitert das Studieren

Eine Analogie soll ergänzend die Notwendigkeit der konsequenten Umsetzung der drei Zyklen, Einführen-Festigen-Adaptieren-Skalieren in der hier beschriebenen Reihenfolge verdeutlichen. Jede Berufsausbildung, ob handwerklich oder akademisch, besteht aus genau diesen drei Zyklen. Die Ausbildungen beginnen mit der initialen Einführung der Auszubildenden in die fachliche Thematik des jeweiligen Berufs bzw. der jeweiligen Fachrichtung. Durch Prüfungen, Klausuren und praktische Arbeitsergebnisse wird sichergestellt, dass das erworbene Wissen grundsätzlich verstanden wird und der notwendige Reifegrad in der jeweiligen Profession erreicht ist. Darauf aufbauend beginnt die praktische Anwendung.

Anschließend folgt im **II. Zyklus** der Erwerb von Anwendungssicherheit, auch Berufserfahrung genannt. In diesem Zyklus werden die erworbenen Kenntnisse durch die Entwicklung praktischer Fähigkeiten und Fertigkeiten ergänzt und kontinuierlich erweitert. Ist dieser **II. Zyklus** abgeschlossen, kann der **III. Zyklus** beginnen. An dieser Stelle werden Wissen und Erfahrungen weiterentwickelt, erneuert, verworfen, ergänzt oder durch Innovationen und Inventionen gänzlich neues Wissen geschaffen. In diesem Zyklus erwerben beispielsweise Handwerkerinnen ihren Meisterinnenbrief oder Akademikerinnen promovieren oder habilitieren.

Eine weitere Analogie für diese Empfehlung zur sukzessiven Einführung des Liquid-Leadership-Modells ist das Konzept des **Shu-Ha-Ri** aus dem traditionellen japanischen Kampfkunsttraining. Shu-Ha-Ri[10] wird aber auch auf andere Bereiche wie Kunst, Musik und insbesondere auf die Unternehmenssteuerung und die individuelle Entwicklung von Menschen angewendet. Die Begriffe Shu, Ha und Ri bezeichnen drei Stufen. Auf der Shu-Stufe werden die Grundlagen und Regeln einer neuen fachlichen Domäne genau angewendet und durch Lernen und Nachahmen verstanden. Auf der Ha-Stufe werden die Regeln und Inhalte verinnerlicht, hinterfragt, eigene Erfahrungen eingebracht, das Erlernte erweitert und Variationen erkundet. Auf der Ri-Stufe wird ein eigenes Verständnis entwickelt und man ist in der Lage, die Regeln weiterzuentwickeln und eigene Vorgehensweisen und Konzepte zu entwerfen. Shu-Ha-Ri betont den Weg zur Meisterinnenschaft durch bewusstes Üben, Selbstdisziplin, kontinuierliche Verbesserung und das Überwinden von Grenzen.

In genau dieser Struktur, die der natürlichen Sequenz von Lernen, Verstehen, Beherrschen, Entwickeln folgt, empfehlen wir auch die Einführung, Nutzung und Adaption des Liquid-Leadership-Modells. Das Risiko des Scheiterns ist nicht zu unterschätzen. Außerdem besteht die Wahrscheinlichkeit, Schaden zu verursachen, wenn lediglich dieses Buch gelesen wird und direkt Anpassungen vorgenommen werden, ohne zunächst praktische Anwendungssicherheit aufzubauen und die eigene praktische Anwendung zu validieren. Das würde einer Medizinstudentin im dritten Semester entsprechen, die eine Herztransplantation ohne jedwede Übung und Erfahrung vornimmt.

10 Eine mögliche deutsche Übersetzung dieser Konzepte könnte sein: Shu: Bewahren, Ha: Hinterfragen, Ri: Loslassen.

Mit dieser Einleitung haben wir Ihnen die Bausteine des Liquid-Leadership-Modells vorgestellt und die von uns auf der Grundlage praktischer Erfahrungen empfohlene Vorgehensweise zur Einführung beschrieben und erklärt, wie in drei Zyklen die Grundlagen selbstorganisierter Kooperation in vernetzten Teams aufgebaut wird.

3.4.2 Ausgangsszenario

Wir gehen jetzt zum praktischen Teil über, indem wir uns an folgendem fiktiven Szenario orientieren, das die Ausrichtung beschreibt, nach der wir die Bausteine erklären und einführen. Stellen Sie sich vor, Sie sind Managerin in einem Unternehmen und übernehmen die Rolle der partizipativen Managementexpertin in einem existierenden Team. Die Mitarbeitenden arbeiten schon seit über fünf Jahren zusammen und sind daran interessiert, ihre Kooperationsfähigkeiten als Team konsequent auf Selbstorganisation und autonomes Vorgehen weiterzuentwickeln. Das Unternehmen ist aktuell noch rein hierarchisch organisiert. Die Unternehmensleitung ist allerdings davon überzeugt, dass der Umstieg in eine Kooperationsweise, die auf Partizipation und Selbstorganisation ausgerichtet ist, konsequent und unternehmensweit erfolgen muss. Darin sieht sie eine Möglichkeit, die Wettbewerbs-, Anpassungs- und Überlebensfähigkeit des Unternehmens zukünftig zu sichern. Sie und Ihr Team haben die Gelegenheit, als Erste in diesen Zustand hineinzuwachsen und die nötige Anwendungssicherheit in den grundlegenden Fähigkeiten und Praktiken aufzubauen. Anschließend können weitere Teams und Bereiche des Unternehmens an die Vorgehensweise Ihres Teams angeschlossen und einbezogen werden. Dieser Umstieg soll iterativ und inkrementell durchgeführt werden. Das gesamte Unternehmen und alle Bereiche der Organisation sollen konsequent auf der Basis des Liquid-Leadership-Modells transformiert werden.

Ihr Unternehmen wird von einem Betriebsrat unterstützt. Auf der Grundlage einer Betriebsvereinbarung arbeiten Sie mit den Mitgliedern des Betriebsrats zusammen und binden sie in Ihre Überlegungen und Ihr Vorgehen kontinuierlich ein. Dabei legen Sie Ihre Intention und die Auswirkungen der Veränderungen auf die Arbeitsinhalte und -anforderungen der Mitarbeitenden, die Sie anstreben, umfassend und vorbehaltlos dar. Sofern die Mitglieder des Betriebsrats daran interessiert sind, binden Sie sie in die operative Umsetzung ein.

Ihre Aufgabe und Verantwortung als Managementexpertin ist es, jede einzelne Mitarbeiterin in die neuen Kooperationsformen einzuarbeiten, Orientierung über das Transformationsvorgehen zu geben, die individuelle Arbeitsweise zu erklären, Fragen der Mitarbeitenden zu klären und die operative Nutzung des Liquid-Leadership-Modells zu unterstützen.

4 I. Zyklus – Shu

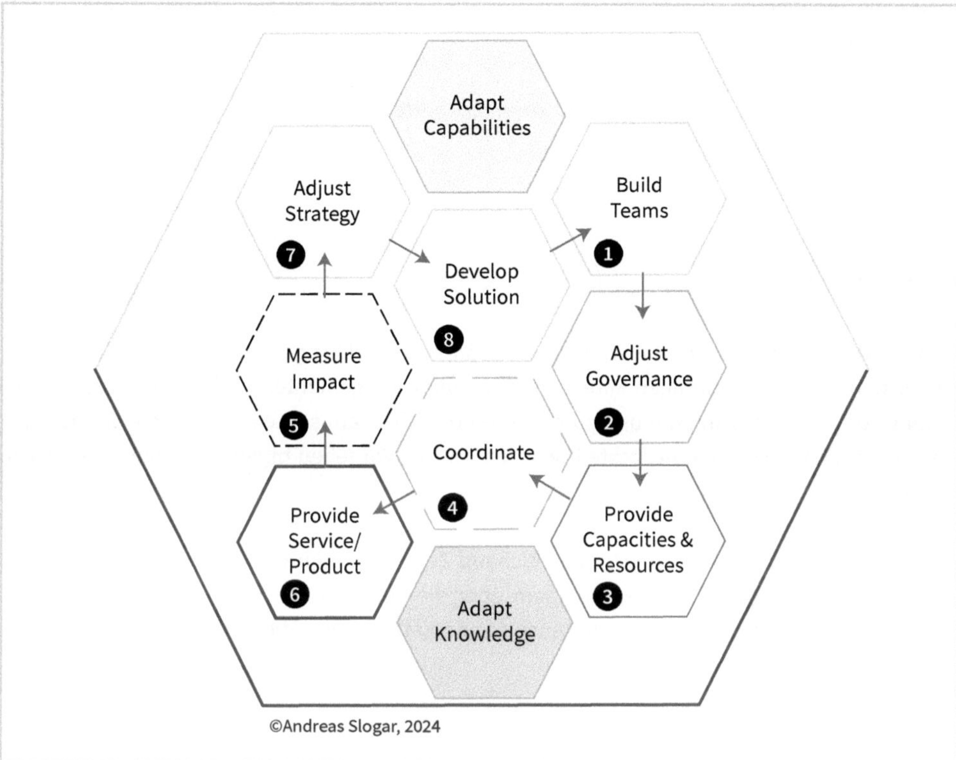

Abb. 8: Bausteine des I. Zyklus – Shu

4.1 Step I: Build Teams

4.1.1 Kontext

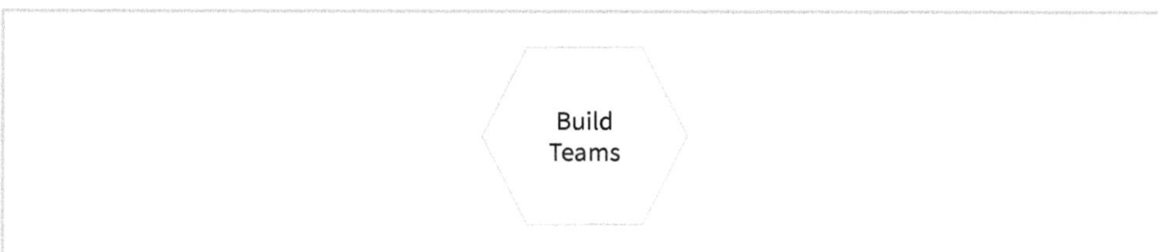

Abb. 9: Baustein Build Teams

Das Team ist der essenzielle Baustein und Ausgangspunkt jeder Kooperationsform in jeder Organisation, in der mehr als zwei Menschen miteinander arbeiten wollen. In diesem Baustein erfahren Sie, wie Mitarbeitende die Grundlage für selbstorganisierte Teams bilden, das Liquid-Leadership-Rollenmodell adaptieren und operative Aufgaben mit der Verantwortung für Managementaufgaben kombinieren.

> *I don't like that man. I must get to know him better.*
>
> *Abraham Lincoln*

4.1.2 Vorgehen

Beim initialen Durchlauf des Bausteins Build Teams im I. Zyklus geht es ausschließlich darum, das bestehende Team mit allen Mitarbeitenden über die geplanten Änderungen des Kooperationsmodells zu informieren und zu orientieren. Außerdem sollten speziell die Grundlagen psychologischer Sicherheit hergestellt werden. Dieses Vorgehen bildet die Grundlage für alle folgenden Auf- und Ausbauschritte.

Planen Sie als Managementexpertin ausreichend Zeit für den Aufbau dieses ersten Bausteins ein. Je besser die Mitarbeitenden im Team über die anstehenden Entwicklungen informiert sind, umso konstruktiver werden die Auseinandersetzung und die Einführung der weiteren Bausteine verlaufen.

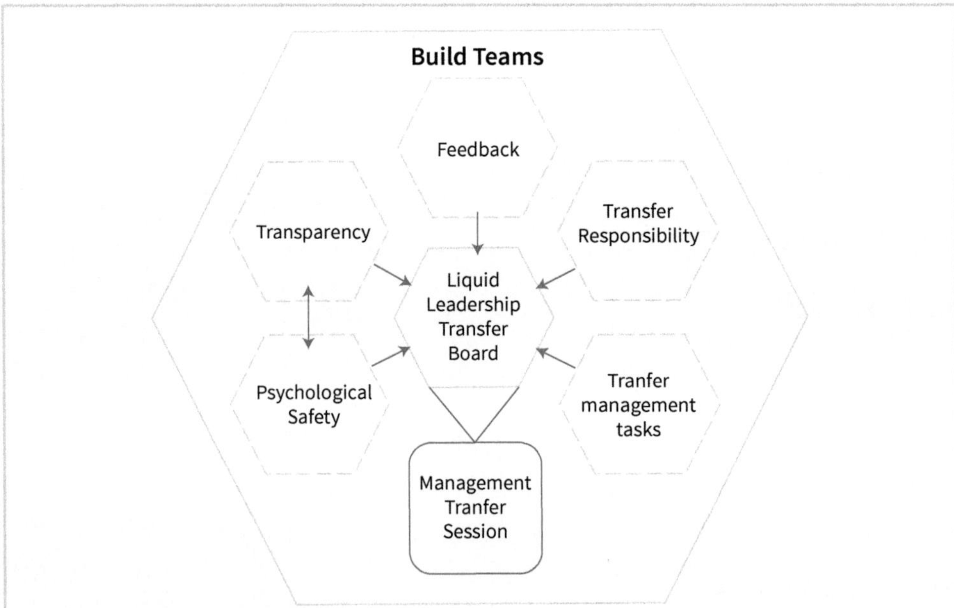

Abb. 10: Elemente im Baustein Build Teams

4.1.3 Teilschritt 1: Ein vertrauensvolles Arbeitsumfeld schaffen

Abb. 11: Element »Psychological Safety« im Baustein Build Teams

Build Psychological Safety

Beginnen wir zuerst mit dem Thema der psychologischen Sicherheit. Ohne psychologische Sicherheit ist es den Mitarbeitenden nicht oder nur eingeschränkt möglich, sich vorbehaltlos und mit all ihren Talenten, Ideen oder kritischen Beobachtungen und Überlegungen in die Kooperation mit allen Teammitgliedern einzubringen. Ein Umfeld, in dem sich Mitarbeitende ohne Furcht vor Repressalien, Mobbing, persönlicher bzw. destruktiver Kritik etc. einbringen können, ist von verschiedenen Eigenschaften gekennzeichnet: Es gibt einen grundsätzlich emotional rücksichtsvollen Umgang, der von gegenseitigem Respekt geprägt ist; das Arbeitsumfeld ist tolerant, wertschätzend und bei Fehlern konstruktiv. Stellen Sie also zuallererst fest, wie ausgeprägt das Sicherheitsgefühl der Mitarbeitenden in Ihrem Team ist. Es wird schwer bis unmöglich sein, die nachfolgenden Schritte umzusetzen und unter den Mitarbeitenden die Bereitschaft zu einer partizipativen Kooperation aufzubauen, wenn gegenseitiges Misstrauen untereinander und auch Ihnen gegenüber besteht. Diesen ersten Schritt zu ignorieren oder seine Relevanz zu unterschätzen, ist sehr riskant.

Dass die psychologische Sicherheit in allen Bereichen der Wirtschaft notwendig und kritisch ist, ist in aller Munde – vor allem seit den Ergebnissen der Studien zur psychologischen Sicherheit, die Amy C. Edmondson, Professorin an der Harvard Business School, veröffentlicht hat. Ihr 2018 erschienenes Buch »Die angstfreie Organisation« hat das Thema weltweit populär gemacht. Um herauszufinden, wie es um dieses Thema in Ihrem Team bestellt ist, können Sie auch ohne psychologische oder pädagogische Vorkenntnisse, wie unten dargestellt, vorgehen. Hier sind vor allem gesunder Menschenverstand, Beobachtungsvermögen und die Fähigkeit zur Selbstreflexion gefragt.

Einzelgespräche: Lernen Sie einander im persönlichen Gespräch kennen. Nehmen Sie sich dafür ausreichend Zeit, um sich die einzelnen Mitarbeitenden individuell vorzustellen und vor allem Ihr Gegenüber so facettenreich wie möglich kennenzulernen. Erfahrungsgemäß sind für ein erstes Gespräch mind. 90 Minuten nötig, damit sich ein dynamischer Gesprächsfluss entwickeln kann. So bekommen beide Gesprächspartnerinnen ausreichend Zeit, sich zu äußern und ihre individuellen Fragen zu klären. Die Themengebiete sollten die jeweilige Person möglichst holistisch umfassen und nicht alleine auf berufliche oder professionelle Aspekte limitiert sein.

Achten Sie allerdings auch darauf, dass Sie nur Themen ansprechen, zu denen Ihr Gegenüber bereit ist, sich zu äußern. Nach dem Motto »Alles kann, nichts muss!« verfolgt ein Einzelgespräch kein quantifizierbares Ergebnis. Das Ziel ist, eine Beziehung zueinander aufzubauen. Folgende Leitfragen können beispielsweise für ein holistisches Kennenlernen von gegenseitigem Interesse sein.

- Welche Werte sind der Mitarbeitenden wichtig (z. B. Arbeitsplatzsicherheit, Gesundheit, respektvoller Umgang etc.)?
- Worauf legt die Mitarbeitende in der Zusammenarbeit besonderen Wert?
- Wie nimmt die Mitarbeitende Rücksicht auf ihre Kolleginnen?
- Welche Arbeitsform schätzt die Mitarbeitende (stille Einzelarbeit (Deep Work), Teamarbeit (Teamwork) oder beides im Wechsel etc.)?
- Welche Kommunikationsform zieht die Mitarbeitende vor (persönliches Gespräch individuell oder im Team, E-Mail etc.)?
- Welchen Talenten oder nebenberuflichen Interessen geht die Mitarbeitende nach?
- Wie ist ihre familiäre Situation?
- Welche persönlichen und beruflichen (Entwicklungs-)Ziele verfolgt die Mitarbeitende?
- Welchen persönlichen und beruflichen Entwicklungsweg hat die Mitarbeitende bisher erlebt?
- Welche fachlichen Kenntnisse und Erfahrungen hat die Mitarbeitende bisher erworben (in der Breite der Themen und der Tiefe der jeweiligen Detailkenntnisse)?
- Wie sicher fühlen sich die Mitarbeitenden in Ihrem Team dabei, sich vorbehaltlos zu äußern, ihre Ideen einzubringen und um Hilfe zu bitten?
- Welche positiven Aspekte an der Arbeit im Team kann die Mitarbeitende durch Anekdoten beschreiben?
- Welche Themen oder Bereiche sollten aus subjektiver Sicht der Mitarbeitenden im Team beobachtet und weiterentwickelt oder verändert werden?

Als Gesprächspartnerin können Sie diese oder vergleichbare Fragen beantworten, um von sich zu sprechen und sich vorzustellen. Achten Sie darauf, dass sich weder die Mitarbeitende noch Sie selbst in dem Gespräch über nicht anwesende Personen äußern sollten; vor allem nicht abfällig oder wertend. Da das Gespräch dazu dient, sich gegenseitig kennenzulernen, sollte auch jede Form von Feedback ausgeschlossen werden. Feedback als Kommunikationsformat werden wir an einer anderen Stelle explizit einsetzen und beschreiben.

Sollten Sie die vorherige Liste an Leitfragen um weitere ergänzen wollen oder sind aus Ihrer Sicht andere Themengebiete relevanter, um Ihre Gesprächspartnerin besser kennenzulernen, nehmen Sie gerne entsprechende Veränderungen vor. Achten Sie immer auf die Angemessenheit der Fragen im jeweiligen kulturellen Kontext. Die Frage nach der familiären Situation zum Beispiel kann in verschiedenen kulturellen Kontexten eine Grenzüberschreitung darstellen. In anderen ist sie ein Ausdruck von persönlichem Interesse. Gerade in multikulturellen Arbeitsumgebungen ist es ein wesentliches Element, sich mit dem Thema interkulturelle Kommunikation auseinanderzusetzen und die eigene Kommunikationsform darauf abzustimmen.

Umfrage zur psychologischen Sicherheit: Das individuelle Gespräch hat Ihnen einen ersten persönlichen Einblick in die Präferenzen, Talente und Charakteristiken der Mitarbeitenden gegeben. Sie konnten sich vorstellen und die für Sie wichtigsten Themen ansprechen. Das Thema der psychologischen Sicherheit haben Sie ebenfalls schon individuell abfragen können. Eine Eigenschaft von Einzelgesprächen ist, dass Teilnehmende sich je nach persönlicher Präferenz oder nach gewonnenen Erfahrungen unterschiedlich authentisch äußern. Es ist nicht auszuschließen, dass verschiedene Gesprächspartnerinnen Aussagen treffen, die nicht ihren wahren Überlegungen entsprechen, sondern eine verdeckte Intention verfolgen.

Die Authentizität der Äußerungen zu den verschiedenen Themengebieten werden Sie im Laufe der Zeit validieren können. Bezüglich der psychologischen Sicherheit ist es interessant herauszufinden, inwieweit die individuellen Äußerungen aus den Einzelgesprächen mit der kollektiven Einschätzung des Teams übereinstimmen oder voneinander abweichen. Hierzu können Sie eine anonymisierte Befragung unter allen Mitgliedern des Teams durchführen. Bei der Durchführung ist darauf zu achten, dass sie im Rahmen der Unternehmensrichtlinien und, sofern vorhanden, der Vereinbarungen mit dem Betriebsrat im Einklang stehen. Die Teamgröße sollte über fünf Mitarbeitenden liegen, ansonsten kann die Befragung datenschutzrechtlich unzulässig sein. Zur Durchführung der anonymen Umfrage können Sie den folgenden Fragebogen nutzen, der der Veröffentlichung von Amy Edmondson mit dem Titel »Psychological safety and learning behavior in work teams« (1999) entlehnt ist.

#	Frage	Stimme überhaupt nicht zu						Stimme voll und ganz zu
		1	2	3	4	5	6	7
1	Wenn ich in meinem Team einen Fehler mache, wird mir das oft vorgehalten.						X	
2	Mitglieder meines Teams lehnen andere manchmal ab, weil sie anders sind.					X		
3	Es ist schwierig, andere Mitglieder meines Teams um Hilfe zu bitten.						X	
4	In meinem Team ist es möglich, Probleme und schwierige Themen anzusprechen.		X					
5	In meinem Team ist es sicher, Risiken einzugehen.			X				
6	Niemand in meinem Team würde absichtlich etwas tun, das meine Leistung untergräbt.					X		
7	Bei der Arbeit mit meinen Teammitgliedern werden meine einzigartigen Fähigkeiten und Talente geschätzt und eingesetzt.	X						

Edmondson A. (1999): Psychological safety and learning behaviorin work teams

Abb. 12: Fragebogen zur psychologischen Sicherheit im Team mit exemplarischen Einschätzungen

Fassen Sie die Ergebnisse der Auswertung anschließend zusammen und bereiten Sie sie in einer anonymisierten Form auf. Eine Auswertung der individuellen Einschätzungen aller Teammitglieder können Sie beispielsweise in einer Tabellenkalkulation erstellen, in den Summen konsolidieren und als Balkengrafik visualisieren. Im nächsten Schritt können Sie die Ergebnisse mit den Teammitgliedern reflektieren. Zu diesem Zeitpunkt sollten Sie noch keine Annahmen oder Schlussfolgerungen aus den Befragungsergebnissen ziehen. Sie befinden sich nach wie vor in der Beobachtungsperspektive und wollen die multisubjektiven Sichtweisen der Teammitglieder kennenlernen. Anschließend können Sie diese kollektiv verarbeiten, diskutieren und entwickeln.

#	Frage	Stimme überhaupt nicht zu						Stimme voll und ganz zu		
		1	2	3	4	5	6	7	Σ	Ø
1	Wenn ich in meinem Team einen Fehler mache, wird mir das oft vorgehalten.	1	0	1	1	3	1	2	29	3,22
2	Mitglieder meines Teams lehnen andere manchmal ab,weil sie anders sind.	0	3	3	0	0	3	0	39	4,33
3	Es ist schwierig, andere Mitglieder meines Teams um Hilfe zu bitten.	3	3	2	0	1	0	0	52	5,78
4	In meinem Team ist es möglich, Probleme und schwierige Themen anzusprechen.	0	2	2	1	3	1	0	35	3,89
5	In meinem Team ist es sicher, Risiken einzugehen.	1	6	2	0	0	0	0	19	2,11
6	Niemand in meinem Team würde absichtlich etwas tun, das meine Leistung untergräbt.	1	1	2	0	1	2	2	40	4,44
7	Bei der Arbeit mit meinen Team mitgliedern werden meine einzigartigen Fähigkeiten und Talente geschätzt und eingesetzt.	0	1	1	3	2	1	1	40	4,44

Edmondson A. (1999): Psychological safety and learning behaviorin work teams

Gesamtbewertung über alle Fragen	28,22	4,03
Skala	7 bis 20	<2,4
	21 bis 34	<4,6
	35 bis 49	>4,6

Abb. 13: Darstellung der Befragungsauswertung zur psychologischen Sicherheit im Team

Gruppenreflexion

Nach den vorhergehenden Teilschritten haben Sie ein individuelles Bild von jedem Teammitglied gewinnen können und Ihnen liegt das Ergebnis der kollektiven Einschätzung zur psychologischen Sicherheit im Team vor. Im nächsten Teilschritt geht es darum, dieses anonym zusammengetragene Gruppenergebnis mit allen Teammitgliedern zu vergemeinschaften. Sie können jetzt die potenziellen Ursachen gemeinsam analysieren, um letztlich ein Verständnis darüber zu erlangen, wie die Situation zur psychologischen Sicherheit im Team verbessert oder weiterhin sichergestellt bzw. stabilisiert werden kann. Je nach Ergebnis der Umfrage und der Einschätzung der Teammitglieder gilt es, ein psychologisch sicheres Arbeitsumfeld sukzessive aufzubauen oder sich gemeinsam darüber bewusst zu werden, welche Faktoren, Verhaltensweisen, Rituale oder Rahmenbedingungen bewahrt werden sollten, um das erreichte Niveau weiterhin sicherzustellen, zu festigen oder auszubauen. Zur Unterstützung und Strukturierung der Gruppenreflexion können Sie beispielsweise folgende Formate einsetzen.

Retrospektive

Für die Durchführung einer Retrospektive in dieser Struktur bitten Sie die Teilnehmenden darum, ihre Ideen für die Verbesserung oder Verfestigung der aktuellen Kommunikations- und Kooperationsform zusammenzutragen. Bitten Sie die Teilnehmenden, sich dazu zu äußern, wie sich die Situation der psychologischen Sicherheit im Team konkret entwickeln sollte. Ein Retrospektiv-Workshop ist eine Methode, die weit verbreitet ist. Sie wird genutzt, um vergangene Arbeitsergebnisse oder Arbeitszyklen zu bewerten und Verbesserungsmöglichkeiten zu identifizieren. Eine beliebte Struktur für solche Workshops ist **Start-Stop-Improve-Continue**.

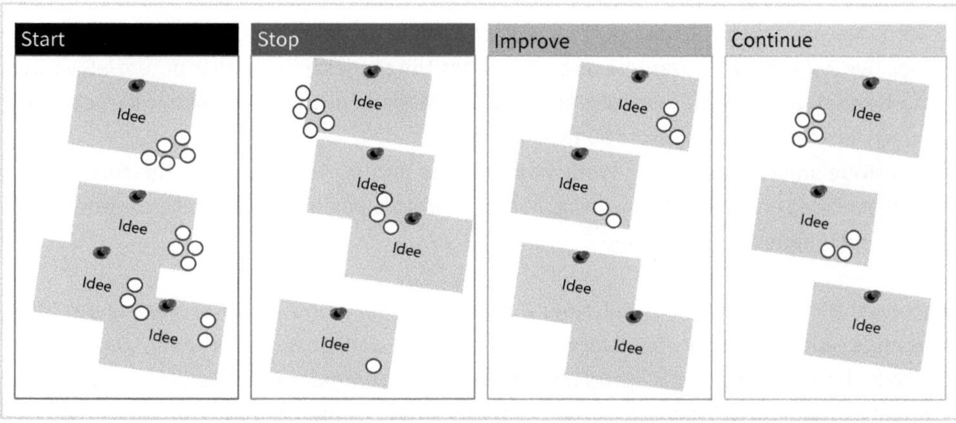

Abb. 14: Start-Stop-Improve-Continue als gängiges Format für die Strukturierung einer Retrospektive im Team

Der Ablauf des Workshops kann wie folgt aussehen:

Vorbereitung: Vor dem Workshop sollten alle Teilnehmenden darüber informiert werden, dass es sich um eine Retrospektive handelt und welche Themen besprochen werden sollen. Es sollte auch ein klarer Zeitplan festgelegt werden, um sicherzustellen, dass der Workshop reibungslos abläuft. In unserem Fall ist das Thema die Reflexion über den Zustand der psychologischen Sicherheit im Team. Sofern Sie erstmals einen retrospektiven Workshop durchführen und die Teilnehmenden damit noch nicht vertraut sind, planen Sie ausreichend Zeit für die Erklärung des Vorgehens und des Ablaufs ein. Versuchen Sie, diese Reflexion als persönliches Treffen der Teilnehmenden in einem geeigneten (Besprechungs-)Raum zu organisieren, der mit Moderationsmaterial ausgestattet ist.

Einführung: Den Workshop beginnen Sie als Einladende und als Moderatorin mit einer kurzen Einführung: Sie erläutern die Ziele des Workshops und laden die Teilnehmenden dazu ein, sich offen, kreativ und vorbehaltlos einzubringen. Als Nächstes wird die »Stop-Start-Improve-Continue«-Struktur zur Unterstützung des Dialogs folgendermaßen eingesetzt.

- **Start**: Im ersten Schritt werden aus individueller Sicht die Dinge angesprochen und die Ideen zusammengetragen, die die Form der Zusammenarbeit im Team vertrauensvoller gestalten können. Dazu schreiben die Teilnehmenden in stiller Einzelarbeit ihre Ideen auf Moderationskarten. Nach Ablauf der vorgegebenen Zeit werden die Karten dem Stichwort Start zugeordnet und von jedem Teilnehmenden kurz erklärt. Die Moderatorin achtet darauf, dass die geäußerten Ideen weder diskutiert noch kommentiert werden.
- **Stop**: Als Nächstes werden die Beobachtungen besprochen, die gestoppt werden sollten, da sie einen vertrauensvollen Umgang miteinander behindern oder stören. Das könnten beispielsweise individuelle Verhaltensweisen sein, wie sich gegenseitig ins Wort zu fallen oder Unterstützungswünsche von Kolleginnen zu ignorieren. Auch hier sollten die Teilnehmenden ihre individuellen Ideen kurz erläutern und begründen, warum diese Dinge gestoppt werden sollten.

- **Improve**: Im dritten Schritt geht es darum, Ideen zusammenzutragen, die bestehende positive Aspekte der Zusammenarbeit und des Umganges miteinander potenziell verbessern könnten. Die Teilnehmenden sollten aus ihrer persönlichen Perspektive sprechen und Ideen vorstellen, die sie selbst beitragen können.
- **Continue**: Im letzten Teil des Workshops geht es darum, Aspekte der Teamarbeit zusammenzutragen und explizit zu würdigen, die bereits als positiv beobachtet oder erlebt wurden und erhalten bleiben sollen.

Abschluss: Der Workshop wird mit einer Zusammenfassung und der Priorisierung der Ideen abgeschlossen, die von den Teilnehmenden die meiste Unterstützung erhalten. Dazu vergibt jede Teilnehmende eine vorher festgelegte Anzahl an Abstimmungspunkten. Es sollte eine klare Verantwortung für die Umsetzung der Ideen festgelegt werden, die von den Teilnehmenden priorisiert wurden.

Die »Start-Stop-Improve-Continue«-Methode ist eine einfache, aber sehr effektive Möglichkeit, um retrospektive Workshops zu strukturieren und sicherzustellen, dass alle wichtigen Themen angesprochen werden und jede der Teilnehmenden sich aktiv einbringen kann. Das Workshopformat kann alternativ auch im Rahmen einer Videokonferenz remote und auf einem digitalen Whiteboard durchgeführt werden. Der persönliche Dialog vor Ort ist bei einem kritischen Thema wie dem der psychologischen Sicherheit im Team einem virtuellen Meeting jedoch erfahrungsgemäß vorzuziehen.

Wanderkarten

Bei diesem Format geht es darum, ohne eine vorgegebene Struktur von Schwerpunkten oder Themengebieten durch freie Assoziationen gemeinsam Verbesserungsideen zu entwickeln. Da für dieses Format lediglich Moderationskarten und Stifte benötigt werden, kann es auch spontan, ohne große Vorbereitung oder aufwendige Infrastruktur eingesetzt werden. Der Einsatz von Moderationskarten im Rahmen eines Workshops kann wie folgt aussehen:

Die Teilnehmenden setzen sich in einen Stuhlkreis oder gruppieren sich sitzend um einen ausreichend großen Tisch, an dem alle genügend Platz zum Schreiben haben. Jede Teilnehmende erhält einen Stift und Moderationskarten. Darauf notiert sie ihre individuellen Ideen oder Wünsche, was für den Aufbau oder die Festigung einer vertrauenswürdigen Arbeitsatmosphäre im Team geeignet oder notwendig ist.

Nach Ablauf eines von der Moderation vorgegebenen Zeitfensters, z. B. drei Minuten, hören alle Teilnehmenden auf, zu schreiben und geben ihre Karte an die jeweils rechte Nachbarin weiter und erhalten von der Teilnehmenden zu ihrer Linken eine Karte. Das nächste Zeitfenster beginnt: Die Teilnehmenden lesen den Text auf der erhaltenen Karte und ergänzen ihre Ideen und Assoziationen.

Die Schritte drei und vier werden, je nach Teilnehmerinnenzahl, entweder so lange wiederholt, bis die initialen Wanderkarten wieder an ihrem Ausgangspunkt angekommen sind oder jede Karte mind. drei Ergänzungen aufweist. Abschließend werden die Wanderkarten an einer Pinnwand befestigt. Die initialen Autorinnen fassen die Inhalte mit den Ergänzungen zusammen und stellen sie den Teilnehmenden vor. Wie bei einer Retrospektive können die Wanderkarten durch Klebepunkte von den Teilnehmenden priorisiert und die Umsetzung durch die Teilnehmenden organisiert und vereinbart werden.

Es ist Ihnen als Managementexpertin überlassen, für welches der hier beschriebenen Formate Sie sich entscheiden, um die Entwicklung einer produktiven und mitarbeiterinnenzentrierten Zusammenarbeitskultur zu fördern. Sie können auch jedes alternative Format nutzen, wenn es Ihnen passend und für alle Teilnehmenden anschlussfähig erscheint. Wichtig ist, dass Sie das Thema der psychologischen Sicherheit konsequent und kontinuierlich, am besten in einem regelmäßigen Turnus, im Team reflektieren und analysieren. Selbst wenn ein Team ein hohes Niveau an psychologischer Sicherheit erreicht hat, kann es immer wieder zu negativen Einflüssen kommen, die den erreichten Zustand destabilisieren. Ein neues Teammitglied, ein Konflikt mit einem Nachbarteam oder die plötzliche Kündigung einer Kollegin kann zu negativen Veränderungen führen, die einer offenen und kollektiven Bearbeitung und Auseinandersetzung bedürfen.

Ist die Grundlage einer vertrauensvollen und wertschätzenden Arbeitskultur im Team gegeben oder ist zumindest die Voraussetzung einer konstruktiven und positiven Entwicklung erreicht, können Sie zum nächsten Teilschritt übergehen.

4.1.4 Teilschritt 2: vorbehaltlose Informationspolitik

> *It's much more important to communicate when you don't have the answers than when you do.*
>
> *Ed Bastian, CEO, Delta Air Lines, during the COVID pandemic*

Build Transparency

Beginnen Sie als Managementexpertin damit, Ihre Mitarbeitenden über die aus Ihrer Sicht notwendigen Veränderungen in der Art und Weise der Kooperation zu informieren. Achten Sie vor allem darauf, dass Sie diese Notwendigkeit auf der Grundlage Ihrer persönlichen, subjektiven Beobachtungen, Wahrnehmungen und Einschätzungen vornehmen. In Ihren Ausführungen sollten keine Wertungen enthalten sein. Stehen Ihnen zusätzlich sachliche Grundlagen zur Verfügung, die Ihre Ausführungen unterstützen? Gut, nutzen Sie diese Zahlen, Daten und Fakten (kurz ZDF) wie beispielsweise Kennzahlenberichte oder Studien und Marktanalysen dazu, Ihre Perspektive für die Mitarbeitenden im Team nachvollziehbar zu gestalten.

Es empfiehlt sich, den Umfang und die Informationsdichte dieses Teilschritts so zu gestalten, dass er für die Teilnehmenden leicht zu überblicken und zu verstehen ist. Führen Sie nicht jedes Detail auf, das Ihnen aufgefallen ist, das Ihnen zugetragen wurde oder das Sie identifizieren konnten. Fokussieren Sie sich vielmehr auf die aus Ihrer Einschätzung wichtigsten, kritischsten, wirksamsten oder relevantesten Punkte. Sie können weitere Details bei Rückfragen oder zu einem anderen Zeitpunkt hinzufügen bzw. im Rahmen einer späteren Vertiefung oder Ergänzung nutzen.

Eine Fokussierung auf z. B. die Top 5 hilft nicht nur den Teilnehmenden dabei, Ihnen leichter zu folgen, sondern schützt sie auch davor, sich in interessanten, aber irrelevanten Details zu verlieren. Folgende Leitfragen, die keinen Anspruch auf Vollständigkeit erheben, können Ihnen bei der Aufstellung und Priorisierung hilfreich sein und Sie von dem FoMo-Syndrom bewahren.

- Welche Arbeitsergebnisse haben Sie identifizieren können und inwiefern stehen diese im Einklang mit den Anforderungen der Umwelt, z. B. mit der Auftraggeberin?
- Worin bestehen Abweichungen zwischen der erbrachten Leistung des Teams und den externen Anforderungen hinsichtlich Qualität, Kosten, Produktivität, Zuverlässigkeit, Kreativität, Anpassungsfähigkeit etc.?
- Welche Auswirkungen konnten Sie aufgrund dieser Abweichungen feststellen und woran konnten Sie diese quantitativ und qualitativ messen?
- Welche Kooperations- und Kommunikationsformen haben Sie innerhalb des Teams und in der Zusammenarbeit mit Nachbarteams oder Abteilungen beobachtet? Welche Irritationen, zeitlichen Verzögerungen (Liegezeiten oder Wartezeiten bei Entscheidungsbedarfen), Informationsverluste etc. konnten Sie feststellen?
- Welche Konflikte oder Reibungsverluste haben Sie innerhalb des Teams oder in der Zusammenarbeit des Teams mit anderen Bereichen im Unternehmen oder mit Kundinnen beobachtet?

Bei diesem Schritt ist es, neben einer sachlichen und möglichst neutralen bzw. objektiven Art und Weise der Informationsaufbereitung, wichtig darauf zu achten, keinerlei Lösungen zu empfehlen, zu fordern oder zu intendieren.

Wollen Sie die kollektiven Fähigkeiten aller Mitarbeitenden zur Problemlösung und Verantwortungsübernahme in Ihrem Team einbinden und nutzbar machen? Wollen Sie die Betroffenen zu Beteiligten machen? Dann wird die Authentizität Ihrer Absicht bereits in diesem ersten Schritt explizit dadurch sichtbar, dass Sie Ihre Ideen und Hypothesen zurückhalten – unabhängig davon, wie sehr Sie davon überzeugt sind. Sollten Sie bereits Ideen für potenzielle Lösungen oder Handlungsnotwendigkeiten entwickelt haben, dann schreiben Sie diese unbedingt auf, halten Sie sie jedoch zurück.

Die Form der Aufbereitung und Kommunikation der gesammelten Inhalte ist Ihnen überlassen. Sie sollte sich aber an Formaten orientieren, die unternehmensweit bekannt, den Mitarbeitenden vertraut und von ihnen akzeptiert sind. Das erleichtert erfahrungsgemäß den Zugang. Ob

Präsentationsfolien, Auflistungen auf Flipcharts, die Zusammenstellungen Ihrer Inhalte auf Moderationskarten oder ein digitales Whiteboard – all das ist Ihnen überlassen.

Bei der Strukturierung der Inhalte empfehlen wir eine Methode zur konsequenten Kommunikation, die von Barbara Minto (1996) entwickelt wurde und von ihr »Das pyramidale Prinzip« genannt wird. Diese Vorgehensweise wird auch als Minto-Prinzip bezeichnet.

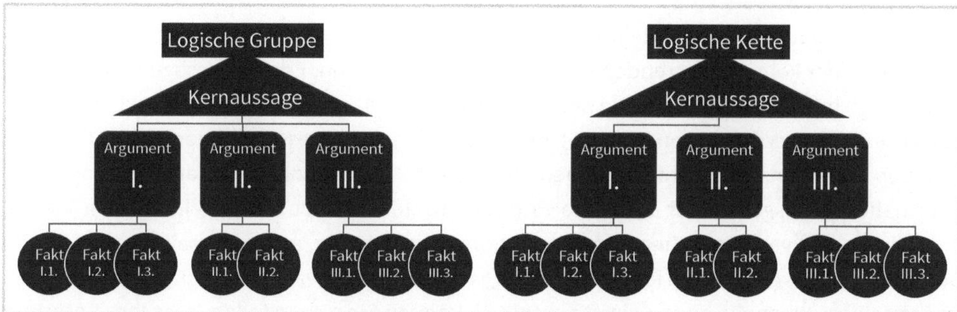

Abb. 15: Mögliche Argumentationsketten des Minto-Prinzips

Das Prinzip basiert auf vier aufeinander aufbauenden Schritten.

1. **Situation klären**: Zu Beginn ist es wichtig, die Ausgangssituation zu beschreiben. Hier geht es darum, den Kontext und die Hintergründe zu erläutern, damit alle Beteiligten verstehen, worum es geht.
2. **Problem/Potenzial/Chance aufzeigen**: Als nächstes sollten Sie das Problem oder die Herausforderung beschreiben, auf die Sie eingehen möchten. Hier ist es wichtig, das Problem klar und prägnant zu benennen, damit die Zuhörenden verstehen, worum es geht.
3. **Lösung präsentieren**: Im nächsten Schritt sollten Sie eine mögliche Lösung für das Problem präsentieren. Sie sollten sie so detailliert wie nötig beschreiben, aber dabei darauf achten, dass Sie nicht zu viele Details oder unnötige Informationen einbringen.
4. **Ergebnisse beschreiben**: Abschließend sollten Sie die Ergebnisse beschreiben, die durch die Umsetzung der Lösung erreicht werden können. Hier ist es wichtig, die Vorteile und den Nutzen klar und prägnant darzulegen, um das Interesse der Zuhörenden zu wecken.

Diese Analyse- und Argumentationsschritte können als sogenannte »logische Gruppe« oder »logische Kette« strukturiert sein. Eine »logische Kette« bezieht sich auf eine Abfolge von Gedanken oder Argumenten, die aufeinander aufbauen und in einer klaren Reihenfolge präsentiert werden. Jedes Glied dieser Kette führt logisch zum nächsten und unterstützt das übergeordnete Ziel der Ausführungen. Eine logische Kette kann Gedanken oder Argumente in einer Ursache-Wirkungs-Beziehung darstellen oder von allgemeinen Informationen zu spezifischeren Details führen. Sie hilft dabei, die Überlegungen und Ausführungen klar und verständlich zu strukturieren.

Im Gegensatz dazu steht die »logische Gruppe«. Sie gruppiert verwandte Gedanken oder Informationen, um eine bestimmte Idee oder ein bestimmtes Thema zu unterstützen. Logische Gruppen können mehrere Gedanken, Beispiele oder Details enthalten, die gemeinsam eine übergeordnete Aussage oder These stützen. Sie ermöglichen eine bessere Organisation von Informationen, insbesondere wenn diese inhaltlich zusammengehören, aber nicht unbedingt in einer linearen Abfolge präsentiert werden müssen.

Die Unterscheidung zwischen logischen Ketten und logischen Gruppen im Minto-Modell ermöglicht es der kommunizierenden Person, ihre Überlegungen, Erkenntnisse und Empfehlungen als schriftliche Kommunikation so zu strukturieren, dass sie klar und überzeugend sind. Logische Ketten ermöglichen eine gut durchdachte, schrittweise Argumentation. Logische Gruppen bieten eine effiziente Zusammenfassung und Organisation von zusammenhängenden Informationen. Insgesamt ist das Minto-Prinzip eine Methode zur Sicherstellung einer klaren, prägnanten und verständlichen Kommunikation. Es ist wichtig, auf die Details zu achten, die Botschaft einfach und klar zu formulieren und, wie eingangs erwähnt, unnötige Informationen zu vermeiden. Wenn Sie diese Schritte befolgen, können Sie sicherstellen, dass Ihre Botschaft effektiv und verständlich vermittelt wird.

Für unsere Vorgehensweise fokussieren wir uns zunächst auf die Kettenglieder 1. »Situation klären« und 2. »Problem aufzeigen«. So schaffen wir zunächst die nötige Grundlage, um die Mitarbeitenden im nächsten Teilschritt in eine aktive Lösungsentwicklung einzubinden.

4.1.5 Teilschritt 3: Rückkopplung durchführen

Get Feedback

Sie haben die von Ihnen identifizierten bzw. zusammengetragenen Problemstellungen und Entwicklungsnotwendigkeiten des Teams vorgestellt. Jetzt geht es darum, die Talente, Kenntnisse, Erfahrungen und Fähigkeiten der Mitarbeitenden in die Entwicklung und Umsetzung von Lösungen, neuen Produkten, Dienstleistungen, Angeboten etc. einzubinden.

Durch die Aktivierung der kollektiven Intelligenz, und damit ist nicht die viel zitierte Schwarmintelligenz gemeint, sollen nicht nur die bestmöglichen Ideen gesammelt, Lösungswege geplant und umgesetzt werden; auch die Qualität der Verständnisgrundlage für das Vorgehen aller Teammitglieder soll möglichst konsistent und hochwertig sein. Ein grundsätzlicher Effekt dieser Form der kollektiven Problemlösung ist, dass sich das sogenannte »Not-invented-here«-Syndrom nur schwerlich ausbreiten kann, wenn die entwickelte Lösung und das entworfene Vorgehen das Ergebnis der Mitarbeitenden und nicht die Vorgabe der Vorgesetzten sind. Die Stufen dieser kollektiven Lösungsentwicklung können folgendermaßen aussehen.

Verständnisfragen klären: Nach der Vorstellung der Situationsanalyse und der Problemstellung werden alle Verständnisfragen geklärt, die von den Teilnehmenden geäußert werden. In dieser Phase ist es wesentlich, sich konsequent auf das Sammeln und Klären von Fragen zu fokussieren. Lassen Sie keine Diskussion darüber zu, ob die vorgestellte Situationsanalyse und Problembeschreibung richtig oder falsch ist.

Ergänzungen zusammentragen: Fragen Sie jetzt, nachdem ein möglichst konsistentes Verständnis der vorgestellten Informationen erreicht ist, die Mitarbeitenden zunächst nach ihren Ergänzungen. Welche zusätzlichen Aspekte, Beobachtungen, Erfahrungswerte oder Themenbereiche sollten aus Sicht der Teilnehmenden ergänzt werden? Wir sehen nur das, was wir sehen können, also brauchen wir die Ergänzungen der anderen, um etwaige Lücken zu schließen. Dieser Schritt der Bitte um Ergänzung durch die Teilnehmenden ist ein weiteres wichtiges Element, um explizit und für alle authentisch sichtbar zu machen, dass Sie als Managementexpertin nicht den Anspruch erheben, allwissend zu sein. Sie stellen zur Verfügung, was Sie identifizieren und analysieren können und präsentieren es den Fachexpertinnen. So können Sie, ausgehend von der vorbereiteten Grundlage, ihre Kenntnisse ergänzen und das Vorhandene veredeln.

Auf dieser Stufe der Kooperation sollten Sie darauf achten, dass keine Lösungen von den Teilnehmenden entwickelt und eingebracht werden. Wenn Teilnehmende Lösungsideen äußern, bitten Sie sie, alle Ideen diesbezüglich zu notieren, damit sie zu einem späteren Zeitpunkt im Vorgehen eingebracht und verarbeitet werden können.

Achten Sie in dieser Stufe auch auf das Zeitfenster für Ergänzungen. Es geht nicht darum, alle denkbaren Themenbereiche von den Teilnehmenden erfassen zu lassen. Meist sind die ersten und spontansten Ergänzungen auch die relevantesten. Wichtig ist, dass ein Grundverständnis und eine Anschlussfähigkeit der Teilnehmenden erreicht bzw. hergestellt werden, um das Vorgehen an sich durchzuführen. Reicht der erreichte Arbeitsstand aus? »Is it safe/complete enough to try?« Validieren Sie das anhand dieser Frage und gehen Sie dann zur nächsten Stufe über.

Kritikalität feststellen und priorisieren: Die bisher zusammengetragene und ergänzte Grundlage an Situationsanalysen und Problembeschreibungen gilt es, hinsichtlich ihrer individuellen Kritikalität einzuschätzen und entsprechend zu priorisieren. Da die Kapazitäten und Ressourcen in jedem Team und in jeder Organisation begrenzt sind, sollten die verfügbaren Rahmenbedingungen fokussiert eingesetzt werden. Nur so erreichen Sie ein Höchstmaß an Wirksamkeit.

Zur Identifikation der Kritikalität sollten die Teilnehmenden ihre individuelle Einschätzung zu den wichtigsten drei bis fünf Themen individuell aufschreiben. Anschließend werden diese Einschätzungen vorgestellt. Bei Überschneidungen werden sie zusammengefasst, konsolidiert oder gruppiert. Ist dieser Prozess abgeschlossen, kann durch die bereits vertraute Vergabe von drei bis fünf Punkten eine kollektive Priorisierung und damit eine Rangreihenfolge der kritischsten Problemstellungen festgelegt werden.

Lösungsideen fokussiert entwickeln: Nun kann der kreative Teil des kollektiven Vorgehens beginnen. Für die Themen, die priorisiert und damit als kritischste oder relevanteste Problemstellungen festgelegten wurden, werden nun potenzielle Lösungen oder Lösungsideen entwickelt. Dazu ist es hilfreich, zunächst alle denkbaren Ideen und Vorschläge im Team zusammenzutragen. Dabei sollte darauf geachtet werden, dass keine der aufkommenden Ideen direkt diskutiert, bewertet oder hinsichtlich der technischen oder wirtschaftlichen Realisierbarkeit eingeschätzt wird. Nach dem Motto »Alles ist erlaubt, nichts ist unmöglich!« soll zunächst der Kosmos der Möglichkeiten grenzenlos gehalten werden. Die Limitierungen des faktisch Machbaren werden zu einem späteren Zeitpunkt berücksichtigt.

Um diese Stufe des Vorgehens umzusetzen, sind verschiedene Hilfsmittel denkbar. Es gibt viele Methoden und Techniken zur kreativen Problemlösung. Die Auswahl der richtigen Methode hängt von der Art des Problems und von den Fachexpertinnen ab, die an der Lösung beteiligt sind.

Hier ist eine Auswahl häufig anzutreffender Methoden:

- Brainstorming: Dies ist eine der bekanntesten Methoden zur Ideenfindung. Die Teilnehmenden werden dazu ermutigt, möglichst viele Ideen zu einem Thema zu generieren, ohne ihre Kritik oder Bewertung zu berücksichtigen.
- SCAMPER: Diese Methode beinhaltet die Anwendung von sieben verschiedenen Techniken, um vorhandene Ideen neu zu gestalten und zu verbessern. Die Techniken umfassen Combine, Adapt, Magnify, Modify, Put to another use, Eliminate und Rearrange/Reverse.
- Mind-Mapping: Dabei handelt es sich um eine visuelle Methode zur Darstellung von Ideen und ihren Verbindungen. Sie wird verwendet, um Ideen zu organisieren, um Zusammenhänge zu visualisieren und um neue Verbindungen zu identifizieren.
- TRIZ (Theorie des erfinderischen Problemlösens): Diese ist eine systematische Methode zur Lösung technischer Probleme. Sie ist aber nicht auf diese Kategorie limitiert. Das Vorgehen basiert auf der Idee, dass viele technische Probleme bereits gelöst wurden und dass diese Lösungen nach verschiedenen Prinzipien auf andere Probleme übertragen werden können.
- Design Thinking: Diese Methode ist eine iterative Herangehensweise an die Problemlösung, die sich auf den Anwender der Lösung konzentriert. Sie beinhaltet die Definition des Problems, die Ideengenerierung, das Prototyping und die Testphase des Prototyps zur Validierung der Wirkung.
- Six Thinking Hats: Diese Methode wurde von Edward de Bono entwickelt und beinhaltet das Tragen von sechs verschiedenen Hüten, um verschiedene Arten des Denkens zu repräsentieren. Jeder Hut steht für eine andere Art von Denken, wie beispielsweise kritisches Denken oder kreatives Denken.
- Lateral Thinking: Diese Methode beinhaltet das Denken außerhalb der gewohnten Muster und das Erkunden ungewöhnlicher Lösungen. Sie beinhaltet oft das Umkehren von Annahmen und das Betrachten eines Problems aus verschiedenen Perspektiven.
- π-Prozess: Das Hasso-Plattner-Institut (HPI) hat die Anwendungsmöglichkeiten von Design Thinking weiterentwickelt und ein umfangreiches Framework zur Lösung strategischer Pro-

blem- und Fragestellungen entwickelt, die speziell im Rahmen der Digitalisierung und der Aufgabenstellungen zur Entwicklung nachhaltiger Wirtschaftskreisläufe eingesetzt werden.

Aus der Fülle der verfügbaren Methoden und Techniken sollten Sie, zusammen mit Ihren Fachexpertinnen, eine Auswahl treffen. Sie sollte der Komplexität der zugrunde liegenden Problemstellung angemessen sein und dem Kenntnisstand und den Fähigkeiten des Teams entsprechen. Meist ist es ein guter Startpunkt, mit einer einfachen Methode wie dem Brainstorming zu beginnen, um den Umfang der potenziellen Lösungen einzugrenzen. Im Laufe des Prozesses und in Verbindung mit einem höheren Reifegrad können Sie umfangreichere Werkzeuge wie Design Thinking oder den π-Prozess einsetzen. Der Fokus liegt also auf der Entwicklung wirksamer Problemlösungen und nicht im Einsatz des perfekten Werkzeugs.

Stehen die ersten kollektiv erarbeiteten Lösungsideen und -optionen fest, können diese in das eingangs beschriebene, auf dem Minto-Prinzip basierende Gesamtvorgehenskonzept integriert werden. Konkret sind das die Schritte »3. Lösung präsentieren« und »4. Ergebnis beschreiben«. Dadurch erhalten Sie und Ihr Team eine konsistente Grundlage für alle weiteren Schritte zur Umsetzung der identifizierten, priorisierten und vorbereiteten Lösungsideen. Das erlaubt Ihnen zum einen, in die konkrete Umsetzung überzugehen, Ihr Unternehmensumfeld professionell über Erkenntnisse und Vorgehensweise zu informieren, die benötigten Rahmenbedingungen zusammenzutragen und die Notwendigkeit der anstehenden Veränderungen und Entwicklungen transparent zu kommunizieren.

Sie können mit diesen konzeptionellen und argumentativen Grundlagen weitergehende Prozesse wie beispielsweise die Budgetierung, das Portfoliomanagement oder die Softwareentwicklung anschließen, darauf aufbauen oder nötigenfalls anpassen. Im weiteren Verlauf des Liquid-Leadership-Modells wird auch auf die Entwicklung von (Unternehmens-)Strategien eingegangen. In diesem initialen Zyklus nehmen wir eine individuelle Situationsanalyse als Ausgangspunkt. Diese ersetzen wir später durch die vorbereitete Strategie und gehen damit in die nächste Ausbaustufe partizipativer Selbstorganisation über.

Aus der Innensicht des Teams haben Sie nicht nur eine gemeinsam entwickelte und somit kollektiv verstandene Arbeitsgrundlage geschaffen. Sie haben auch einen Bezugspunkt hergestellt, der es Ihnen und allen Mitarbeitenden ermöglicht, zukünftig auftretende oder identifizierte Änderungen einfließen zu lassen. Dies ermöglicht grundsätzlich die viel zitierte Anpassungsfähigkeit (auch Agilität genannt), da jede Problemlösung, jedes neue Produkt und jeder neue Prozess nur so gut und wirksam sind, wie sie den aktuellen und zukünftigen Anforderungen gerecht werden können.

4.1.6 Teilschritt 4: Liquid-Leadership-Elementarrollen verteilen lassen

Transfer Responsibility

Nachdem wir die Grundlagen für ein psychologisch sicheres und damit angstfreies Arbeitsumfeld geschaffen und die inhaltlich relevanten Problem- und fachlichen Aufgabenstellungen identifiziert haben, wenden wir uns in diesem Teilschritt dem Aufbau der organisatorischen Grundlagen zu. Diese benötigen wir, um unserem Ziel näherzukommen: einer partizipativen Kooperationsform selbstorganisierter Teams von Fachexpertinnen.

Um das zu erreichen, machen wir uns das spezifische Modell der Elementarrollen zunutze, das auf dem eingangs erwähnten Viable System Model (VSM) von Stafford Beer aufbaut und in Kapitel 4. eingeführt wurde.

4.1.6.1 Elementarrollen als Komponenten sich selbstorganisierender Teams

Die in Kapitel 4. vorgestellten Elementarrollen **O, D, G, M, C** und **M*** stellen die grundlegenden Kompetenzen dar, mit denen die Kooperation der Mitarbeitenden eines Teams von den Teammitgliedern selbstorganisiert und koordiniert wird. Damit ist der Kern unserer Aussage erreicht, dass das Management als Teamfähigkeit aufgebaut werden kann. Um diese Ausrichtung im Laufe des Buches optisch zu unterstützen, nutzen wir die folgende Grafik.

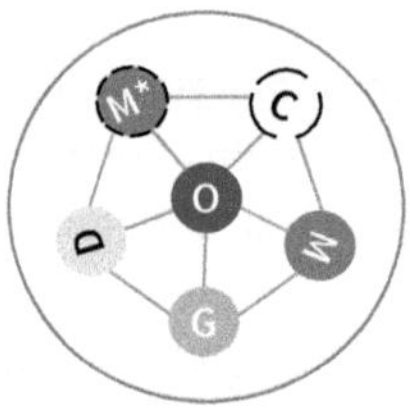

Abb. 16: Selbstorganisiertes Team mit allen Elementarrollen

Diese Darstellung repräsentiert ein individuelles Team mit allen Elementarrollen. Sind alle Perspektiven und Aufgaben der Elementarrollen im Team etabliert, ist die Ausrichtung der Elementarrollen **D, G, C, M*** und **M** darauf fokussiert, die operativen Expertinnen der Elementarrolle O dabei zu unterstützen, die bestmöglichen Arbeits- und Kooperationsbedingungen vorzufinden. Wie die Abbildung zeigt, gibt es in den Kooperationsbeziehungen der Elementarrollen, und damit der Mitarbeitenden, die diese verantworten, keine Hierarchie. Alle Elementarrollen sind gleichermaßen wertvoll, wichtig und gültig. Im Gegensatz zu einer hierarchischen Team- oder Organisationsstruktur ist in unserem Team der individuelle Beitrag einer Elementarrolle zu einer konstruktiven und produktiven Kooperation aller Teammitglieder relevant. Position oder Status sind irrelevant, da sie nicht existieren.

Alle Elementarrollen, die gemeinsam ein selbstorganisiertes und sich selbst managendes Team bilden, arbeiten vollständig autonom. Wichtig ist, zu betonen, dass sie nicht autark arbeiten, da sie als Team insgesamt im Kontext einer Unternehmensorganisation eingebettet sind, in der es kooperieren muss und will. Als Analogie ist der Vergleich des autonomen Teams mit der Zelle in der Biologie hilfreich. Biologische Zellen sind ebenfalls autonom, allerdings können sie nicht autark, also ohne den Kontext einer Zellgruppe, existieren. Erst als Zellgruppe bilden diese autonomen Zellen beispielsweise ein menschliches Körperorgan. Führt man diese rekursive Struktur weiter, so bilden autonome Organe in der Summe in ihrer Funktion den menschlichen Organismus. In dieser Analogie wird deutlich, dass der individuelle Beitrag der Zellen und Organe relevant ist und Status oder Einfluss keine Rolle spielen. Zumindest ist es unvorstellbar, dass Zellen und Organe darüber streiten, wer wie wichtig ist und wer was zu sagen hat. Jede Zelle und jedes Organ ist darauf fokussiert, ihren individuellen Beitrag zur Sicherung der eigenen Existenz und der Existenz des Gesamtorganismus in seiner Umwelt zu leisten. Diese sehr simple Analogie hat sich in Diskussionen über den Sinn, die Intention und vor allem die Anpassungsfähigkeit hierarchischer Organisationsstrukturen als sehr hilfreich erwiesen. Sie trifft außerdem eine rein qualitative Aussage darüber, dass alle Elementarrollen in einem Team etabliert sind. Eine quantitative Aussage über die Anzahl der Mitarbeitenden eines Teams ist nicht enthalten. Das Team kann aus zwei, aus zehn, 30 oder 50 Personen bestehen. Das bedeutet, dass ein Teammitglied mehrere Elementarrollen verantworten kann, wenn das aus Gründen einer effizienten und effektiven Verantwortungsverteilung im Team sinnvoll ist.

Im Verlauf des Buches werden wir noch eingehend über die Aspekte der Skalierung von Teamgrößen sprechen. In der initialen Aufbauphase, in der wir uns auf ein Team fokussieren, ist diese Ausprägung ausreichend.

4.1.6.2 Liquid-Leadership-Elementarrollen wählen

Nachdem wir ein erstes Verständnis der Elementarrollen aufgebaut haben, sollen die Verantwortungen dieser Elementarrollen durch Wahlen an die Mitarbeitenden im Team übertragen werden. Die Übertragung findet über ein Wahlverfahren statt. Die Teammitglieder sollen diejenigen Kolleginnen bestimmen, die sie fachlich und persönlich am kompetentesten für die Aufgabenstellung einer bestimmten Elementarrolle halten. So vermeiden Sie als Managementexpertin, dass Sie die Verantwortungen der Elementarrollen bestimmen und den aus Ihrer subjektiven Sicht am besten geeigneten Mitarbeitenden zuordnen. Ein derartiges Vorgehen würde dem Kernprinzip der Selbstorganisation eines Teams widersprechen. Die Durchführung einer geheimen Wahl stellt sicher, dass die Verantwortungsübernahme konsequent durch die Mitarbeitenden selbst erfolgt.

Bei der erstmaligen Wahl der Elementarrollen übernehmen Sie als Managementexpertin die Funktion der Wahlleitung. Sind die Elementarrollen einmal vergeben, geht die Verantwortung für die Durchführung von Wahlen an die Elementarrolle **Governance G** über. Als zweite Hilfestellung für die Einführung der Elementarrollen verbleibt die Elementarrolle **Coordination C** zunächst bei Ihnen als Managementexpertin. Sie wird daher bei der erstmaligen Durchführung der Wahl nicht vergeben. Sinn und Zweck dieser »Starthilfe« ist, dass Sie über die initiale Verantwortung der Elementarrolle **Coordination C** in der Lage sind, den Transformationsprozess der Mitarbeitenden zu koordinieren und zu unterstützen: hin zu einem sich selbstorganisierenden Team.

Zusätzlich erlaubt Ihnen diese Elementarrolle persönlich den Perspektivwechsel, um aus der Rolle einer hierarchischen Managerin in die Rolle der Managementexpertin Ihres Teams zu wechseln.

Hinweis

Als Kooperationsformat für die Durchführung der Wahlen dient das Governance Meeting, das von der Elementarrollenverantwortlichen der Governance G terminiert, organisiert und in den Ergebnissen dokumentiert wird. Weitergehende Bestandteile des Governance Meetings werden in den folgenden Kapiteln ergänzt.

Grundsätzliches

- Die Verantwortlichen aller Elementarrollen außer **Operation O** werden im Rahmen der geheimen Wahl von den Mitgliedern eines Teams bestimmt. Die Elementarrolle **Operation O** stellt die natürliche fachliche Verantwortung und Expertise einer Mitarbeitenden dar und wird nicht über Wahlen vergeben. Die Übernahme operativer Verantwortungen obliegt der Selbsteinschätzung der Mitarbeiterinnen.
- Die Verantwortung für eine Elementarrolle ist auf eine gewisse Dauer (Legislaturperiode) beschränkt, die ebenfalls von den Mitarbeitenden festgelegt wird.
- Die Zeitspanne ist für alle Teams eines Wertstroms, also einer Gruppe von voneinander abhängigen Teams oder eines thematisch zusammenhängenden Unternehmensbereichs etc., einheitlich festzulegen.
- Diese Festlegung wird im Rahmen des **Governance Meetings** getroffen, das von der Elementarrolle **Governance G** verantwortet und organisiert wird.
- Nach Ablauf einer Legislaturperiode, z. B. nach drei bis sechs Monaten, sind die nachfolgend beschriebenen Wahlen zu wiederholen.
- Die Wahl zur Verantwortlichen einer Elementarrolle kann nicht abgelehnt werden. Enthaltungen sind nicht möglich.

Hinweis

Damit alle Teammitglieder die Verantwortungsbereiche der Elementarrollen kennenlernen können, ist es zu empfehlen, dass nicht immer dieselben Personen wiedergewählt werden. Die Rotation der Verantwortlichkeiten zu den einzelnen Elementarrollen steigert die Resilienz des Teams, denn dann sind möglichst alle Mitglieder praktisch mit Ihnen vertraut.

Wahl der Elementarrollenverantwortlichen

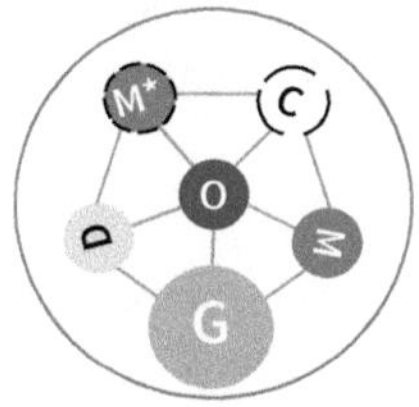

Abb. 17: Selbstorganisiertes Team mit der Elementarrolle Governance G im Lead

Die (temporäre) Wahlleitung muss den Wahlprozess folgendermaßen durchführen:

1. Elementarrolle beschreiben

Zuerst muss die zu wählende Elementarrolle festgelegt werden. Darüber hinaus können die Funktionen der zu wählenden Elementarrolle und andere aus Sicht der Wahlleitung (d. h. Elementarrolle **Governance G**) notwendige Informationen bereitgestellt werden.

2. Ausfüllen der Stimmzettel

Anschließend muss jede Wahlteilnehmerin einen Stimmzettel ausfüllen, um die Person vorzuschlagen, die sie von allen wählbaren Mitgliedern für die Verantwortungsübernahme der zu wählenden Elementarrolle am geeignetsten hält. Jede Teilnehmerin muss den Stimmzettel auch mit dem eigenen Namen versehen, damit die Wahlleitung erkennen kann, dass alle Teilnehmerinnen an der Wahl teilgenommen und sich nicht selbst nominiert haben. Enthaltungen sind ebenso ausgeschlossen wie Mehrfachnominierungen. In dieser Phase sollte die Wahlleitung aufkommende Diskussionen oder Kommentare zu Nominierten unterbinden.

3. Nominierungsrunde

Im Anschluss an die Stimmzettelabgabe muss die Wahlleitung allen anwesenden Mitgliedern die nominierten Kandidatinnen nennen. Hierbei wird die Anzahl der jeweiligen Nominierungen je Kandidatin nicht genannt. Die Wahlleitung unterbindet immer noch Diskussionen oder Kommentare zu den Nominierungen.

4. Änderungsrunde der Nominierungen

Nachdem alle Nominierungen mitgeteilt wurden, gibt die Wahlleitung den Teilnehmerinnen die Möglichkeit, ihre individuellen Nominierungen still zu ändern. Erneut hat die Wahlleitung die Pflicht, jegliche Diskussionen oder Kommentare zu den Nominierungen zu unterbinden.

5. Nominierte wählen und Ergebnis dokumentieren

Nach erneuter Abgabe der Stimmzettel aller Teilnehmerinnen zählt die Wahlleitung die Stimmen für die Nominierten und teilt den anwesenden Mitgliedern die Kandidatin mit den meisten Stimmen mit. Kommt es zu einem Gleichstand unter mehreren Nominierten, führt die Wahlleitung eine Stichwahl zwischen diesen Kandidatinnen durch. Zur Durchführung der Stichwahl werden von den anwesenden Teilnehmerinnen abermals Stimmzettel ausgefüllt und der Wahlleitung übergeben. Die gewählten Kandidatinnen sind verpflichtet, die Wahl anzunehmen. Das Wahlergebnis wird in der **Team-Charta** dokumentiert und allgemein zugänglich veröffentlicht.

Hinweis

Eine Team-Charta legt die Regeln der Zusammenarbeit in einem Team fest. Sie dokumentiert sowohl Kommunikations- als auch Verhaltensregeln als verbindliche Kooperationsgrundlage für alle Mitglieder.

4.1.7 Teilschritt 5: Managementaufgaben transparent machen

> *Leader is a role. Leadership is a mindset that everyone in a team can exercise by asking good questions.*
>
> *Amy C. Edmondson, Harvard Business School*

Transfer Management Tasks
Nachdem die grundsätzlichen Absichten, Zielsetzungen, Intentionen und Begriffe geklärt und die Elementarrollen über Wahlen den Mitarbeitenden im Team eigenständig und kompetenzbasiert zugeordnet wurden, können wir uns dem Transfer von Managementaufgaben widmen.

Da Sie als Managerin in unserem Szenario aktuell die Summe aller Managementaufgaben auf sich konzentrieren, muss zunächst nachvollziehbar sein, aus welchen Inhalten diese Aufgaben bestehen.

- Welche Entscheidungen müssen getroffen werden?
- Wie häufig sind sie zu treffen?
- Welche Auswirkungen haben diese Entscheidungen und welche Rahmenbedingungen sind nötig, um sie treffen zu können?
- Sind diese Entscheidungen aus regulatorischer oder juristischer Sicht relevant oder entstammen sie bestimmten Unternehmensrichtlinien?

Um Managementverantwortung transferieren zu können, schreiben Sie zunächst alle aktuell von Ihnen sicherzustellenden Themen auf. Nutzen Sie dazu die Kategorien der Elementarrollen, um die Managementaufgaben spezifischen Qualitäten zuzuordnen. Schreiben Sie jede Aufgabe mit einer kurzen Erklärung auf eine Moderationskarte. Diese Form der Vorbereitung erleichtert den nächsten Teilschritt »Managementverantwortung übernehmen lassen«.

Als Orientierungshilfe haben wir in der folgenden Tabelle einige Beispiele zusammengetragen, die dieses Vorgehen veranschaulichen.

Elementarrolle/Kategorie	Managementaufgabe (exemplarisch)
 **Abb. 18:** Governance	• Datenschutzrechtliche Anforderungen klären/festlegen • Sinn und Intention der Arbeitsinhalte und -ziele des Teams klären • Arbeitsrechtliche Vorgaben identifizieren/sicherstellen (z. B. Arbeitszeiten, Urlaubsanspruch, Haupt- und Nebenpflichten aus dem Anstellungsvertrag) • Regeln der Zusammenarbeit im Team klären/sicherstellen
 **Abb. 19:** Development	• Fachliche Anforderungen definieren/klären • Leistungsportfolio des Teams festlegen • Fachliche Kompetenzen der Mitarbeitenden entwickeln • Qualitätsniveau der Leistung definieren/sicherstellen
 **Abb. 20:** Management	• Budgetbedarf klären/planen/organisieren • Geschäftsprozesse klären/festlegen/anpassen • Nötige Rahmenbedingungen klären/sicherstellen (z. B. Infrastruktur, Arbeitsmittel) • Weiterbildungen klären/sicherstellen • Risiken kontinuierlich identifizieren und nötige Mitigationen sicherstellen
 **Abb. 21:** Monitoring	• Erhebung von Kennzahlen sicherstellen • Bedarf an Kennzahlen für die Selbstorganisation im Team identifizieren/klären • Kooperierenden Teams verfügbare Kennzahlen zur Verfügung stellen • Kennzahlenmodelle bedarfsgerecht weiterentwickeln
 **Abb. 22:** Coordination	• Vom Team benötigte Informationen (Zahlen, Daten, Fakten) klären/organisieren • Verfügbare Informationen für andere Teams klären/organisieren • Konflikte im Team und mit kooperierenden Teams identifizieren und Klärung sicherstellen/moderieren • Kommunikations- und Kooperationsrituale prüfen und organisieren (z. B. Planungsrunden, Feedbackrunden, operative Regeltermine)

Tab. 3: Elementarrollen mit Kurzbeschreibungen zugehöriger Managementaufgaben

Die Zusammenstellung der Managementaufgaben können Sie als individuelle Vorarbeit für den nächsten Teilschritt durchführen. Sie können sich auch mit den Managementkolleginnen aus dem Umfeld Ihrer Organisation austauschen oder sie in einem kollektiven Brainstorming mit den Teammitgliedern zusammentragen.

Wie Sie gesehen haben, enthält die Tabelle mit den Beispielen für Managementaufgaben keine Kategorie **Operation O**. Nach unserer Definition der Elementarrollen liegen operative Aufgaben in der alleinigen Verantwortung der Fachexpertinnen. Daher besteht keine Notwendigkeit, sie im Kontext der Managementaufgaben aufzuführen. Sollten Sie bei der Zusammenstellung der

Managementaufgaben auf operative Themen stoßen, ist das ein Hinweis darauf, dass die nötige Überschneidungsfreiheit zwischen der Entscheidungsautonomie der Fachexpertinnen und den Managementaufgaben noch nicht erreicht ist. Der hier beschriebene Prozess kann derartige Überschneidungen erkennbar machen und eine höhere Trennschärfe zwischen den beiden Entscheidungsautonomien unterstützen.

Zusätzlich schützt es die Mitarbeitenden im Team und Sie als Managerin vor einem potenziellen Mikromanagement von Aufgaben, die von den Fachleuten autonom und selbstorganisiert geplant und umgesetzt werden sollen.

4.1.8 Teilschritt 6: Managementverantwortung übernehmen lassen

Im klassischen Selbstverständnis einer Führungskraft gehen alle operativen Arbeitsaufträge von ihr aus und werden an die Mitarbeitenden im Team übertragen. Das bedeutet, dass die Führungskraft festlegt, in welcher Form oder Qualität und bis zu welchem Zeitpunkt eine Arbeitsleistung erbracht werden muss. Wurde die Aufgabe von der Mitarbeitenden erledigt, beurteilt die Führungskraft abschließend, ob die Qualität oder die Geschwindigkeit dem Auftrag entspricht und bewertet damit die Qualität der erbrachten Leistung. Die Führungskraft ist in diesem Konstrukt Dreh- und Angelpunkt der Arbeitsinhalte und zusätzlich konzentriert sie alle Managementaufgaben und -verantwortung auf sich. Die folgende Grafik visualisiert diese hierarchische oder Top-Down-Struktur dieses Archetyps klassischer Kooperation.

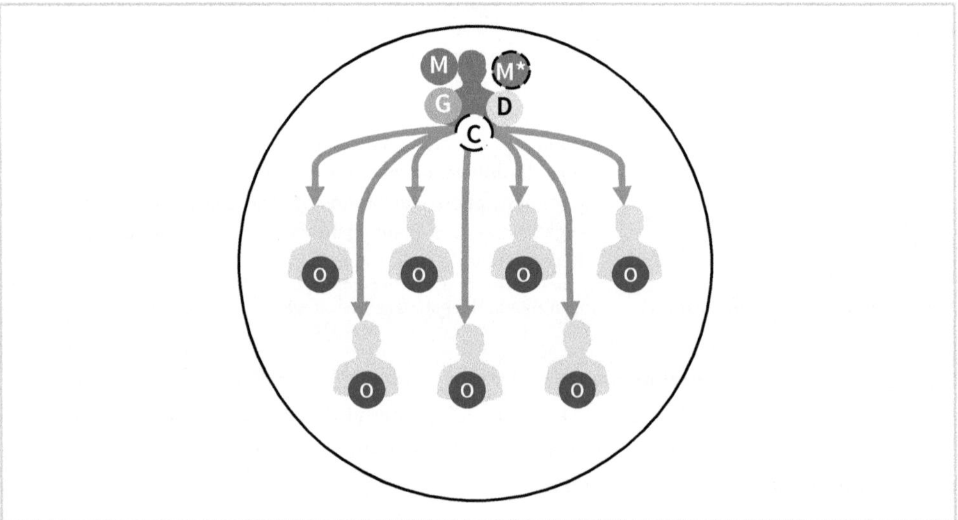

Abb. 23: Darstellung einer hierarchischen Kooperationsstruktur, in der die Managerin die Elementarrollen D, G, M, M* und C an sich bindet und damit alle Managementaufgaben verantwortet und entscheidet.

Dieses Kooperationsverständnis und das damit einhergehende Abhängigkeitsverhältnis sollen aufgelöst und die Leistungs- und Entscheidungsfähigkeit des Teams insgesamt weiterentwickelt werden. Dazu wollen wir zwei Prinzipien gleichzeitig einführen.

1. Die Verantwortung für die operativen Arbeitsinhalte und die Art und Weise der Erledigung sind Kernelemente der autonomen Entscheidungskompetenz der Fachexpertinnen.
2. Managementaufgaben werden transparent gemacht und über die Elementarrollen des Liquid-Leadership-Modells auf die Mitglieder des Teams übertragen.

Die folgende Grafik visualisiert diesen Sollzustand selbstorganisierter Kooperation im Team von Fachexpertinnen, die auf Augenhöhe zusammenarbeiten. Sie werden nicht von einer zentralen Person angeleitet, gesteuert und in ihrer Leistung bewertet.

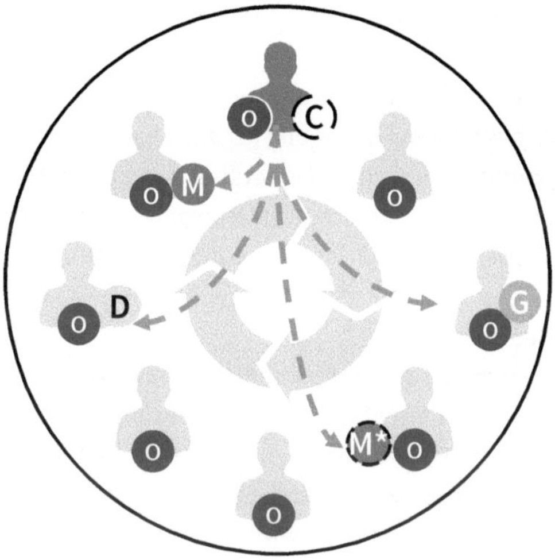

Abb. 24: Darstellung eines selbstorganisierten Teams, in dem mittels Elementarrollen Managementaufgaben und Entscheidungsverantwortung übertragen wurden.

In der angestrebten Ausbaustufe unseres Szenarios verbleiben zwei Verantwortungsbereiche bei der Managerin. Der erste betrifft die disziplinarische Zuständigkeit für die Mitarbeitenden im Team, die aus arbeitsrechtlicher Sicht festgelegt werden muss. Selbstverständlich ist es möglich, die disziplinarische Zuständigkeit und die damit verbundene Weisungsbefugnis der Vorgesetzten in einem Unternehmen gegenüber den Angestellten auch außerhalb eines Teams zu organisieren. In unterschiedlichen Unternehmen existiert beispielsweise die Rolle einer sogenannten People Managerin. In dieser Funktion stellt sie ausschließlich arbeitsrechtliche Themen sicher und hat keinerlei fachlichen Einfluss auf die Arbeit eines Teams, kann aber durchaus mehreren Hundert Mitarbeitenden zugeordnet sein. In unserem vereinfachten Szenario belassen wir die arbeitsrechtlichen Aspekte (z. B. in Deutschland) im Team und bei der Managerin. Dabei ist zu berücksichtigen, dass ihre Funktion innerhalb des Teams eine Sonderstellung behält. Die Weisungsbefugnis einer disziplinarischen Vorgesetzten beispielsweise ist ein Aspekt, der dem Prinzip der Selbstorganisation widerspricht und der zu Zielkonflikten führen kann.

Der zweite Verantwortungsbereich der Managementexpertin ist, wie bereits erwähnt, mit der Elementarrolle **Coordination C** verbunden. In dieser Eigenschaft ist die Managementexpertin in der Lage, die Zusammenarbeit der Teammitglieder kontinuierlich zu beobachten und sicherzustellen, dass die Kommunikation und die Kooperation innerhalb des Teams und mit allen angrenzenden Teams das nötige Niveau erreichen und halten. Die Elementarrolle **Coordination C** kann damit aus der oben beschriebenen Wahl ausgeklammert werden. Es ist selbstverständlich denkbar, dass Sie als Managementexpertin zu einem späteren Zeitpunkt in der Entwicklung des Teams eine andere Elementarrolle übernehmen und beispielsweise für **Governance G** verantwortlich bleiben. Damit kann die Elementarrolle **Coordination C** in zukünftigen Legislaturperioden zur Wahl gestellt werden.

Eine derartige Konfiguration sollte dann in der gesamten Organisation zwingend einheitlich definiert und Teil der übergreifenden Festlegung für alle Teams sein. Aus praktischer Erfahrung ist die Elementarrolle **Coordination C** am geeignetsten, um die Selbstorganisation in Teams zu etablieren und sicherzustellen, dass Sie sich als Managementexpertin konsequent darauf konzentrieren können, die Kooperation und Kommunikation der Mitarbeitenden zu unterstützen.

Liquid Leadership Transfer Board

Um die vorbereiteten Managementaufgaben auf die Teammitglieder zu transferieren, verwenden wir ein Instrument, das auf dem sogenannten »Continuum of leadership behaviour« beruht. Es wurde von den beiden Wissenschaftlern Robert Tannenbaum und Warren H. Schmidt 1973 im Harvard Business Review veröffentlicht. Sie setzten sich mit verschiedensten Managementstilen auseinander und beschrieben, inwiefern eine Führungskraft zwischen den Extremen einer autokratischen bzw. partizipativen Verhaltensweise divergieren sollte.

Tannenbaum und Schmidt wiesen bereits Anfang der 1970er Jahre darauf hin, dass sozialwissenschaftliche Studien belegen, dass das Stereotyp einer autokratischen Führungskraft nicht der effizienteste und effektivste Führungsstil ist, auch wenn er der verbreitetste war. Die Wissenschaftler kamen zu dem Schluss, dass die Übertragung von Entscheidungsautorität an die Mitarbeitenden im Team vom Kontext der jeweiligen Frage- bzw. Problemstellung abhängen sollte.

Hinweis

Verantwortung kann nicht delegiert, nur übertragen oder übernommen werden. (Anmerkung des Autors.)

Zur Differenzierung der Abstufungen haben sie ein praxistaugliches Instrument entwickelt. Es ermöglicht der Managerin, im direkten Dialog mit den Mitarbeitenden Entscheidungen zu treffen: Welche Themen müssen oder sollen, beispielsweise aus arbeitsrechtlichen Gründen, weiterhin autokratisch von der Managerin entschieden werden? Welche können vollständig in die Entscheidungsautonomie der Mitarbeitenden übernommen werden?

Die folgende Grafik zitiert das Originalmodell des Instruments von Tannenbaum und Schmidt. Am verwendeten Vokabular sind die damals überwiegend gültige Prägung des Selbstverständnisses der Managerin als Superior und der Mitarbeitenden als Subordinates qualitativ zu erkennen.

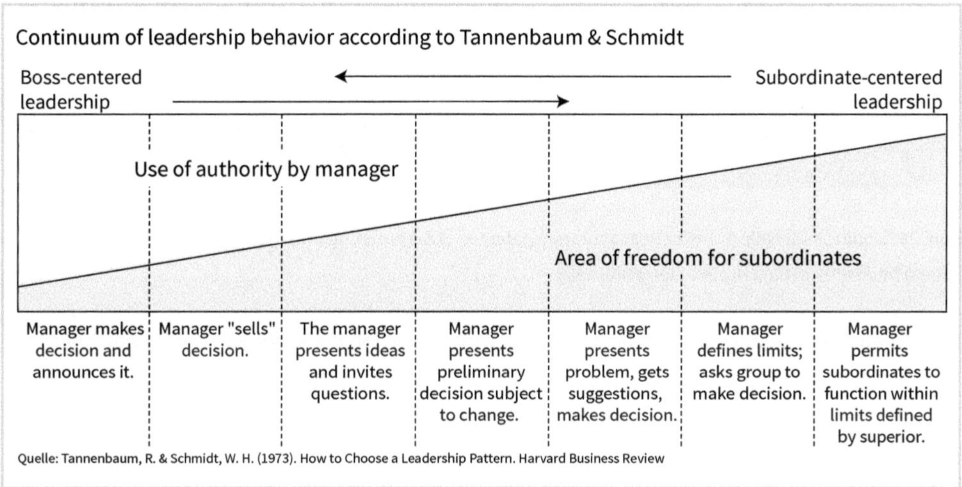

Abb. 25: Originalmodell von Tannenbaum und Schmidt zur partizipativen Übertragung von Managemententscheidungen. Quelle: Robert Tannenbaum und Warren H. Schmidt: How to Choose a Leadership Pattern. In: Harvard Business Review 05/1972.

Auf der Grundlage dieses Differenzierungsmodells haben wir ein Instrument entwickelt, das die Elementarrollen des Liquid-Leadership-Modells integriert und damit unserem kybernetischen Ansatz entspricht. Genutzt wird ein zeitgemäßes Vokabular, aber der Ansatz von Tannenbaum und Schmidt wird trotzdem verfolgt. Damit kann im Kontext einer Fragestellung und dem Entwicklungsgrad der Selbstorganisation im Team entsprechend Managementverantwortung von der Managerin im Dialog auf die Mitarbeitenden transferiert werden.

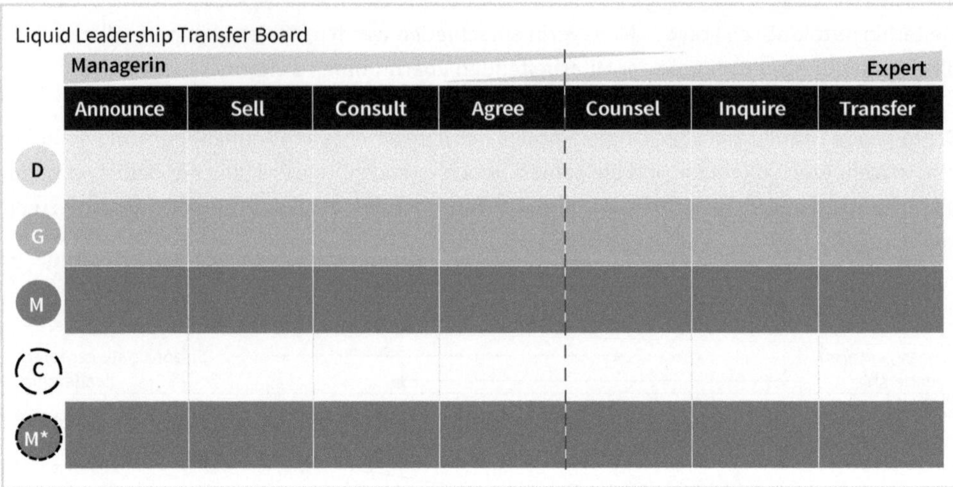

Abb. 26: Liquid Leadership Transfer Board zur transparenten Strukturierung und Organisation übertragener Managementverantwortung mittels Elementarrollen

Die Stufen des Transfers von Entscheidungsautorität werden in der folgenden Tabelle beschrieben.

Stufen	Definition
Announce	Managerin trifft die Entscheidung und teilt sie den Mitarbeitenden mit.
Sell	Managerin trifft die Entscheidung und überzeugt die Mitarbeitenden von ihrem Entschluss.
Consult	Managerin stellt ihre Überlegungen und Ideen vor und lässt sich von den Mitarbeitenden beraten, bevor sie die Entscheidung trifft.
Agree	Managerin stellt ihre Überlegungen und Ideen vor und vereinbart eine Entscheidung im Einverständnis mit den Mitarbeitenden.
Counsel	Mitarbeitende stellen ihre Überlegungen und Ideen vor und werden von der Managerin beraten.
Inquire	Mitarbeitende treffen Entscheidungen und informieren Managerin vorab.
Transfer	Mitarbeitende treffen Entscheidungen autonom.

Tab. 4: Stufen der Übertragung von Entscheidungsautonomie von der Managerin zur Mitarbeiterin

Der Übergang der Abstufung von Agree zu Counsel markiert den qualitativen Übergang der Entscheidungsautorität von der Managerin an die Mitarbeitenden. Das Liquid-Leadership-Modell ermöglicht dabei die zusätzliche Nutzung der Elementarrollen und somit eine Integration ihrer Verantwortungsbereiche. Darüber hinaus eröffnet diese Struktur einen nahtlosen Übergang von einem transaktionalen über ein transformationales zu einem zunehmend partizipativen

Selbstverständnis der Führungskraft, was letztlich den angestrebten Zielzustand des Liquid-Leadership-Modells darstellt.

Management Transfer Session

Die im vorhergehenden Teilschritt vorbereiteten Managementaufgaben können jetzt im Rahmen eines Workshops mit allen Teammitgliedern an die gewählten Verantwortlichen der Elementarrollen transferiert[11] werden. Für die Koordination des Transfers ist die Elementarrolle **Coordination C** verantwortlich. Da Sie als Managementexpertin diese Verantwortung in der Aufbauphase tragen, koordinieren Sie den ersten Workshoptermin zur Einführung des Liquid Leadership Transfer Boards.

1. **Coordination C** moderiert den Workshop zum Transfer von Managementaufgaben und stellt den Ablauf vor.
2. **Coordination C** stellt zunächst eine Übersicht über die vorbereiteten Managementaufgaben vor und erklärt, welche Überlegungen zur Zuordnung zu den jeweiligen Kategorien der Elementarrollen geführt haben. Die Reihenfolge der Aufgaben ist zufällig und muss keine Priorisierung oder Kritikalität abbilden.
3. **Coordination C** stellt die erste Aufgabe vor und bittet die Teilnehmenden darum, Verständnisfragen zu stellen. Nachdem die Fragen geklärt sind, wird die Verantwortliche der zugehörigen Elementarrolle um ihre Einschätzung gebeten, welcher Abstufung des Liquid Leadership Transfer Boards die Aufgabe zugeordnet werden soll.
4. Sofern keine rechtlichen oder regulatorischen Gründe dagegensprechen, wird die Managementaufgabe der Abstufung zugeordnet, die von der Verantwortlichen der Elementarrolle bestimmt wurde.
5. Die Schritte 3 und 4 werden wiederholt, bis alle Managementaufgaben den Abstufungen des Boards zugeordnet sind.

Die Elementarrolle **Coordination C** legt die Frequenz und die Dauer eines regelmäßigen Workshops oder Meetings fest, in dem alle Teammitglieder:

I. sich über den Stand der aktuellen Managementaufgaben informieren,
II. die Abstufung der Entscheidungsautorität über aktuelle Managementaufgaben nötigenfalls anpassen,
III. neu aufkommende Aufgaben den Kategorien der Elementarrollen zuordnen,
IV. Zuordnungen der neuen Aufgaben zu den Abstufungen festlegen und
V. abgeschlossene Aufgaben archivieren.

Mit der Organisation des ersten Regeltermins haben wir die erste Ausbaustufe unseres Liquid-Leadership-Modells erreicht. Bevor Sie weitergehende Elemente einführen, sollten Sie in der Funktion der Managementexpertin und als Verantwortliche für die Elementarrolle **Coordi-**

11 Im Zusammenhang von Entscheidungsautorität nutzen wir bewusst den Begriff des Transfers, da die Verantwortung für eine Entscheidung nur übertragen, nie lediglich delegiert werden kann.

nation C zunächst darauf achten, dass sich das Verständnis aller Verantwortlichen und aller Teammitglieder zu den Inhalten und der Anwendung der Elementarrollen festigt. Dazu ist es hilfreich, beispielsweise zu Beginn des eingeführten Regeltermins Verständnisfragen zur Aktualisierung des Liquid Leadership Transfer Boards aufzunehmen und kollektiv zu klären. Alternativ sind Reflexionsrunden im gesamten Team empfehlenswert, in denen alle Teammitglieder ihre Erfahrungen mitteilen und mit den anwesenden Fachexpertinnen identifizierte Reibungsverluste, Missverständnisse oder Konflikte ansprechen und auflösen.

Sobald eine erste Anwendungssicherheit erreicht ist, die von den Mitarbeitenden im Team als ausreichend bestätigt wird, können Sie den nächsten Schritt der Erweiterung beginnen und das nächste Element des Bausteins einführen.

Tipps, Tricks und Erfahrungen

Stabilität und Instabilität ausbalancieren: Die Veränderung bestehender und über lange Zeiträume hinweg etablierter Kooperations- und Kommunikationsformen in Teams sollte kontinuierlich und konsequent, aber immer schrittweise erfolgen. Durch das Einführen und Einüben neuer oder alternativer Vorgehensweisen wird der stabile Zustand der Teamarbeit in einen instabilen Zustand versetzt. Das ist unvermeidbar und notwendig, um bestehende Gewohnheiten, Methoden oder Rituale zu verändern oder weiterzuentwickeln.

Jede Phase der Instabilität wechselt ihrerseits allmählich in einen stabilen Zustand, sobald die neu erworbene Kooperationsform unter den Mitarbeitenden und im Team zur Selbstverständlichkeit geworden ist. Die Dauer der instabilen Phase ist der sogenannten Eigenzeitlichkeit unterworfen. Sie ist von verschiedenen Faktoren abhängig und nicht abschätzbar. Diese Faktoren sind beispielsweise im Umfang der Veränderung zu finden oder darin, wie neuartig und unbekannt die Veränderung ist und ob sie einen Rückgriff auf bestehende Erfahrungen und Fähigkeiten erlaubt (Analogien, Extrapolationen, Adaptionen). Weitere Faktoren sind u. a. die Einsicht der Mitarbeitenden in die Notwendigkeit für Veränderung, die Nachvollziehbarkeit der Vorgehensweise, der Grad der psychologischen Sicherheit der Mitarbeitenden usw. Letztere ermöglicht es den Mitarbeitenden, sich subjektiv gefahrlos und ohne Gesichtsverlust oder existenzielle Befürchtungen auf die Veränderung einlassen zu können.

Die Führungskraft muss darauf achten, dass die von ihr getroffenen Vorbereitungen, bereitgestellten Informationen und Schulungsmaßnahmen den Bedürfnissen der Mitarbeitenden entsprechen. Zusätzlich muss sie auf Symptome achten, die darauf hinweisen, dass der ausgelöste Grad an Instabilität die Mitarbeitenden überfordert oder überlastet. Durch Einzelgespräche mit den Mitarbeitenden, Feedbackrunden im Team und Supervisionen mit anderen Managerinnen können negative Entwicklungen erkannt und konstruktiv bearbeitet sowie positive Entwicklungen gesichert und verstärkt werden.

Ist eine Phase der Instabilität überwunden, kann die nächste vorbereitet und ausgelöst werden. So kann ein kontinuierlicher und konsequenter Transformationsprozess erreicht werden, der faktisch den Zustand der Veränderungsfähigkeit eines Teams darstellt – allgemein Agilität genannt.

Gewohnheiten kontinuierlich erkennen, hinterfragen und entwickeln: Einen weiteren Anwendungstipp bietet die kontinuierliche und konsequente Anpassung und Entwicklung von Vorgehens- und Kooperationsmodellen und -prozessen. Der Aufbau von neuem Wissen oder die Aneignung von neuen Fertigkeiten ist für das menschliche Gehirn sehr energieaufwendig. Etwas zu lernen, erfordert Anstrengung. Die Veränderung von Gewohnheiten stellt hier keine Ausnahme dar. Ganz im Gegenteil: Gewohnheiten, Routinen, Rituale etc. werden genau aus diesem Grund entwickelt und etabliert: Sie sollen den Energieaufwand für identische oder ähnliche Situationen möglichst geringhalten. Diesem Grundsatz entspricht beispielsweise auch das Bestreben in Unternehmen, wo immer möglich Standardisierungen von Abläufen oder Geschäftsprozessen zu etablieren.

Je standardisierter, automatisierter und am Ende digitalisierter ein Geschäftsvorfall im Unternehmen abgewickelt werden kann, umso geringer sind die operativen Kosten, also die Energie, die aufgebracht werden muss. Das menschliche Gehirn versteht unter Gewohnheiten in der Kommunikation, der Kooperation, der Problemlösung oder Konflikten etwas Vergleichbares wie Unternehmen unter Standardisierungen. In beiden Fällen ist es sehr energieaufwendig, sie anzupassen. Wir Menschen kennen diesen Widerstand, die nötige Energie aufzuwenden, unter der Bezeichnung »innerer Schweinehund«. In Unternehmen werden dafür Begriffe wie Reorganisation oder Change-Prozess verwendet. In beiden Fällen ist die Tendenz groß, auf alte, also vertraute und aus subjektiver Sicht bewährte Gewohnheiten zurückzugreifen. Insbesondere in Situationen, in denen Zeit-, Kapazitäts- oder Ressourcenmangel herrschen. Vertraute Gewohnheiten durch neue zu ersetzen, erfordert also Zeit und Ausdauer, damit das neu erworbene Wissen oder Vorgehen selbst zur neuen Selbstverständlichkeit werden kann. Die folgenden Faktoren können den Zeitraum ausdehnen, der notwendig ist, um neue Gewohnheiten bzw. Abläufe zu etablieren: Inkonsequenz, mangelhafte oder unzureichende oder inkonsistente Kommunikation, unzureichender Informations- oder Ausbildungsstand, Überforderung oder Überlastung durch eine zu hohe Anzahl an gleichzeitigen Veränderungen, zu hohe Komplexität der durchzuführenden Veränderungen oder sich ändernde oder widersprechende Prioritäten.

Das Themengebiet der kontinuierlichen oder schrittweisen und konsequenten Veränderungen von Gewohnheiten wird seit einigen Jahren in einer Vielzahl an Veröffentlichungen intensiv behandelt. Die Bücher von Dr. B.J. Fogg, Die Tiny-Habits®-Methode (Tiny Habits) oder das Buch »Die 1%-Methode (Atomic Habits)« von James Clear seien hier stellvertretend und als Anregungen für weiterführende Informationen genannt.

Hintergründe, Quellen, Literaturhinweise

Edmondson, Amy C. (2018): The Fearless Organization: Creating Psychological Safety in the Workplace for Learning, Innovation, and Growth, Hoboken.

Edmondson, Amy C. (1999): Psychological Safety and Learning Behavior in Work Teams in: Administrative Science Quarterly, Vol. 44, No. 2 (Jun., 1999), pp. 350–383 | http://www.jstor.org/stable/2666999, Abrufdatum: 22.12.23.

Minto, Barbara (2021): The Pyramid Principle: Logic in Writing and Thinking, 3. Auflage, London.

Slogar, Andreas (2020): Die agile Organisation, 2. Auflage, Hanser, München.

Beer, Stafford (1995): Brain of the Firm, Classic Library, Volume 10, Hoboken.

Tannenbaum, Robert/Schmidt, Warren H. (1973): How to Choose a Leadership Pattern. Harvard Business Review, Brighton.

4.2 Step II: Adjust Governance

4.2.1 Kontext

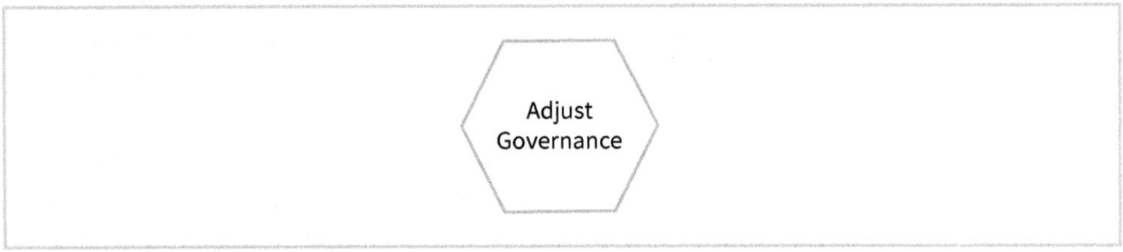

Abb. 27: Baustein Adjust Governance

Aufbauend auf Step I widmen wir uns in dieser Ausbaustufe der Erarbeitung und Definition des elementaren Orientierungspunkts für die Arbeit, das Vorgehen des gesamten Teams und der individuellen Mitglieder. Dazu erarbeiten wir eine sogenannte Governance, die uns im Team dabei unterstützt, jederzeit eine nachvollziehbare und qualifizierte Entscheidung darüber treffen zu können, ob eine Aufgabe, eine Anfrage, eine Anforderung oder eine Veränderung der Umwelt, die auf ein Team einwirken, relevant, interessant, zwingend, kritisch oder irrelevant sind.

Hinweis

Wir fokussieren uns in dieser Ausbaustufe auf die Definition und die kontinuierliche Entwicklung der Governance für ein einzelnes Team. In Step XIV weiten wir diese Governance auf alle Teams, Wertströme und weitere Organisationseinheiten im Unternehmen aus.

Der Begriff »Governance« stammt vom englischen Wort »to govern« ab, was so viel wie »regieren« oder »lenken« bedeutet. Governance bezieht sich auf den Prozess der Entscheidungsfindung und der Umsetzung von Regeln, Richtlinien und Verfahren, die von Institutionen, Regierungen, Unternehmen oder anderen Organisationen festgelegt werden, um ihr Verhalten zu steuern.

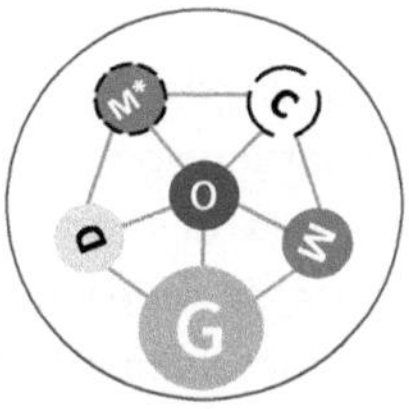

Abb. 28: Selbstorganisiertes Team mit der Elementarrolle Governance G im Lead

Die Verwendung des Begriffs »Governance« hat in den letzten Jahrzehnten zugenommen, insbesondere im Zusammenhang mit der globalen Vernetzung und der zunehmenden Bedeutung von internationalen Organisationen und der Zivilgesellschaft bei der Regelung und Überwachung von Regierungen und Unternehmen. Der Begriff ist eng mit Konzepten wie Transparenz, Rechenschaftspflicht und Partizipation verbunden und hat sich zu einem wichtigen Thema in der politischen und wirtschaftlichen Debatte entwickelt.

Wir wollen den Begriff der Governance bereits auf der Ebene des einzelnen Teams anwenden, um eine Team-Governance zu erarbeiten. Die Team-Governance sollte, in der beschriebenen Bedeutung, aus den folgenden fünf Elementen dieses Bausteins bestehen. Sie sollte von der Verantwortlichen der Elementarrolle **Governance G** im Rahmen des **Governance Meetings** terminiert, organisiert und dokumentiert werden. Zu betonen ist, dass es sich bei der Definition und Entwicklung der Team-Governance um eine kollektive Verantwortung handelt: Die Inhalte werden gemeinsam erarbeitet und nicht von der Elementarrolle **Governance G** vorgegeben. Die Übersicht dieser Elemente sehen Sie in der nebenstehenden Grafik.

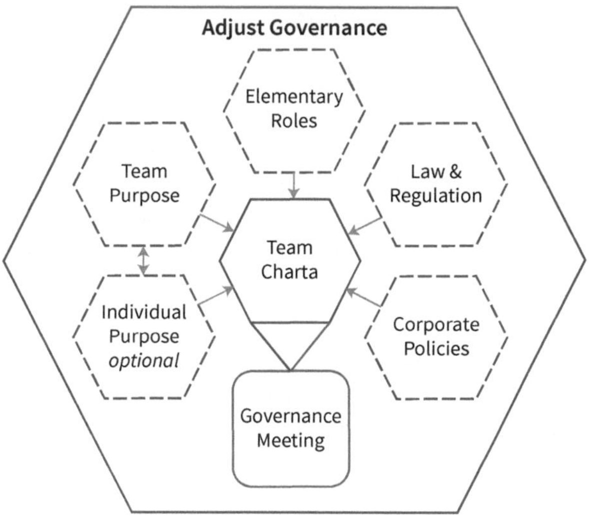

Abb. 29: Elemente im Baustein Adjust Governance

1. Team-Charta
Damit alle Teammitglieder möglichst reibungslos und damit auch möglichst konfliktfrei zusammenarbeiten können, ist die Vereinbarung von Spielregeln wichtig. Sie dienen beispielsweise dazu, dass die Zuständigkeiten der Mitarbeitenden, Entscheidungsprozesse, Abläufe von Ritualen wie Meetings oder Workshops etc. grundlegend geklärt sind. So müssen sie im Alltag nicht immer wieder neu ausgehandelt und vereinbart werden. Spielregeln sparen nicht nur Zeit und erleichtern den Ablauf der Zusammenarbeit, sondern fördern auch die psychologische Sicherheit im Team. Das wird beispielsweise dadurch ermöglicht, dass die **Team-Charta** Spielregeln für einen wertschätzenden Umgang miteinander enthält. So kann vereinbart werden, dass in Meetings alle frei sprechen dürfen, ohne dass andere der Sprechenden ins Wort fallen oder Äußerungen bewerten bzw. abwerten.

Diese Form der Vereinbarung von Spielregeln ist analog zu den Spielregeln im Sport zu verstehen. Niemand würde ernsthaft versuchen, Fußball ohne Spielregeln zu spielen. Wenn ausschließlich das Ziel vereinbart wäre, immer ein Tor mehr als das gegnerische Team zu erzielen, würde es zu keinem Fußballspiel kommen, wie wir es kennen. Das Spiel hätte nicht einmal Ähnlichkeit mit Rugby. Erst die Grundlage allgemein festgelegter, für jede Spielerin und jedes Team gleichermaßen gültiger, verbindlicher und nachvollziehbarer Spielregeln, vom Thema Abseitsregel mal abgesehen, ermöglicht letztlich ein dynamisches Fußballspiel – oder wie in unserem Kontext: ein dynamisches Zusammenspiel aller Teammitglieder miteinander.

Die **Team-Charta** ist auch unter den Begriffen Playbook, Gameplan oder Teamregeln bekannt. Welcher Begriff letztlich verwendet wird, ist den Teammitgliedern überlassen und sollte als Vereinbarung festgelegt werden. Sinnvoll ist allerdings, den Begriff unternehmensweit einheitlich zu verwenden, um Irritationen oder Missverständnisse zu vermeiden.

2. Individual Purpose – optional
Je nach Entwicklungsstand der psychologischen Sicherheit der Teammitglieder und dem kulturellen Kontext, in dem das Team arbeitet, können der individuelle Sinn und die Intention des eigenen Beitrags eines Teammitglieds eingebracht werden. Um eine Überforderung der Teammitglieder, insbesondere zu Beginn der Anwendung des Liquid-Leadership-Modells, oder eine Überschreitung kultureller Grenzen zu vermeiden, sollte dieser Baustein als Option genutzt werden. Die Vorgehensweise aus der individuellen Perspektive zu entwickeln, beschreiben wir im Kapitel zum Ikigai-Konzept.

3. Sinn und Intention – Team Purpose
Den Sinn und die Intention im Unternehmenskontext zu definieren, stellt das Fundament der Zusammenarbeit im Team dar. Es trägt dazu bei, dass jedes Team produktiver, konfliktärmer und effektiver arbeitet und hochwertigere Ergebnisse erzielen kann. Haben die Teammitglieder gemeinsam den Sinn und die Intention der Zusammenarbeit definiert, ergeben sich folgende Effekte und Möglichkeiten:

- Klarheit und Fokus: Alle Teammitglieder können sich auf das Wesentliche konzentrieren und darauf fokussieren, gemeinsame Ziele zu erreichen. Das hilft, die Teamarbeit reibungsloser zu organisieren und sicherzustellen, dass alle in die gleiche Richtung arbeiten.
- Motivation und Engagement: Die Teammitglieder fühlen sich stärker wahrgenommen und eingebunden und können sich motivierter und engagierter für die Arbeitsinhalte und -ergebnisse einsetzen. Sie wissen, wofür sie arbeiten und sie können eine größere Bedeutung in ihrer Arbeit sehen und einen Bezug zu den individuellen Talenten und Fähigkeiten herstellen.
- Zusammenarbeit und Kommunikation: Die Teammitglieder können sich untereinander besser verstehen, konfliktärmer zusammenarbeiten und Missverständnisse vermeiden. Sie haben eine gemeinsame Vision und können effektiver kommunizieren, um ihre Ziele zu erreichen.
- Effektivität und Ergebnisse: Das Erarbeiten und Festlegen von Prioritäten und das Treffen von Entscheidungen werden erleichtert.

Insgesamt trägt die Definition von Sinn und Intention eines Teams dazu bei, dass es effektiver arbeitet, motivierter und engagierter ist und bessere Ergebnisse erzielt. Nicht zuletzt stellt das die Grundlage eines psychologisch sicheren Umfelds dar, was durch die später zusätzlich vereinbarten Regeln der Zusammenarbeit verstärkt wird.

4. Verantwortliche der Elementarrollen – Elementary Roles
Die jeweils aktuellen Wahlergebnisse zu den Elementarrollen und die in der laufenden Legislaturperiode verantwortlichen Inhaberinnen der Elementarrollen werden in der **Team-Charta** dokumentiert. Diese Form der Dokumentation sollte in allen selbstorganisierten Teams im Unternehmen konsequent und einheitlich erfolgen, damit alle Mitarbeitenden die jeweils zuständigen und verantwortlichen Kolleginnen identifizieren können, mit denen sie operative Fragestellungen oder Aufgaben bearbeiten wollen.

5. Rechtliche und regulatorische Vorgaben – Law & Regulation
Damit sich alle Teammitglieder mit der schier unendlichen Fülle juristischer und regulatorischer Vorgaben, die für ihren Arbeitskontext wesentlich sind, auseinandersetzen können, beinhaltet die Team-Governance eine Aufstellung dazu. Rechtliche und regulatorische Vorgaben müssen auch in selbstorganisierten Kooperationsformen beachtet und in der täglichen Arbeit berücksichtigt werden. Dabei sind beispielsweise für eine Bank oder eine Versicherung spezifische Vorgaben der BaFin relevant, die für den Einzelhandel nicht gelten. Arbeitsrechtliche Inhalte sind dagegen für jedes Unternehmen gleichermaßen gültig. Damit sich alle Teammitglieder über die für ihren Aufgabenbereich relevanten Vorgaben informieren können, stellt die Governance die entsprechenden Quellen zur Verfügung. Erklärungen zur praktischen Anwendung und zu Verhaltensweisen sind Bestandteil der Unternehmensrichtlinien, auf die wir im nächsten Abschnitt eingehen.

6. Unternehmensrichtlinien – Corporate Policies
Jedes Unternehmen stellt eine Vielzahl schriftlicher Vorgaben zur Verfügung, um Mitarbeitenden eine Orientierungshilfe zu Verhaltens- und Handlungsweisen zur Verfügung zu stellen, die von ihnen erwartet werden oder notwendig sind. Sie dienen als Leitfaden für die Entscheidungsfindung und das Verhalten der Angestellten in verschiedenen Bereichen wie beispielsweise Ethik, Compliance, Arbeitssicherheit, Datenschutz und Personalmanagement.

Unternehmensrichtlinien haben das Ziel, einheitliche Standards und Verfahrensweisen innerhalb eines Unternehmens zu schaffen, um das Risiko von Fehlverhalten und Regelverstößen zu minimieren. Sie tragen dazu bei, das Unternehmen und seine Angestellten vor rechtlichen, finanziellen, gesundheitlichen und Imageschäden zu schützen. Beispiele sind unter anderem Verhaltenskodizes, Datenschutzrichtlinien, Arbeitsplatzsicherheitsvorschriften, Antidiskriminierungsrichtlinien und Regeln für den Umgang mit Geschäftsinformationen und geistigem Eigentum. Unternehmensrichtlinien werden in der Regel von der Unternehmensleitung oder einer dafür zuständigen Stabsstelle erstellt. Sie können je nach Unternehmen und Branche variieren. Sie werden den Mitarbeiterinnen während der Einstellung oder während der Einarbeitung ausgehändigt und sollten anhand von Rückkopplungen und Feedback der Angestellten regelmäßig aktualisiert werden. So wird sichergestellt, dass sie den aktuellen Anforderungen und Best Practices entsprechen und anwendbar sind.

Im Rahmen der Team-Governance sollte sichergestellt werden, dass alle Teammitglieder über die Inhalte der Unternehmensrichtlinien im Allgemeinen und für den Kontext der Teamarbeit im Speziellen umfassend und konsistent informiert sind. Es ist empfehlenswert, durch Workshops und Schulungen sicherzustellen, dass alle Teammitglieder mit der praktischen Anwendung der Richtlinien im Arbeitsalltag vertraut sind. Der Informations- und Kenntnisstand sollte in regelmäßigen Abständen geprüft werden.

4.2.2 Vorgehen – Team-Charta initial erstellen

Eine konsistente, verständliche und operativ anwendbare Team-Governance herzustellen und kontinuierlich zu entwickeln, liegt im zentralen Verantwortungsbereich der Elementarrolle **Governance G**. Die vom Team gewählte Mitarbeiterin zur Sicherstellung der Governance muss und soll dabei nicht alle Strukturen und Inhalte selbst erarbeiten und festlegen. Ihre Aufgabe ist es, dafür zu sorgen, dass diese grundsätzliche Orientierungshilfe von und mit den Mitarbeitenden im Team erarbeitet, vereinbart und den Anforderungen des Arbeitskontextes entsprechend weiterentwickelt wird.

Hinweis

Die Mitarbeiterin, die für die Elementarrolle Governance G verantwortlich ist, stellt sicher, dass alle Maßnahmen und Termine für die Entwicklung und Aktualisierung der Governance vorbereitet, durchgeführt und umgesetzt werden. Sie muss dabei nicht zwingend alle Maßnahmen persönlich durchführen, sondern wird darin von den Teammitgliedern unterstützt. Die Verantwortung verbleibt aber bei ihr.

Schritt 1: Elementarrollen wählen/dokumentieren

Das Vorgehen bei der geheimen Wahl zur Bestimmung der Elementarrollenverantwortlichen haben wir bereits beschrieben. Die Wahlergebnisse sollen den Inhalt des ersten Informationsbereichs der **Team-Charta** darstellen und als Arbeitsgrundlage für den nächsten Schritt vorliegen. Dieser Schritt wird daher in dieser Prozessbeschreibung lediglich der Vollständigkeit halber erwähnt.

Schritt 2: Sinn und Intention definieren mit Ikigai – Team Purpose

Ikigai ist ein Konzept aus Japan und bedeutet frei übersetzt »das, wofür es sich zu leben lohnt«. Es bezieht sich auf den Sinn oder auf die Bedeutung im Leben jedes Einzelnen. Es kann in Teams angewendet werden, um sie dabei zu unterstützen, den kollektiven Sinn und die Intention[12] der Zusammenarbeit zu definieren, miteinander zu vereinbaren und kontinuierlich an zukünftige Veränderungen, Erkenntnisse und Notwendigkeiten anzupassen.

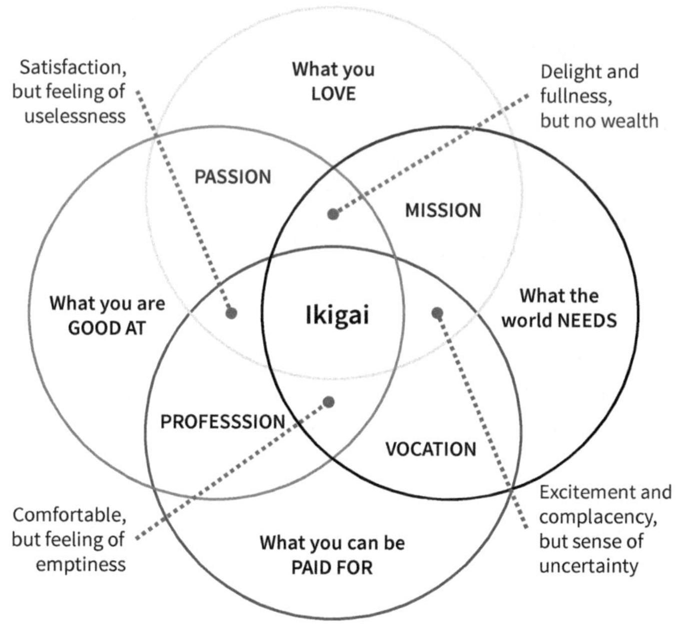

Abb. 30: Die Reflexionsbereiche des IKIGAI-Modells

12 Für diesen Kontext von Sinn, Intention und Zweck hat sich umgangssprachlich der Begriff Purpose etabliert.

Über die hier beschriebenen Schritte kann das Ikigai-Modell angewendet werden, um die Definition von Sinn und Intention eines Teams zu erarbeiten.

1. **Gemeinsame Reflexion**: Die Teammitglieder finden sich in einem Workshop zusammen und überlegen gemeinsam, was ihnen wichtig ist und was sie als Team erreichen wollen. Es geht um eine gemeinsame Vision und eine gemeinsame Mission, die das Team verfolgt.
2. **Analyse der Stärken**: Die Teilnehmenden analysieren, welche Stärken und Fähigkeiten jedes einzelne Mitglied besitzt und wie diese in die Arbeit des Teams eingebracht werden können. Es geht darum, die individuellen Talente, Fähigkeiten und Kenntnisse einzubinden, um als Team umfassend zu kooperieren und einander zu kennen, zu verstehen und gegenseitig einschätzen zu können.
3. **Identifikation von Herausforderungen**: Die Teilnehmenden überlegen, welche Herausforderungen zu meistern sind, um zukünftige Ziele zu erreichen. Hierbei geht es um die Identifikation von Hindernissen und Problemen, die das Team überwinden muss, um erfolgreich zu sein.
4. **Erarbeitung von Lösungsansätzen**: Die Teilnehmenden erarbeiten gemeinsam Lösungsansätze, um die identifizierten Herausforderungen zu meistern. Hierbei geht es darum, kreative Ideen und Lösungen zu entwickeln, die das Team unterstützen und voranbringen.

Indem alle Teammitglieder diese Schritte gemeinsam durchführen, kann das Team sein Ikigai definieren, seinen Sinn und die gemeinsame Intention als Team erarbeiten. Das hilft dabei, ein kollektives Verständnis und eine gemeinsame Vision zu schaffen, die das Team insgesamt und jedes einzelne Mitglied motivieren und unterstützen.

Hinweis

Zur Vorbereitung der Definition von Sinn und Intention des Teams ist es hilfreich, wenn jedes einzelne Mitglied des Teams sein individuelles Ikigai ausformuliert. Darüber wird nicht nur die Entwicklung des kollektiven Sinns und der gemeinsamen Intention gefördert, sondern jede Mitarbeitende kann für sich ganz persönlich klären, welchen Beitrag sie leisten will oder kann und welche Talente und Kenntnisse sie einbringt.

Die Definition des Team-Ikigais sowie die individuellen Überlegungen jedes einzelnen Teammitglieds sollten regelmäßig hinterfragt werden. Durch neue Erkenntnisse und Veränderungen der Umwelt kann die Ausgestaltung des Ikigais aktuell und relevant gehalten werden. Auch zu dieser Aktualisierung finden sich alle Teammitglieder zu einem Workshop zusammen: Sie reflektieren und überlegen, ob das Team auf dem richtigen Weg ist und ob Anpassungen notwendig sind. Dazu sammeln sie Eindrücke, Erfahrungen, Anekdoten und für alle Teilnehmenden nachvollziehbare Erkenntnisse und stellen diese vor. Ziel ist es, die Ausrichtung des Ikigais zu überprüfen und gegebenenfalls anzupassen.

Für die Definition von Sinn und Zweck ist alternativ das »Start with Why«-Konzept weit verbreitet, das von Simon Sinek publiziert wurde. Dieses Konzept ist als Einstieg interessant, da es in seiner Struktur einfacher ist. Allerdings ist die Perspektivenvielfalt des Ikigai-Modells geeigneter, um ein breiteres Spektrum an Facetten zu erfassen und in die Überlegungen des Teams, aber auch jedes einzelnen Teammitgliedes, umfassender einfließen zu lassen.

Schritt 3: Team-Charta erstellen

Die **Team-Charta** ist eine gemeinsame Vereinbarung, die von den Mitgliedern eines Teams erstellt wird. Sie regelt das Verständnis und klärt die Erwartungen aller hinsichtlich der Kooperation im Team (nach innen) und mit anderen Teams (nach außen) in verbindlicher Form.

Hinweis

Die Verantwortliche der Elementarrolle Governance G sollte für die initiale Entwicklung der Team-Charta ausreichend Zeit einplanen oder die Durchführung weiterer Treffen vorsehen, wenn der geplante Zeitraum nicht ausreichen sollte.

Anhand der folgenden Schritte kann ein Team, unterstützt durch eine externe Moderatorin oder die Elementarrollenverantwortliche für **Governance G**, eine **Team-Charta** erstellen:

1. **Vorbereitung**: Die Elementarrolle **Governance G** plant ein Treffen mit dem gesamten Team, um die **Team-Charta** zu erstellen oder zu bearbeiten. Sie legt Zeitpunkt und Ort fest. Möglichst alle Teammitglieder sollten teilnehmen können.
2. **Eröffnung**: Die Elementarrolle **Governance G** beginnt das Treffen, indem sie die Bedeutung der **Team-Charta** erklärt und ihre Relevanz erläutert. Sie stellt sicher, dass alle Teammitglieder verstehen, welchen Nutzen und welche Bedeutung die **Team-Charta** für jede einzelne und das Team insgesamt hat. Hierzu sammelt sie das Feedback der Teilnehmenden, um über den Weg der Rückkopplung ein möglichst konsistentes Verständnis validieren zu können.
3. **Brainstorming**: Die Elementarrolle **Governance G** sammelt über Moderationskarten oder auf einem digitalen Whiteboard die Ideen aller Teilnehmenden zur **Team-Charta** ein. Sie nutzt dabei zur Strukturierung Kategorien wie Spielregeln der Zusammenarbeit, Verantwortlichkeiten von Elementarrollen oder Teammitgliedern oder die Frequenz von Besprechungen und Regelterminen. Sie berücksichtigt neben den persönlichen auch kulturelle oder religiöse Aspekte,[13] wie beispielsweise Gebetszeiten.
4. **Zusammenfassung**: Die Elementarrolle **Governance G** stellt sicher, dass alle Ideen aus der Gruppendiskussion erfasst werden. Sie fasst die Punkte zu inhaltlichen Gruppen zusammen, löst Überschneidungen auf und stellt sicher, dass das gesamte Team die erarbeiteten Punkte versteht, nachvollziehen kann und unterstützt. Über eine strukturierte Einwandbehandlung können Widersprüche bearbeitet oder durch das Konsentverfahren[14] behandelt werden.

13 Zur Sicherstellung eines psychologisch sicheren Arbeitsumfeld, sollten die hier genannten Aspekte betrachtet und für die Entwicklung der Team-Charta berücksichtig werden.

14 Im Konsentverfahren wird nicht nach einer einstimmigen Zustimmung gesucht, sondern nach einer Abwesenheit von Einwänden. Das bedeutet, dass alle Teilnehmenden Bedenken oder Bedürfnisse äußern können, und die Gruppe daraufhin nach einer Lösung sucht, die für alle tragbar ist.

5. **Erstellung der Team-Charta**: Basierend auf den erfassten Ideen und Diskussionsergebnissen erstellt die Elementarrolle **Governance G** eine erste Version der **Team-Charta**. Sie teilt diesen Entwurf mit allen Teammitgliedern, beispielsweise über das Intranet, und bittet um Feedback.
6. **Überarbeitung**: Das erhaltene Feedback der Teammitglieder nutzt die Elementarrolle **Governance G** zur Erstellung der finalen Version der **Team-Charta**. Dabei achtet sie darauf, dass das verarbeitete Feedback ausschließlich zur Verständlichkeitsverbesserung und der praktischen Anwendbarkeit der Vereinbarungen dient, die erarbeitet wurden, und keine Ergänzungen oder Modifikationen enthält.
7. **Zustimmung**: Die Elementarrolle **Governance G** bittet alle Teammitglieder, die **Team-Charta** zu akzeptieren und zu unterschreiben, um ihre Zustimmung zu dokumentieren.
8. **Umsetzung**: Die in der **Team-Charta** festgelegten Inhalte werden in der alltäglichen Praxis angewendet. Dabei überprüft die Elementarrolle **Governance G** regelmäßig, ob das Team »auf Kurs« bleibt und ob die Charta aktualisiert werden muss.
9. **Aktualisierung**: Die **Team-Charta** wird aktualisiert und die Verantwortungsbereiche der Elementarrollen werden an die sich verändernden Notwendigkeiten angepasst. Dazu nutzt die Elementarrolle **Governance G** das im nachfolgenden Kapitel beschriebene **Governance Meeting**.

Schritt 4: Rechtliche und regulatorische Vorgaben integrieren

Damit alle rechtlichen und regulatorischen Vorgaben in die Governance des Teams integriert werden können, tritt die Elementarrolle **Governance G** in den Dialog mit den dafür zuständigen Kolleginnen innerhalb des Unternehmens und lässt sich von ihnen beraten. **Governance G** legt zusammen mit den Fachexpertinnen im Unternehmen fest, welche rechtlichen und regulatorischen Vorgaben für den Kontext der Aufgabenstellung des Teams relevant sind. Zusätzlich sollten vorhandene Schulungsmaßnahmen eingebunden und den Teammitgliedern zur Verfügung gestellt werden, damit sie sich eigeninitiativ mit den selektierten Vorgaben auseinandersetzen und vertraut machen können.

Durch die Elementarrolle **Governance G** werden Treffen, Schulungen oder Workshops sichergestellt oder organisiert. Sie sind für die Vermittlung von Inhalten und die Berücksichtigung und Einhaltung der Vorgaben im Arbeitsalltag der Teammitglieder angemessen oder notwendig. Über Rückkopplungen, Feedbackrunden oder Reverse Presentation wird festgestellt, inwieweit Informations- oder Verständnislücken bei den Teammitgliedern bestehen. Diese müssen konsequent thematisiert und geschlossen werden.

Schritt 5: Unternehmensrichtlinien integrieren

Die Vorgehensweise zur Integration der relevanten Unternehmensrichtlinien, die für den Aufgabenkontext des Teams bekannt und anwendbar sein müssen, entspricht der des vorhergehenden Schrittes.

4.2.3 Kontinuierliche Entwicklung der Governance

Als Arbeitsformat, um die **Team-Charta** an die Veränderungen der Umwelt anzupassen, nutzt die Verantwortliche der Elementarrolle **Governance G** das **Governance Meeting**. Das Meeting und seine Inhalte liegen in der Verantwortung der Elementarrolle **Governance G**, es deckt drei grundsätzliche Aspekte der Kooperation des Teams ab:

- Organisation von Wahlen für die Elementarrollen des Liquid-Leadership-Modells;
- Anpassung der Verantwortungsbereiche der Elementarrollen;
- (Erstellung bzw.) Aktualisierung der Team-Charta.

Die Vorgehensweise zum ersten Punkt haben wir bereits behandelt. Die Anpassung der **Team-Charta** und der Elementarrollen wird ergänzt. Neben dem Sinn, der Intention und den Kooperationsvereinbarungen im Team soll auch der Ausgestaltung der Themen und Aufgaben, die von den Elementarrollen verantwortet werden, den dynamischen Erfordernissen des Teams, den Veränderungen der Umwelt oder der Entwicklung von Sinn und Intention konsequent und konsistent entsprochen werden.

Um eine unternehmensweite Kompatibilität der Elementarrollen sicherzustellen, bestehen die Rollendefinitionen aus zwei Segmenten: dem generellen und dem speziellen Segment. Das generelle Segment kann nur unternehmensweit einheitlich und synchron angepasst werden, um interdisziplinäre Inkompatibilitäten und Inkonsistenzen auszuschließen. Das spezielle Segment ist vorgesehen, um teamspezifische Erfordernisse im Kontext der eigenen Aufgabenstellungen integrieren zu können. Die Definitionen der Elementarrollen können in Steckbriefen dokumentiert und veröffentlicht werden, beispielsweise im Intranet des Unternehmens.

Exemplarisch kann der Steckbrief einer Elementarrolle folgendermaßen aufgebaut sein:

Steckbrief Elementarrolle: Operations

Verantwortungsbereiche/Entscheidungsautorität	Kompetenzen
Generelles Segment – unternehmensweit Erbringung operativer fachlicher, wertschöpfender, produktiver Tätigkeiten Entwicklung der jeweils individuellen Fach-, Methoden-und Toolkompetenz der Rolle Interdisziplinäre Weitergabe fachlicher Expertise und operativer Erfahrungen an Mitglieder der gesamten Organisation **Spezifisches Segment – teamintern** ... ***Hinweis*** *Die Elementarrolle Operations repräsentiert die Vielzahl fachlicher Rollen der Expertinnen des Unternehmens, die im jeweiligen Team ihren Beitrag leisten, interdisziplinär vernetzt sind, selbstorgansiert/selbstfunktional kooperieren und die Wertschöpfung des Unternehmens sicherstellen.* *Beispiele für Operations-Rollen: Firmenkundenbetreuerin, Analgeberaterin, Controllerin, Aktuarin, Software-Entwicklerin, Technische Architektin, UX-Designerin, Release Managerin etc.*	**Fachkompetenz** • Fachliche Expertise der im Kontext einer Aufgabe benötigten Geschäftsfähigkeit(en) **Methodenkompetenz** • Kooperationsmodell des Unternehmens • Methoden des jeweiligen Verantwortungsbereichs **Toolkompetenz** • IT-Anwendungen des jeweiligen fachlichen Verantwortungsbereichs **Sozialkompetenz** • Teamfähigkeit & Kooperationsbereitschaft • Eigenverantwortung, Selbstorganisation (Zeitmanagement), Kommunikationsfähigkeit • Lösungsorientierung, Selbstdisziplin, Eigenmotivation • Entscheidungskompetenz innerhalb der individuellen Verantwortung

Intention/Beitrag
Erbringung, Entwicklung und Weitergabe fachlicher Expertise zur Durchführung und nachhaltigen Sicherung der Geschäftsfähigkeiten von Rekursion* und Unternehmen

*Rekursion: Eine anpassungsfähige und selbstorganisierte Unternehmensorganisation besteht aus einer Vielzahl von Teams, die aufeinander aufbauen und miteinander kooperieren. Auf diese Weise kann ein Team mehrere Teams organisatorisch integrieren, da sie eine fachliche Einheit bilden. Diese Form der Strukturierung wird als Rekursion bezeichnet, die immer den gleichen Organisationsprinzipien folgt. Rekursionen bestehen aus Quellrekursionen, die nachfolgende Rekursionen enthalten, die wiederum eine Quellrekursion für die darin enthaltenen nachfolgenden Rekursionen darstellen.

Abb. 31: Steckbrief der wichtigsten Elementarrolle Operations

Steckbrief Elementarrolle: D evelopment

Verantwortungsbereiche	Kompetenzen
Generelles Segment– unternehmensweit Kontinuierliche Bereitstellung einer Strategie zur Entwicklung der Produkte, Leistungen und Geschäftsfunktionen des der Rekursion Synchronisation der strategischen Entwicklung mit den angrenzenden Rekursionen und der Umwelt. Entwicklung und Sicherstellung von Maßnahmen (z.B. Projekte, Initiativen, „Nächste Aktionen" o.ä.) zur Weiterentwicklung der Produkte, Leistungen und Geschäftsfähigkeiten der Rekursion Sicherstellung der Grundlage für die individuelle Entwicklung der Fähigkeiten und Kenntnisse der Mitglieder der Rekursion **Spezifisches Segment – teamintern** …	**Fachkompetenz** • Entwicklung und Umsetzung von Entwicklungsstrategien für (Branchen-) Produkte und die Geschäftsfähigkeiten der Organisation **Methodenkompetenz** • Kooperationsmodell, spezifische Methoden je Kontext, Kennzahlenmodelle • Methoden zur strategischen Entwicklung z.B. Design Thinking, Business Modell Canvas etc. • Innerhalb der Organisation genutzten Methoden und Modelle zur Strategieentwicklung **Toolkompetenz** • IT-Lösungen des Unternehmens zur Unterstützung von Koordinations- und Kommunikationsaufgaben (z.B. JIRA, Confluence etc.) **Sozialkompetenz** • Teamfähigkeit & Kooperationsbereitschaft • Eigenverantwortung, Selbstorganisation • Selbstdisziplin, Selbstmotivation • Kommunikationsfähigkeit • Lösungs- / Zielorientierung • Realitätssinn / Machbarkeitsdenken

Intention/Beitrag
Sicherstellung und Entwicklung von Strategie und Planung zur kontinuierlichen Entwicklung der Geschäftsfunktionen und Leistungen (z.B. Produkte) der Rekursion

Abb. 32: Steckbrief der Elementarrolle Development

Hinweis

Beispiele für Steckbriefe zur Beschreibung der Aufgaben und Verantwortungen aller Elementarrollen finden Sie auf der Webseite liquidleadership.de

4.2.4 Governance Meeting

Als Werkzeug für eine strukturierte und koordinierte Weiterentwicklung und Anpassung aller Bestandteile der Governance, die in der **Team-Charta** dokumentiert werden, verwenden wir ein Kanban-Board. Auf dem sogenannten **Governance Board** werden alle aktuell von den Mitgliedern des Teams oder den Verantwortlichen der Elementarrolle **Governance G** zusammengetragenen Anforderungen aufgeführt. Dabei kann es um die Anpassung und Erweiterung der aktuell gültigen Inhalte der **Team-Charta** und die Rollenverantwortungen im Team gehen.

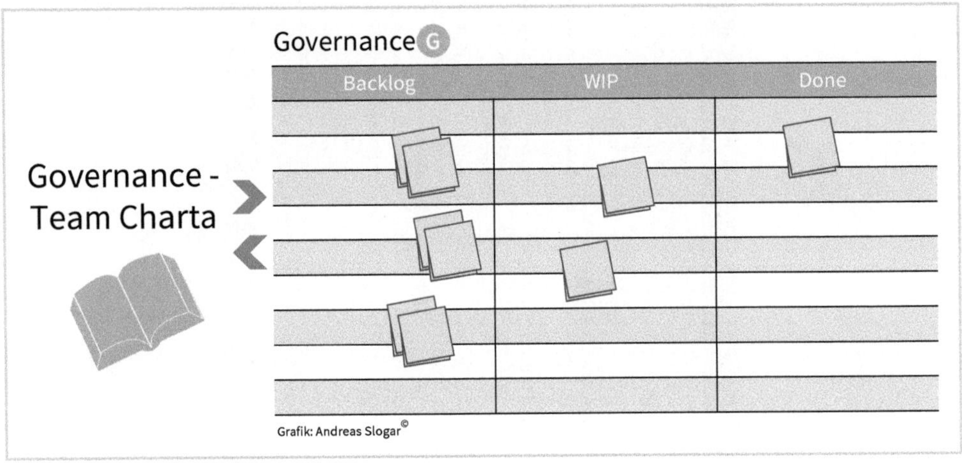

Abb. 33: Governance Board und Team-Charta (Slogar 2020)

4.2.5 Governance Meeting – Ablauf

Grundsätze

- Die Rollenverantwortlichen aller Elementarrollen stellen sicher, dass Vereinbarungen, die nötig sind, um ihre Rolle auszuüben, in der **Team-Charta** enthalten und aktuell sind und operativ angewendet werden können.
- Fehlende, veraltete oder operativ unangemessene Vereinbarungen sind im Rahmen des **Governance Meetings** zu ergänzen, anzupassen oder zu ersetzen.
- Die in der **Team-Charta** festgehaltenen Vereinbarungen werden regelmäßig bearbeitet. Die Frequenz der Bearbeitung wird von der Elementarrolle **G** festgelegt und über den Kooperationskalender öffentlich kommuniziert.

Hinweis

Der Kooperationskalender wird als Werkzeug in Step IV Coordinate beschrieben.

- Alle Mitglieder des Teams und die Verantwortlichen der Elementarrolle **G** kooperierender Teams nehmen an der Weiterentwicklung der Vereinbarungen teil. Sie können ihre Ideen und Anforderungen einbringen.
- Beschlossene Aktualisierungen der **Team-Charta** werden unmittelbar nach dem Treffen öffentlich zur Verfügung gestellt. Sie können von jeder Mitarbeiterin der gesamten Organisation eingesehen werden.
- Gäste, beispielsweise aus kooperierenden Teams, anderen Teilen der Organisation oder von externen Kooperationspartnerinnen, nehmen als Beobachterinnen ohne Beitragsrecht teil.

Ablauf

Das **Governance Meeting** wird von der Elementarrolle **G** moderiert.

Ablaufschritt	Erläuterung
Eröffnungsrunde – optional	Das Meeting beginnt mit einer Eröffnungsrunde: Jede Teilnehmerin spricht einmal so lange wie nötig, um in der Besprechung anzukommen und voll präsent zu sein. (Gäste sind von der Eröffnungsrunde ausgenommen.)
Punkte sammeln	Die Summe aller Regelungs-, Anpassungsbedarfe und Entwicklungsideen wurden vor dem Governance Meeting von den Teilnehmenden im Backlog des Governance Boards eingetragen. Alle Teilnehmerinnen nennen ihren Regelungsbedarf oder ihre Ideen zur Weiterentwicklung der Team-Charta durch ein Stichwort und durch eine Referenz auf das Backlog. Die Elementarrolle G nimmt diese in der Reihenfolge der Nennung in die Agenda auf und notiert den Namen des zugehörigen Teammitglieds als Autorin. Die von den Teilnehmenden genannten Themen werden behandelt, auch wenn im Backlog des Governance Boards weitere Inhalte enthalten sind. Nachdem alle Meldungen aufgenommen wurden, beschreiben die Teilnehmerinnen initial die Hintergründe, die Notwendigkeiten oder Motivationen der Stichworte und ordnen diese, sofern möglich, der Qualität einer Elementarrolle zu. Durch dieses Vorgehen werden alle Anwesenden über die Themen orientiert, ohne sie zu diskutieren.
Team-Charta anpassen	Die Elementarrolle G ruft die erste Autorin auf und bittet sie, den Regelungsbedarf zu erklären. Die Autorin formuliert den Regelungsbedarf aus ihrer individuellen Perspektive: *»Ich als Elementarrolle X oder Fachexpertin Y benötige Z, um folgende Arbeitsergebnisse, Ziele, Zusagen, Vereinbarungen, Entscheidungskompetenzen etc. sicherstellen, leisten, einhalten, erbringen zu können.«*
Verständnisfragen klären	Jede Teilnehmerin kann nun Fragen zum Regelungsbedarf stellen. Dieser Schritt dient dazu, den Inhalt der beschriebenen Anforderung besser zu verstehen. Der Bedarf bzw. die von der Autorin erklärte Anforderung an sich ist weder zu kommentieren noch zu bewerten.

Ablaufschritt	Erläuterung
Feedbackrunde	Die Teilnehmerinnen können reihum ihre Wahrnehmung und Einschätzung des beschriebenen Bedarfs äußern.
Klären und Anpassen	Nach der Feedbackrunde kann die Autorin ihren Regelungsbedarf anpassen, sofern sie das als nützlich oder notwendig erachtet. Dann äußert die Autorin erneut den Regelungsbedarf, in den sie alle von ihr als nützlich eingeschätzten Ergänzungen eingearbeitet hat.
Entscheidungsrunde	Zur finalen Version des Regelungsbedarfs stellt die Elementarrolle G folgende Fragen zur Entscheidung: *»Sieht jemand einen Grund, warum Schaden entstehen würde oder wir zurückgeworfen würden, wenn dieser Vorschlag der Autorin angenommen würde?«* Oder kurz gesagt: *»Hat jemand einen begründeten Einwand gegen diesen Vorschlag?«* Wenn es keinen begründeten Einwand gibt, dann ist der Vorschlag angenommen. Die Elementarrolle G wechselt zum nächsten Regelungsbedarf auf der Agenda.
Einwandbehandlung	Ziel der Einwandbehandlung ist es, einen Regelungsbedarf so zu formulieren, dass durch ihn kein begründeter oder sogar nachweisbarer Nachteil oder Schaden für eine Mitarbeiterin, das Team oder einen anderen Teil der Organisation entsteht.
Vorgehen zur Einwandbehandlung	Das Teammitglied, das einen Einwand vorbringt, erklärt, welcher Schaden/ Nachteil entstehen würde. Die Elementarrolle G wendet sich an die Einwendende: *»Was kann hinzugefügt oder verändert werden, damit der konkrete Schaden nicht entsteht?«* Alle Teilnehmerinnen unterstützen die Entwicklung einer Lösung aktiv. Sobald sich eine Lösung abzeichnet, stellt die Elementarrolle G die Frage an die Einwendende: *»Würde das deinen Einwand beheben?«* Anschließend fragt die Elementarrolle G die Autorin: *»Würde das nach wie vor deinen ursprünglichen Regelungsbedarf erfüllen?«* Sobald die Elementarrolle G eine Zustimmung auf beide Fragen erhält, wird der nächste Einwand behandelt. Nachdem alle Einwände behandelt und die dafür entwickelten Lösungen von der jeweiligen Autorin integriert sind, wird die finale Regelung von der Elementarrolle G in die Team-Charta aufgenommen.
Abschlussrunde	1. Feedback zum Meeting: Die Elementarrolle G wählt im Vorfeld das Feedbackformat aus, damit alle Teilnehmerinnen ein individuelles Feedback zum durchgeführten Termin äußern können. 2. Unbehandelter Regelungsbedarf: Konnten nicht alle Regelungsbedarfe im Rahmen des Meetings verarbeitet werden, werden sie im Folge-Meeting weitergeführt. 3. Regulatorische und rechtliche Anforderungen: Liegen der Elementarrolle G neue oder veränderte regulatorische oder rechtliche Regelungsbedarfe vor, teilt sie diese den Teilnehmenden mit und informiert über die zu beachtenden Handlungsanweisungen. Diese Anforderungen werden von der Elementarrolle G in die Team-Charta aufgenommen und veröffentlicht. 4. Terminplanung: Die Elementarrolle G legt den Termin für das nächste Governance Meeting fest, teilt ihn den Teilnehmenden mit und veröffentlicht ihn im Kooperationskalender.

Ablaufschritt	Erläuterung
Regelungsbedarf aus der Umwelt	Jedes teilnehmende Teammitglied kann Regelungsbedarfe von benachbarten und kooperierenden Teams oder Mitarbeiterinnen in das Governance Meeting einbringen und als Fürsprecherin dieser Anforderung fungieren. Liegt eine derartige Anforderung vor und ist sie im Vorfeld im Backlog des Governance Boards publiziert worden, verwendet die Fürsprecherin als stellvertretende Autorin die folgende Formulierung: *»Die Elementarrolle X oder Fachexpertin Y aus dem Team α benötigt Z, um folgende Arbeitsergebnisse, Ziele, Zusagen, Vereinbarungen, Entscheidungskompetenzen in ihrem Verantwortungsbereich etc. sicherstellen, leisten, einhalten, erbringen und mit uns und unserem Team (verbessert) kooperieren zu können. Sofern keine begründeten Einwände vorliegen, ist der Anforderung zu entsprechen.«* Die Anforderung wird der gleichen Einwandbehandlung unterzogen wie Regelungsbedarfe aus dem Kreis der teaminternen Elementarrollen. Angepasste Formulierungen von Regelungsbedarfen, die aus der Einwandbehandlung entstehen, werden von der fürsprechenden Autorin weitergegeben. Die Elementarrolle G sorgt dafür, dass Regelungsbedarfe, die von den angrenzenden Teams eingebracht werden, in die Team-Charta aufgenommen, veröffentlicht und aktualisiert werden. **Die Mitglieder des Teams sind eigenverantwortlich in der Anwendung der Regelungen der Team-Charta und klären Fragen zu Verständnis und Anwendung mit den jeweiligen Rollenverantwortlichen.**

Tab. 5: Eingabe Tabellenbeschriftung

Hinweis

Eine umfassende Vorgehensweise zur Prüfung und Behandlung von Einwänden stellen die Holokratie und die Soziokratie zur Verfügung und können diesen entlehnt werden. Im Kontext des Governance Meetings nutzen wir das hier beschriebene und vereinfachte Verfahren.

4.2.6 Erreichung der ersten Ausbaustufe

Herzlichen Glückwunsch! Sie und Ihre Mitarbeiterinnen haben sich mit den ersten Bausteinen des Liquid-Leadership-Modells befasst. Das bestehende Team konnte Einblick in die Grundstrukturen nehmen, das Leadership Transfer Board unterstützt alle Teammitglieder darin, Managementaufgaben kollektiv zu organisieren und über das **Governance Meeting** wurden die initialen Verantwortlichen der Elementarrollen gewählt. Damit haben Sie die erste Ausbaustufe zur Einführung selbstorganisierter Kooperation erreicht.

Zusätzlich haben Sie als Managerin durch die Übernahme der Elementarrolle **Coordination C** den persönlichen Perspektivwechsel hin zur Managementexpertin vollzogen. Aus dieser Sichtweise heraus können Sie fokussiert am System arbeiten, das Team in seiner Kooperation beobachten, Engpässe oder Konflikte erkennen und die Arbeits- und Kommunikationsqualität kontinuierlich unterstützen und verbessern.

Da Sie nicht mehr als zentraler Bezugs- und Entscheidungspunkt im System engagiert und darauf limitiert sind, haben Sie nach dem Perspektivwechsel Kopf und Hände frei. Sie können sich u. a. auf die Sicherstellung der psychologischen Sicherheit der Mitarbeitenden konzentrieren und das Zusammenspiel im Team und mit kooperierenden Teams der Unternehmensorganisation mit den Elementarrollenverantwortlichen für **D, M, M*** und **G** nachhaltig unterstützen und entwickeln.

Starten mit Coordination C – aus gutem Grund

Der Ansatz, die Elementarrolle Coordination C als Einstieg in den Aufbau des Liquid-Leadership-Modells zu nutzen, wird durch die Erkenntnisse der Ministudie bestätigt, die wir in diesem Buch zur Verfügung stellen. Eine grundlegende Sicherstellung von Kommunikation und Koordination der Kooperation im Team ist ein positives Element, das die Akzeptanz der Mitarbeitenden fördert und ihr partizipatives Engagement unterstützt. Die Studienergebnisse werden im II. Segment behandelt.

Hintergründe, Quellen, Literaturhinweise

Kobayashi, Daichi: Die japanische Lebensweise: 3 Bücher in 1: Ikigai, Kaizen, Shinrin-Yoku. Die tausendjährige Weisheit, die das Land der aufgehenden Sonne groß gemacht hat, Kindle.

Sinek, Simon (2011): Start With Why: The Inspiring Million-Copy Bestseller That Will Help You Find Your Purpose, London.

4.3 Step III: Provide Capacities & Resources

4.3.1 Kontext

Abb. 34: Baustein Provide Capacities & Resources

Die Ermittlung des Kapazitätsbedarfs, die Planung der vom Team benötigten Kapazitäten an Mitarbeitenden und die Sicherstellung, dass diese zum richtigen Zeitpunkt an den vorbereiteten und priorisierten Aufgaben und Anforderungen arbeiten können, ist der Verantwortungsschwerpunkt des Bausteins **Provide Capacities & Resources**. Zu diesem Kontext gehören u. a. die Planung und Bereitstellung von Budget, also Finanzressourcen, oder auch der Infrastruktur, Energie, Schulungsmöglichkeiten etc.

Hinweis

Die Reihenfolge der bisher behandelten Elementarrollen und die Erläuterungen dazu sind unabhängig von der Reihenfolge der Bausteine und der darin enthaltenen Elemente zu verstehen. Die Reihenfolge der Bausteine beruht auf inhaltlichen Notwendigkeiten, um aufeinander aufbauen zu können. Die Reihenfolge der Elementarrollen hingegen ist willkürlich, da sie gleichwertig sind.

Es ist ausdrücklich zwischen den Kapazitäten der Mitarbeitenden und Ressourcen zu unterscheiden. Menschen sollten sprachlich nicht mit Ressourcen wie Energie oder Geld gleichgestellt werden.

Federführend für diesen Baustein verantwortlich ist die Elementarrolle **Management M.** Ihre Kernaufgaben fokussieren sich zusammengefasst auf die folgenden Bestandteile dieser Verantwortung:

- Kapazitäten seitens der Mitarbeitenden klären/planen/organisieren;
- Budgetbedarf klären/planen/organisieren;
- Geschäftsprozesse klären/festlegen/anpassen;
- nötige Rahmenbedingungen klären/sicherstellen (z. B. Infrastruktur, Arbeitsmittel);
- Weiterbildungen klären/sicherstellen;
- Potenzielle Risiken identifizieren und geringhalten.

Die Elementarrolle **Management M** ist hier vor allem in engem Austausch mit der Elementarrolle **Development D.** Beide Rollen befinden sich in einem kontinuierlichen Dialog. Sie tauschen sich darüber aus, was bezüglich der Weiterentwicklung von Produkten und Leistungen des Teams, des Wertstroms oder des Unternehmens insgesamt notwendig (Perspektive **Development D**) und was davon leistbar, finanzierbar oder kapazitativ umsetzbar ist (Perspektive **Management M**).

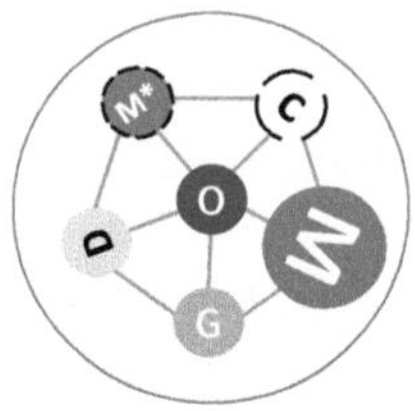

Abb. 35: Selbstorganisiertes Team mit der Elementarrolle Management M im Lead

Beide Perspektiven stehen in einem bewussten und konstruktiven Spannungsverhältnis zueinander. Die Development-Perspektive orientiert sich stets an den Veränderungen der Umwelt und an den zukünftigen Anforderungen. Trotzdem sind nicht alle wünschenswerten oder aus ihrer Sicht notwendigen Maßnahmen, Investitionen oder Notwendigkeiten tatsächlich umsetzbar oder finanzierbar. Die Spannung zwischen dem Notwendigen und dem Möglichen resultiert aus einer klaren Definition der Anforderungen und ihrer konsequenten Priorisierung zueinander.

Weit verbreitet sind u. a. die folgenden Unsitten in Unternehmen, die meist auf dem Rücken der Mitarbeitenden ausgetragen werden. Anforderungen oder unternehmensinterne Leistungsanfragen sind …

- … von der anfordernden Person oder dem Unternehmensbereich unklar, unvollständig oder missverständlich definiert und enthalten unzureichende Abnahmekriterien.[15]
- … weder relativ zueinander noch bereichsübergreifend priorisiert oder an denf Leistungs- und Entwicklungskapazitäten der entgegennehmenden Stelle in der Organisation ausgerichtet.
- … unzureichend mit den notwendigen Ressourcen oder Kapazitäten für eine Umsetzung ausgestattet.

Die Fachexpertinnen im Team sollten den Rücken, die Hände und den Kopf freihaben, um sich auf die eigentliche Kernaufgabe fokussieren und konzentrieren zu können. Dafür sorgt die Elementarrolle **M**. Sie muss die notwendigen Rahmenbedingungen sicherstellen und mit der Elementarrolle **Development D** eine realistische Planbarkeit neuer Anforderungen herbeiführen.

Kontinuierliches Planen

Dazu gehört, dass sich die Elementarrolle **Management M** über das aktuelle Leistungs- und Auslastungsniveau der Mitarbeitenden eines Teams kontinuierlich informiert. Sie erkennt Überlastungen und Unterforderungen und löst diese im Dialog mit den Fachexpertinnen und den anderen Verantwortlichen der Elementarrollen auf. Zeichnet sich eine Überlastung eines Expertinnenteams ab, muss die Elementarrolle **M** Maßnahmen wie Kapazitätserweiterungen, Umplanungen, Umverteilungen oder Re-Priorisierungen von Anforderungen und Aufträgen etc. einleiten.

Für eine sachliche Analyse des Auslastungszustandes steht die Elementarrolle **M** mit der Elementarrolle **Monitoring M*** im Dialog. Auf der Grundlage gewonnener und ausgewerteter Kennzahlen kann, in Abstimmung mit dem Team, nachvollzogen werden, in welchen Aspekten Veränderungen und Umplanungen vorgenommen werden müssen, um die Handlungs- und Leistungsfähigkeit eines Teams aufrechtzuerhalten.

Das zentrale Instrument der Elementarrolle **Management M** ist eine kontinuierliche Planung. Sie kann in unterschiedlichen Zeitabständen und Detaillierungsgraden durchgeführt werden und ist dem Kontext einer Aufgabenstellung und den betroffenen und beteiligten Personengruppen anzupassen. Planungen können beispielsweise zweiwöchentlich oder monatlich in einem Team detailliert stattfinden, um die konkreten Aufgaben eines überschaubaren Zeitraums zu vereinbaren. Oder auch quartalsweise, halbjährlich oder jährlich mit abnehmendem Detaillierungsgrad, höherer Planungsunsicherheit und damit geringerer Verbindlichkeit, je

15 Im Umfeld der iterativen Entwicklung von Computer-Software haben sich die Termini »Definition of Ready«, für eine vollständige Anforderungsbeschreibung, und »Definition of Done«, für nachvollziehbare und messbare Abnahmekriterien dieser Anforderungen, etabliert.

länger der zeitliche Planungshorizont ist. Treten unvorhersehbare und in den unmittelbaren Auswirkungen drastische Veränderungen ein, die einer bestehenden Planung widersprechen, muss eine (Neu-)Planung durchgeführt werden – auch ad hoc. Die Verwerfungen der globalen Lieferketten durch die Auswirkungen der COVID-19-Pandemie sind ein extremes Beispiel für diese Notwendigkeit gerade in Krisensituationen. Ziel einer Planung ist nicht die Sicherstellung der Umsetzung, sondern die kontinuierliche Anpassung an sich ändernde Gegebenheiten, Rahmenbedingungen, Einflüsse und Erkenntnisse.

Mit Planungsunsicherheit konstruktiv umgehen

Die Auswirkungen der Planungsunsicherheit und der Dynamik der Umwelteinflüsse werden in einem Modell beschrieben, das 1981 der Computerwissenschaftler Prof. Barry Boehm veröffentlicht hat. Es veranschaulicht die Problematik. Im Kontext der Softwareentwicklung hat Boehm durch empirische Untersuchungen festgestellt, dass Schätzungen, die zu Beginn eines Projektlebenszyklus (vor der Anforderungsphase) gemacht werden, im Durchschnitt eine Unsicherheit von etwa dem Vierfachen des tatsächlichen Aufwands aufweisen. Das bedeutet, dass die tatsächlich benötigte Zeit für ein Projekt entweder viermal so lang oder nur ein Viertel so lang sein kann wie ursprünglich geschätzt. Die Höhe dieser Unsicherheit variiert je nach Art des Projekts. Projekte mit einem höheren Forschungs- und Entwicklungsanteil weisen in der Regel einen größeren Unsicherheitsgrad auf. Im Verlauf des Projekts nimmt die Unsicherheit stetig ab und erreicht schließlich bei Projektabschluss 0%. Der Begriff »Cone of Uncertainty« leitet sich von der Form der Unsicherheitskurve ab, die anfangs stark abfällt und sich dann allmählich der Nulllinie annähert.

Das Denkmodell des »Cone of Uncertainty« eignet sich gleichermaßen für vergleichbare Kontexte – außerhalb von Softwareentwicklung oder projekthaften Kooperations- und Vorgehensweisen, in denen dynamische Faktoren der Umwelt in eine bestehende Planung kontinuierlich integriert werden müssen. Die Dynamik[16] der Faktoren einer Wettervorhersage ist hier sicher das beste Beispiel.

Zur Ausgestaltung des Bausteins durch die Elementarrolle **Management M** sind die folgenden Elemente grundsätzlich notwendig. Sollten im Kontext der individuellen fachlichen Ausrichtung des Teams weitere Elemente hinzukommen, die aufgrund ihrer Charakteristik dazu gehören, so ergänzen Sie diese in der folgenden Zusammenstellung. Umgekehrt sollte keines der hier beschriebenen Elemente weggelassen werden, da sie in allen fachlichen Kontexten eine Minimalgrundlage des Bausteins darstellen.

16 Dynamik ist vereinfacht als die Anzahl der Überraschungen pro Zeiteinheit zu verstehen.

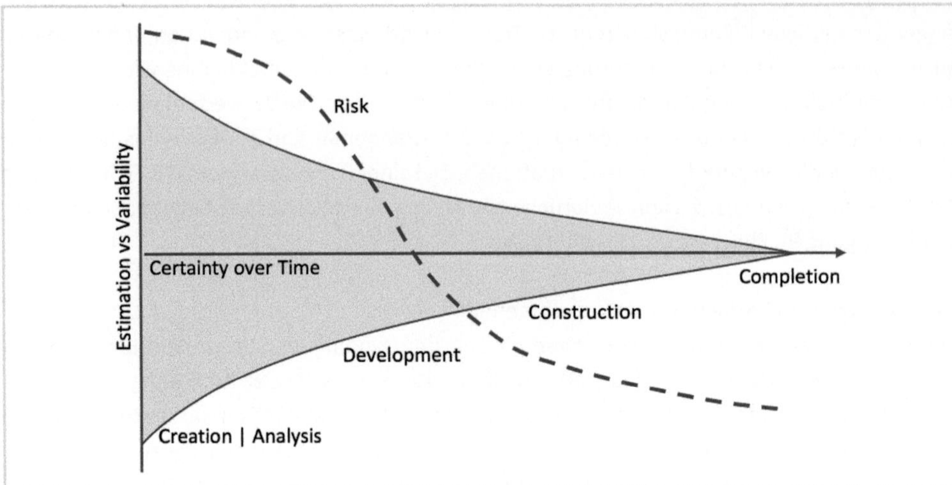

Abb. 36: »Cone of Uncertainty« in Anlehnung an Barry W. Boehm (1981)

Wichtig ist, dass die Elemente dieses Bausteins darauf ausgerichtet sind, die notwendigen Rahmenbedingungen sicherzustellen, die alle Mitarbeitenden des Teams benötigen, um sich auf Sinn und Zweck der Zusammenarbeit fokussieren zu können. Diese zentrale Ausrichtung des Bausteins **Provide Capacities & Resources** nennen wir **Overall Capability.**

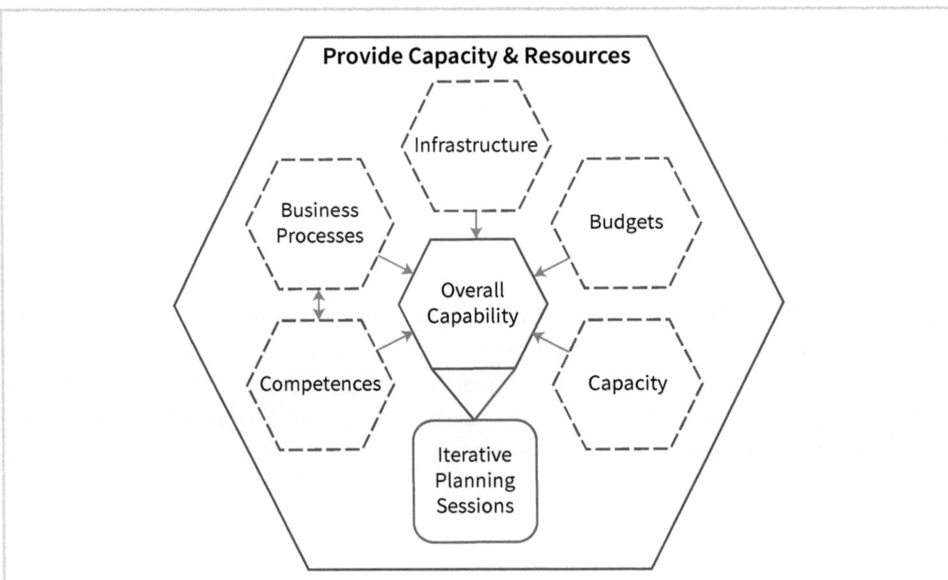

Abb. 37: Elemente des Bausteins Provide Capacities & Resources

4.3.2 Competences

Unter dem Stichwort Competences werden Begriffe wie Kenntnisse, Erfahrungen, Fähigkeiten, Fertigkeiten, Expertise etc. zusammengefasst; es bezieht sich auf alle Teammitglieder. Das Element stellt die zentrale Rahmenbedingung dar, die sichergestellt und gefördert werden muss, damit die Teammitglieder gegenwärtig wie auch zukünftig, also nachhaltig, in der Lage sind, die an sie gestellten Anforderungen zu verstehen, bestehende Lösungen für bekannte Anforderungen umzusetzen und auch neue bzw. innovative Lösungen für bisher unbekannte Anforderungen zu entwickeln.

Um neben der Übersicht über die bestehenden Kompetenzen der Teammitglieder die zukünftige Entwicklung strukturieren und fördern zu können, ist ein Competence-Radar sehr nützlich. Es ermöglicht nicht nur der Elementarrolle **M**, ihren Beitrag im Rahmen des Bausteins zu leisten, sondern vor allem den Mitarbeitenden selbst, die Entwicklung ihrer fachlichen und persönlichen Kompetenzen eigeninitiativ und strukturiert zu gestalten.

Im Dialog mit der Mitarbeitenden erarbeitet die Verantwortliche der Elementarrolle **Management M**, welche Kompetenzen sie als individuellen Beitrag für die Zusammenarbeit im Team einbringen kann und welche sie zukünftig entwickeln möchte. Diese Informationen sind relevant, damit die notwendigen Schulungs- und Ausbildungsmaßnahmen organisatorisch und budgetär eingeplant werden. Zusätzlich stellt **Management M** zusammen mit **Development D** sicher, dass die vorhandenen und zukünftigen Kompetenzen den Anforderungen an das Team entsprechen. Werden Abweichungen oder Widersprüche zwischen diesen beiden Perspektiven identifiziert, stellt **Management M** sicher, dass eine ausgewogene Vereinbarung gefunden wird.

Als Instrument für die Organisation, die Strukturierung und die Planung der Kompetenzentwicklung nutzen das Team und jede Mitarbeiterin im Team das **Competence-Radar** und veröffentlichen es in Form eines individuellen Steckbriefes in der **Team-Charta** und/oder, sofern möglich, im Intranet der Organisation. Das **Competence-Radar** ist eine mehrdimensionale Darstellung der Fähigkeiten, Fertigkeiten und Kenntnisse einer Fachexpertin. Es stellt zusätzlich den Reifegrad einer einzelnen Dimension dar und kann sowohl den aktuellen Reifegrad einer Dimension als auch den von der Fachexpertin angestrebten zukünftigen Reifegrad visualisieren.

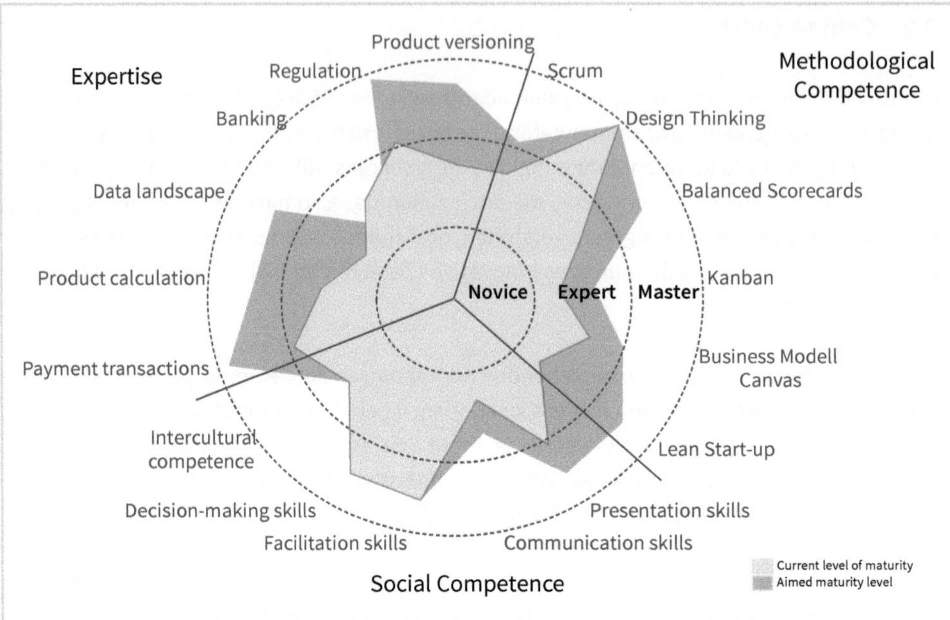

Abb. 38: Competence-Radar zur strukturierten Darstellung und Entwicklung fachlicher Karrieremodelle

4.3.3 Business Processes

Schriftlich und grafisch dokumentierte Geschäftsprozesse sind nützliche Orientierungshilfen für jedes Team, um standardisierte Abläufe möglichst reibungslos und missverständnisfrei umzusetzen. Dabei ist es in einer selbstorganisierten Kooperationsform wichtig, dass die Elementarrollenverantwortlichen für **Operation O** die Geschäftsprozesse unmittelbar aus ihrer operativen Zusammenarbeit heraus definieren und dokumentieren können. In traditionellen Organisationsformen ist es häufig üblich, dass diese von einer Stabsstelle von Geschäftsprozessexpertinnen festgeschrieben und vorgegeben werden. Das Resultat ist meist, dass derartige Prozessdokumentationen die Realität der Fachexpertinnen nur unzureichend wiedergeben und Parallelwelten entstehen. Die eine Welt stellt die operative Realität dar, die zweite ist die ausgedruckte Aktenwelt, damit die Anforderungen eines Prozessaudits erfüllt und Zertifikate sichergestellt werden können.

Fungieren Geschäftsprozessexpertinnen als Beraterinnen für Fachexpertinnen, lassen sich diese Parallelwelten auflösen. Dann modellieren und dokumentieren die Fachexpertinnen aus der Perspektive ihrer individuellen Verantwortung der Elementarrolle **Operation O** den tatsächlich praktizierten Geschäftsprozess. Dabei werden sie von den Geschäftsprozessexpertinnen unterstützt. So werden Geschäftsprozessdokumentationen zu nützlichen Werkzeugen im operativen Alltag, die gleichzeitig beispielsweise auch regulatorisch relevante Zertifizierungen sicherstellen. Für einen solchen alltagsnahen und pragmatischen Umgang mit Geschäftsprozessen eignen sich folgende Werkzeuge.

1.) Black Box | White Box

Ausgehend von einer existierenden Prozessdokumentation, die meist in IT-gestützten Business-Process-Management-Anwendungen bereitgestellt wird, bilden Black-Box- und White-Box-Darstellungen eine vereinfachte Sicht auf die konkrete Nutzung und Durchführung von Geschäftsprozessen. Dabei kapselt die Darstellung von Geschäftsprozessen als Black Box die Durchführungsdetails für diejenige Partei ein, die die Prozessleistung abruft oder auslöst und vor allem am Ergebnis der Prozessdurchführung interessiert ist und die Details nicht kennen muss.

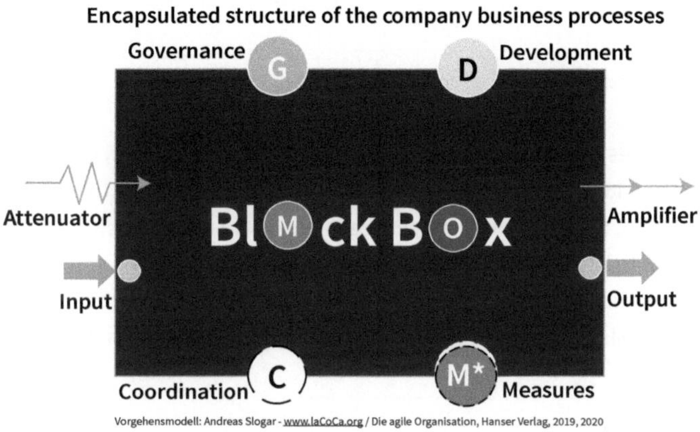

Abb. 39: Black Box mit Interaktionspunkten (Slogar 2020)

Für die aufrufende Partei oder das auslösende Ereignis sind die im Folgenden dargestellten Bestandteile relevant, um den Prozess nutzen oder auch in die eigenen Geschäftsprozesse als Subprozess einbinden zu können. Dazu ist es nicht notwendig, die Interna der Prozesskonfiguration oder -durchführung zu kennen. Die Darstellung des Geschäftsprozesses wird damit auf die Schnittstellen und Interaktionspunkte fokussiert, ohne die Details zu ignorieren.

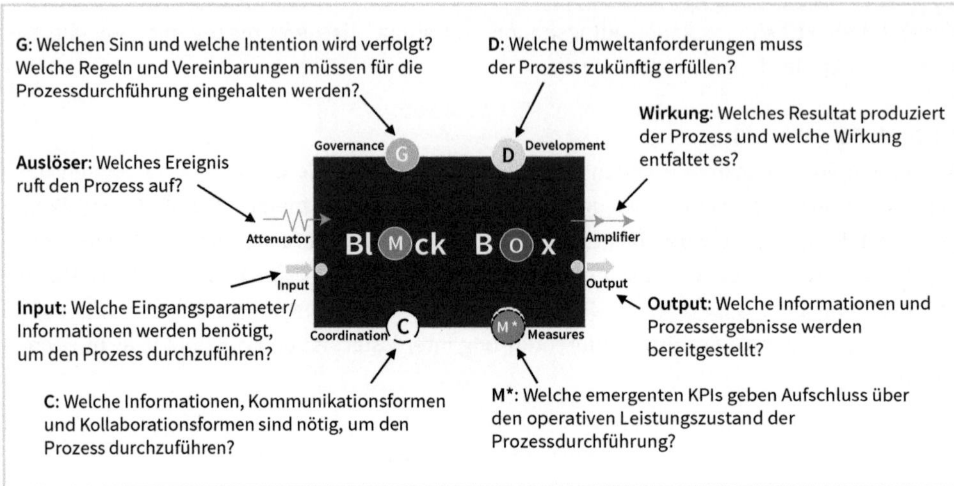

Abb. 40: Kurzbeschreibung der Interaktionspunkte einer Black Box (Slogar 2020)

Die Beschreibung eines Geschäftsprozesses als Black Box ist hilfreich, wenn z. B. ein neuer Geschäftsprozess entwickelt werden soll und das Design auf die Perspektive der Partei ausgerichtet werden soll, die dazu aufruft oder den Prozess auslöst. So kann sichergestellt werden, dass die internen Detailschritte des Prozesses genau die Aktivitäten enthalten, die für Auslöser und Input sowie Wirkung und Output vor dem Hintergrund der Governance notwendig sind. Das Design einer solchen Black Box folgt daher konsequent den Prinzipien des Lean Managements.

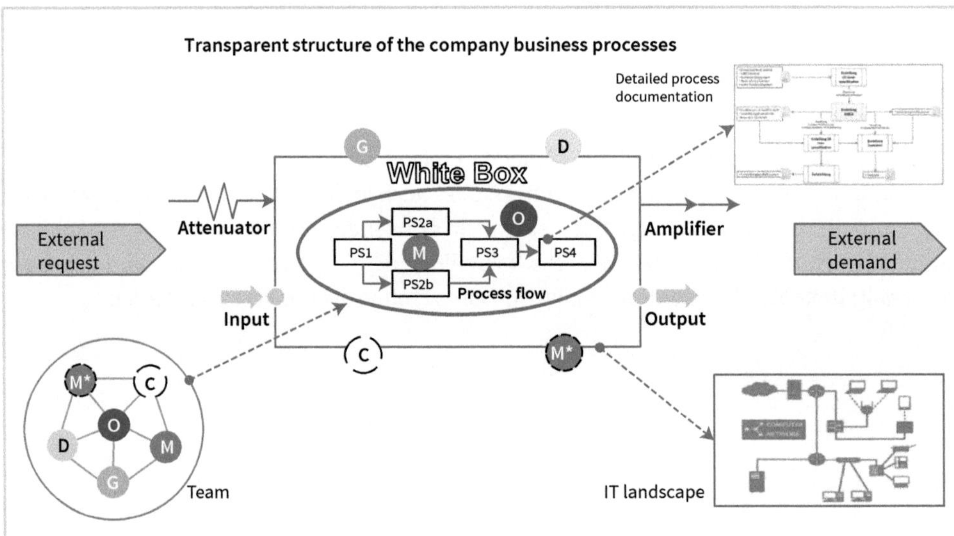

Abb. 41: Innenleben einer White Box (Slogar 2020)

Ist weitergehendes Detailwissen zu den internen Abläufen eines Geschäftsprozesses notwendig, kann, im übertragenen Sinne, der Deckel der Black Box geöffnet werden. Dann fällt Licht auf ihr Innenleben und sie wird in eine White Box transformiert.

Der Informationsumfang ist auch bei der Darstellung als White Box reduzierter als bei einer vollumfänglichen Prozessdokumentation nach BPM-Standards. Dennoch enthält sie operativ relevante Angaben wie die für die Prozessdurchführung notwendigen Rahmenbedingungen, das operative Know-how der beteiligten Fachexpertinnen, die Teamzusammenstellung und die prozessunterstützende IT-Architektur.

2.) Prozessposter
Zur Darstellung von Prozessabläufen ist die Aufbereitung von Prozessdokumentationen als Poster sehr hilfreich. Die großflächige Darstellung ermöglicht eine visuell leichter nachvollziehbare Übersicht der Abläufe und Zusammenhänge. Die typischen Prozessdiagramme weisen zwar einen höheren Detaillierungsgrad auf; dieser ist jedoch für die Unterstützung der Kooperation im Team nicht immer relevant und stellt tendenziell eine Überinformation dar. Die Darstellung als Prozessposter hilft bei der Fokussierung auf die wesentlichen Abläufe. Darüber können die Mitarbeiterinnen im Team nicht nur ihre Zusammenarbeit leichter nachvollziehen und Verbesserungen identifizieren; auch die Einarbeitung neuer Teammitglieder ist durch die vereinfachte Visualisierung eines Posters leichter möglich und zudem weniger abschreckend als ein Aktenschrank voller Prozessdokumente.

4.3.4 Infrastructure

Dass Infrastruktur notwendig ist, damit ein Team seine operative, produktive oder kreative Kooperation durchführen kann, klingt wie eine triviale Selbstverständlichkeit. Bei näherer Betrachtung wird die Relevanz dieses Verantwortungsbereichs der Elementarrolle **Management M** deutlich. Außerdem sind der Anspruch und die Komplexität an die Bereitstellung einer angemessenen Infrastruktur, die die Kooperation im Team fördert, gestiegen.

Fangen wir bei den grundsätzlichen oder offensichtlichen Elementen der Thematik an. Jede Form der Kooperation von Menschen und der Einsatz von Technologie erfordern zwangsläufig die Verwendung von Elektrizität, Gebäuden, Wärme- und Lichtenergie, Wasser und Nahrung, Computerequipment, Kommunikationsmitteln, Fertigungsmaschinen etc. So weit, so unspektakulär. Mindestens zwei Faktoren beeinflussen den Umgang mit diesen Infrastrukturthemen wesentlich stärker als noch zu Beginn der Nullerjahre: die unumkehrbare Etablierung von Remote Work bzw. Heimarbeit sowie die klimatischen Auswirkungen und die Relevanz einer nachhaltigen Rohstoffnutzung.

Wurde Infrastruktur bis vor einigen Jahren in der wirtschaftlichen Wahrnehmung weitgehend als ein Kostenfaktor gesehen, so hat sich die Bedeutung grundsätzlich gewandelt: Das Denken,

Planen und Handeln in Kreislaufstrukturen und Rückkopplungseffekten gewinnt zunehmend an Raum und Relevanz im Bewusstsein – auch in der Arbeitswelt. Unternehmen werden nicht zuletzt durch regulatorische Vorgaben, sondern auch durch eine veränderte Form der Verhaltensethik dazu gezwungen, ihren bisherigen Umgang mit Infrastruktur zu überdenken und anzupassen. Die Elementarrolle **Management M** hat daher nicht nur die Verantwortung, sicherzustellen, dass ein Team die benötigte Infrastruktur vorfindet; sie muss auch, in Kooperation mit den verantwortlichen Stellen im Unternehmen, die Aspekte, Vorgaben und Entwicklungen eines nachhaltigen Umgangs damit einbeziehen. Dabei spielt die Charakteristik der Aufgabeninhalte und der Interaktionsumgebung eines Teams eine wesentliche Rolle. Ein Team von Fachexpertinnen für Schadensabwicklung in einer Versicherung hat andere Anforderungen und Bedürfnisse hinsichtlich der benötigten Infrastruktur als beispielsweise Softwareentwicklerinnen oder die Mitarbeitenden in der Logistik, im Vertrieb oder im Sicherheitsdienst.

Auch die Verbreitung und Akzeptanz unterschiedlicher Entwicklungen aus dem Umfeld der New-Work-Bewegung haben das Verständnis und die Anforderungen an verschiedene Aspekte der Infrastruktur stark verändert. Räumlichkeiten, die eine kreative Zusammenarbeit sowie eine intensive und Osmotic Communication und Kooperation von Fachexpertinnen ermöglichen und fördern, sind zur Selbstverständlichkeit geworden. Statt beispielsweise Besprechungsräume reservieren zu müssen, sollte die Infrastruktur eine spontane und dezentrale Kooperation uneingeschränkt ermöglichen.

Selbst die Einstellung gegenüber dem physischen Büro selbst hat sich im Zuge von New Work verändert. Galt das Einzelbüro in seiner Größe bisher als Status- oder Machtsymbol von Managerinnen, so findet eine Abkehr von dieser Perspektive statt. Schließlich sollen Führungskräfte in ihrem Selbstverständnis gleichwertig mit allen Kolleginnen kooperieren. Ein schickes Einzelbüro passt immer weniger zu diesem Kooperationsmodell, das auf die Statusfreiheit aller Mitarbeitenden ausgerichtet ist.

Als letzter, aber sicher nicht abschließender Aspekt des Themas ist die Nutzung von IT-Infrastruktur zu verstehen. Durch die, je nach individueller Sichtweise, verursachten Innovationen, Disruptionen oder Verwerfungen der digitalen Revolution und der Omnipräsenz digitaler Interaktionsmöglichkeiten hat sich die Einstellung zur Selbstverständlichkeit und zur permanenten Verfügbarkeit von IT-Infrastruktur drastisch gewandelt. Diese Veränderung ist anekdotisch an den emotionalen »Krisenzuständen« zu erkennen, die manch eine Zeitgenossin bei mangelhaftem oder gänzlich fehlendem WLAN-Zugang und/oder einem leeren Smartphone-Akku erleidet. Die Enterprise-Architektinnen und IT-Fachexpertinnen in Unternehmen sind heute mehr denn je gefordert, dieser Einstellung gegenüber der Verfügbarkeit von IT-Infrastrukturen zu entsprechen. Gleichzeitig müssen sie der Sicherheits- und Schutznotwendigkeit gerecht werden, beispielsweise gegenüber personenbezogenen oder unternehmenskritischen Daten.

Diese Ausführungen, die keinen Anspruch auf Vollständigkeit erheben, verdeutlichen die Dimension des Umgangs mit der Infrastruktur. Für die Verantwortlichen der Elementarrolle **Management M** resultiert daraus die Notwendigkeit, sich intensiv mit den Mitarbeitenden eines

Teams über die Art und den Umfang der benötigten Infrastruktur auszutauschen. Die Ergebnisse müssen dann mit den Möglichkeiten und Limitierungen, beispielsweise aus der Sicht von Nachhaltigkeitsaspekten, abgeglichen werden.

4.3.5 Budgets

Auch die Organisation und Bereitstellung der finanziellen Ressourcen, also des Budgets, für die Umsetzung der Anforderungen an ein Team gehört zu den Verantwortungsbereichen der Elementarrolle **Management M**. In der Regel ist der damit einhergehende Arbeitsaufwand in klassisch organisierten Unternehmen ebenso überschaubar wie der Handlungs-, Planungs- oder Entscheidungsspielraum für ein einzelnes Team.

Trotz intensiver Diskussion fällt es Unternehmen sehr schwer, sich von einer jährlichen Festlegung der unternehmensweit einzusetzenden Finanzmittel über eine Top-Down-Planung und -Verteilung zu trennen. Die Tatsache, dass eine auf zwölf Monate festgeschriebene Budgetierung der Komplexität wirtschaftlicher und gesellschaftlicher Veränderungen nicht gerecht werden kann, ist unter CFOs und Controllern allgemein bekannt und verstanden. Trotzdem scheint es an Wissen oder Offenheit gegenüber der Durchführung oder dem Vertrauen in alternative Budgetierungsmodelle zu fehlen.

An dieser Stelle werden die bekanntesten Budgetierungskonzepte als Anregung aufgeführt. Sofern es das Unternehmensumfeld erlaubt, können Sie mit den Kolleginnen in der Finanzabteilung besprechen, ob der Wechsel in ein veränderungsfähiges Budgetierungsmodell perspektivisch eingeplant werden kann, um eine veränderungsfähige Arbeitsweise nicht durch ein starres Budgetierungsritual zu limitieren.

Beyond Budgeting (BB): Der Ansatz »Beyond Budgeting«[17] legt den Fokus auf flexiblere und dezentralisierte Entscheidungsprozesse. Anstatt ein starres jährliches Budget zu erstellen, werden Unternehmen ermutigt, adaptive Planungs- und Steuerungsmechanismen einzuführen, die es ermöglichen, schnell auf Veränderungen zu reagieren.

Rolling Forecast (RF): Beim Rolling Forecast wird das Budget kontinuierlich aktualisiert, indem rollierende Prognosen für einen festgelegten Zeitraum (z. B. alle 3 oder 6 Monate) erstellt werden. Das ermöglicht eine kontinuierliche Anpassung der Planung an aktuelle Marktbedingungen und verbessert die Anpassungs- und Reaktionsfähigkeit des Unternehmens.

Zero-based Budgeting (ZBB): Beim ZBB wird das Budget für jeden Zeitraum (z. B. ein Jahr) von Grund auf neu aufgebaut. Anstatt die Ausgaben des Vorjahres als Basis zu nehmen, werden alle

17 Literaturempfehlung: Hope, Jeremy/Fraser, Robin (2003): Beyond Budgeting: How Managers Can Break Free from the Annual Performance Trap, Brighton.

Ausgaben neu bewertet und müssen gerechtfertigt werden. Dadurch werden ineffiziente Ausgaben identifiziert und Prioritäten neu festgelegt.

Activity-based Budgeting (ABB): Das ABB basiert auf der Zuweisung von Budgets auf der Grundlage von Aktivitäten oder Prozessen. Es zielt darauf ab, die Ressourcenverteilung auf diejenigen Aktivitäten zu konzentrieren, die den größten Wertbeitrag für das Unternehmen liefern. Es fördert eine genauere Zuweisung von Kosten und Ressourcen aufgrund einer detaillierten Analyse der Aktivitäten.

Lean Budgeting (LB): Beim Lean Budgeting liegt der Fokus auf einer kontinuierlichen Verbesserung des Budgetierungsvorgehens, der Verschwendungsbekämpfung und der Flexibilität der Investitions- und Kostenplanung in Kooperation mit dem Gesamtunternehmen. Das Konzept zielt darauf ab, die Budgetierung von starren, jährlichen Prozessen zu befreien und stattdessen dynamische und anpassungsfähige Mechanismen einzuführen. Grundlegende Prinzipien und Anwendungsweisen des Lean Budgetings sind beispielsweise: Wertorientierung, Anpassungsfähigkeit, Rolling Forecast, Verschwendungsbekämpfung, kontinuierliche Verbesserung, Kosteneffizienz, Bottom-up-Ansatz, Steuerung nach messbaren Ergebnissen.

Participatory Budgeting (PB): Bei diesem Ansatz werden alle Mitarbeiterinnen eines Unternehmens aktiv in den Prozess der Finanzmittelallokation einbezogen. Es ermöglicht den Mitarbeitenden, direkten Einfluss auf die Entscheidungsfindung über die Verwendung von Budgets zu nehmen und Prioritäten zu setzen. PB wird überwiegend im öffentlichen Sektor auf kommunaler Ebene oder auch im Rahmen soziokratischer Kooperationsmodelle praktiziert.

Bei den zusammengestellten Budgetierungsalternativen fällt auf, dass sie sich in unterschiedlichen Aspekten ähneln. Daher ist es hilfreich, das zukünftige Budgetierungsmodell mit den Finanzkolleginnen zu erarbeiten, um sich anschließend für das angemessenste Konzept zu entscheiden. Je nach Unternehmensgröße und regulatorischen Vorgaben können die zu beachtenden Aspekte sehr unterschiedlich ausfallen.

Im I. Zyklus und aus der Perspektive eines individuellen Teams ist hinsichtlich der finanziellen Ressourcen Folgendes sicherzustellen bzw. zu hinterfragen:

- Welche Schulungsmaßnahmen sind für die Wissensentwicklung der Mitarbeitenden notwendig bzw. können diese finanziert werden? – In Zusammenarbeit mit **Development D**
- Welche Anforderungen an die Mitarbeiterinnenkapazitäten werden gestellt und sind diese mit dem bestehenden Niveau umsetzbar? – In Zusammenarbeit mit **Development D**
- Müssen neue Mitarbeitende in das Team integriert werden, um die zukünftig benötigte Kapazität sicherzustellen? Ist das in der Personalplanung des Unternehmens insgesamt berücksichtigt?
- Gibt es Faktoren, welche die verfügbaren Kapazitäten von Mitarbeiterinnen limitieren oder absorbieren, ohne einen (messbaren, relevanten oder signifikanten) Beitrag zu Sinn und Zweck, d.h. zu den vereinbarten Verantwortungsbereichen des Teams, zu leisten? Stich-

wort »Verschwendung«: beispielsweise durch nicht automatisierte Routinearbeiten, die wertvolle Mitarbeiterinnenkapazität binden, Überlastungssituationen durch unzureichend priorisierte oder ungenügend beschriebene Anforderungen etc.? – In Zusammenarbeit mit **Coordination C** und **Monitoring M***.

- Existieren bürokratische Vorgaben, die einen signifikanten Anteil der verfügbaren Kapazitäten der Mitarbeitenden allokieren, um beispielsweise Statusberichte, Verfahrensdokumentationen, Leistungsnachweise o. ä. zu erstellen, die in ihrer Notwendigkeit nicht hinterfragt wurden? – In Zusammenarbeit mit **Governance G**.

4.3.6 Capacities

Eine belastbare Planung der Arbeitsinhalte eines Teams erfordert eine umfassende Kenntnis der verfügbaren Kapazität an produktiver Arbeitszeit jedes Teammitglieds. Die simple Verwendung der vertraglich geregelten Wochenarbeitszeit ist dabei unzureichend: Sie blendet eine Vielzahl an Faktoren aus, die von der Nettokapazität abzuziehen sind, also von der tatsächlich für die operativ produktive oder kreative Kooperation der Fachexpertinnen eines Teams verfügbaren Arbeitszeit.

Eine erste Annäherung an die tatsächlich für eine Planung zur Verfügung stehende Nettokapazität ist die Subtraktion von Urlaubstagen, einem Faktor für mögliche krankheitsbedingte Abwesenheiten und notwendige Schulungen oder Bildungsurlaube. Bei Elternteilen ist zu berücksichtigen, dass Mütter und Väter ausfallen können, weil sie sich um ihre kranken Kinder kümmern müssen. Der für die Kalkulation dieser Faktoren in einem Unternehmen anzusetzenden Wert kann in Zusammenarbeit mit den Fachexpertinnen der Personalabteilung ermittelt werden. Nach dieser ersten groben Annäherung an die Nettokapazität geht es an den Feinschliff. Im nächsten Schritt müssen folgende Faktoren ermittelt und in die Kalkulation oder Abschätzung der Nettokapazität einbezogen werden.

Wöchentlich anfallende Zeiten für beispielsweise:

- Regeltermine wie Team-Jours-fixes o. ä.,
- Unternehmenskommunikation,
- Berichtswesen (Stundennachweise etc.),
- administrative Pflichten wie Reisekostenabrechnung, Rechnungsstellung etc.,
- Betriebsratstätigkeit für entsprechend gewählte und engagierte Mitarbeitende,
- informeller und Erfahrungsaustausch der Mitarbeitenden untereinander sowie
- Reisezeiten.

Der dritte und letzte Schritt zur Ermittlung der Nettokapazität berücksichtigt die Charakteristik der Arbeitsinhalte des Teams und die Anzahl und Intensität der Kommunikations- und Kooperationspunkte der Fachexpertinnen. Zur Verdeutlichung dieser Begriffe dienen die folgenden exemplarischen Fälle.

Szenario A
Die 40 Fachexpertinnen in der Schadensabwicklung einer Versicherung haben je Schadensfall unterschiedliche Kommunikationspunkte mit Versicherungsnehmerinnen und Dienstleisterinnen zur Schadensfeststellung und -behebung. Kooperationspunkte außerhalb des Teams sind immer dann notwendig, wenn ein Schadensfall Unterstützung durch eine spezialisierte Fachexpertin erfordert, wie beispielsweise eine Juristin aus einem anderen Team oder Fachbereich des Unternehmens.

In diesem Beispiel findet die Wertschöpfung der Fachexpertinnen im Rahmen der Interaktionen statt, die für die Schadensabwicklung notwendig sind. Je geringer die Dauer einer hochfrequenten Interaktion ist, desto positiver entwickelt sich der Wertschöpfungsbeitrag für die Versicherungsnehmerin und das Versicherungsunternehmen. Interaktionen, die keinen Bezug zu dieser Interaktionsbeziehung haben, reduzieren die Nettokapazität der Fachexpertinnen. Zu diesen Beziehungen gehören z. B. Statusbesprechungen oder Jour-fixe-Termine von Führungskräften, die allgemein über die laufenden Prozesse informiert werden wollen.

Szenario B
Ein Team von Softwareentwicklerinnen betreibt Peer Programming und arbeitet daher kontinuierlich in Zweiergruppen. Die Kooperationspunkte bestehen vor allem zu einer Product Ownerin, die für die Anforderungsbeschreibungen verantwortlich ist, wenn z. B. nach der Methode Scrum gearbeitet wird. Die Anforderungen sollen von den Softwareentwicklerinnen umgesetzt werden. Auch zu Enterprise-Architektinnen, die festlegen, nach welchen Standards und Vorgehensweisen die IT-Landschaft des Unternehmens verändert werden muss oder darf, bestehen regelmäßige Kontakte. Weitere Kommunikationspunkte werden zu anderen Entwicklerinnen oder Teams gepflegt, die von vereinbarten Arbeitsergebnissen abhängig sind.

Wertschöpfende Beiträge finden in der Softwareentwicklung immer dann statt, wenn sich Fachexpertinnen ungestört Tätigkeiten widmen können, die ihrer Kernaufgabe entsprechen: der Programmierung von Software. Interaktionen, die außerhalb dieser Fokussierung liegen, wirken sich negativ auf ihre Nettokapazität aus. Derartige Interaktionen könnten Statusbesprechungen zu Realisierungsfortschritten, allgemeine Jour-fixe-Termine von Bereichsleitungen oder Budgetschätzungen sein.

Aus diesen Beispielen wird deutlich, dass die Charakteristika der jeweiligen Arbeitsinhalte und Verantwortungsbereiche, die Teamgröße, aber auch die Unternehmensgröße und -komplexität Einfluss auf die Nettokapazität einer Fachexpertin nehmen. Kommt es zu Überlastungssituationen unter den Teammitgliedern oder können Terminzusagen für vereinbarte Arbeitsergebnisse wiederholt nicht eingehalten werden, sind das Hinweise darauf, dass diese Faktoren entweder unbekannt sind oder, was oft der Fall ist, ignoriert oder als unvermeidlich hingenommen werden.

Um die Charakteristik der fachlichen Aufgabenstellung und den Einfluss von Kommunikations- und Kooperationspunkten auf die Nettokapazität eines Teams zu ermitteln, sollten diese strukturell analysiert werden. Einflussfaktoren oder »Stellschrauben« sind dabei beispielsweise die folgenden:

- Teamgröße (min. 7 +/-2 → max. 150): Die Werte stützen sich auf die Modelle »Miller Magical 7«[18] und »Dunbar's number« (BBC Future 2019),
- Interaktionspunkte (Schnittstellen) innerhalb des Teams, des Unternehmens und auch außerhalb der Organisation, z. B. zu Kundinnen oder Dienstleisterinnen (darunter sind gleichermaßen kommunikative und kooperative Interaktionspunkte),
- Interaktionsfrequenz: Häufigkeit pro Woche, Monat oder Iterationsintervall (z. B. ein Sprint über drei Wochen),
- Interaktionsdauer: Zeitaufwand, den eine Interaktion in Anspruch nimmt,
- Interaktionsrelevanz: Gegenüberstellung von subjektiver und kollektiver Einschätzung von Fachexpertin und Team,
- Interaktionsdynamik bzw. -komplexität: beschreibt die Vorhersehbarkeit oder Planbarkeit einer Interaktion (bewertungsfreie Beispiele: Feuerwehr=hohe Dynamik vs. Universitätsprofessorin=geringe Dynamik),
- Reifegrad der Interaktion: z. B. eingespieltes Hochleistungsteam vs. neu gebildetes Team, das seine Kooperationsvereinbarungen noch erarbeitet und etabliert,
- Interaktionsqualität: z. B. Zeitverluste durch mangelhafte Qualität benötigter Zulieferungen, Warte- und Liegezeiten, zeitaufwendige und bürokratische Entscheidungsprozesse im Unternehmen.

Ohne zu akademisch oder verkopft werden zu wollen oder die Durchführung einer empirischen Studie im Team oder dem gesamten Unternehmen zu empfehlen: Es ist hilfreich, diese Faktoren zu betrachten und sich ihrer Existenz und ihrer Auswirkungen bewusst zu werden. So kann die Nettokapazität ermittelt werden, die in die Durchführung von Planungen tatsächlich einfließt.

Über die Nettokapazität sollte sich auch jede einzelne Mitarbeitende im Klaren sein und dieses »Zeitbudget« verwenden, wenn sie beispielsweise:

- ihre individuelle Arbeitsplanung durchführt,
- ihre Expertise in die Zusammenarbeit mit Kolleginnen einplant, beispielsweise für die Entwicklung einer neuen Dienstleistung,
- ihre Kooperation mit Nachbarteams plant, die ihre individuelle Expertise benötigen.

In der folgenden Grafik werden zwei der oben genannten Faktoren miteinander in Beziehung gesetzt, um die Nettokapazität zu beschreiben, die für Planungszwecke in verschiedenen fiktiven Szenarien verwendet werden kann.

18 Weitere Ausführungen finden Sie bei Wikipedia unter: de.wikipedia.org/wiki/Millersche_Zahl.

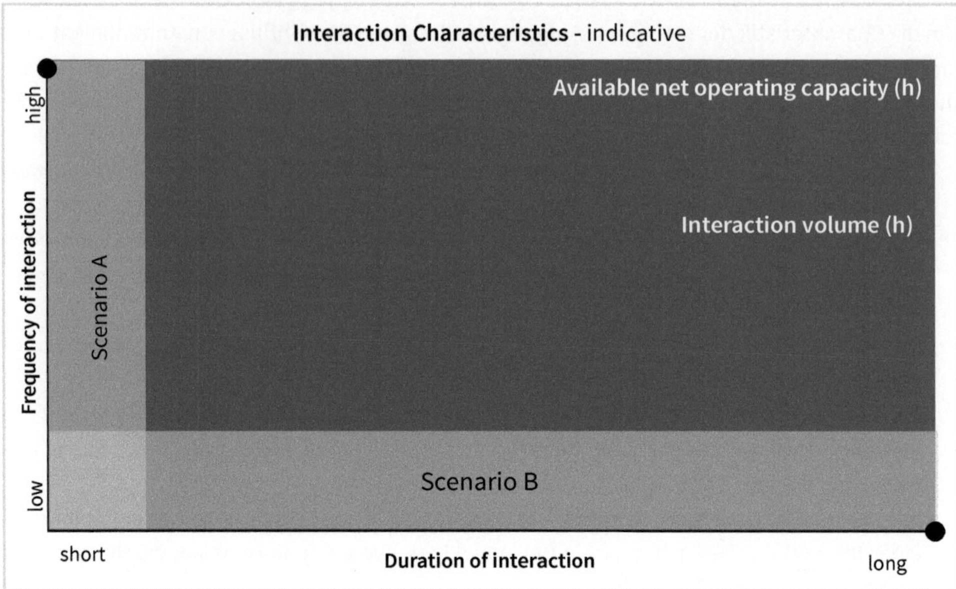

Abb. 42: Grafische Darstellung der Interaktionskapazität

Zur Berechnung der Nettokapazität kann die folgende Formel als Hinweis oder Anregung verwendet werden. Dabei ist zu beachten, dass derartig errechnete Werte lediglich Hinweise oder Trends beschreiben können und nicht mit faktischer Evidenz verwechselt werden dürfen. Berechnungen – oder besser gesagt, Schätzungen und Annäherungen – dieser Art sind für eine Reflexion unter den Teammitgliedern hilfreich. Sie ermöglichen es, die eigene Arbeits- und Auslastungssituation zu analysieren und Maßnahmen zu erarbeiten, die einer dysfunktionalen Situation entgegenwirken. Im Vorfeld der Analyse und der Schätzung sind die oben genannten Charakteristiken zu klären, um die ermittelten Werte sinnvoll zu interpretieren.

Führungskräfte sollten diese Formel nicht nutzen, um die maximale Arbeitszeit zu berechnen, die Mitarbeitende für operative Tätigkeiten nutzen können und diese entsprechend zu steuern. Dies birgt die Gefahr des Mikromanagements und der Überlastung von Fachexpertinnen. Vielmehr sollten Führungskräfte darauf achten, dass eine ausgewogene Vorgehensweise zur Aufgaben- und Auslastungsplanung im Team genutzt wird. Das sollte immer im Dialog mit den Fachexpertinnen geschehen, um negative Effekte zu vermeiden.

Formel

$$\frac{\text{Interaktionskapazität} = \text{Teammitglieder (\#TM)} \cdot \text{Interaktionspunkte (\#IP)} \cdot \text{Interaktionsdauer (h)} \cdot \text{Interaktionsfrequenz (\#IF)}}{\text{Operative Kapazität} = \text{Teammitglieder (\#TM)} \cdot \text{h/Woche}}$$

Berechnungsbeispiel

$$\frac{\text{Interaktionskapazität} = 4\ \text{TM} \cdot 3\ \text{Meetings} \cdot \text{je}\ 0{,}5\ \text{h} \cdot 2\ \text{p. W.}}{\text{Operative Kapazität} = 4\ \text{TM} \cdot 40\ \text{h}} = \frac{12\ \text{h}}{160\ \text{h}} = 13{,}3\,\%$$

Das im vorhergehenden Rechnungsbeispiel verwendete Meeting von 4 Teammitgliedern ist stellvertretend für jedes Ereignis zu sehen, das einen Interaktionspunkt darstellt. Aber auch »Zeitfresser« aus z. B. administrativen Tätigkeiten wie der Reisekostenabrechnung sollten in die Schätzungen und Überlegungen einbezogen werden.

Eine Darstellung, die den Grad der Angemessenheit zwischen Interaktionsaufwand und Wertbeitrag einer Interaktion visualisiert, beschreibt den Kipppunkt zwischen dem dysfunktionalen und dem idealen Zustand eines Teams. Der dysfunktionale Zustand, der beispielsweise durch sogenannte und frustrierende »Zeitfresser« verursacht wird, sollte möglichst vermieden werden; wobei der Idealzustand naturgemäß nur angestrebt, aber praktisch nie erreicht werden kann. Wäre Letzteres möglich, würde es bedeuten, dass jede Minute der Arbeitskapazität einer Fachexpertin zu 100 % wertstiftend genutzt wird. Da Menschen keine Automaten oder Roboter sind, ist dringend davon abzuraten. Stattdessen ist eine Balance zwischen den Extremen anzustreben, um eine Situation zu schaffen, die nicht auf Kosten der Fachexpertinnen geht und Erholungs- und Lernphasen ebenso vorsieht wie soziale Interaktion.

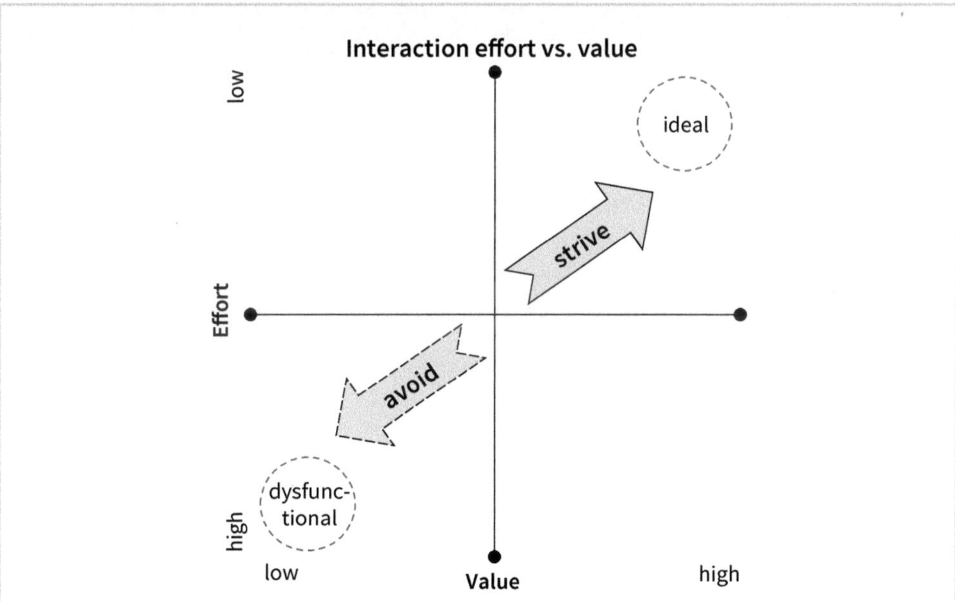

Abb. 43: Interaktionsaufwand vs. Wertschöpfung einer Interaktion

Die **Overall Capability**, die aus den in diesem Kapitel beschriebenen Elementen resultiert, bildet die Grundlage für eine wiederkehrende Planung. Die entsprechenden Anforderungen werden von der Elementarrolle **Development D** beigesteuert. Die Erarbeitung, Priorisierung und Ausgestaltung der Anforderungen, die an ein Team gerichtet werden, sehen wir uns im Zusammenhang mit dem Baustein **Develop Solution** genauer an.

Alle Arbeitsinhalte der Elementarrolle **Management M** werden im **Management Kanban Board (MKB)** allen Mitarbeitenden im Team und der Organisation zur Verfügung gestellt, sofern es keine rechtlichen oder regulatorischen Einschränkungen gibt.

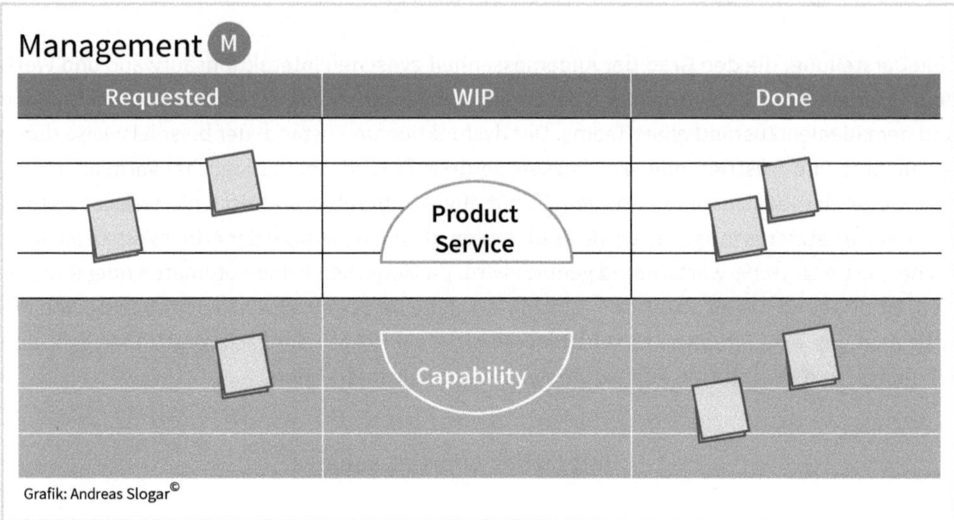

Abb. 44: Management Board (Slogar 2020)

An dieser Stelle blenden wir das Thema der Anforderungsentwicklung weiter aus, da es uns zunächst um die Herstellung und Bereitstellung der notwendigen Rahmenbedingungen geht. Sie versetzen ein Team in die Lage, Anforderungen umzusetzen. Dass Anforderungen an ein Team gestellt werden, setzen wir zunächst als gegeben und selbstverständlich voraus.

4.3.7 Iterative Planning Session (IPS)

Die Durchführung einer iterativen (also wiederkehrenden) und integrativen Planung, kurz **IPS**, ist im Team über folgendes Vorgehen operativ durchführbar. Wir lehnen uns dabei daran an, was in der Methode Scrum für Teams in der Softwareentwicklung konzipiert wurde.

1. **Requirement Backlog (RB)** erstellen und priorisieren: Die Elementarrolle **Development D** ist für die Erstellung und Bereitstellung sowie die kontinuierliche Vervollständigung aller Anforderungen an ein Team verantwortlich. Das Requirement Backlog ist eine geordnete Liste von Anforderungen, Funktionen und Änderungswünschen, die die Basis für die Kooperation des Teams bilden. **Development D** priorisiert die Einträge nach ihrem Wertbeitrag, der Governance des Teams und der strategischen Ausrichtung des Unternehmens. (Aktuell setzen wir die Existenz einer Unternehmensstrategie als gegeben voraus. Weiter unten gehen wir auf dieses Thema tiefer ein.)
2. **Iterative Planning Session (IPS)**: Die **IPS** findet zu Beginn jeder Iteration (in Scrum Sprint genannt) statt. Das Team und die Elementarrolle **Development D** arbeiten zusammen, um

die Anforderungen für die bevorstehende Iteration zu planen. In diesem Meeting werden die am höchsten priorisierten Elemente des **R**equirement **B**acklogs (**RB**) ausgewählt und in Iterationsziele umgewandelt. (Dazu können OKRs (Objectives and Key Results) erstellt werden, wenn das Team mit diesem Konzept vertraut ist.) Das Team erarbeitet den detaillierten Arbeitsumfang für die Iteration, indem es die Arbeit in kleinere Aufgabenpakete (Items) aufteilt und den jeweils zu erwartenden Umsetzungsaufwand abschätzt.

3. **Iteration Backlog (IB)** erstellen: Das Team erstellt das **IB**, das die priorisierten und vom Team ausgewählten Aufgaben für die bevorstehende Iteration enthält. Das **IB** enthält den geschätzten Umfang an Arbeit, die während einer Iteration realistisch umgesetzt werden kann, und dient als Grundlage für die Messung der Produktivität des Teams.
4. **Tägliches Update (Daily Synch)**: Während der Iteration findet ein tägliches, normalerweise etwa 15-minütiges Treffen statt. Das Team tauscht sich dabei über den individuellen Fortschritt, die zu erwartenden Herausforderungen und die individuelle Planung für den Tag aus. Jedes Teammitglied teilt seinen aktuellen Status, mögliche Hindernisse und die für den Tag geplante Arbeit mit. Die Inhalte des **Daily Synchs** werden nicht diskutiert. Lediglich Verständnisfragen sind möglich. Die Elementarrollen **Coordination C** oder **Management M** moderieren das Treffen.
5. **Kontinuierliche Produktivität:** Während der Iteration verfolgt das Team die eigene Produktivität anhand des **Iteration Backlogs**. Es aktualisiert den Status der Aufgaben und sorgt dafür, dass die vorgesehenen Arbeiten wie geplant umgesetzt werden. Zur Organisation und Strukturierung nutzt das Team das Operation Kanban Board.
6. **Iteration Review Meeting (IRM)**: Am Ende einer Iteration findet das **IRM** statt. Das Team präsentiert die abgeschlossene Arbeit und erhält Feedback von **Development D** und gegebenenfalls von Stakeholdern und eingeladenen Fachexpertinnen. Ergebnisse und Erkenntnisse des **IRM** können in die Pflege und in die Verbesserung des bestehenden **Requirement Backlogs (RB)** einfließen oder als neue Anforderungen hinzugefügt werden.
7. **Impact Review Session (IRS)**: Nach Abschluss des **IRM** findet die **IRS** statt. Das Team reflektiert die abgeschlossene Iteration und würdigt positive Entwicklungen und Ereignisse. Es vereinbart, welche Verbesserungen oder Anpassungen an der Kooperation des Teams notwendig sind. Es werden Maßnahmen definiert, um den Reifegrad der Kooperationsform oder die psychologische Sicherheit im Team zu stabilisieren, zu sichern oder zu steigern.
8. Diese Maßnahmen wie auch nötige Schulungen und Workshops zur Weiterbildung werden vom Team im Rahmen der **Capability Development Iteration (CDI)** eingeplant und durchgeführt. So wird sichergestellt, dass diese Entwicklungs- und Verbesserungsmaßnahmen nicht der alltäglichen »Tyrannei des Dringlichen« zum Opfer fallen.

Hinweis

Die Capability Development Iteration (CDI) wird im Rahmen des Kooperationskalenders im Verlauf des Buches vorgestellt. Sie beschreibt eine Phase, in der sich ein Team ausschließlich auf die internen Belange wie Wissensentwicklung, Know-how-Transfer, Feedback oder Reflexion konzentriert.

Dieser Zyklus wiederholt sich, wodurch das Team kontinuierlich plant, umsetzt, lernt und sich entwickelt oder sich an identifizierte Veränderungen anpasst. Die Planung ist iterativ und inkrementell. Dadurch werden Veränderungen und Anpassungen während der Kooperation ermöglicht und der Wertbeitrag kann gesichert oder gesteigert werden.

Folgende Gründe sprechen dafür, das hier beschriebene Planungsvorgehen für einzelne Teams einzusetzen:

1. Kleinteilige Planung: Anforderungen werden in kleinere Zeiteinheiten oder Iterationen strukturiert, die normalerweise zwischen einer und vier Wochen dauern. Dadurch werden die Planung und die Umsetzung heruntergebrochen, was für ein (kleineres) Team mit begrenzten Kapazitäten gut überschaubar ist.
2. Flexibilität und Anpassungsfähigkeit: Es ermöglicht dem Team, während der Kooperationsphase auf unvorhergesehene Änderungen zu reagieren und den Plan entsprechend anzupassen. Es gibt mindestens am Ende einer Iteration regelmäßige Feedbackschleifen, in denen das Team seine Arbeit überprüft und sich an neue Anforderungen und Rahmenbedingungen anpassen kann.
3. Selbstorganisation und Eigenverantwortung: Ein iteratives Vorgehen fördert die Selbstorganisation des Teams. Die Mitglieder übernehmen Verantwortung für ihre Aufgaben und entscheiden gemeinsam über die beste Vorgehensweise. Das trägt dazu bei, dass das Team effizienter arbeitet und Verantwortung für das Ergebnis übernimmt.
4. Transparente Kommunikation: Über strukturierte Meetings wie das Daily Synch, die iterative Planung, Reviews und Retrospektiven wird ein möglichst verlustfreier bzw. osmotischer Informationsfluss unterstützt. Diese Meetings fördern eine offene und transparente Kommunikation innerhalb des Teams, um den Fortschritt zu überwachen, Herausforderungen zu besprechen und kontinuierlich zu lernen.
5. Betonung auf Wertschöpfung: Es wird ein starker Fokus auf die Schaffung von Mehrwerten und messbarer Wirkung gelegt. Ein Team konzentriert sich darauf, funktionsfähige oder anwendbare Inkremente des Produkts oder einer Prozessleistung zu erbringen. Das hilft dabei, Prioritäten zu setzen und die Kooperation daran auszurichten.
6. Generische Anwendbarkeit: Auch wenn das Planungsvorgehen aus der Softwareentwicklung stammt, lässt es sich auf jedes Team übertragen. Die grundlegenden Planungsprinzipien sind vom fachlichen Kontext unabhängig. Auch Teams, die auf qualitativ hochwertige und standardisierte Regeltätigkeiten ausgerichtet sind, können dieses Planungsvorgehen nutzen. Dabei organisieren sie sich nach Stichtagen, z.B. am Wochen- oder Monatsende, zur Festlegung der Iterationsfrequenz.

Hinweis

Die Länge einer Iteration ist in der Team-Charta festzulegen. Das gilt auch für die Details zur Ausgestaltung von Anforderungsbeschreibungen, Abnahmekriterien und Qualitätsanforderungen.

4.3.7.1 Operatives Organisieren der Kooperation

Die Planungen und die kontinuierlichen Fortschritte der Kooperation des Teams werden im **Operation Kanban Board (OKB)** festgehalten und für alle Mitarbeitenden im Unternehmen veröffentlicht, sofern keine rechtlichen oder regulatorischen Gründe dagegensprechen.

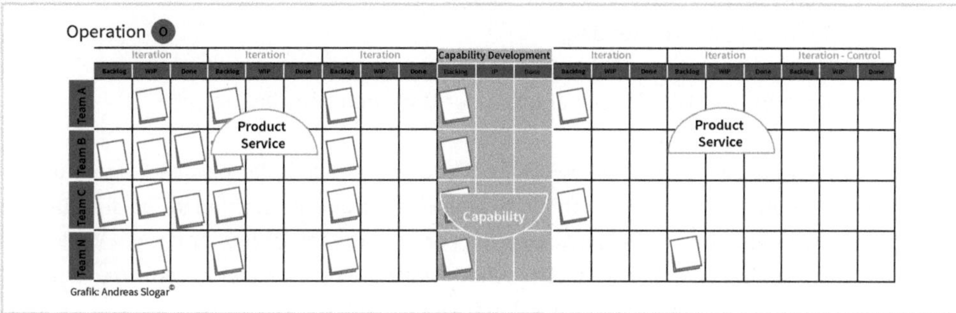

Abb. 45: Operation Kanban Board eines selbstorganisierten Teams inkl. Capability Development Iterationen (CDI) (Slogar 2020)

Das **Operation Kanban Board (OKB)** enthält alle zugesagten Anforderungen aus dem **IB** einer Iteration wie auch Anforderung zukünftiger Iterationen, die noch nicht vereinbart, aber in Vorbereitung sind. Die operativen Iterationen wechseln sich regelmäßig mit dem **Capability Development Iterationen (CDI)** ab. Darin stellt das Team dedizierte Zeiträume bereit, in denen die soziale und fachliche Weiterentwicklung oder Stabilisierung stattfindet. Im Rahmen einer **CDI** werden beispielsweise auch neue Teammitglieder eingearbeitet und geschult oder der Erfahrungsaustausch mit kooperierenden Teams und Unternehmen durchgeführt. Außerdem werden im Zeitfenster der **CDI** die Wahlen zur Vergabe der Elementarrollenverantwortung durchgeführt, die **Team-Charta** erstellt oder angepasst und alle weitergehenden organisatorischen und Managementaufgaben durchgeführt, die für die autonome Selbstorganisation des Teams notwendig sind.

Letztlich werden im Rahmen der **CDI** auch bürokratische oder regulatorisch relevante Tätigkeiten durchgeführt oder abgeschlossen, die in den Iterationen, die auf reine Wertschöpfung fokussiert sind, nicht abgeschlossen oder durchgeführt werden konnten. Über diesen Mechanismus wird sichergestellt, dass beispielsweise notwendige Dokumentationen, die für das Erreichen von Zertifizierungen o. ä. relevant sind, aktualisiert werden und den Anforderungen der Governance von Team und Unternehmen entsprechen.

Der regelmäßige Wechsel zwischen produktiven und regenerativen Phasen, wie z. B. der **CDI**, ist von entscheidender Bedeutung und darf auf keinen Fall unterschätzt, den betrieblichen Prioritäten geopfert oder bagatellisiert werden.

Wird die **CDI** aufgrund operativer Nöte oder Prioritäten reduziert oder übergangen, hat das mittelfristig negative Konsequenzen für:

- das Wissen und die Kompetenzen der Mitarbeitenden,
- den Gesundheitszustand der Mitarbeitenden,
- den Grad der psychologischen Sicherheit im Team,
- den Reifegrad und das Qualitätsniveau der Kooperation im Team,
- den Gesundheitszustand der Mitarbeitenden,
- die Fluktuation der Mitarbeitenden,
- die Arbeitgeberinnenattraktivität und damit für
- die Wettbewerbs- und Überlebensfähigkeit des Unternehmens insgesamt.

Man kann davon ausgehen, dass die wirtschaftlichen, aber auch die sozialen Folgen für das Unternehmen deutlich negativer ausfallen als die Kosten und Investitionen für die **CDI**. Die nachträgliche Behebung eines Fehlers, Schadens oder Verlustes ist immer um ein Vielfaches teurer und aufwendiger als die vorausschauende Vermeidung negativer Folgen. Wer unangenehme Zahnarztbesuche kennt, weiß, was damit gemeint ist.

4.4 Step IV: Coordinate

4.4.1 Kontext

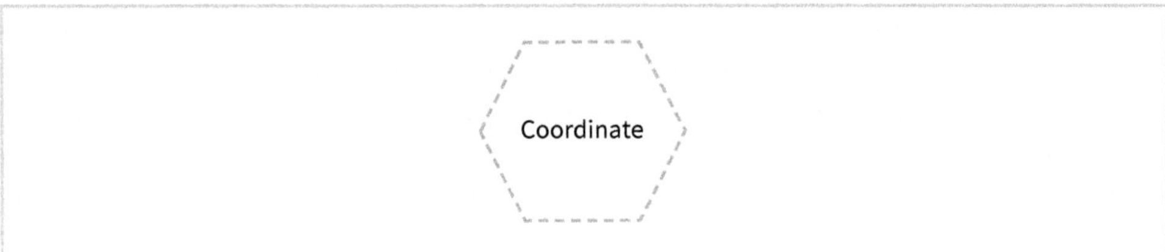

Abb. 46: Baustein Coordinate

Bekanntlich sind Menschen soziale Wesen, die auf Kommunikation und Kooperation angewiesen sind. Dies ist sowohl emotional als auch ökonomisch zu verstehen. Dass diese Volksweisheit auch oder umso mehr im Zeitalter der Digitalisierung eine existenzielle Rolle spielt, zeigt sich nicht zuletzt an den immer weiter ansteigenden Burn-out-Raten sowie an der Diskussion um die negativen Auswirkungen des übermäßigen Konsums digitaler Medien und sozialer Netzwerke. Eine sehr eindrückliche Entwicklung negativer Konsequenzen durch die Nutzung sozialer Medien wird durch den Anstieg und das Ausmaß von Essstörungen verdeutlicht, insbesondere unter weiblichen Jugendlichen (Hurtz 2021). Die positiven Aspekte der Digitalisierung in der Wirtschaft und verschiedenen anderen Bereichen wie dem Gesundheitswesen stehen den negativen gesundheitlichen, aber auch gesellschaftlichen Auswirkungen gegenüber.

Auch wenn der hier gespannte Bogen auf den ersten Blick überdimensioniert wirken mag – die zentrale Verantwortung der Elementarrolle **Coordination C** besteht darin, eine angemessene, physisch wie psychisch positive Arbeitsumgebung für alle Teammitglieder herzustellen. Die Art und der Umfang der Kommunikation und der Kooperation sollen in einem konstruktiven, ausbalancierten, produktiven, aber auch achtsamen Rahmen stattfinden.

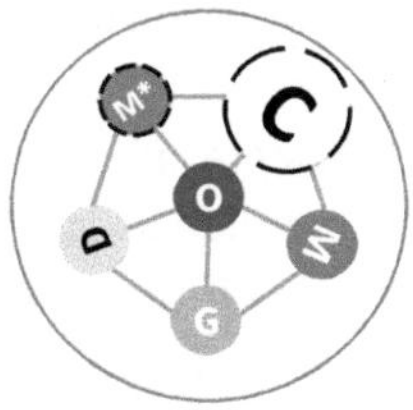

Abb. 47: Selbstorganisiertes Team mit der Elementarrolle Coordination C im Lead

Dabei ist Folgendes hervorzuheben: Die Verantwortung für den Aufbau und den Erhalt eines derartigen Umfeldes darf nicht auf die einzelne Mitarbeiterin abgewälzt werden. Damit Mitarbeitende in Unternehmen keine negativen Konsequenzen wie Burn-out, Depressionen oder krankmachenden Stress erfahren, bieten immer mehr Unternehmen ihren Angestellten Kurse für Zeitmanagement, Achtsamkeit oder Meditation an. Andere stellen Apps für das Smartphone zur Verfügung, mit denen die Mitarbeitenden einen achtsamen Umgang mit sich und ihrem Körper praktizieren können. Mit der gleichen Intention werden vermehrt Yogakurse oder Meditationsübungen in Unternehmen angeboten oder gefördert. Die Ursachen der Arbeitsverdichtung und Informationsüberflutung, die zu krankmachendem Stress führen, bleiben leider ausgeklammert. Die Botschaft der Unternehmen an die Belegschaft ist simpel: »Wenn du Stress hast, machst du etwas falsch!« Dass die individuelle Fachexpertin keine oder nur limitierte Möglichkeiten hat, den negativen Einflussfaktoren zu entgehen, da sie Teil der Dynamik des gesamten Unternehmens ist, wird erfolgreich ignoriert. Entscheidet sich beispielsweise der Vorstand dafür, Mitarbeitende im Rahmen einer Umstrukturierung zu entlassen, um die Personalkosten des Unternehmens zu senken, verursacht er gleichzeitig und bewusst eine Arbeitsverdichtung auf Kosten der reduzierten Belegschaft. Diesen Effekt kann eine betroffene Mitarbeiterin schwerlich »wegmeditieren«.

All das soll die Bandbreite der Aufgaben verdeutlichen, die der Elementarrolle **Coordination C** in der Gesamtstruktur des Liquid-Leadership-Modells zugewiesen sind. Dabei ist es wichtig, sich in Erinnerung zu rufen, dass diese Verantwortung nicht neu ist. Jede klassische Managerin einer hierarchischen Kooperationsstruktur trug und trägt dieselbe Verantwortung. Diese Verantwortung ist sogar als justiziable Verpflichtung in den Nebenpflichten der Arbeitgeberin festgeschrieben, die über die arbeitsrechtlichen Hauptpflichten des Arbeitsvertrages hinausgehen. Es besteht u. a. die Verpflichtung zum Schutz von Leben und Gesundheit der Arbeitnehmerinnen (vgl. § 618 BGB).

Die Einführung selbstorganisierender Kooperationsformen in autonomen Teams kann selbstverständlich nicht dazu dienen, diese Arbeitgeberpflicht zu neutralisieren. Dies wäre ebenso unsinnig wie eine unzulässige Verschiebung von Verantwortlichkeiten auf die Mitarbeitenden.

Es geht vielmehr darum, die Fachexpertinnen dazu zu befähigen, die Ursachen und Quellen negativer Kooperationsformen in Unternehmen sichtbar zu machen. Arbeitgeberinnen sollen Kenntnis davon bekommen und Mitarbeitende darin unterstützen, ihren Pflichten nachzukommen. Die Verantwortung als solche verbleibt davon unberührt bei der Arbeitgeberin.

In diesem Kapitel beschreiben wir die Elemente, mit denen die Verantwortliche der Elementarrolle **Coordination C** ihre Beobachtungsfunktion ausgestalten kann, um negative oder gar gesundheitsschädliche Einflussfaktoren zu identifizieren, ansprechbar und behebbar zu machen. Natürlich sind auch positive und konstruktive Faktoren aufzunehmen, zu verstärken oder zu stabilisieren und fehlende Elemente zu ergänzen.

Die folgende Übersichtsgrafik stellt bewährte Elemente dar, die grundsätzlich in einem Team Anwendung finden sollten. Darüber hinaus können Managementexpertinnen mit und ohne die Verantwortung für die Elementarrolle **Coordination C** sowie die Rollenverantwortlichen selbst Elemente ergänzen, wenn der Kontext der Aufgabenstellung des Teams und die Charakteristik ihrer Arbeitsinhalte dies erfordern.

Als Nächstes werden die einzelnen Elemente vorgestellt und ihre operative Anwendung beschrieben. Die Summe der Elemente stellt die Kernverantwortung der Elementarrolle **Coordination C** dar. Sie besteht darin, zusammen mit allen Mitgliedern des Teams die Rahmenbedingungen für ein positives und konstruktives Kommunikations- und Kooperationsumfeld zu schaffen und zu fördern.

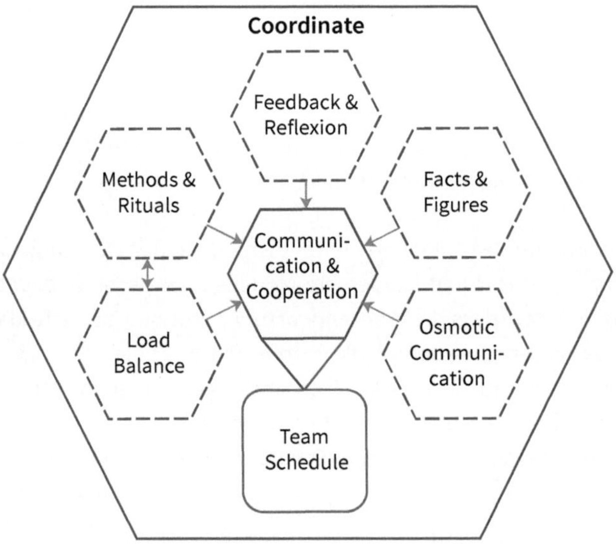

Abb. 48: Elemente im Baustein Coordinate

4.4.2 Load Balance

Der Einstieg in den Verantwortungsbereich der Elementarrolle **Coordination C** erfolgt über die Erstellung einer Übersicht bzw. Analyse der Kommunikations- und Kooperationssituation des Teams und aller Teammitglieder. Initial und grundsätzlich gilt: Die von den Teammitgliedern gewählte Rollenverantwortliche, führt diese Recherchen im engen Dialog und in Abstimmung mit ihren Kolleginnen durch. Gegebenenfalls sollte der Betriebsrat über die Art und den Umfang der Analyse informiert werden. So kann sichergestellt werden, dass die Initiative nicht als Leistungs- oder Verhaltenskontrolle missverstanden wird.

Die Notwendigkeit einer initialen Analyse ist der Tatsache geschuldet, dass der Umfang an Kommunikationsinhalten sowie der Kooperationspunkte in Unternehmen gerne ein Eigenleben entwickelt. Das ist daran zu erkennen, dass sich die Mitarbeitenden über die reine Menge an Terminen und Informationen beschweren oder dass diese nicht hinterfragt, sondern als gegeben, historisch gewachsen und unvermeidlich hingenommen werden. »Das haben wir schon immer so gemacht!« Diese Aussage ist in diesen Kontexten und Konstellationen oft zu hören. Benjamin Laker und seine Co-Autorinnen (2022) haben in einem sehr eindrücklichen Artikel im Harvard Business Review den Missstand dargestellt, der von Managerinnen durch zu viele und inhaltlich fragwürdige Meetings verursacht wird.

Wie negativ sich eine nicht hinterfragte Dichte und Frequenz an Kommunikations- und Kooperationspunkten auf den Gesundheitszustand und auf die Produktivität der Mitarbeitenden auswirkt, hat u. a. eine Studie des Microsoft Human Factors Lab (2021) gezeigt. Dabei wurden die Gehirnströme von Probandinnen über individuell angeschlossene EEGs gemessen, während sie mit oder ohne Pausen kontinuierlich an Meetings teilnehmen mussten. Die Messungen in den so ausgelösten Stresssituationen haben ergeben, dass die Aktivität der Betawellen im Gehirn, die mit Stress assoziiert werden, bei den Probandinnen ohne Pausen kontinuierlich über die Dauer der Messung angestiegen sind. Bei den Probandinnen, die zwischen den Terminen Pausen einlegen konnten, blieb das Niveau der Betawellen weitgehend konstant. Auch wenn die Studie nicht unbedingt als statistisch signifikant angesehen werden kann, so ist das Ergebnis in seiner Aussage sehr aufschlussreich. Sie bestätigt den individuellen Erschöpfungszustand, der nach einem ganztägigen, pausenlosen Meeting-Marathon, auch mit Videocalls, wahrgenommen werden kann.

Was die Belastungssituation zusätzlich verschärft, ist, dass, vor allem bei Arbeitsstationen im Homeoffice, parallel zu einem Videocall weitere Informations- und Kommunikationsquellen verwendet werden. Hört man auf der einen Seite der Diskussion im Videocall zu, ist die Versuchung groß, parallel E-Mails zu bearbeiten, Direktnachrichten mit Kolleginnen auszutauschen oder weiter an dem Angebot zu arbeiten, das bis zum Abend erstellt sein soll. Der Ermüdungsfaktor wird dadurch noch gesteigert, weil zur pausenlosen Kommunikation und Kooperation per Videokamera eine Parallelisierung von Tätigkeiten erfolgt, die zu einer gesundheitlich belastenden Arbeitsverdichtung führt. Was die Produktivität der Mitarbeitenden angeht, so ist die individuelle Wahrnehmung sehr trügerisch. Auch wenn die subjektive Wahrnehmung besagt, man würde in derselben Zeit ein Mehr an Arbeit durchführen, leidet die Qualität der Ergebnisse signifikant. Der Grund liegt schlicht darin, dass unser Gehirn, entgegen der landläufigen Meinung, nicht in der Lage ist, Aktivitäten zu parallelisieren. Wir können kognitiv zwar sehr schnell zwischen verschiedenen bewussten Aktivitäten wechseln; dennoch findet die Durchführung der Aktivitäten immer nur sequenziell statt.

Aus diesem Teufelskreis erschöpfender Arbeitsverdichtung und des Selbstbetrugs gilt es, auszubrechen und ein Kooperationsumfeld zu schaffen, das zwischen produktiver oder kreativer Anspannung und Entspannung eine gesunde Balance herstellt. Dazu haben sich die folgenden Schritte bewährt, die von der Elementarrolle **Coordination C** als Grundlage genutzt werden sollten.

1. Verständnis und Bewusstsein schaffen
Als Grundlage der empfohlenen Analyse oder Recherche ist es nützlich, mit allen Teammitgliedern ein Bewusstsein für die aktuelle Situation zu schaffen. Es ist sinnvoll, ein Verständnis für die Relevanz eines bewussten und konsequenten Wechsels zwischen Phasen der Konzentration (Aktion) und Phasen der Kontemplation (Reflexion und Erholung) zu entwickeln. Die Ergebnisse und Publikationen der Forschungsarbeiten von Daniel Kahnemann, Olivier Sibony und Cas R. Sunstein (2021 und Kahneman 2021) zur Arbeitsweise unseres Denkapparates sowie die Überlegungen von John Cleese (1991) zur Entstehung von Kreativität haben das folgende Modell beeinflusst.

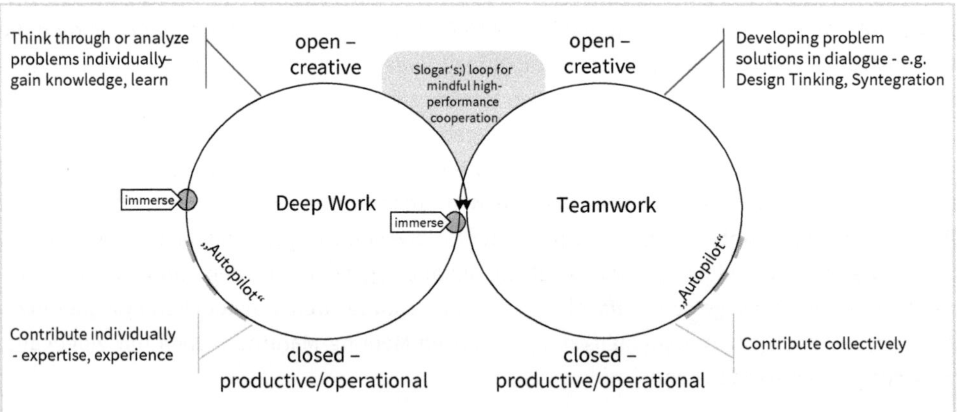

Abb. 49: Slogar's Loop visualisiert den Wechsel zwischen Deep Work und Teamwork

Das Modell visualisiert die relevanten Phasen individueller Einzelarbeit (Deep Work, Newport 2016) und kollektiver Teamarbeit (Teamwork), die zwischen den Ebenen der Entwicklung von Problemlösungen und ihrer operativen Umsetzung wechseln. Dabei wird die Struktur des Wechsels der Ebenen und Phasen ebenso deutlich wie der kontinuierliche Fluss und Übergang dazwischen.

Diese ineinander übergehenden und sich ergänzenden Wechsel machen deutlich, dass eine monotone Fokussierung auf einen Bereich alleine zu negativen Effekten führt. Die permanente Einzelarbeit ohne einen Austausch und die Reflexion mit Kolleginnen ist ebenso nachteilig wie eine permanente Kooperation mit allen Teammitgliedern. So wie das eine Extrem zur Vereinsamung führen kann, kann das andere zu negativen Stresssituationen führen, wie sie in der erwähnten Studie der Firma Microsoft dargestellt wurden.

Hinweis

Eine produktive, fehlerfreie und zufriedenstellende Phase der Einzelarbeit (Deep Work) ist leichter erreichbar, wenn der wesentliche Faktor der Ungestörtheit bewusst eingehalten wird. Jede IM, jede E-Mail, jeder spontane Anruf einer Kollegin stellt eine Unterbrechung dar (Baethge/Rigotti 2010), die uns aus dem Fluss unserer Gedanken (auch Flow genannt) reißt. Sie führt dazu, dass wir erneut eintauchen müssen (immerse), um den roten Faden wieder aufzunehmen. Dieses erneute Eintauchen kostet uns nicht nur nach jeder Störung ca. 10 bis 15 Minuten (Kahneman et al. 2021 und Kahneman 2021), sondern führt vor allem zu negativem Stress (auch Disstress genannt) und potenziellen Fehlern in unserer Arbeit.

2. Kooperations- und Kommunikationspunkte entrümpeln und priorisieren

Ist das Grundverständnis aufgebaut, geht es an den nächsten Schritt, der ebenfalls von der Verantwortlichen der Elementarrolle **Coordination C** angestoßen und moderiert wird: das Entrümpeln und Priorisieren der bestehenden Kooperationsformen und Kommunikationsinhalte. Das Liquid-Leadership-Modell dient erneut als Checkliste und zur Strukturierung.

In einem Treffen mit allen Teammitgliedern führt die Verantwortliche für **Coordination C** durch folgende Fragestellungen und sammelt die Rückmeldungen auf einem Flipchart, virtuellen Whiteboard o. ä. Dabei nutzt sie die einzelnen Perspektiven der Elementarrollen als Rahmen. Es ist zunächst unerheblich, ob es sich um Kommunikations- oder Kooperationspunkte (allgemein Termine genannt) handelt, welche die Kapazität der Teilnehmenden beanspruchen.

a) **Operation O**: In welchem Termin wird operative, produktive oder kreative Wertschöpfung in individueller Einzelarbeit oder kollektiver Kooperation erbracht?
b) **Governance G**: Welcher Termin behandelt Fragestellungen oder Inhalte, die einen Bezug zu Sinn und Zweck unseres Teams aufweisen oder rechtliche bzw. regulatorische Anforderungen abdecken?
c) **Development D**: Welcher Termin behandelt Fragestellungen zur Weiterentwicklung unserer Leistungen als Team, zu den von uns bereitgestellten Produkten, Dienstleistungen o. ä.? Welcher Termin befasst sich darüber hinaus mit der Weiterentwicklung unserer Kenntnisse und Fähigkeiten als Fachexpertinnen oder als Team insgesamt?
d) **Management M**: In welchem Termin werden die bestehenden und benötigten Rahmenbedingungen, wie beispielsweise das Budget oder die Infrastruktur und die Risiken erörtert, die die Teamarbeit beeinflussen?

e) **Monitoring M***: In welchem Termin wird anhand eines Steuerungsmodells beispielsweise das Leistungsniveau oder die Auslastungssituation unseres Teams analysiert und gesteuert?
f) **Coordination C**: Welcher Termin dient dazu, den Zustand unserer Kooperation und Kommunikation oder den Informationsfluss innerhalb des Teams und mit unseren Kooperationspunkten in der Organisation zu analysieren, zu steuern, zu unterstützen, durchzuführen oder zu verbessern?
g) **Bereinigung**: Welche Termine fallen in keine der genannten Kategorien und können ersatzlos gestrichen werden, weil sie unnötig sind und Zeit »fressen«?

Ist diese Übersicht der Termine erstellt, priorisieren die Teilnehmenden die Einträge der Liste relativ zueinander. Das bedeutet, dass der relevanteste, kritischste oder wertvollste Termin auf den ersten Platz der Priorisierungsliste gesetzt wird. Alle weiteren Termine werden in der relativen Priorität zu diesem Termin und zueinander abgestuft sortiert. Ist eine Priorisierung der Termine erreicht, wird die notwendige oder angemessene Nettokapazität (Zeit) festgelegt, die für einen einzelnen Termin eingeplant werden muss oder soll. Durch die Summenbildung der vergebenen Nettokapazitäten ergibt sich, welche Termine nicht weiterverfolgt und daher storniert werden müssen. Dabei sollten sich die Teammitglieder darauf einigen, ob die ermittelte Summe der geschätzten Nettokapazität einem Maximalwert von z. B. 70 % entsprechen sollte, um einen Puffer für unvorhergesehene Ereignisse zu erhalten. Mit den von der Stornierung betroffenen Kommunikations- und Kooperationspartnerinnen sind die Konsequenzen zu besprechen und je nach Kritikalität alternative Lösungen zu entwickeln.

3. Kalender aufräumen

Ist die Logik des Wechsels zwischen Deep Work und Teamwork akzeptiert und die Priorisierung der Termine erreicht, geht es ans Aufräumen und Abgleichen der Terminplanung der Teammitglieder. Dabei wird das Ziel verfolgt, für mindestens vier Kategorien von Terminqualitäten gemeinsam vereinbarte Zeitfenster vorzusehen. Diese Qualitäten sind: Einzelarbeit, Teamarbeit, Pausen, Kommunikation.

Beispiel eines unstrukturierten, aber realen Terminkalenders und eines konsolidierten Terminkalenders:

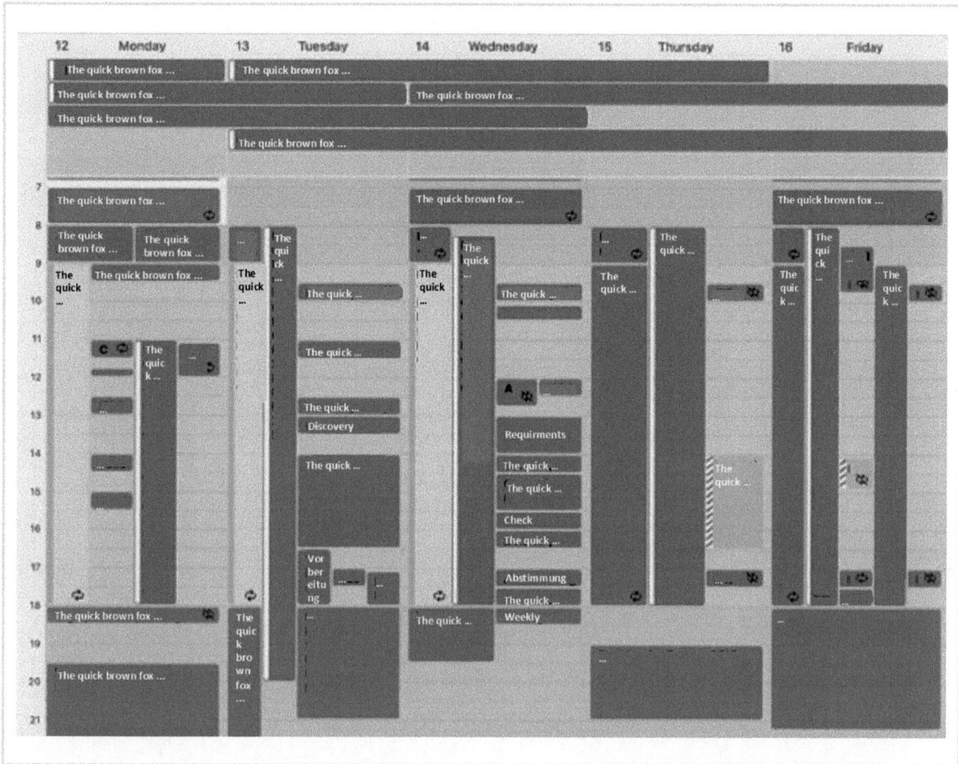

Abb. 50: Terminkalender mit chaotischer Verteilung von Terminen ohne geplante Phasen für Deep Work oder Teamwork

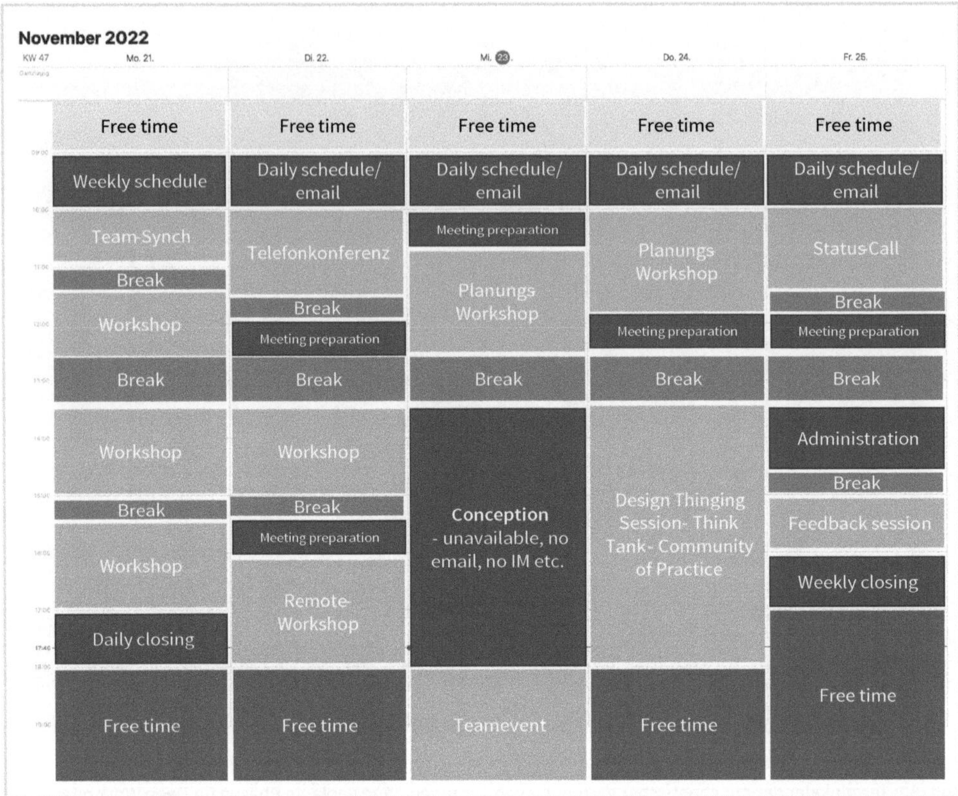

Abb. 51: Strukturierter Kalender mit geplanten Phasen für Deep Work und Teamwork in Synchronisation mit allen Teammitgliedern

4. Kontinuierlich und konsequent stabilisieren

Ist ein aufgeräumter, entrümpelter und mit allen Teammitgliedern und Kooperationspartnerinnen synchronisierter Terminkalender erreicht, gilt es, diesen in seiner Angemessenheit und Praktikabilität regelmäßig und konsequent zu hinterfragen und zu aktualisieren. Um das sicherzustellen, sollte sich jedes Team im Rahmen der **Capability Development Iteration (CDI)** zu einer Review Session treffen und die Vorgehensweise wiederholen, die in diesem Abschnitt beschrieben wurde.

4.4.3 Methods & Rituals

Methoden oder sogenannte Frameworks und Kooperationsrituale sind im Umfeld der modernen Arbeitswelt ein dominantes und für die Beraterinnen und Schulungsanbieterinnen ein lukratives Thema. Aus der Perspektive der Kybernetik, und damit auch des Liquid-Leadership-Modells, stellen Methoden und Rituale spezialisierte Werkzeuge für spezifische Probleme, Aufgabenstellungen oder Kontexte dar.

Methode | Ritual	Anwendungskontext
Scrum	Iterative und inkrementelle Kooperation zur Softwareentwicklung
Design Thinking	Lösung komplexer Probleme auf innovative und kreative Weise
Scaled Agile Framework (SAFe)	Kombination verschiedener Methoden in einem Werkzeugkasten für die iterative und inkrementelle Softwareentwicklung
Daily Stand-up	Kommunikationsritual zum fokussierten Informationsaustausch in Teams
Six Sigma	Methodenbaukasten zur Qualitätssicherung
Reverse Presentation	Kooperationsritual zur gegenseitigen Erklärung von Arbeitsergebnissen mit dem Ziel eines gemeinsamen, qualitativen, nachhaltigen und konsistenten Verständnisses

Tab. 6: Übersicht gängiger Methoden bzw. Rituale

Wie die zusammengestellten Beispiele für verschiedene Methoden und Rituale zeigen, sind sie jeweils für spezifische Aufgabenstellungen gedacht und auf die Unterstützung individueller Fragestellungen spezialisiert. Die Methoden lassen sich darüber hinaus miteinander kombinieren. Six Sigma eignet sich beispielsweise auch für das Qualitätsmanagement in der Softwareentwicklung. Dennoch ist es relevant, genau zu verstehen, welches Problem oder welche Aufgabenstellung mit welcher Methode am besten und effektivsten unterstützt werden kann. Methoden und Kooperationsrituale sind wertvolle Grundlagen, um die Zusammenarbeit in Organisationen in einer einheitlichen Form zu praktizieren. Das reduziert Reibungsverluste und verringert den Aufwand, eine Methode oder ein Ritual erst entwickeln und sich darauf verständigen zu müssen. Zusätzlich stellen Methoden und Rituale eine gemeinsame Sprache oder ein gemeinsames Vokabular zur Verfügung, um die Zusammenarbeit in Teams praktizieren und ausdrücken zu können.

Die Verantwortung der Elementarrolle **Coordination C** liegt in diesem Kontext darin, folgende Fragen zu beantworten: Welche Aufgabenstellung muss oder will ein Team bewältigen? Welche Methode oder welches Kooperationsritual ist am besten geeignet, um die Zusammenarbeit aller Teammitglieder möglichst reibungslos zu gestalten?

Es gilt also, die fachlichen Inhalte, die qualitativen Anforderungen, die Rahmenbedingungen, das Wissen der Mitarbeitenden und weitere Faktoren zu erfassen und aus dem Profil, das sich daraus ergibt, die angemessenste und wirksamste Methode auszuwählen. Diese Analyse und die darauf aufbauende Recherche und Auswahl erfolgen dabei in engem Dialog mit den Teammitgliedern.

Stehen verschiedene Methoden mit einer ähnlichen Ausprägung zur Verfügung, lohnt es sich, im Rahmen einer Pilotierung die einzelnen Anwendungsgrenzen zu evaluieren. Dabei ist auch zu berücksichtigen, wie verbreitet eine Methode in einer Branche oder in einem bestimmten Anwendungsgebiet ist. Eine hohe Verbreitung ist nicht nur ein Indiz für eine breite Akzeptanz, wie beispielsweise bei der populären Methode Scrum in der Softwareentwicklung, sondern erleichtert auch das Gewinnen und Einarbeiten neuer Mitarbeiterinnen.

Hat sich ein Team für eine geeignete Methode entschieden und diese eingeführt, ist die nächste Stufe der Entwicklung und Integration zu berücksichtigen. Da verschiedene Teams, vor allem wenn sie interdisziplinär kooperieren, unterschiedliche Methoden und Rituale für die Planung und Durchführung ihrer Arbeitsinhalte nutzen, fehlt ihnen eine gemeinsame Sprache oder Integrationsebene.

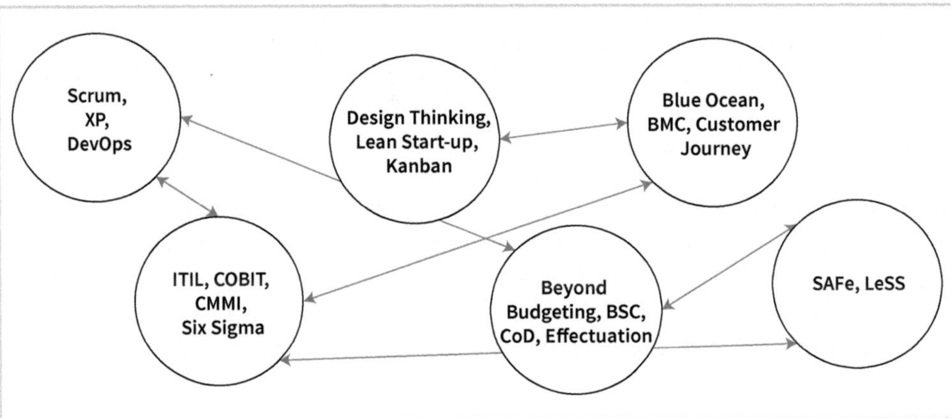

Abb. 52: Kooperierende Teams, die spezifische Methoden einsetzen

Das liegt unter anderem daran, dass jede Methode ihre individuellen Rollenmodelle definiert, ihre individuellen Rahmenbedingungen erfordert oder spezifische Vorgehensweisen festlegt. Soll beispielsweise ein DevOps-Team mit einem Team aus der Qualitätssicherung in eine Kooperationsbeziehung gebracht werden, muss z. B. Six Sigma als Framework integriert werden. Leider sind weder DevOps-Methoden noch Six Sigma von sich aus dazu in der Lage, miteinander verknüpft und integriert zu werden. Was beiden Seiten fehlt, ist eine Integrations- oder Kommunikationsschicht mit einer einheitlichen Sprache, die den Austausch von Planungen, Kennzahlen, Informationen, Rahmenbedingungen, operativen Ergebnissen etc. ermöglicht.

Um einen standardisierten Katalog an vordefinierten Methoden für alle Teams in einer Organisation (isomorphen Methodenzwang) zu vermeiden, kann **Coordination C** die bereits etablierte Logik der Elementarrollen einsetzen: Sie dienen als Integrationsschicht der verschiedenen Teams und ihrer individuell etablierten Vorgehensmodelle oder Methoden. Das ist sogar in Kooperationsformen und Teamkonstellationen möglich, die eigenentwickelte Methoden nutzen, die keinem bekannten Standard entsprechen. Statt eine bewährte Kooperationsform zu ersetzen, den dazu notwendigen Aufwand zu betreiben und dennoch Kompromisse akzeptieren zu müssen, kann die etablierte Methode über die Elementarrollen des Liquid-Leadership-Modells mit allen Nachbarteams und deren Arbeitsweisen verknüpft werden.

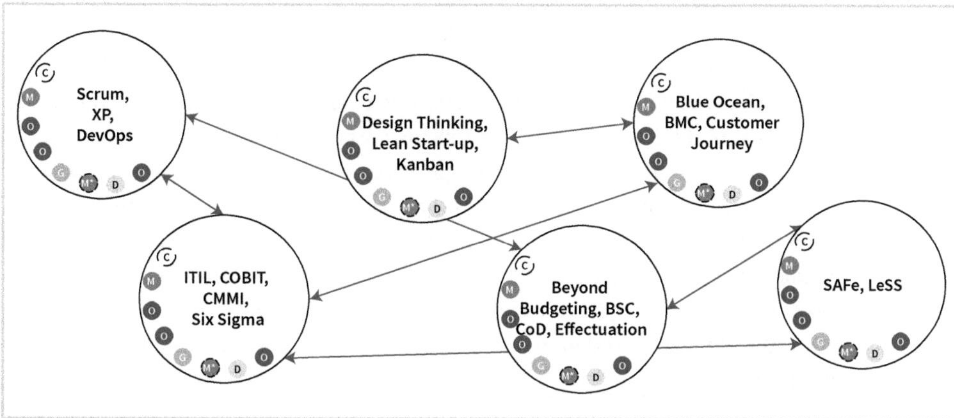

Abb. 53: Kooperierende Teams, die mittels der Elementarrollen eine interdisziplinäre Integration herstellen

Diese Integration heterogener Methoden und Arbeitsweisen über die Lingua franca des Liquid-Leadership-Modells erlaubt die operative Kooperation unterschiedlicher Teams miteinander. Aber sie dient auch einer übergreifenden strategischen Planung, übergreifender Wissens- oder Anforderungsentwicklung sowie Erfahrungsaustausch der Mitarbeitenden in interdisziplinärer Form.

Im Rahmen der aktuellen Einführungsphase des Liquid-Leadership-Modells im I. Zyklus ist die Anwendung der Elementarrollen mit Nachbarteams bereits hilfreich. Dazu müssen diese auch nicht alle bisher beschriebenen Fähigkeiten zur Selbstorganisation und Bausteine zwingend übernommen haben. Als minimale Ausbaustufe ist es ausreichend, wenn die Managerin des kooperierenden Teams die Elementarrollen auf sich vereint und so die Koordination mit den Teammitgliedern abgrenzt.

Hinweis

Die Kooperation autonomer Teams über die Lingua franca des Liquid-Leadership-Modells erlaubt deren lose Kopplung. Sie können sich eng miteinander abstimmen und synchronisieren, da sie ein übergreifendes Vorgehen ihrer Arbeitsweise vereinbaren und diese kontinuierlich prüfen und anpassen. Ganz nach dem Motto: »Loosely coupled but tightly aligned.«

Das Liquid-Leadership-Modell umfasst Aufgabenstellungen, die den Managerinnen vertraut oder zumindest geläufig sind. Deshalb ist dieser Ansatz praktikabel und kann von der Elementarrolle **Coordination C** als Integrationsansatz angeboten werden. Im II. Zyklus gehen wir näher auf die Vorgehensweise ein, mit der das Liquid-Leadership-Modell in weitere Teams und Organisationsbereiche des Unternehmens skaliert werden kann. Für den Fokus auf ein individuelles Team sollte die hier dargestellte Vorgehensweise ausreichen.

Um sicherzustellen, dass die einmal ausgewählte und etablierte Methode im Team die nötige Wirkung oder Unterstützung entfaltet, sollte die Verantwortliche der Elementarrolle **Coordi-**

nation C dafür sorgen, dass in regelmäßigen Abständen eine Überprüfung mit allen Teammitgliedern durchgeführt wird. Eine derartige Überprüfung kann im Rahmen einer **Capability Development Iteration (CDI)** durchgeführt werden. Aus dieser methodenspezifischen Rückkopplung mit den Teammitgliedern können zusätzliche Verbesserungsideen identifiziert oder entwickelt werden, um die Wirksamkeit der eingesetzten Methode zu verbessern. Darüber hinaus kann die Notwendigkeit des Einsatzes einer alternativen Methode abgeleitet werden, wenn sich beispielsweise der Kontext der Aufgabenstellung des Teams verändert hat. Ob und inwieweit sich die Aufgabenstellung eines Teams zukünftig anpassen muss, ist auch aus den Anforderungen der Elementarrolle **Development D** ableitbar. Eine übergreifende Abstimmung im Team mit dem Development ist daher empfehlenswert, wenn die Weiterentwicklung einer Methode geplant wird.

4.4.4 Feedback & Reflexion

Regelmäßige Feedback- und Reflexionsrunden mit allen Teammitgliedern sind für die Kooperation im Team aus unterschiedlichen Perspektiven wichtig und sollten von der Verantwortlichen der Elementarrolle **Coordination C** in regelmäßigen Abständen eingeplant, vorbereitet und durchgeführt werden.

- **Emotionale Stabilität und gegenseitiges Vertrauen**, kollektive Perspektive: Wie geht es uns miteinander? Damit ein positives, respektvolles und vertrauensvolles Miteinander aller Teammitglieder entwickelt und sichergestellt werden kann, ist ein regelmäßiger Austausch der individuellen Wahrnehmungen unerlässlich. Die Kooperationsqualität, die über ein moderiertes Feedbackgespräch erreicht wird, kann durch die eingangs bereits erklärten Dimensionen und Fragen der psychologischen Sicherheit analysiert und behandelt werden.

Hinweis

Landläufig herrscht die Meinung vor, die Komplexität sei reduzierbar. Die Erkenntnisse der Komplexitätsforschung sowie der Kybernetik beschreiben das Gegenteil. Dem Phänomen Komplexität kann ein Unternehmen nur begegnen, wenn es adäquate Fähigkeiten entwickelt, um mit der Komplexität der Umwelt entsprechen zu können. Ross Ashby hat dieses Prinzip in einem nach ihm benannten Gesetz mit dem Begriff der »Law of Requisit Variety[19]« definiert. Lediglich aus soziologischer Sicht kann die Komplexität der Interaktion und Kommunikation zwischen Menschen reduziert werden. Und zwar durch Vertrauen. Bewege ich mich als Individuum in einem sozialen Umfeld, das von Vertrauen geprägt ist? Dann muss ich mir über mögliche Gefahren, Bedrohungen oder Hinterhalte keine Gedanken machen, die von meinen Kolleginnen ausgehen könnten. Und dann muss ich auch keine Energie in Abwehrmechanismen investieren. Je tiefer das Vertrauen in die mich umgebenden Menschen ist, umso stärker sinkt die Komplexität meiner individuellen Interaktionen.

---

19 Das Gesetz der erforderlichen Vielfalt, [engl. Law of Requsit Variaty], besagt, dass ein System, um erfolgreich mit der Komplexität seiner Umgebung umzugehen, eine interne Vielfalt oder Komplexität haben muss, die mindestens so groß ist wie die der Umgebung, die es zu bewältigen versucht. Es bedeutet im Wesentlichen, dass ein System, um effektiv zu funktionieren, genügend Vielfalt oder Flexibilität haben muss, um auf die Vielfalt seiner Umgebung reagieren zu können.

- **Beziehungsentwicklung**, individuelle Perspektive: Wie geht es mir mit dir? Feedback und Reflexion fördern eine offene Kommunikation und den Aufbau vertrauensvoller Beziehungen der Teammitglieder untereinander. Indem Teammitglieder Feedback persönlich und vertraulich austauschen, entwickeln sie ein umfassenderes Verständnis füreinander. Die Reflexion gemeinsamer Erfahrungen und die Klärung von Konfliktsituationen schafft eine Kultur des gegenseitigen Respekts.
- **Leistungsniveau**: Durch Feedback und Reflexion können die Teammitglieder das erreichte Leistungsniveau hinterfragen und nötigenfalls Vereinbarungen zur Verbesserung oder Anpassung treffen. Indem regelmäßig und anhand von Kennzahlen das aktuelle Niveau evaluiert wird, können sie Stärken, Schwächen, Chancen und Risiken identifizieren und gezielte Maßnahmen ergreifen. So wird eine angemessene Balance zwischen der Effektivität und der Effizienz erreicht oder sichergestellt. Feedback ermöglicht es den Teammitgliedern, konstruktive Kritik zu geben, Erfolge anzuerkennen und Lösungen für auftretende Probleme zu finden, die sich negativ auf das Leistungsniveau auswirken.
- **Lernprozess**: Feedback- und Reflexionstermine bieten die Möglichkeit für kontinuierliches Lernen und Erfahrungsaustausch. Ein Team kann seine Erkenntnisse und Einsichten miteinander teilen, bewährte Praktiken austauschen und so persönlich und fachlich voneinander profitieren. Durch die Reflexion vergangener Aktivitäten und Entscheidungen kann ein Team Schlüsse ziehen, die es in zukünftigen Situationen anwendet und so eine kontinuierliche Anpassung der kollektiven Vorgehensweise ganz natürlich und selbstverständlich manifestiert.
- **Motivation und Engagement**: Feedback und Reflexion tragen zur Motivation und zum Engagement der Teammitglieder bei. Durch die Anerkennung von Leistungen, den Austausch von Erfahrungen und das Aufzeigen von Entwicklungsmöglichkeiten fühlen sich die Teammitglieder wertgeschätzt, wahrgenommen und bestätigt. Das führt potenziell zu einer gesteigerten Arbeitszufriedenheit und einem höheren Maß an Selbstwirksamkeit und damit zu subjektiver Motivation. Wichtig ist, zu berücksichtigen, dass die Motivation ein intrinsischer Faktor ist, der nicht von außen beeinflusst werden kann (Sprenger/Plaßmann 2021).
- **Anpassungsfähigkeit und Verbesserung**: Durch regelmäßiges Feedback und Reflexion können Teams flexibler und anpassungsfähiger werden. Sie können unmittelbarer und schneller auf Veränderungen reagieren, indem sie ihre Arbeitsweise kontinuierlich hinterfragen und an neue Anforderungen, Rahmenbedingungen und Einflüsse anpassen. Feedback ermöglicht es dem Team, die Arbeitsprozesse zu überprüfen und zu optimieren. Allerdings tragen negative Rahmenbedingungen wie ein toxisches Arbeitsumfeld oder andauernder Disstress zur Demotivation bei.

Insgesamt unterstützen regelmäßige Feedback- und Reflexionstermine die kontinuierliche Verbesserung der Zusammenarbeit, das Lernen und das Engagement im Team. Sie sind ein wesentlicher Bestandteil eines Teams, das sich selbstorganisiert, kontinuierlich lernt, sich konsequent und selbstverständlich weiterentwickelt und sich gegenüber Veränderungen anpassen kann.

Um Feedback und Reflexion im Team einzuführen und zu etablieren, haben sich die folgenden Formate und Methoden bewährt.

- **Mündliches Feedback**: Mündliches Feedback ist ein direkter und persönlicher Austausch zwischen Teammitgliedern. Es kann informell während Teammeetings oder in speziell dafür vorgesehenen Feedbackgesprächen stattfinden. Es ist wichtig, dass das Feedback konstruktiv, spezifisch und ausgewogen ist.
- **360-Grad-Feedback**: Beim 360-Grad-Feedback erhalten Teammitglieder Feedback aus verschiedenen Quellen, einschließlich von Vorgesetzten, Kolleginnen und Kundinnen. Dieses Format ermöglicht eine umfassende und vielseitige Rückmeldung zu Stärken, Schwächen und Entwicklungspotenzialen der Teammitglieder.
- **Peer-Feedback**: Beim Peer-Feedback geben Teammitglieder Feedback an ihre Kolleginnen. Das kann in Form strukturierter Feedbackbögen oder persönlicher Gespräche erfolgen. Peer-Feedback fördert eine Kultur des gegenseitigen Lernens und der Unterstützung im Team.
- **Retrospektiven**: Retrospektive
- n sind strukturierte Meetings, in denen das Team gemeinsam über abgeschlossene Iterationen oder Arbeitsphasen reflektiert. Dabei werden Erfolge, Herausforderungen und Verbesserungsmöglichkeiten identifiziert. Verschiedene Methoden für Retrospektiven[20] wie »Plus/Delta«, »Start-Stop-Continue« oder »Stärken-Schwächen-Chancen-Risiken« können verwendet werden, um den Reflexionsprozess zu unterstützen.
- **Lob und Dank im Alltag**: Neben spezifischen Feedbackformaten ist es wichtig, eine selbstverständliche und spontane Feedbackkultur im Alltag zu pflegen. Das bedeutet, dass informelle Feedbacks und kurze Check-ins Teil der täglichen Kooperation im Team sein können. Ein offener Austausch von Wahrnehmungen, Beobachtungen oder Erfahrungen fördert die kontinuierliche Verbesserung und den gemeinschaftlichen Lernprozess.
- **Reverse Presentation**: Der Begriff »Reverse Presentation« (auch als »Reverse Pitch« oder »Inverted Pitch« bekannt) beschreibt eine Präsentationsmethode, bei der der traditionelle Ablauf einer Präsentation umgekehrt wird. Anstatt, dass eine Präsentierende ihre Inhalte an ein Publikum weitergibt, übernimmt das Publikum die aktive Rolle und stellt der Präsentierenden die Inhalte zu einem bestimmten Thema vor. Dabei kann das Publikum aus nur einer Person bestehen, die der Präsentierenden eine zusätzliche Perspektive auf die erstellten Inhalte ermöglicht. Diese Form einer paradoxen Intervention als Feedback ermöglicht der Präsentierenden, mögliche Denkblockaden, blinde Flecken oder Betriebsblindheit zu überwinden. Reverse Presentation ist u. a. in multikulturellen Teamkonstellationen wertvoll, um ein gemeinsames Verständnis zu einem spezifischen Sachverhalt sicherzustellen oder aufzubauen.
- **Peer-Review**: Peer-Review bezieht sich auf einen Prozess, der in der Wissenschaft weit verbreitet ist. Er erlaubt einer Fachexpertin, die eigenen Arbeitsergebnisse von Fachkolleginnen überprüfen zu lassen. Das bedeutet, dass unabhängige Expertinnen auf dem jeweiligen

20 Eine umfassende Sammlung verschiedener Formate für die Strukturierung und Durchführung von Retrospektiven ist auf der Webseite https://retromat.org zu finden.

Fachgebiet den Inhalt, die Vorgehensweise, die Schlussfolgerungen und die Qualität der Arbeitsergebnisse kritisch bewerten. Das Peer-Review-Verfahren dient dazu, die Qualität von Arbeitsergebnissen sicherzustellen, bevor sie veröffentlicht oder genutzt werden. Diese Form des Austauschs von Feedback beinhaltet sachliche Verbesserungspotenziale, um die individuelle Arbeit weiterzuentwickeln und zu verfeinern. Sie fördert das kollektive Lernen und den interdisziplinären Wissens- und Erfahrungsaustausch.

Sind dem Team oder der Verantwortlichen der Elementarrolle **Coordination C** weitere Formate oder Methoden vertraut und haben sich diese aus der kollektiven Wahrnehmung heraus bewährt, so sollten diese zusätzlich oder alternativ zu den vorherigen Empfehlungen angewendet werden. Vorher gilt es, sie hinsichtlich ihrer Anschlussfähigkeit und Akzeptanz mit den Teammitgliedern zu erproben. Zusätzlich empfiehlt es sich, die Formate und Methoden für Feedback und Reflexion zu wechseln, um Ermüdungserscheinungen vorzubeugen oder ein Verkommen zur sinnentleerten Routine auszuschließen.

4.4.5 Facts & Figures

Trotz Fake News und alternativer Fakten, die unverändert ihr destruktives Unwesen treiben, empfiehlt es sich, im Kontext selbstorganisierter Kooperation den klassischen Ansatz validierbarer und evaluierbarer Zahlen, Daten und Fakten, kurz ZDF, zu verfolgen. Als Team mit fehlenden, inkonsistenten, fehlerhaften oder veralteten ZDF konfrontiert zu sein, hat eine ganze Reihe negativer Folgen. Diese sollen durch das Engagement der Elementarrolle **Coordination C** möglichst verhindert, mindestens aber minimiert bzw. identifiziert werden.

Hinweis

Dabei liegt dieses Engagement bzw. die Verantwortung der Kollegin nicht in der Verpflichtung, alle Problemstellungen im Zusammenhang mit mangelhaften ZDF selbst zu beheben. Es geht, wie bei den anderen Elementarrollen auch immer darum, Lösungen und Antworten für die identifizierten Problemstellungen, Notwendigkeiten oder Fragestellungen zu finden. Das kann beispielsweise eine Kollegin, ein Team, eine zuständige oder kundige Fachexpertin sein, die identifiziert wird, um von ihr eine Lösung oder eine Antwort zu erhalten. Müsste die Verantwortliche einer Elementarrolle alle Probleme selbst lösen, wäre das eine unzulässige Überforderung und Überlastung der Mitarbeiterin. Es würde dazu führen, dass sie selbst zum Engpass einer wirksamen Lösung würde.

Negative Folgen sind beispielsweise:

- **Produktivitätsverluste**: Wenn Mitarbeiterinnen aufgrund fehlender oder falscher Informationen ihre Aufgaben nicht effizient erledigen können, kann das zu Produktivitätsverlusten führen. Zeitverluste, Überstunden und wiederholte Arbeitsschritte können zu erhöhten Kosten und Demotivation führen.
- **Fehler und Ausschuss:** Fehlende oder falsche ZDF können zu Fehlern in Prozessen, Produkten oder Dienstleistungen führen. Dadurch können Kosten für die Fehlerbehebung, die

Nacharbeit oder den Ausschuss fehlerhafter Produkte entstehen. Ein populäres Beispiel hierfür sind Rückrufaktionen in der Automobilindustrie.

- **Verzögerungen**: Wenn Entscheidungen aufgrund fehlender oder unklarer Informationen verzögert werden, können Projekte, Aufgaben oder Serviceleistungen beeinträchtigt werden. Dadurch können Verzugskosten entstehen, wie z. B. verspätete Markteinführungen, verpasste Chancen oder Strafen aufgrund von Vertragsbrüchen.
- **Umsatzverluste**: Falsche oder unvollständige ZDF können zu Unzufriedenheit bei Kundinnen führen, die in Umsatzverlusten durch ein Abnehmen der Kundinnenbindung resultieren.
- **Zusätzlicher oder unnötiger Aufwand für ZDF-Beschaffung**: Wenn Unternehmen aufgrund fehlender interner oder externer ZDF zusätzliche Ressourcen und Kapazitäten aufwenden müssen, um ZDF zu beschaffen, entstehen zwangsläufig operative Kosten für zusätzliche Recherche, Datenbeschaffung oder die Beauftragung externer Dienstleistungen.
- **Recherche- und ZDF-Beschaffung**: Müssen Mitarbeiterinnen fehlende ZDF suchen oder beschaffen, führt das zu Zeitverlust, da sie sich nicht vollständig auf ihre operative Kernaufgabe fokussieren können.
- **Wartezeiten**: Wenn Mitarbeiterinnen auf Entscheidungen warten müssen, die durch fehlende ZDF nicht getroffen werden können, treten Verzögerungen auf. Diese behindern den Arbeitsfluss und -fortschritt einzelner Fachexpertinnen oder ganzer Teams und verursachen Inaktivität.
- **Abstimmungs- und Koordinationsprobleme**: Ein Mangel an ZDF führt zu Schwierigkeiten bei der Kooperation und Kommunikation im Team. Wenn Mitarbeiterinnen nicht über alle relevanten ZDF verfügen, verursacht das potenziell Missverständnisse, Fehlkommunikation und ineffiziente Zusammenarbeit.
- **Frustration und Verunsicherung**: Letztlich schlagen sich fehlende oder mangelhafte ZDF in Frustration, negativem Stress und der Verunsicherung der Mitarbeiterinnen nieder. So wie ein psychologisch sicheres Kooperationsverhältnis der Mitglieder im Team dazu führt, Komplexität aus soziologischer Sicht zu reduzieren, so helfen valide ZDF, dynamische Einflüsse der Umwelt zu reduzieren. Dadurch erhalten sie die Sicherheit und das Vertrauen in die individuelle Leistungsfähigkeit.

Hinweis

Auch wenn wir das Wort »Informationen« synonym zu den Begriffen »Zahlen, Daten und Fakten« verwenden, betonen wir an dieser Stelle den expliziten Unterschied. Wie bereits erwähnt, verstehen wir »Informationen« als Ergebnisse kognitiver Prozesse. Informationen entstehen erst durch unsere Denkfähigkeit. Dies ist an dieser Stelle deswegen relevant, weil wir uns darüber im Klaren sein müssen, dass wir ZDF qualitativ hinterfragen müssen, um keine falschen Informationen zu erdenken oder Lücken in unserem Portfolio an ZDF mit Annahmen, Hypothesen oder subjektiven Meinungen zu füllen. Gerade in einem gesellschaftlich, ökonomisch und ökologisch hochkomplexen Umfeld ist der Faktor valider ZDF von höchster Relevanz und Kritikalität.

4.4.6 Liquid Leadership Likeminds

Wir wollen konsistent und regelmäßig, aber auch mit einer gewissen Leichtigkeit sicherstellen, dass allen Mitarbeiterinnen im Team die benötigten Informationen für die Planung und Durchführung der Arbeitsinhalte zur Verfügung stehen. Dazu nutzen wir eine Form der Gamification unseres Liquid-Leadership-Modells.

Für die Durchführung einer 6-Likeminds-Session nutzen Sie die folgende Vorgehensweise, um den individuellen und kollektiven Bedarf der Mitarbeiterinnen im Team festzustellen. Gleichzeitig analysieren Sie, welche ZDF das Umfeld des Teams benötigt. Mit Likeminds sind alle Mitglieder des Teams gemeint, die sich aus der Perspektive der sechs Elementarrollen mit einer gemeinsamen Fragestellung strukturiert auseinandersetzen. Das bedeutet, dass eine einzelne Fachexpertin die 6 Likeminds nutzen kann, um eine Fragestellung zu durchdenken oder aber dass zwei Kolleginnen sie im Dialog gemeinsam erarbeiten können.

Vorbereitung
Das Spielbrett[21] (siehe Abbildung 54) besteht aus sechs verschiedenfarbigen Spielfeldern. In der Mitte befindet sich das »grüne Gehirn«. Es nimmt die Fragestellung, die Lösungsidee, das Problem, die Aufgabe, den Auftrag – oder was auch immer an Anforderung behandelt werden soll – auf.

Spielbeginn
Die erste Spielerin, die eine Anforderung durchdenken möchte, legt die Beschreibung in Stichworten auf das Mittelfeld und erklärt sie den Mitspielerinnen. Das grüne Gehirn, Operation genannt, ist der Fokus aller Likeminds. Alle Gehirne verfolgen das Ziel, das grüne Gehirn bestmöglich darin zu unterstützen, seine Anforderung möglichst erfolgreich umzusetzen. Die übrigen Mitspielerinnen wählen eine der verbleibenden Gehirnfarben aus und unterstützen die Überlegungen aus der jeweiligen Perspektive Monitoring, Development, Coordination, Governance und Management. Die Mitspielerin, die sich für das gelbe Gehirn Coordination entscheidet, ist gleichzeitig die Spielführerin und moderiert den Dialog.

Hinweis

Themen, die von Spielerinnen eingebracht werden, könnten zum Beispiel folgende sein: die Erstellung einer Website, die Entwicklung einer Schulung für die neuesten Anforderungen der Datenschutzverordnung des Unternehmens, die Bitte eines kooperierenden Teams um Unterstützung bei der Erstellung einer Prozessspezifikation oder Ähnliches.

21 Eine PDF-Datei des Spielbretts ist auf der Webseite liquidleadership.de verfügbar.

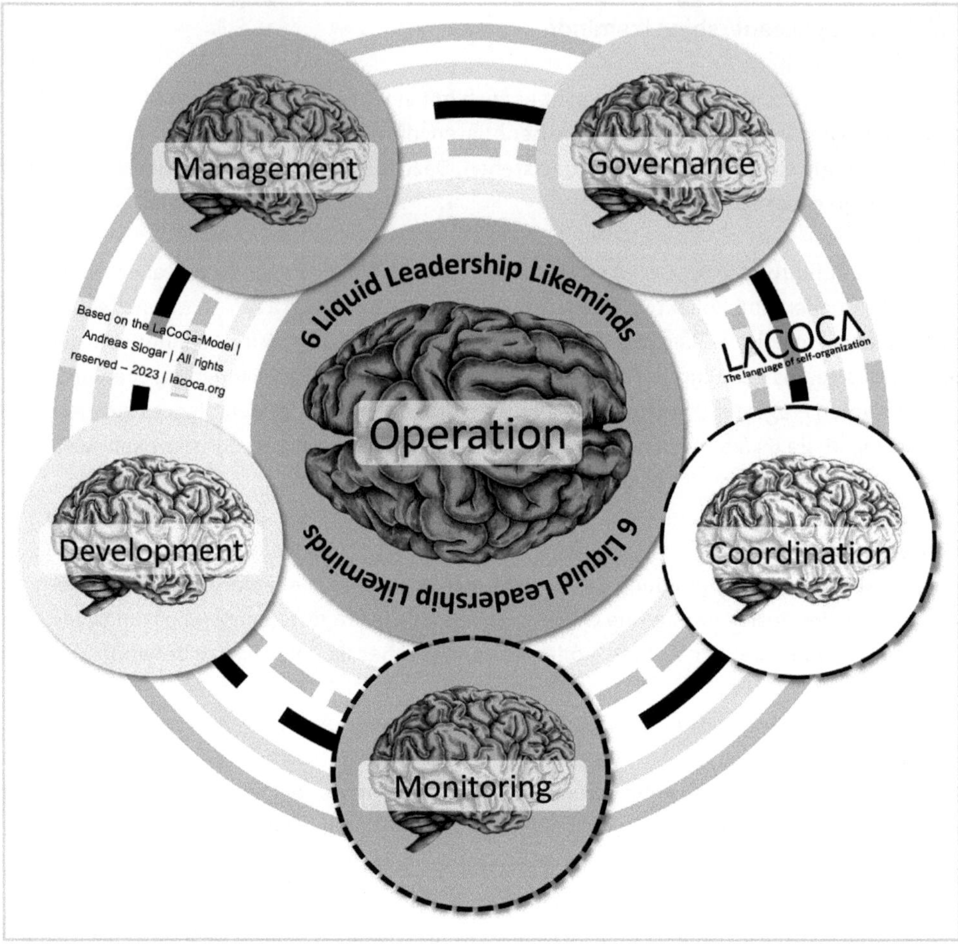

Abb. 54: 6-Liquid-Leadership-Likeminds-Spielbrett

Runde 1: Alle Likeminds stellen reihum Verständnisfragen an das grüne Gehirn Operation. In dieser Runde sind keine Diskussionen erlaubt.

Runde 2: Alle Likeminds schreiben innerhalb von 90 Sekunden aus der Perspektive ihrer jeweiligen Gehirnfarbe auf ihre Spielkarte, welche ZDF und welche Unterstützung das grüne Gehirn von ihnen individuell benötigt, und legen diese verdeckt vor sich auf das Spielbrett.

Runde 3: Das grüne Gehirn erklärt jedem Likemind, was es von der jeweiligen Perspektive an ZDF und Unterstützung benötigt, um die beschriebene Lösungsidee umzusetzen.

Runde 4: Jedes Likemind deckt seine Spielkarte auf und erklärt, welche ZDF und welche Unterstützung es für das grüne Gehirn in Runde 2 notiert hat. Das grüne Gehirn entscheidet für sich, ob es die Unterstützungen in die Umsetzung der eigenen Lösungsidee integriert oder darauf verzichtet.

Runde 5: Das grüne Gehirn äußert die aus seiner Sicht notwendigen Unterstützungsleistungen der anwesenden Likeminds und befragt sie einzeln, ob sie in der Lage sind, diese zur Verfügung zu stellen.

Runde 6: Ist das grüne Gehirn mit der Qualität der angebotenen ZDF und Unterstützungsleistungen zufrieden und ist er der Überzeugung, die eigene Anforderung damit realisieren zu können, wählt sie bis zu drei Mitspielerinnen aus. Sie bittet jede Einzelne um Feedback und fragt, was sie anstelle des grünen Gehirns beachten würde. Sind mehr als sechs Teilnehmerinnen am Spiel beteiligt, fällt die Bitte um Feedback zunächst an jene, die keine Hirnfarbe repräsentieren.

Abschluss: Hat das grüne Gehirn alle Rückmeldungen verarbeitet oder verworfen, ist der Spielzyklus beendet. Die nächste Anforderung kann von der verantwortlichen Mitspielerin vorgestellt werden. Vor Beginn eines neuen Spielzyklus können die Mitspielerinnen eine neue Gehirnfarbe auswählen. Das Spiel endet, sobald alle Anforderungen von den verantwortlichen grünen Gehirnen vorgestellt wurden und die gesammelten ZDF, Unterstützungsleistungen und Hinweise verarbeitet sind. Reicht die Zeit zur Bearbeitung aller vorhandenen Anforderungen nicht aus, wird das Spiel zum nächstmöglichen Zeitpunkt fortgesetzt. Sofern es keine Einschränkungen gibt, werden alle erreichten Spielergebnisse umgesetzt.

Externe Anfragen: Wird die Anforderung von einer Fachexpertin außerhalb des eigenen Teams gestellt, kann sie von einem Teammitglied stellvertretend vorgestellt werden oder die betreffende Fachexpertin wird zur Spielrunde eingeladen. Der Spielablauf sollte ihr im Vorfeld von der Verantwortlichen der Elementarrolle **Coordination C** oder einem anderen Teammitglied erklärt werden, denen das Vorgehen vertraut ist.

Die operative Kooperation kann jetzt weitergeführt werden – mit einer solideren Grundlage an ZDF und Umsetzungsdetails als vor dem Spiel und mit einem gemeinsam errichteten Verständnis zu Art und Umfang jeder einzelnen Anforderung.

Hinweis

Das Spiel »6 Liquid Leadership Likeminds« kann in jedem Kontext als spielerische Vorgehensweise verwendet werden, der individuell oder in einer größeren Gruppe strukturiert bearbeitet, recherchiert, reflektiert, diskutiert oder analysiert werden soll. Der Fokus dieses Kapitels liegt auf den Fragestellungen zu ZDF. Es kann aber auch jede andere Thematik oder Problemstellung zum Gegenstand der Kooperation im Team gemacht werden. Durch das Spiel werden das Wissen, die Talente und die Fähigkeiten aller Teammitglieder genutzt.

4.4.7 Osmotic Communication

Osmotic Communication ist ein Konzept, das von Alistair Cockburn, einem Softwareentwickler und Experten für agile Kooperationsformen, geprägt wurde. Es bezieht sich auf eine Form der informellen Kommunikation, bei der Teammitglieder durch das Zuhören und Miterleben von Gesprächen in ihrer Umgebung Informationen aufnehmen, selbst wenn sie nicht aktiv an diesen Gesprächen beteiligt sind. In selbstorganisierten Teams kann die Osmotic Communication als eine Möglichkeit eingesetzt werden, um Wissen und Informationen effizient und informell im Team zu verteilen. Im Folgenden werden einige Merkmale und Praktiken der osmotischen Kommunikation in selbstorganisierten Teams vorgestellt.

- Offene Arbeitsumgebung: Selbstorganisierte Teams schaffen eine offene Arbeitsumgebung, in der die räumliche Nähe der Teammitglieder gefördert wird. Dadurch bekommen sie Gespräche und Diskussionen mit, die in ihrer Umgebung stattfinden. Dieses Element zahlt u.a. positiv auf den Zustand der psychologischen Sicherheit im Team ein. Bei Teams, die auch oder vor allem remote arbeiten, sollten feste Termine vereinbart werden, zu denen man sich vor Ort im Büro oder zumindest in einer hybriden Konfiguration austauscht. Die positiven Effekte dieser Alternativen bergen allerdings Limitierungen in der Kommunikationsqualität, die berücksichtigt werden müssen.
- Teaminteraktion: Die Osmotic Communication wird durch eine kontinuierliche Interaktion zwischen den Teammitgliedern gefördert. Die Teammitglieder werden dazu ermutigt, Fragen zu stellen, Wissen auszutauschen und sich gegenseitig bei Problemlösungen zu unterstützen. Das Format der kollegialen Fallberatung ist hierfür exemplarisch geeignet.
- Informelle Kommunikationskanäle: Neben den formellen Kommunikationskanälen wie Meetings oder E-Mails nutzen selbstorganisierte Teams auch informelle Kanäle wie gemeinsame Arbeitsbereiche, Teamchats oder informelle Gespräche in Pausen, um Informationen auszutauschen.
- Vertrauensbasierte Kultur: Eine vertrauensbasierte Kultur ist wichtig, um die Osmotic Communication zu unterstützen. Teammitglieder sollten sich – psychologisch – sicher fühlen, Fragen zu stellen, Meinungen auszutauschen und Feedback zu geben, ohne Angst vor negativen Konsequenzen. Eine regelmäßige Befragung aller Teammitglieder zur individuellen

Einschätzung des Sicherheitsgefühls sollte von der Verantwortlichen der Elementarrolle **Coordination C** sichergestellt werden.

- Wissensaufbau und Lernen: Die Osmotic Communication ermöglicht den Wissensaustausch und das Lernen im Team. Durch das Miterleben von Gesprächen und Diskussionen können Teammitglieder ihr Wissen erweitern, von den Erfahrungen anderer profitieren und neue Perspektiven gewinnen.

Es ist wichtig zu betonen, dass die Osmotic Communication kein Ersatz für die strukturierte und direkte Kommunikation ist. Selbstorganisierte Teams sollten explizit miteinander kommunizieren und formelle Kommunikationskanäle nutzen, um sicherzustellen, dass wichtige Informationen gezielt ausgetauscht werden. Allerdings kann die Osmotic Communication dazu dienen, die Informationsqualität im Team dahin gehend zu unterstützen, indem die Anzahl der Meetings reduziert werden, in denen eine nachträgliche Informationsverteilung erfolgen muss. Daher sollte das Mittel der osmotischen Kommunikation im Kontext der Überlegungen zur Nettokapazität und dem Terminmanagement der Teammitglieder eingesetzt werden. Die Osmotic Communication ist als eine unterstützende Praktik zu verstehen, um den Wissensaustausch und die Informationsverteilung in selbstorganisierten Teams zu verbessern.

4.4.8 Team Schedule

Das richtige Timing ist bekanntlich entscheidend. Dass jede Fachexpertin zum richtigen Zeitpunkt die nötigen ZDF erhält, mit den entsprechenden Kolleginnen eine Planung durchführt oder sich über die Ergebnisse einer abgeschlossenen Iteration austauscht, damit die betroffenen Kolleginnen sich über die Inhalte notwendiger Schulungsmaßnahmen oder die Verteilung von Budgets und der gemeinsamen Einsatzplanung abstimmen, ist nur eine kleine Auswahl an Themen. Ihnen ist gemein, dass das Timing in einem Team stimmig und synchronisiert sein muss.

Die Vielzahl der bisher beschriebenen Kooperations- und Kommunikationsereignisse kann nur dann sinnvoll genutzt werden, wenn ein zeitlicher und qualitativer Überblick für jede Mitarbeitende uneingeschränkt und kontinuierlich aktualisiert zugänglich ist. Dabei sollte dieser Überblick von allen Teammitgliedern direkt editiert und damit aktuell gehalten werden.

Eine zeitliche und qualitative Übersicht eines Teams nennen wir **Kooperationskalender** oder kurz **Team Schedule**. Er ist das zentrale Koordinationswerkzeug der Elementarrolle **Coordinate C**. Wann findet die nächste Planungsrunde statt? Wann hat das Team seine **CDI** geplant? Für welche Termine müssen Feedbackrunden vorbereitet werden? Wann ist es nützlich, eine 6-Liquid-Leadership-Likeminds-Runde zu veranstalten? Nach dem Prinzip der vollständigen Transparenz enthält der Team Schedule alle Events, Meetings, Stand-ups, Retrospektiven etc. eines Teams aus der Sicht der einzelnen Elementarrollen. Damit ist nicht nur unmittelbar erkennbar, um welche Qualität es sich bei einem Termin handelt, sondern auch, wer als Ansprechpartnerin kontaktiert werden muss, wenn es Fragen, Vorschläge oder Ideen gibt, die geklärt, ausgetauscht oder eingebracht werden müssen.

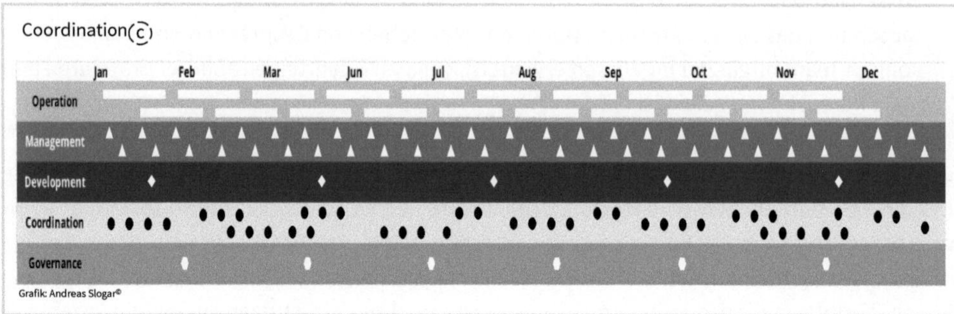

Abb. 55: Team Schedule oder Kooperationskalender

Die Gesamtplanungen und -übersichten durch einen Team Schedule erlauben zudem eine möglichst überschneidungsfreie Terminplanung und -durchführung für die Teilnehmenden. Die Verantwortliche der Elementarrolle **Coordination C** erarbeitet im Dialog mit den Teammitgliedern, welche Fachexpertin in welcher Elementarrolle an welchem Team teilnehmen muss oder möchte. Das ermöglicht, dass Klumpenbildung und Meeting-Tourismus möglichst ausgeschlossen werden. Gerade in sehr großen Unternehmen mit schwer nachvollziehbarer Kooperationsstruktur, intransparenten Zuständigkeiten und Entscheidungskompetenzen kommt es häufig dazu, dass eine Vielzahl von Mitarbeitenden an Terminen teilnimmt, ohne zu wissen, welchen Wertbeitrag sie vorbereiten, einbringen oder sicherstellen sollen. Da Meetings und Workshops meist auch keine Agenda oder Definition der angestrebten Ergebnisse bereitstellen, werden Mitarbeitende aus schierer Unsicherheit zur Teilnahme gezwungen.

Dabei spielt die »Fear of Missing out« (FoMo) eine Rolle. Sie ist in Unternehmen ein weitverbreitetes Verhaltensphänomen und ein starkes Indiz für eine kommunikativ und kooperativ dysfunktionale Organisationsform. Mitarbeitende werden in einem Schwebezustand der Unsicherheit gehalten. Sie sind rein präventiv dazu gezwungen, mehr Zeit in Meetings oder Workshops zu verbringen, anstatt sich auf die individuelle – Deep Work – oder kollektive Wertschöpfung – Teamwork – fokussieren zu können.

Der **Team Schedule** der Elementarrolle **Coordination C** kann dazu beitragen, dieses Phänomen abzustellen oder zumindest sehr stark zu reduzieren. Das liegt an folgenden Faktoren und Grundsätzen:

- Jedes Event (Meeting, Workshop, Jours fixes etc.) ist durch seine zugehörige Elementarrolle einem konkreten Kontext zugeordnet und enthält damit eine eindeutige Qualität.
- Jedes Event wird von einer Fachexpertin einberufen, die für die zugehörige Elementarrolle verantwortlich ist.
- Jedes Event steht im Zusammenhang des Liquid-Leadership-Kooperationsmodells in einem Leistungs- und Lieferverhältnis mit allen anderen Events.

- Für jedes Event gibt es durch die Verantwortliche der zugehörigen Elementarrolle eine Ansprechpartnerin, um Inhalte, Zielsetzung, Agenda und Grund der eigenen Teilnahme hinterfragen zu können.
- Ist einer Fachexpertin die Teilnahme an einem Event nicht möglich, kann sie jederzeit auf die Verantwortliche der zugehörigen Elementarrolle zugehen und sich im Nachgang über Zielsetzung, erreichte Ergebnisse und nächste Schritte informieren.
- Durch die eindeutigen, transparenten und nachvollziehbaren Verantwortungsbereiche der Elementarrollen ist es unnötig, dass jede Fachexpertin an allen Terminen teilnimmt. Vertretungsvereinbarungen der Teammitglieder untereinander erlauben es, den Kommunikations- und Kooperationsfluss redundanzfrei oder über bewusste Redundanz der Teilnehmenden sicherzustellen.
- Festlegungen sind von den Teammitgliedern im Rahmen des **Governance Meetings** festzulegen und in der **Team-Charta** zu dokumentieren und zu veröffentlichen.

Die in diesem Kapitel beschriebenen sechs Werkzeuge der für die Elementarrolle **Coordination C** Verantwortlichen stellen die Grundausstattung dar, die nötig ist, um den Anforderungen und der Intention der Elementarrolle zu entsprechen und einen nachvollziehbaren Beitrag zu Form, Qualität und Konsistenz der Kooperation und Kommunikation im Team zu leisten.

An den Bestandteilen sollten in der Einführungs- und in der Festigungsphase keine Änderungen oder Kürzungen vorgenommen werden. Es sei an dieser Stelle an das Prinzip der drei Phasen des Lernens, der Verinnerlichung und der Entwicklung erinnert, die zu Beginn des Buches erläutert wurden (Shu-Ha-Ri). Sollten zusätzliche Werkzeuge vertraut und bewährt sein, spricht nichts dagegen, sie im nächsten Zyklus, der Ha-Phase, zu ergänzen. Allerdings sollte darauf geachtet werden, dass die Vielzahl der angewendeten Elemente keine Überforderung oder Ermüdung bei den Teammitgliedern verursacht.

4.5 Step V: Measure Impact

4.5.1 Kontext

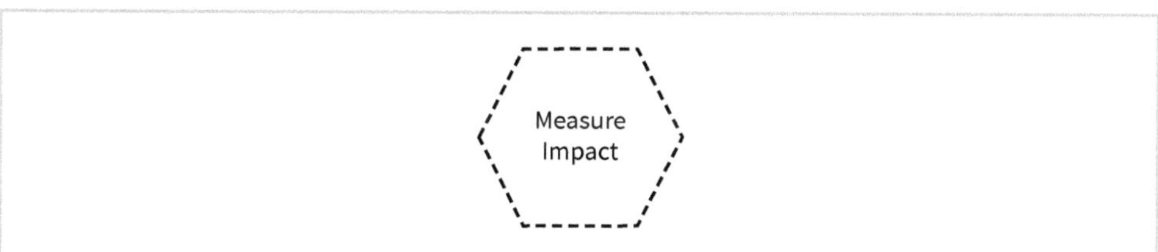

Abb. 56: Baustein Measure Impact

Kennzahlen sind als Steuerungssystem unverzichtbar. Sie dienen einer sachlichen und nachvollziehbaren Analyse, Diskussion und Bewertung des erreichten Leistungsniveaus, des Auslastungs- oder Belastungszustands, des Reifegrades der Vorgehensweise und der Qualität der sozialen Stabilität. Das gilt auch in sich selbstorganisierenden und sogar sich selbst managenden Teams, die mit dem Liquid-Leadership-Modell möglich sind. Am Beispiel der ZDF haben wir diesen Punkt bereits verdeutlicht.

> *Das Leben kann nur in der Schau nach rückwärts verstanden werden. Es muss aber in der Schau nach vorwärts gelebt werden.*
>
> *Søren Aabye Kierkegaard*

Allerdings ist die Nutzung eines derartigen Systems in einer Kooperation, die von Selbstorganisation geprägt ist, mit der traditionellen Vorgehensweise nicht zu vergleichen. Üblicherweise definiert und bewertet eine Organisationseinheit oder Organisationsinstanz, die sich außerhalb eines Teams befindet, das Steuerungssystem und interpretiert die erfassten Messwerte. Diese Instanz definiert meist auch die Zielgrößen oder Leistungsvorgaben, die ein Team zu erreichen hat.

Wir kennen das beispielsweise von der Festlegung individueller Leistungsziele, die einer Mitarbeiterin aus dem traditionellen Verständnis einer Führungskraft für ein Geschäftsjahr vorgegeben werden. Analog verhält es sich mit Umsatzzielvorgaben für den Vertrieb, Effizienzvorgaben in der Produktion oder Profitabilitätsvorgaben etc. Der hier beschriebene Top-down-Ansatz ist weit verbreitet. Er ist im Denkmodell verhaftet, dass ein Unternehmen ein endlicher Automat ist, dessen Komponenten, Zahnräder und Förderbänder permanent gemessen und justiert werden müssen, um das Leistungsmaximum zu erreichen.

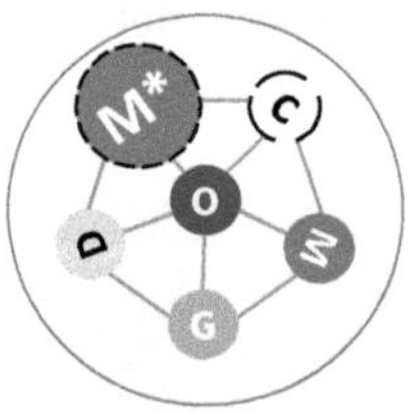

Abb. 57: Selbstorganisiertes Team mit der Elementarrolle **Monitoring M*** im Lead

Dabei konzentrieren sich Kennzahlensysteme in der Sicht auf den Automaten entweder auf Echtzeitmessungen der aktuellen Leistung, wie der Tachometer in einem Automobil oder ein Hygrometer für die Messung der Luftfeuchtigkeit, oder retrospektiv auf erfasste Vergangenheitswerte. Die Echtzeitmessung dient der Steuerung der aktuellen Situation und unterstützt ein direktes Eingreifen, beispielsweise um die vorgegebene Höchstgeschwindigkeit auf der Autobahn einzuhalten und ein Porträt durch die nächste Radarfalle zu vermeiden.

Die folgende Grafik stellt den Du-Pont-ROI-Treiberbaum (auch Du-Pont-Schema genannt) dar. Er ist ein sehr bekanntes Beispiel für sequenzielle oder lineare Steuerungsmodelle.

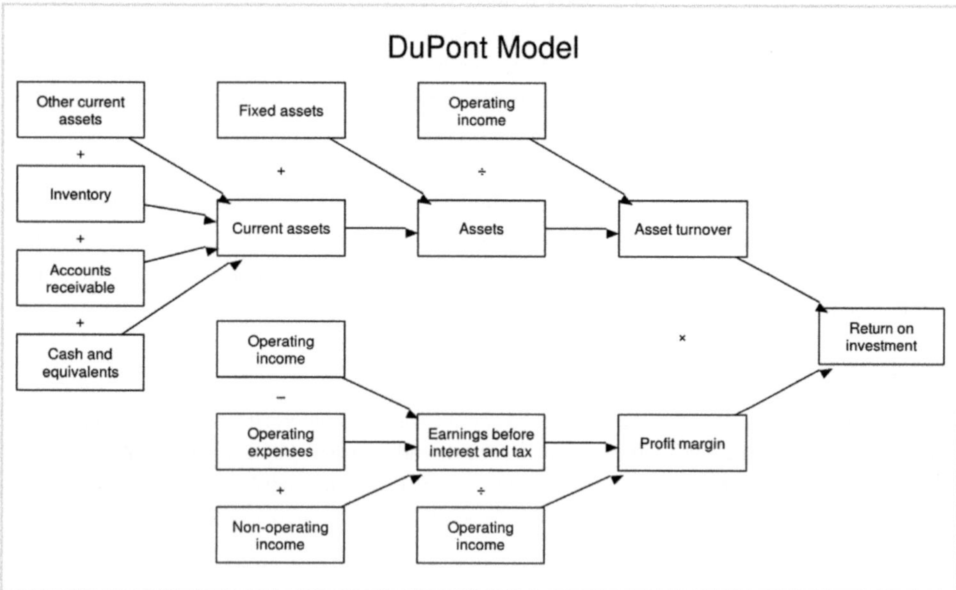

Abb. 58: ROI-Treiberbaum nach Du Pont | Quelle: Hans-Jürgen Probst, Kennzahlen leicht gemacht, 2004

Bei retrospektiven Kennzahlen, also beim Blick in den historischen Rückspiegel, soll der Verlauf einer Entwicklung multipler Messwerte erfasst werden. So werden beispielsweise Verkaufszahlen eines Produktes genutzt und mit den Produktionskosten verglichen, um die Profitabilität zu berechnen. So weit, so gut. Retrospektive Messwerte werden allerdings auch genutzt, um Aussagen und Zielvorgaben zukünftiger Entwicklungen zu treffen. Derartige Extrapolationen sind naturgemäß mit einer Vielzahl an Hypothesen oder Annahmen ausgestattet, da zukünftige Entwicklungen nicht vorhersehbar und damit unsicher sind.

Die Entwicklung der Zukunft vorherzusagen, ist, wie eine Wette abzuschließen. Wer sich mit Börsenprognosen befasst, weiß, wie volatil dieses Unterfangen ist. Im Zuge der Anerkennung der Dynamik und Komplexität wirtschaftlicher, politischer, ökologischer und sozialer Systeme der letzten Jahre sind Kennzahlenmodelle entstanden, die diesem Fakt Rechnung tragen. So ist der Siegeszug der Objectives and Key Results, kurz OKRs, damit zu erklären, dass sich eine Planung und Steuerung auf Sicht und in kurzen, kontinuierlichen Intervallen als wirksamer und risikoärmer erweisen hat als die Definition und Umsetzung von Zehnjahresplänen – und zwar empirisch belegbar.

Eine langfristige Strategie ist nach wie vor relevant und nützlich, weil sie Orientierung darüber gibt, wie und in welche Richtung sich ein Unternehmen entwickeln soll. Aber es zeichnet sich ein Trend ab: Der Umgang mit Zielvorgaben verändert sich und im Rahmen der digitalisierten

Weltwirtschaft, deren Abläufe, Veränderungen und Auswirkungen (fast) in Echtzeit stattfinden, werden ein stoisches Verfolgen und Festhalten an langfristigen Zielvorgaben als unsinnig erkannt. Dieser Trend hat zur Folge, dass auf der Zeitachse der Kennzahlenmodelle retrospektive und zukünftige Dimensionen individuell verstanden werden. Aus kybernetischer Sicht ist diese Entwicklung positiv, aber noch nicht ausreichend. Die nächste Stufe oder Generation an Kennzahlenmodellen muss Wirkungszusammenhänge und zirkuläre Abhängigkeiten berücksichtigen.

Eine wichtige Grundlage des Kennzahlenmodells, das hier noch vorgestellt werden soll, sind die Forschungsergebnisse des MIT zur Systemtheorie und vor allem zur Systemdynamik. Diese wurden von Donella H. Meadows (2010) in ihrem Buch »Die Grenzen des Denkens« anschaulich und praxisnah dargelegt.

Hinweis

Donella H. Meadows (1941–2001) war eine amerikanische Wissenschaftlerin (MIT), Autorin und Umweltaktivistin. Sie war eine Pionierin im Bereich der Systemdynamik und bekannt für ihre Arbeiten zu Nachhaltigkeit und Umweltwissenschaften. Meadows war Mitautorin des Buches »Die Grenzen des Wachstums«, das 1972 veröffentlicht wurde und als wichtiger Beitrag zur Diskussion über die ökologischen Grenzen des globalen Wachstums gilt. Sie war auch Mitbegründerin des Club of Rome,[22] einer Organisation, die sich aus wissenschaftlicher Sicht von interdisziplinären Expertinnen aus über 30 Ländern mit den globalen Herausforderungen der Menschheit auseinandergesetzt hat und u. a. das bekannte Buch »Die Grenzen des Wachstums« veröffentlichte.

Meadows widmete ihr Leben der Erforschung von komplexen Systemen und der Förderung eines nachhaltigen und gerechten Umgangs mit der Erde. Ihre Arbeit hat bis heute einen bedeutenden Einfluss auf das Verständnis und die Praxis der Nachhaltigkeit. Zur Einarbeitung in die Thematik und Prinzipien dieser Wirkungsmechanismen sei die Lektüre ihrer Arbeiten empfohlen. In einem sehr prägnanten Beispiel zur Systemdynamik verdeutlicht Meadows, wie kybernetische Regelkreise in zirkulären Wirtschaftskreisläufen aufgebaut sind.

22 Weitere Informationen zum Club of Rome finden Sie auf www.clubofrome.org.

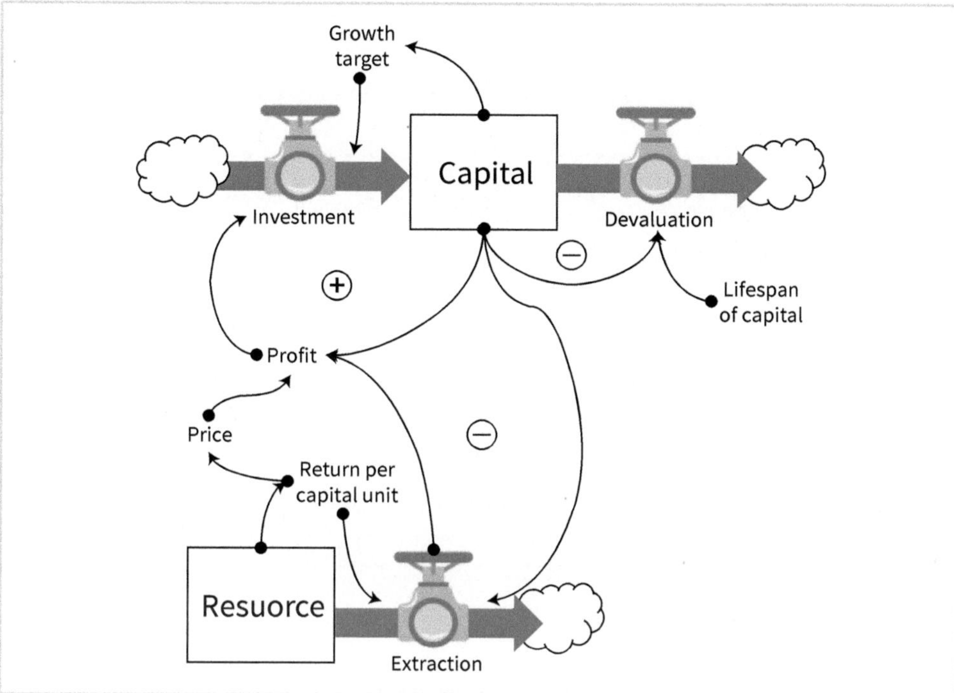

Abb. 59: Wirtschaftskapital, dessen selbstverstärkende Wachstumsschleife durch eine nicht erneuerbare Ressource eingeschränkt wird (Systeme mit zwei Zustandsgrößen) (Meadows 2010)

In der Darstellung beschreibt Meadows, dass permanente Wachstumsziele in Wirtschaftskreisläufen aufgrund der Rückkopplung limitiert verfügbarer Rohstoffe in eine nachvollziehbare Sackgasse führen, wenn keinerlei Regenerationszyklen der eingesetzten Ressourcen oder Ausgangsstoffe integriert werden. Die Diskussionen in unterschiedlichen Wirtschaftsbereichen zu zirkulären Wirtschaftssystemen sind von den Forschungsgrundlagen des MIT stark beeinflusst (Stichwort »Circular Economy«).

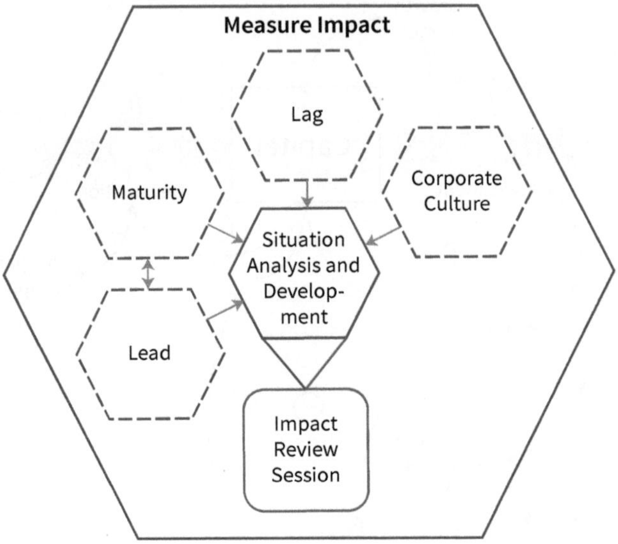

Abb. 60: Elemente im Baustein Measure Impact

Dieses Denkmodell der Systemdynamik machen wir uns beim Design eines Kennzahlenmodells und Steuerungssystems zunutze, um darüber Wirkungsmechanismen und Rückkopplungen zu integrieren. Unser Modell, das wir »ganz bescheiden« Slogar's Diamond nennen, ergänzt zur horizontalen Zeitachse, also den **Dimensionen Zukunft (Lead)** und **Vergangenheit (Lag)**, die vertikale Achse der **Dimensionen Reifegrad (Maturity)** und **Unternehmenskultur (Corporate Culture**). Die Dimensionen des Kennzahlenmodells sind gleichermaßen die Komponenten des Bausteins **Measure Impact**, die den Wertbeitrag der Verantwortlichen für die Elementarrolle **Monitoring M*** darstellen.

4.5.2 Vorgehensweise

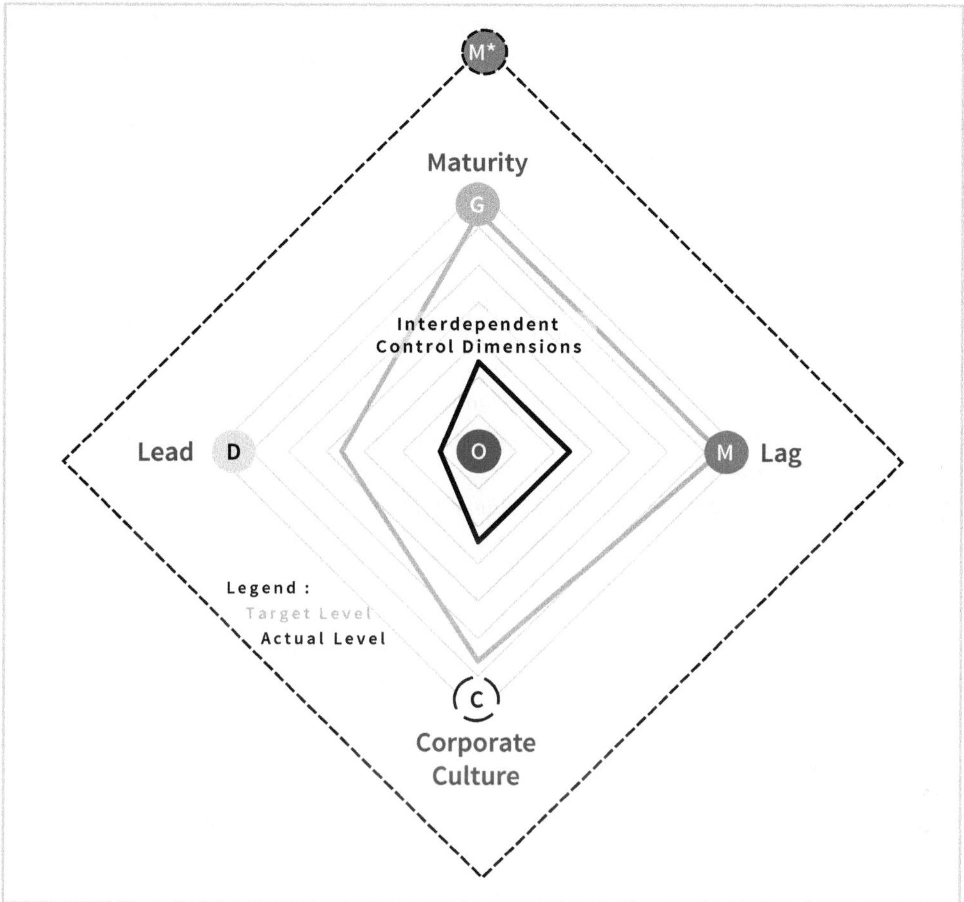

Abb. 61: Die vier Dimensionen des integrierten Steuerungsmodells »Slogar's Diamond«

Die Verantwortliche der Elementarrolle **Monitoring M*** ist in diesem Kontext der Kooperation mit allen übrigen Elementarrollen als Beobachterin erster Ordnung zu verstehen, wie sie aus Sicht der Kybernetik und der Soziologie definiert wird. Sie stellt sicher, dass durch die verantwortlichen Kolleginnen eine konstruktive und nachvollziehbare Ableitung bezüglich der Auswertung und Interpretation resultierender Systemdynamik aus den ermittelten Messwerten ermittelt wird. Stellt **Monitoring M*** fest, dass der Dialog undifferenziert, unsachlich oder auf der Grundlage von Annahmen, Befürchtungen und vorweggenommenen Hypothesen erfolgt, kann sie einschreiten. Sie unterstützt eine sachliche und für ZDF nachvollziehbare Analyse.

In einer kurzen Erläuterung gehen wir auf die Inhalte der einzelnen Komponenten/Dimensionen ein und beschreiben anschließend anhand eines Beispiels ihre operative Nutzung im Kontext von Wechselwirkungen bzw. Rückkopplungen. Jede Dimension wird durch eine zugeordnete

Elementarrolle unterstützt, deren fachlicher Fokus sich darin widerspiegelt. Die ermittelten Kennzahlenwerte der Dimensionen können im Dialog der Elementarrollen analysiert, interpretiert und in den gegenseitigen Wechselwirkungen ausgewertet werden. Die Orchestrierung oder Moderation werden von der Rollenverantwortlichen von **Monitoring M*** übernommen.

Es entsteht ein Gremium, das zusammen mit den Fachexpertinnen, den Verantwortlichen der Elementarrolle **Operation O**, über Maßnahmen zu Weiterentwicklung, Problembehebung oder Stabilisierung des identifizierten Zustands kooperieren kann.

Lead – Outcome – Change the System – Learn

- Intention: kontinuierlich lernende und experimentierende Entwicklung von Leistungen, Produkten, Wirkungen, die in die Zukunft gerichtet sind;
- Perspektive: Arbeit am System und der Entwicklung bestehender und neuer (Geschäfts-) Fähigkeiten: Welches Leistungsniveau wollen/müssen wir zukünftig erreichen und wie entwickelt sich unsere Innovativität, unsere Anpassungsfähigkeit und unser Erfindungsreichtum (Inventivität)?;
- Modelle: z. B. OKRs, Viability Indicators (Slogar 2021);
- Hauptfokus: Elementarrolle **Development D**.

Bei einer zukunftsgerichteten Unternehmensentwicklung sollten verschiedene Aspekte berücksichtigt werden, die durch Kennzahlen gemessen und überwacht werden können. Der Fokus der Steuerung sollte dabei auf Anpassungs- und Überlebensfähigkeit gelegt werden und nicht auf Wachstum und Gewinnmaximierung.

Hier sind Beispiele für einige relevante Aspekte:

- Innovation und Forschung: die Messung von Anzahl und Wirkung neuer Produkte oder Dienstleistungen, die durch Forschung und Entwicklung designt wurden, sowie die Investitionen in Innovationsprojekte und Erfindungen (z. B. Patente);
- Mitarbeitendenentwicklung: die Messung von Weiterbildungsmaßnahmen, Qualifikationen und Fortschritten der Mitarbeitenden in ihren Karrieren;
- Kundinnenorientierung: die Messung von Kundinnenzufriedenheit, Kundinnenbindungsrate und Kundinnentreue;
- Digitalisierung und Technologie: die Messung der Investitionen in digitale Technologien und der Nutzung von Daten für Geschäftsentscheidungen (Stichwort »Data-driven Organization«);
- Nachhaltigkeit und Umweltleistung: die Messung von CO_2-Emissionen, Abfallreduktion, Energieeffizienz und anderen Nachhaltigkeitskennzahlen, die im Zuge zukünftiger Entwicklungsmaßnahmen zu berücksichtigen sind oder sein werden;
- finanzielle Performance: die Messung von Umsatzwachstum und Rentabilität zukünftiger Produkt- und Leistungsentwicklungen;

- Marktanteil und Wettbewerbsfähigkeit: die Steuerung des zukünftig notwendigen Marktanteils des Unternehmens und der Position seiner Produkte und Leistungen im Vergleich zu Wettbewerberinnen und Kundinnenanforderungen.

Diese Aspekte und die daraus resultierenden Kennzahlen tragen dazu bei, die Leistungs-, Anpassungs- und Zukunftsfähigkeit des Unternehmens zu bewerten. Sie unterstützen die Entwicklung gezielter Strategien und Maßnahmen für ein antifragiles und nachhaltiges Fortbestehen.

Lag – Output – Run the System – Perform

- Intention: retrospektive Sicht auf das bisher erreichte Niveau hinsichtlich z. B. Produktivität, Qualität, Liefertreue, Kundinnenzufriedenheit, Effizienz
- Perspektive: Arbeiten im System und an der Durchführung und Erhaltung bestehender Fähigkeiten: Welches Leistungs- und Qualitätsniveau haben wir bisher erreicht und wie erhalten, stabilisieren oder optimieren wir es weiter?
- Modelle: z. B. EBIT-Marge, ROI, Brutto-/Nettogewinnmarge, SLA-Einhaltung, OLA-Einhaltung, Prozessfehlerquote, Kundinnenrückgewinnungsrate, Durchlaufzeit, Produktzuverlässigkeit
- Hauptfokus: Elementarrolle **Management M**

Bei der Bewertung der zurückliegenden Unternehmensentwicklung können verschiedene Aspekte berücksichtigt werden, die durch **Key Performance Indicators (KPIs)** gemessen werden. Diese Perspektive der Steuerungsmodelle ist in der Betriebswirtschaft sehr bekannt und hat einen ausgesprochen hohen Reifegrad erreicht. Wir setzen daher voraus, dass Sie als Leserin das zugehörige Wissen und einen hohen Grad an Vertrautheit mit retrospektiven und Finanzkennzahlen aus Ihrem beruflichen und privaten Umfeld besitzen. Überträgt man den Begriff der KPI in einen privaten Kontext, so stellt beispielsweise ein Kontoauszug als Datenquelle den jeweils aktuellen Saldobetrag dar und liefert damit eine alltägliche und retrospektive Steuerungskennzahl. Der Vollständigkeit halber werden daher an dieser Stelle exemplarisch einige Aspekte zur Dimension Lag dargestellt:

- Umsatzwachstum: die Messung des Umsatzwachstums über einen bestimmten Zeitraum, um die Leistung des Unternehmens in Hinblick auf die Steigerung des Geschäftsvolumens zu bewerten;
- Rentabilität: die Messung der Profitabilität des Unternehmens, zum Beispiel durch Kennzahlen wie Bruttogewinnmarge, Betriebs- und Nettogewinnmarge;
- Produkt- und Dienstleistungsqualität: die Messung der Qualität von Produkten und Dienstleistungen durch die Anzahl der Reklamationen, Rückrufe oder Garantieansprüche;
- Risikomanagement: die Messung von Risiken und die Bewertung der Wirksamkeit von Risikomanagementstrategien;
- Liquidität und Finanzstabilität: die Messung der Liquidität und Finanzstabilität des Unternehmens durch Kennzahlen wie das Verhältnis von kurzfristigen Vermögenswerten zu kurzfristigen Verbindlichkeiten.

Diese Aspekte und KPIs helfen dabei, die Leistung und die Ergebnisse der vergangenen Unternehmensentwicklungen zu analysieren. Auf dieser Grundlage können fundierte Geschäftsentscheidungen getroffen werden, um die zukünftige Entwicklung des Unternehmens zu unterstützen.

Maturity

- Intention: Entwicklung des Reifegrades unterschiedlicher Leistungsbereiche oder Geschäftsfähigkeiten der Organisation
- Perspektive: Welchen Reifegrad, d. h. welches Niveau an Leichtigkeit, Professionalität, Reibungslosigkeit, Konsequenz etc. haben wir in der Entwicklung (Lead) und Durchführung (Lag) unserer Geschäftsprozesse und Geschäftsfähigkeiten erreicht oder müssen wir etwas anpassen?
- Modelle: z. B. COBIT, CMMI, PRI, Six Sigma, VSM based Agility, ESG
- Hauptfokus: Elementarrolle **Governance G**

Auch bei der Analyse und Entwicklung des Reifegrades eines Unternehmens durch ein Steuerungssystem spielen charakteristische Aspekte eine wesentliche Rolle. Sie sind durch Key Performance Indicators (KPIs) kontinuierlich und konsequent zu messen. Diese KPIs dienen dazu, den Zustand und die Entwicklung des Unternehmens in Bezug auf verschiedene Reifegrade in vielfältigen Bereichen nachzuvollziehen und zu bewerten. (Dabei wäre die passendere Bezeichnung **Key Maturity Indicators (KMI)**.)

Hier sind einige wichtige Aspekte, die in Steuerungssystemen für die Dimension Maturity berücksichtigt werden sollten:

- **Prozessreife**: die Messung der Reife und Effektivität der Unternehmensprozesse; KPIs können hier beispielsweise die Durchlaufzeit, die Prozesskosten, die Anzahl von Fehlern oder Abweichungen sowie die Einhaltung von Standards und Best Practices sein;
- **Technologiereife**: die Messung der Reife und Effizienz der eingesetzten Technologien und Systeme; entsprechende KPIs können die Technologieaktualität, die Auslastung von IT-Systemen, die Anzahl von Systemausfällen oder die Kosten für Technologieaktualisierungen sein;
- **Innovationsreife**: die Messung der Innovationsfähigkeit des Unternehmens; KPIs können hier die Anzahl der eingeführten Innovationen, die Innovationskosten im Verhältnis zum Umsatz, die Akzeptanz neuer Ideen oder die Zusammenarbeit mit externen Innovationspartnerinnen sein;
- **Kundinnenreife**: die Messung der Kundinnenzufriedenheit und -bindung: KPIs können hier die Kundinnenbewertungen, die Kundinnenbindungsraten, die Anzahl von Beschwerden oder die Kundinnentreue sein;
- **Nachhaltigkeitsreife**: die Messung der Nachhaltigkeitsleistung des Unternehmens: KPIs können hier der CO_2-Fußabdruck, die Abfallreduktion, die Nutzung erneuerbarer Energien oder das soziale Engagement des Unternehmens sein (die ESG-Taxonomie enthält weitergehende Details zu diesem Aspekt.);

- **Regulatorischer Reifegrad**: Die Einhaltung juristischer und regulatorischer Vorgaben ist ebenfalls als Teil der übergreifenden Reifegradsteuerung einzubeziehen. So kann sichergestellt werden, dass gesetzliche und regulatorische Vorgaben – z. B. Datenschutz, Arbeitsrecht, Lieferkettensorgfaltspflichtengesetz – im nötigen Rahmen eingehalten werden;
- **Agilitätsreife**: die Messung der Anpassungsfähigkeit und Flexibilität des Unternehmens an sich ändernde Marktbedingungen; KPIs können hier die Time-to-Market für neue Produkte, die Reaktionsfähigkeit auf Kundinnenbedürfnisse oder die Fähigkeit sein, potenzielle Risiken und Schieflagen des Unternehmens rechtzeitig zu erkennen und Krisensituationen so zu verhindern (auf **Key Maturity Indicators (KMIs)** zur Messung und Steuerung dieses Aspekts gehen wir im nächsten Abschnitt ein.).

Diese Aspekte des Reifegrades eines Unternehmens sind entscheidend für die Identifizierung von Stärken, Schwächen, Chancen und Risiken sowie für die Festlegung gezielter Maßnahmen zur kontinuierlichen Verbesserung und Entwicklung. Um festzustellen, welche Bereiche der Teamarbeit durch die konkrete Reifegradentwicklung gemessen und entwickelt werden sollen, lohnt sich ein Blick in die **Team-Charta** und auf den darin beschriebenen Sinn und die gemeinsam verfolgte Intention.

VSM-based Agility

Auf den letzten Aspekt der Agilitätsreife wollen wir tiefer eingehen, da er im Kontext unseres systemdynamischen Modells besonders relevant ist. In Kapitel »2.3.3 Kriterien für Krisenfähigkeit« sind wir bereits darauf eingegangen, was ein Unternehmen beachten muss, um aus kybernetischer Sicht die Eigenschaft der Anpassungsfähigkeit aufzuweisen. Dazu existieren begleitende Kennzahlen, die es uns erlauben, den Anpassungsfähigkeitsgrad zu messen. Auch diese Kennzahlen sind der erwähnten Publikation von Dr. Martin Pfiffner (2017) entnommen und können dort vertieft nachgelesen werden.

Das Steuerungsmodell bewegt sich entlang der fünf folgenden, aufeinander aufbauen Fragestellungen zu konkreten Fähigkeiten einer Organisation und werden in Zeit-, Kapazitäts- und Ressourcenaufwand erfasst. Die organisationsweite Anpassungsfähigkeit ist erkennbar und messbar an der Fähigkeit, …

1. … relevante Veränderungen der Umwelt zu erkennen und ihre Auswirkungen auf die eigene Organisation zu bewerten.
2. … relevante Veränderungsmaßnahmen zu identifizieren.
3. … notwendige Veränderungsmaßnahmen zu priorisieren und zu entscheiden.
4. … entschiedene Veränderungsmaßnahmen unmittelbar umzusetzen (im Rahmen des verfügbaren Zeitfensters).
5. … die Wirksamkeit der umgesetzten Veränderungsmaßnahmen zu prüfen und diese gegebenenfalls anzupassen.

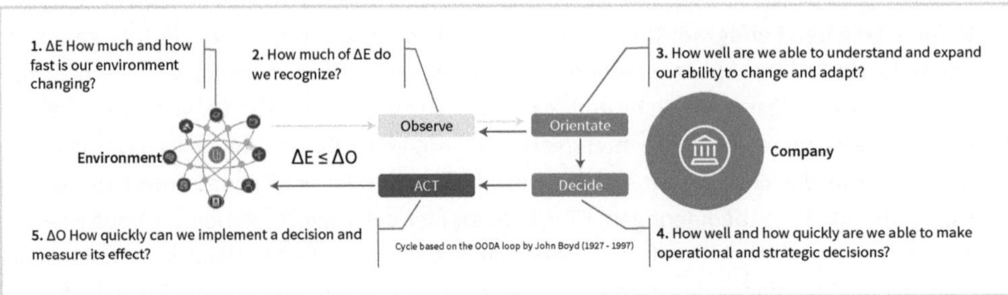

Abb. 62: Veränderungsfähigkeit des Unternehmens mit dem VSM messbar gestalten. Darstellung in Anlehnung an die OODA-Loop von John Boyd (1927–1997).

Ob eine Organisation hinsichtlich der erreichten Anpassungsfähigkeit den benötigten Reifegrad erreicht hat, ist daran festzustellen, ob sie …

1. … den verfügbaren Zeitraum, in dem eine Anpassung durchgeführt sein muss, einhalten oder unterbieten konnte.
2. … die Wirksamkeit der Anpassung nachvollziehen und nötigenfalls unmittelbar korrigierend eingreifen kann.
3. … eine potenzielle Krisensituation, die aus einem externen oder internen Einflussfaktor resultiert, rechtzeitig identifizieren und eine Schieflage des Unternehmens verhindern konnte.

Kurz gesagt: Die fünf Schritte der VSM-basierten Agilität, wie von Pfiffner empirisch belegt, stellen für den Kontext von Wirtschaftsunternehmen das dar, was die Fähigkeit zum Erkennen, Bewerten und Verarbeiten von Lageänderungen im militärischen Umfeld bedeutet – mit dem glücklichen Umstand, dass in Wirtschaftsumfeldern von Veränderungen hoffentlich sehr selten Menschenleben bedroht sind.

Corporate Culture

- Intention: Zustand soziokultureller Aspekte des Unternehmens
- Ausrichtung: soziokulturelle Auswirkung von Maturity, Lead und Lag auf das Zusammenleben in unserer Organisation: Wie steht es um die gesundheitliche Situation, psychisch wie physisch und um den sozialen Umgang in unserer Organisation?
- Modelle: z. B. psychologische Sicherheit, Krankenstand, Mitarbeiterinnenfluktuation, Verweildauer im Unternehmen, Auswertungen zu soziokulturellen Mitarbeiterinnenbefragungen
- Hauptfokus: Elementarrolle **Coordination C**

Unter **Corporate Culture** oder den soziokulturellen Aspekten in Unternehmen sind die Faktoren zu verstehen, die das Verhalten, die Einstellungen, den Gesundheitszustand und die Interaktionen der Mitarbeitenden in einem Unternehmen beeinflussen. Diese Aspekte berücksichtigen die sozialen Normen, Werte, Traditionen, Kommunikationsstile, Hierarchien, Geschlechterrollen, die ethnischen Hintergründe, Bildungsniveaus und andere kulturelle Merkmale, die eine Unternehmenskultur und die Arbeitsatmosphäre prägen.

Soziokulturelle Aspekte in Unternehmen können Folgendes umfassen:

- Unternehmenskultur: die gemeinsamen Werte, Normen und Verhaltensweisen, die in einem Unternehmen entstehen und das Verhalten der Mitarbeiterinnen und Managerinnen beeinflussen;
- Kommunikationsstil: die Art und Weise, wie Mitarbeiterinnen und Managerinnen miteinander kommunizieren, ob formell oder informell, direkt oder indirekt;
- Hierarchie und Autorität: die Art und Weise, wie Entscheidungen getroffen werden und wie Autorität und Verantwortung in der Organisation verteilt sind;
- Diversität und Inklusion: wie das Unternehmen mit Vielfalt umgeht und eine inklusive Umgebung für Mitarbeitende unterschiedlicher Hintergründe schafft;
- Arbeitszeiten und Work-Life-Balance: die soziokulturellen Erwartungen und Praktiken in Bezug auf die Arbeitszeiten und die Vereinbarkeit von Beruf und Privatleben;
- Führungsstil: wie Führungskräfte ihre Teams führen und wie sie mit den Mitarbeitenden interagieren;
- Ethik und Werte: die ethischen Standards und Werte, die im Unternehmen gelten und die Geschäftsentscheidungen beeinflussen.

Für die sogenannte agile Transformation und die New-Work-Bewegung ist diese Dimension von zentraler Bedeutung. Beide Strömungen widmen ihr große Aufmerksamkeit. Im Liquid-Leadership-Modell gehen wir einen Schritt weiter und binden diese Dimension in die Systemdynamik von Ursache und Wirkung der erstgenannten drei Dimensionen auf die **Corporate Culture** konsequent mit ein.

Beispiel[23]

Wie in der Einleitung des Kapitels angekündigt, wollen wir im Rahmen eines fiktiven Beispiels darauf eingehen, wie die vier Dimensionen des Diamant-Modells in einer interdependenten Beziehung zueinanderstehen und welche Schlüsse daraus gezogen werden können. Stellen Sie sich vor, Sie arbeiten im Produktmanagement einer internationalen Fondsgesellschaft. Sie müssen in halbjährlichen Intervallen die regulatorisch vorgegebenen Dokumentationen zu Ihrem Fondsbestand und seiner Struktur fristgerecht in einer aktualisierten Ausführung bei der BaFin, der Bundesanstalt für Finanzdienstleistungsaufsicht, einreichen. Leider ist es Ihrem Unternehmen und den beteiligten Teams und

23 Es handelt sich hier um ein fiktives Beispiel aus der Finanzwirtschaft, das sich an realen Ereignissen orientiert, die öffentlich verfügbar sind. Das Beispiel wird in anonymisierter Form wiedergegeben. Der zugrunde liegende Fall, von dem das Beispiel inspiriert ist, wurde vom betreffenden Unternehmen öffentlich gemacht und beinhaltet daher keinerlei vertrauliche Informationen. Aus Gründen der prägnanteren Falldarstellung wurden verschiedene Elemente ergänzt, die in der Realität nicht vorgekommen sind.

Mitarbeiterinnen, innerhalb und außerhalb des Produktmanagements, in den letzten 15 Jahren nicht gelungen, alle Dokumentationspflichten termingetreu zu erfüllen.

Ursache

Dieser unangenehme Umstand ist auf eine Vielzahl bürokratischer und historisch gewachsener Vorgänge und komplizierter Kommunikationswege zwischen den betroffenen und beteiligen Unternehmensteilen zurückzuführen. Das hat sich bisher nicht beheben lassen. Aus der klassischen Sichtweise des bestehenden Kennzahlenmodells hat das Management-Team immer wieder angemahnt, dass die Kennzahl bezüglich der Termintreue gegenüber der BaFin eingehalten werden muss.

Zielvorgabe

Um die Vorgabe zu erreichen, wurden Prozessoptimierungsziele definiert, die, in Prozentwerten ausgedrückt, messbar machen sollen, in welchem Umfang die nötigen Verbesserungen der Kennzahl erreicht werden müssen. Als vorweggenommene Hypothese ging das Management-Team davon aus, dass den verantwortlichen Mitarbeiterinnen die Ursachen und Zusammenhänge bekannt sind, die zu diesem Missstand führen. Immerhin ist das Problem alles andere als neu. Daher wurde nie explizit definiert, was zu unternehmen ist, schon gar nicht interdisziplinär über Bereichsgrenzen hinweg.

Auswirkungen

Um das Problem in seinen Ausmaßen, Auswirkungen und der Struktur besser verstehen und einschätzen zu können, befassen Sie sich mit den Implikationen des Zustands und verwenden das Liquid-Leadership- und das Diamant-Modell als Strukturierungshilfen.

Sie stellen Folgendes fest:

- **Governance G**/Maturity:
  - Der Reifegrad des interdisziplinären Abwicklungsprozesses zur Dokumentationsaktualisierung liegt zwischen 15 und 25 Werktagen über dem Vorgabewert der BaFin.
  - Die Fehlerquote der eingereichten Dokumentationen liegt bei 25% über dem performantesten Vergleichswert anderer Fonds im Unternehmen.
  - Das Image des Unternehmens leidet aus der Wahrnehmung des Regulators. Das Image des Produktmanagements leidet ebenfalls, da hausintern die alleinige Problemverantwortung dort verortet wird.
- **Management M**/Lag:
  - Die Prozesskosten für die Durchführung des Abwicklungsprozesses liegen ca. 30% über denen des performantesten Vergleichswerts.
  - Es entstehen Opportunitätskosten zum Halbjahresschluss, da beim wiederholten Versuch, die Abgabefristen einzuhalten, regelmäßig über Eskalationen Mitarbeitendenkapazitäten von laufenden Aufgabenstellungen abgezogen werden. Das führt zu er-

höhtem Aufwand durch Nacharbeiten und anderweitige Verzögerungen in bisher nicht erfasstem Umfang.

- **Coordination C**/Corporate Culture:
  - Die Mitarbeitenden des betroffenen Fonds äußern sich zur psychologischen Sicherheit in diesem Kontext negativ. Eine konfliktscheue Unternehmenskultur lässt eine kritisch konstruktive Auseinandersetzung mit benachbarten und am Prozessproblem maßgeblich beteiligten Team nicht zu.
  - Der Krankenstand liegt in den ersten drei Wochen nach der verspäteten Einreichung 7% über dem Unternehmensdurchschnitt.
  - Im Rahmen der jährlichen Mitarbeitendenzufriedenheitsbefragung wird der fragliche Abwicklungsprozess regelmäßig als Frustrationsursache der Mitarbeitenden genannt.
- **Development D**/Lead:
  - Im Rahmen der definierten Weiterentwicklung sind keine Maßnahmen zur Problembehebung vorgesehen. Diese Dimension wird ausschließlich für die Planung der Mitarbeiterinnen in der Produktentwicklung für neue Produkte genutzt, nicht für die übergreifende Entwicklung oder Problembehebung im Produktmanagement.

Vorgehen

Aufgrund des erstellten Problemprofils sehen Sie davon ab, Einzelmaßnahmen für Detailthemen der unterschiedlichen Dimensionen festzulegen. Diese wären durch die starken Interdependenzen der verschiedenen Unternehmensbereiche unzureichend. Sie stützen Ihre Entscheidung auf Erfahrungswerte.

Daher entscheiden Sie sich dazu, ein unternehmensweites OKR, Objective and Key Result, zu definieren. Es soll im Rahmen der Quartalsplanung im Management Board verbindlich bestätigt und vereinbart werden. Damit erreichen Sie, dass keine individuellen und voneinander unabhängigen Einzelmaßnahmen in den verschiedenen Bereichen (Silos) und Teams erarbeitet und umgesetzt werden. Aus diesem Grund wurden die OKRs gemeinsam mit den Fachexpertinnen und auf Grundlage ihrer Expertise und Erfahrungen erstellt und vereinbart.

Auf diese Weise konnten Sie eine übergreifende Zielsetzung, das Objective, definieren. Dadurch erreichen Sie eine Struktur, in der sich individuelle Verbesserungsbeiträge, die Key Results, ableiten, einordnen und inkrementell steuern lassen. Die Erarbeitung der Key Results, ihre Anpassung und die Messung ihrer Wirksamkeit vereinbaren Sie mit allen beteiligten Teams monatlich auf operativer Ebene und quartalsweise zusätzlich mit dem Management Board. So wurden als Key Results von den Fachexpertinnen beispielsweise konkrete Veränderungen in der Kommunikation der beteiligten Teams und Fachbereiche oder konkrete Anpassungen übergreifender Abwicklungsprozesse erarbeitet, die zur Reduzierung von Liegezeiten und zur Verkürzung von Entscheidungsprozessen geführt haben.

Ergebnis

Innerhalb von 2,5 Monaten hat Ihre Vorgehensweise einer interdependenten Gesamtoptimierung dazu geführt, dass in sechs beteiligten Bereichen außerhalb des Produktmanagements 14 Key Results umgesetzt wurden: parallel und aufeinander aufbauend, also sich in ihrer Wirkung ergänzend. In der Folge wurde der nächste halbjährliche Aktualisierungszyklus drei Wochen vor Abgabefrist gegenüber der BaFin abgeschlossen. Das vereinbarte Objective und die übergreifend definierten und umgesetzten Key Results hatten zusätzlich die nachhaltige Wirkung, dass auch alle künftigen Abgabefristen eingehalten werden konnten. Neben der Erreichung des eigentlichen Objectives wurden mit den realisierten Key Results die folgende Implikationen (Impacts) durch die Wirkungszusammenhänge der Problemursachen organisationsintern erreicht.

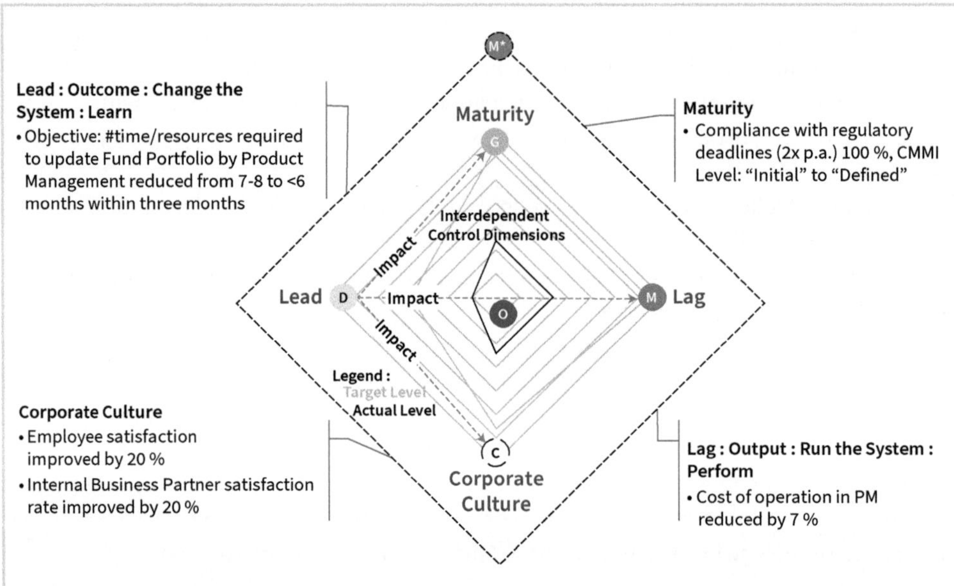

Abb. 63: Grafische Darstellung der interdependenten Wirkung der vier Dimensionen des Steuerungsmodells

4.5.3 Impact Review Session (IRS)

Die Entwicklung, Nutzung und Anpassung der Kennzahlen und Messwerte eines Steuerungsmodells wie Slogar's Diamond erfordern eine kontinuierliche und konsequente Auseinandersetzung mit der Materie. Damit Kennzahlenmodelle nicht zum bürokratischen Selbstzweck verkommen, sollte diese Auseinandersetzung in den operativen Alltag eines Teams eingebettet sein. Mögliche Einbettungen erfolgen:

- im Rahmen der Ergebnispräsentation und -würdigung bzw. der Retrospektive einer abgeschlossenen Iteration oder
- im Rahmen der **Capability Development Iteration (CDI)** des Teams.

Egal zu welchem Termin – die Auseinandersetzung sollte in konstruktiver und strukturierter Form erfolgen. Das Format der **Impact Review Session** ist auf diese Intention ausgerichtet und sollte von der Verantwortlichen der Elementarrolle **Monitoring M*** organisiert, vorbereitet und moderiert werden.

Der Ablauf einer Impact Review Session zur Auswertung von Messwerten des Steuerungsmodells ist wie folgt strukturiert: An einer **IRS** nehmen alle Verantwortlichen der Elementarrollen teil, d. h. alle Teammitglieder und interessierte Gäste. Gäste sind Mitarbeitende aus allen Teilen des Unternehmens, die einen konkreten Kooperations- oder Informationsbedarf haben. Sie nehmen eine passive Rolle ein. Sollten Anforderungen oder Fragen kooperierender Teams vorliegen, werden sie stellvertretend von einem Teammitglied vertreten.

Einführung und Zielsetzung: **Monitoring M*** beginnt die Session mit einer kurzen Einführung, in der das Objective erläutert wird. Rufen Sie den Teilnehmenden in Erinnerung, welche Relevanz ein konsequenter Dialog zur Entwicklung der Kennzahlen für die Selbstorganisations- und Leistungsfähigkeit des Teams hat.

Präsentation der KPI-Ergebnisse: **Monitoring M*** bittet die Verantwortlichen der Elementarrollen **G**, **D**, **M** und **C**, den Stand der Kennzahlen aus der jeweiligen Dimension vorzustellen. Die Daten und Analysen werden in einer standardisierten Form dargestellt, damit ein einheitliches Verständnis unter den Teilnehmenden gewährleistet wird.

Bei der Vorstellung der Kennzahlenwerte äußern sich die Elementarrollenverantwortlichen mindestens zu den folgenden Punkten:

1. Welche Kennzahl wird gerade vorgestellt und warum wird diese genutzt?
2. Welchen Stand hatte die Kennzahl bei der letzten Messung bzw. zum Zeitpunkt des letzten **IRS**?
3. Wie ist der aktuelle Stand der Messung?
4. Welche Ursachen führten zum aktuellen Messwert?
5. Welche Maßnahmen, Tätigkeiten, Aktionen sind bekannt, die sich in der laufenden oder bevorstehenden Iteration auf die Kennzahl auswirken?

Anschließend werden Verständnisfragen der Teilnehmerinnen geklärt. Die Teilnehmerinnen sollten dazu angehalten werden, bei der Interpretation übergreifender Wirkungszusammenhänge mindestens die folgenden Punkte zu berücksichtigen.

- Ermutigen Sie die Verantwortlichen der Elementarrollen Wirkungsmuster oder -zusammenhänge aus den vorgestellten Kennzahlenwerten abzuleiten.

- Achten Sie als **Monitoring M*** darauf, dass bei diesen Ableitungen immer konkrete und für die Teammitglieder nachvollziehbare Beispiele oder Anekdoten geäußert werden.
- Unterbinden Sie als **Monitoring M*** die Diskussion von Hypothesen, Vermutungen oder Befürchtungen, zu denen keine Evidenz existiert.
- Bitten Sie die Teammitglieder, ihre Ableitungen qualitativ einer der Kategorien Stärke, Schwäche, Chance oder Risiko zuzuordnen.
- Bitten Sie die Teammitglieder, Handlungsempfehlungen zu den Ableitungen zu beschreiben.

Die Elementarrollenverantwortlichen nehmen die Handlungsempfehlungen auf und entscheiden individuell, ob sie diese kollektiv oder individuell für die Ausgestaltung ihrer Verantwortungsbereiche nutzen.

Modellanpassungen: **Monitoring M*** stellt dar, welche Anpassungen oder Entwicklungen seit dem letzten **IRS** umgesetzt wurden. Anschließend werden die Verantwortlichen der Elementarrollen befragt, welche Anpassungen oder Entwicklungen an der aktuellen Version des Steuerungsmodells benötigt werden, um dem jeweiligen Verantwortungsbereich entsprechen zu können. Sofern keine berechtigten Einwände festgestellt werden, wird die Anpassung bzw. die Entwicklung des Steuerungsmodells im Rahmen einer der bevorstehenden operativen Iterationen oder **CDIs** geplant.

Abschluss: **Monitoring M*** schließt die Session ab und teilt den Teilnehmenden den nächsten **IRS**-Termin mit, sofern er bekannt ist.

4.5.4 Monitoring Dashboard

Im Rahmen der Beschreibungen der einzelnen Bausteine haben wir immer wieder individuelle Kanban Boards kennengelernt. Wie auch die Perspektive **Coordination C** verfügt auch **Monitoring M*** über kein Kanban Board, sondern über ein Dashboard, auf dem die aktuellen Messwerte der Kennzahlen des Steuerungssystems publiziert werden. Damit soll sichergestellt werden, dass sich jedes Teammitglied, auch außerhalb der **Iterative Planning Session (IPS)** über die aktuelle Produktivität, den Reifegrad des Teams oder die quantitative Übersicht neuer Anforderungen informieren kann.

Die Verantwortliche der Elementarrolle **Monitoring M*** stellt sicher, dass die jeweils aktuellsten Messwerte in das Dashboard einfließen. Dabei besteht diese Verantwortung nicht in der persönlichen Durchführung aller Messungen und der damit einhergehenden Bereitstellung der Messwerte. Jede Kennzahl weist eine individuelle Quelle auf, der der aktuelle Messwert entnommen werden kann. Jede ZDF-Quelle wird von einer verantwortlichen Person überwacht oder die Messung wird von ihr durchgeführt. Diese Person muss in der Lage sein, den Messwert der Elementarrolle **Monitoring M*** zur Verfügung zu stellen oder direkt ins Dashboard einzutragen oder (automatisiert) zu importieren.

Würde die Verantwortliche der Elementarrolle **Monitoring M*** neben der koordinierenden Verantwortung zur Bereitstellung und zur Entwicklungsverantwortung für das Steuerungsmodell an sich auch die Erstellung der ZDF verantworten, würde dies zweifellos schnell zu einer Überlastungssituation führen. Das hätte einen dysfunktionalen Zustand zufolge. Daher ist es relevant, die Bereitstellung von Kennzahlenmessungen möglichst effizient im Team bzw. in der gesamten Organisation zu verteilen bzw. so automatisiert wie möglich zu gestalten. Das Monitoring-M*-Dashboard ist vorzugsweise in einer vollständig digitalen Form über das Intranet des Unternehmens für jede Mitarbeiterin des Unternehmens erreichbar.

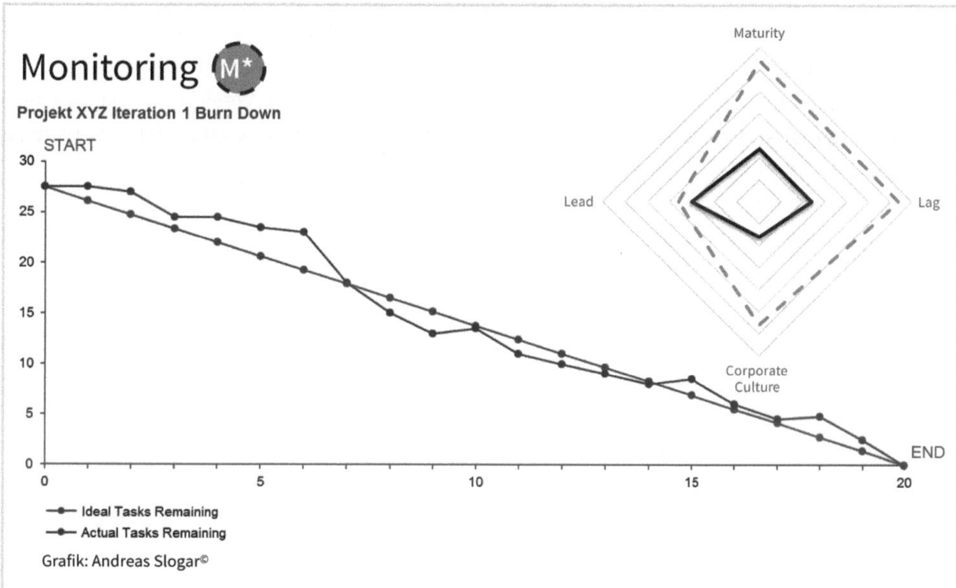

Abb. 64: Monitoring Dashboard

4.5.5 Measure Impact - Einführung

Mit den hier vorgestellten Denkmodellen und Inhalten des Bausteins **Measure Impact** stehen Ihnen die grundlegenden Elemente zur Verfügung, um ein auf Systemdynamik ausgerichtetes Steuerungsmodell zu entwickeln, zu pflegen und operativ im Alltag zu nutzen, das die Kennzahlen enthält, die für eine selbstorganisierte Kooperation nötig sind.

Im Rahmen dieses Buches wollen wir einen Anstoß geben, den Umgang und das Design von Steuerungsmodellen im Kontext selbstorganisierter Kooperation grundlegend zu überdenken. Hinterfragen Sie die bekannten und etablierten Modelle! Im weiteren Verlauf des Buches werden wir an verschiedenen Stellen auf Kennzahlen treffen und diese in der hier eingeführten Perspektive einsetzen.

Um den Baustein **Measure Impact** in die operative Teamarbeit einzuführen, hat sich folgende Vorgehensweise bewährt.

1. Stellen Sie als Verantwortliche der Elementarrolle **Monitoring M*** im Rahmen eines Einführungsworkshops folgende Fragen:
   a) Welche Erfahrungen haben die Teammitglieder bisher mit Kennzahlen und Steuerungsmodellen sammeln können?
   b) Welche Wahrnehmung besteht unter den Teilnehmenden zu Sinn und Intention von Kennzahlen und Steuerungsmodellen?
   c) Welche Relevanz oder Notwendigkeit schreiben die Teilnehmenden diesem Thema in einem Team zu, das sich selbstorganisieren und managen möchte, will oder muss?
2. Erfassen Sie die Äußerungen der Teilnehmenden auf einem Whiteboard oder Flipchart.
3. Gruppieren Sie die Äußerungen in einer SWOT-Matrix (**S**trengths, **W**eaknesses, **O**pportunities, **T**hreads) und bitten Sie die Teilnehmenden, die einzelnen Inhalte nach Relevanz zu sortieren.
4. Stellen Sie den Baustein **Measure Impact** vor und simulieren Sie eine **IRS**.
5. Bitten Sie die Teilnehmenden, die vorgestellten Inhalte und Wahrnehmungen zum Baustein mit den Äußerungen der SWOT-Matrix zu vergleichen.
6. Erarbeiten Sie mit den Teilnehmenden, welche Elemente des Bausteins in welcher konkreten Reihenfolge eingeführt werden sollen.
7. Klären Sie immer wieder Verständnisfragen und behandeln Sie berechtigte Einwände, solange es sich nicht um vorweggenommene Hypothesen, Befürchtungen oder Annahmen handelt, die keinerlei Evidenz enthalten.
8. Beschreiben Sie Anforderungen an das Steuerungsmodell aus der Perspektive der jeweiligen Elementarrolle und tragen Sie diese in das Backlog des zugehörigen Kanban Boards ein.
9. Beenden Sie den Einführungsworkshop mit einer abschließenden Feedbackrunde.

4.6 Step VI: Provide Service/Product

4.6.1 Kontext

Abb. 65: Baustein Provide Service or Product

Wer die Menschen behandelt, wie sie sind, macht sie schlechter. Wer sie aber behandelt, wie sie sein könnten, macht sie besser.

Johann Wolfgang von Goethe

In den bisherigen Kapiteln des Handbuches haben wir uns auf die grundlegenden Bausteine konzentriert, die nötig sind, um mithilfe des Liquid-Leadership-Modells die Fähigkeiten eines Teams zur Selbstorganisation um die Praktiken des Selbstmanagements zu erweitern. Deswegen wird es Sie (hoffentlich) nicht überraschen, wenn das Kapitel zum Baustein **Provide Service/Product** vergleichsweise »dünn« ausfällt.

Im Kern dieses Bausteins steht alleine die operative Wirkung eines Teams, also der **Operational Impact** der Kooperation und Kommunikation. Alle bisher eingeführten Bausteine verfolgen, wie schon verschiedentlich betont, eine zentrale Intention. Im übertragenen und bildhaften Sinne sollen die Hände, der Kopf und der Rücken der Fachexpertinnen durch die bisherigen Fähigkeiten und Fertigkeiten möglichst frei gehalten werden. Dann können sie sich auf die Wertschöpfung, den Sinn und die Intention des Teams fokussieren, wie es in der **Team-Charta** festgehalten ist.

Der Baustein **Provide Service/Product** ist daher im Grunde nichts weiter als der Knotenpunkt, an dem alle bisherigen Bausteine zusammenlaufen. Natürlich ist dieser Baustein gleichzeitig und konsequenterweise der Ausgangspunkt, aus dem heraus alle weiteren Bausteine, Entwicklungsschritte, Erweiterungen und Anpassungen entstehen.

Der Baustein **Build Teams** trägt mit seinen Ergebnissen ebenso dazu bei, dass die operative Wirkung im Alltag eines Teams möglich ist, wie der Beitrag der Elementarrolle **Governance G** zur Erarbeitung von Sinn und Zweck des Teams oder zur Vereinbarung der Kooperationsvereinbarungen. Hier fließen die Rahmenbedingungen der Elementarrolle **Management M** ebenso ein wie die Beobachtungen und Unterstützungsleistungen von **Coordination C** zu einem möglichst reibungslosen und vertrauensvollen Miteinander der Kolleginnen im Team.

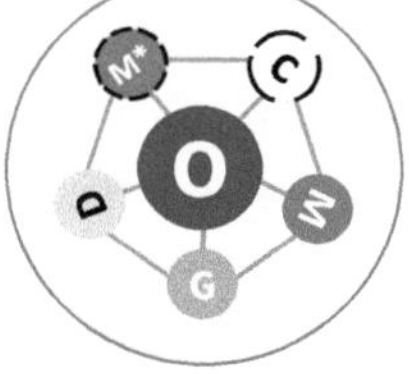

Abb. 66: Selbstorganisiertes Team mit der Elementarrolle Operation O im Lead

Letztlich erlaubt das von der Elementarrolle **Monitoring M*** gehegte und gepflegte Steuerungsmodell dem Team, sich auf Basis praxisgerechter Kennzahlen selbst zu organisieren und zu managen. Aus dieser langatmigen Begründung resultiert, dass dieser Baustein ausschließlich aus dem wichtigsten und zentralsten Kooperationselement besteht, das ein Team für seine operative Arbeit benötigt: das **Ops-Meeting**.

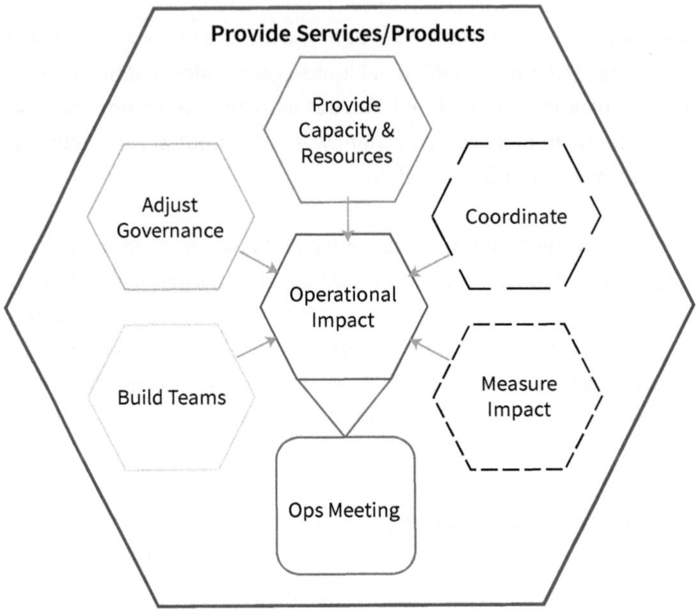

Abb. 67: Elemente im Baustein Provide Service/Product

4.6.2 Ops-Meeting – Ablauf

Grundsätze

- Alle Teams führen operative Abstimmungsmeetings, sogenannte **Ops-Meetings,** nach dem gleichen Vorgehen durch, um übergreifend und interdisziplinär anschluss-, kooperations- und kommunikationsfähig zu sein.
- Die **Ops-Meetings** dienen der konzentrierten Information und Koordination der Zusammenarbeit aller Teammitglieder und interessierter Gäste benachbarter Teams, die in einer Kooperationsbeziehung mit dem Team stehen.
- Darüber hinaus tauschen die Teammitglieder gegenseitigen Unterstützungsbedarf aus und finden Lösungen für interne Engpässe, Ideen oder Klärungsbedarfe.
- Frequenz und Terminplanung der **Ops-Meetings** werden im Kooperationskalender innerhalb der Organisation für alle zugänglich veröffentlicht und von der Elementarrolle **C** des Teams festgelegt.
- Alle Ergebnisse der **Ops-Meetings** werden innerhalb der Organisation veröffentlicht. Davon ausgenommen sind lediglich Informationen, die durch eine regulatorische oder rechtliche

Vorgabe als vertraulich einzustufen sind, oder diejenigen, die dem Datenschutz unterliegen. Die Details hierzu werden innerhalb der **Team-Charta** festgelegt und von der Elementarrolle **G** verantwortet.

- Das **Ops-Meeting** wird mithilfe des **Ops-Boards** des Teams strukturiert, koordiniert und organisiert.
- Neben dem **Ops-Meeting** können weitergehende operative Kommunikationsformen genutzt werden. Diese sind von der jeweils im Team eingesetzten Methode abhängig. Als Dreh- und Angelpunkt einer konsistenten Kommunikation und Koordination der internen und externen Teamarbeit kann das **Ops-Meeting** nicht von alternativen Formaten ersetzt werden.

Ablauf

Das **Ops-Meeting** wird von der Elementarrolle **C** moderiert.

Ablaufschritt	Erläuterung
Eröffnungsrunde – optional	Das Meeting beginnt mit einer Eröffnungsrunde: Jede Teilnehmerin spricht einmal so lange wie nötig, um in der Besprechung anzukommen und voll präsent zu sein.
Open-Issue-Liste (OIL) aktualisieren	Die Elementarrolle **C** stellt Transparenz zu wiederkehrenden oder im letzten **Ops-Meeting** vereinbarten Aktivitäten und Maßnahmen her. Hierzu liest sie die Inhalte der **OIL** vor und bittet die jeweils Verantwortliche um ein Update zum Status (z. B. »abgeschlossen«, »offen«, »zurückgestellt« etc.).
Monitoring Update | Kennzahlen-Update	Die Elementarrolle **M*** stellt die Entwicklung der vereinbarten und aktuell erhobenen Kennzahlen vor. Wurden Anpassungen am zugrunde liegenden Kennzahlenmodell von der Elementarrolle **M*** vorgenommen, informiert sie die Teilnehmenden darüber.
Erreichte Ergebnisse vorstellen	Die Elementarrolle **D** stellt die seit dem letzten **Ops-Meeting** erreichten Ergebnisse vor. Die Teilnehmerinnen der Elementarrolle **O** geben ein Update zu ihren individuellen Ergebnissen und gleichen diese mit dem Update der Elementarrolle **D** ab. Die Elementarrolle **M** gibt ein Update zum Stand der Rahmenbedingungen, die für die Arbeit des Teams sichergestellt werden müssen. Die Elementarrolle **C** stellt aktuelle Informationen und Anfragen zur Kooperation des Teams zur Verfügung, die von kooperierenden Teams bereitgestellt oder angefordert wurden.

<table>
<tr><th>Ablaufschritt</th><th>Erläuterung</th></tr>
<tr><td>Themen sammeln</td><td>Alle Teilnehmerinnen benennen ihre Themen, Ideen oder ihren Unterstützungsbedarf, die für ihre Arbeit relevant sind, mit einem Stichwort. Die Elementarrolle C nimmt sie in der Reihe der Nennung in die Agenda auf und notiert den Namen des zugehörigen Teammitglieds als Autorin. Die zu behandelnden Themen wurden im Vorfeld des Ops-Meetings von der jeweiligen Autorin im Backlog des Ops-Boards eingetragen. Unterstützungsbedarf wird folgendermaßen behandelt:
1. Die Autorin beschreibt die Art und den Umfang des Bedarfs.
2. Die Autorin erklärt, von welchem Teammitglied oder von welcher Elementarrolle Unterstützung benötigt wird und für welches Ziel oder Arbeitsergebnis sie notwendig ist.
3. Jede Teilnehmerin kann nun Fragen zum Unterstützungsbedarf stellen. Der Schritt dient dazu, den Inhalt des beschriebenen Bedarfs besser zu verstehen. Der Bedarf an sich ist weder zu kommentieren noch zu bewerten.
4. Die Teilnehmerinnen können reihum ihre Wahrnehmung und Einschätzung des beschriebenen Bedarfs äußern.
5. Die Autorin kann die Art und den Umfang des Unterstützungsbedarfs anpassen, sofern sie neue Erkenntnisse aus dem Feedback bzw. aus den geäußerten Wahrnehmungen erhalten konnte.
6. Die Vereinbarungen zum geforderten Unterstützungsbedarf werden getroffen und in der Arbeitsplanung der Autorin dokumentiert oder in die OIL aufgenommen.
7. Die Autorin bestätigt, dass die Zusage für die Erreichung der anstehenden Ziele und Aufgaben ausreicht.</td></tr>
<tr><td>Abschlussrunde</td><td>a) Feedback zum Meeting: Die Elementarrolle C wählt im Vorfeld das Feedbackformat aus, damit alle Teilnehmerinnen ihre individuellen Eindrücke zum durchgeführten Termin frei äußern können.
b) Unbehandelte Themen: Konnten nicht alle Themen im Rahmen des Ops-Meetings verarbeitet werden, werden sie im Folge-Meeting wieder aufgegriffen.</td></tr>
<tr><td>Operativer Unterstützungsbedarf kooperierender Teams</td><td>Jedes teilnehmende Teammitglied kann Unterstützungsbedarfe benachbarter und kooperierender Teams oder Mitarbeiterinnen in das Ops-Meeting einbringen und als Fürsprecherin dieser Anforderung fungieren. Liegt eine derartige Anforderung vor und ist sie im Vorfeld im Backlog des Ops-Boards publiziert worden, verwendet die Fürsprecherin als stellvertretende Autorin die folgende Formulierung:
»Die Elementarrolle X oder Fachexpertin Y aus dem Team a benötige Z/ folgende Unterstützung von uns, um ihre eigene Leistungserbringung sicherstellen zu können. Sofern keine begründeten Einwände vorliegen, ist der Anforderung zu entsprechen.«
Sofern begründete Einwände vorliegen, werden diese über die fürsprechende Autorin an das anfordernde Mitglied des Nachbarteams weitergegeben. Um Zeitverluste zu vermeiden, sollte die Umsetzbarkeit der Anforderung im Vorfeld zwischen den Fachexpertinnen geklärt werden.</td></tr>
</table>

Tab. 7: Eingabe Tabellenbeschriftung

Hinweise

Die Dauer eines Ops-Meetings hängt prinzipiell von der Anzahl der zu behandelnden Inhalte ab. Ein Ops-Meeting sollte so lang wie nötig, aber so kurz wie möglich sein. Es hat sich bewährt, bei der Einführung des Kooperationsformats für die ersten Ops-Meetings mehr Zeit einzuplanen, um Raum für Verständnisfragen und Klärungen zu schaffen. Die Erfahrung zeigt, dass Ops-Meetings für ein Team von bis zu zwölf Mitgliedern je nach Kontext zwischen 30 und 90 Minuten pro Woche dauern. Wie bereits erwähnt, handelt es sich hierbei um Erfahrungswerte aus unseren Beobachtungen und nicht um Richtlinien, an die man sich halten sollte. Grundsätzlich ist es ratsam, mehrere kurze Ops-Meetings abzuhalten, anstatt zu versuchen, alle Punkte in einer Marathonsitzung abzuhandeln. Die Konzentrationsfähigkeit und das Engagement der Teilnehmenden sollten als Maßstab für die angemessene Dauer der Sitzung dienen. Zusätzlich verkürzt sich die Dauer eines Ops-Meetings ganz natürlich im Laufe der Zeit, in der die Routine der Teilnehmenden ansteigt.

4.6.3 Methoden integrieren

Im vorhergehenden Kapitel, in dem das Element »Methods&Rituals« des Bausteins **Coordination** vorgestellt wurde, haben wir die Nutzung und die Integration verschiedener Methoden erörtert. Darin haben wir beschrieben, wie die Verantwortliche für die Elementarrolle **Coordination C** das Team bei der Auswahl der geeigneten Methode für die operative Arbeit unterstützt. Über das Liquid-Leadership-Modell und die darin enthaltenen Kooperations- und Kommunikationswege können wir eine Lücke schließen bzw. den blinden Fleck spezifischer Methoden beheben, da diese im übertragenen Sinne ihre Kooperationsumgebung nicht sehen können. Weder Design Thinking noch Customer Journey oder Standards wie Six Sigma oder TQM stellen eine Schnittstelle oder universelle Integrationsschicht zur Verfügung.

Allen Methoden oder Standards ist gemein, dass sie ihre Umwelt nicht explizit integrieren, sondern, vereinfacht gesagt, die eingehenden und bereitgestellten Ergebnistypen beschreiben. Ohne ein statisches Rollenmodell vorzugeben, ermöglicht das Liquid-Leadership-Modell, einer spezifischen Methode, einem Standard oder sogar einem Methoden-Framework den fehlenden Rahmen für die Organisation und das Management aller Aktivitäten hinzuzufügen. Auf diese Weise wird eine operative Kooperation auf der Grundlage dieser Methode(n) etc. möglich.

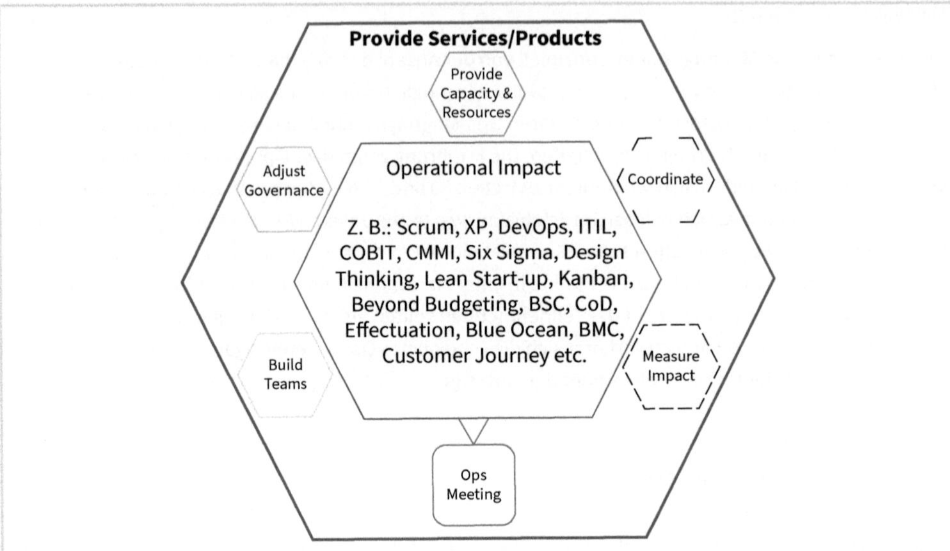

Abb. 68: Integration beliebiger, spezifischer Methoden in den Kontext der Planung und Koordination durch die Bausteine

Sofern Methoden u.ä. eigene Rollenmodelle erfordern, kann jede einzelne der darin enthaltenen Rollen auf ihren Sinn und ihre Intention hin analysiert und auf die Elementarrollen des Liquid-Leadership-Modells übertragen werden. Dabei können Elementarrollen auch kombiniert werden, um dem Charakter einer spezifischen Methodenrolle zu entsprechen. Exemplarisch führen wir dieses Mapping zwischen methodenspezifischen Rollen und den Elementarrollen für die populäre Methode Scrum auf.

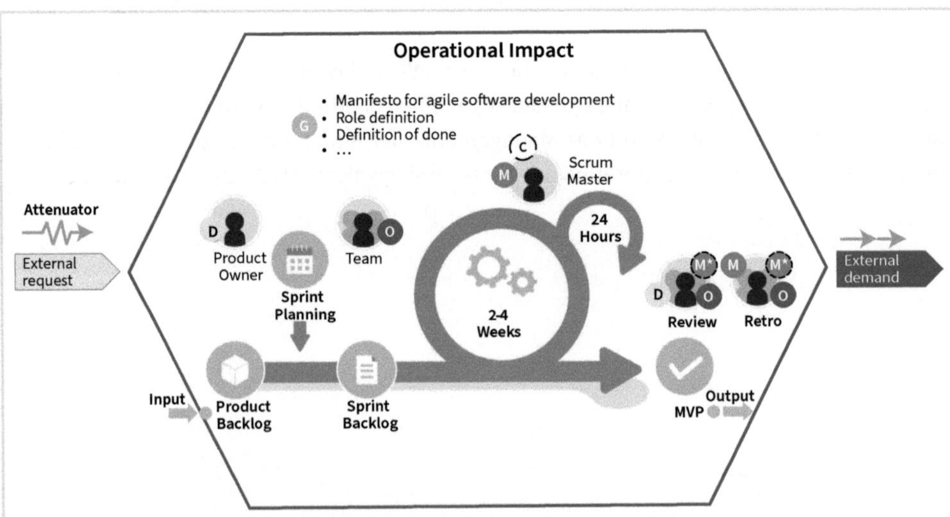

Abb. 69: Übertragung der Elementarrollen auf das proprietäre Rollenmodell der Methode Scrum zur iterativ inkrementellen Softwareentwicklung

Die Darstellung dieser Übertragung oder des Mappings ist als Anregung und als mögliche Art der Umsetzung zu verstehen. Es empfiehlt sich, die konkrete Ausgestaltung mit den erfahrenen Methodenexpertinnen zu erarbeiten, anzuwenden, in der Wirkung zu messen und gegebenenfalls zu justieren.

Es wird Ihnen nicht entgangen sein, dass wir zur Darstellung des Mappings der Elementarrollen und der Methode Scrum als White Box dargestellt haben. Die Anwendung von White Box und Black Box ist im Kapitel 5.3.3 Business Process dargestellt und kann, neben der Modellierung von Geschäftsprozessen, auch zur Beschreibung der Integration von Methoden, Geschäftsfähigkeiten und sonstigen Bestandteilen einer Organisation dienen, die mittels der Möglichkeiten des Liquid-Leadership-Modells miteinander verwoben werden sollen.

4.6.4 Operation Board

Damit alle Teammitglieder und auch alle an der Kooperation mit dem Team interessierten Fachexpertinnen außerhalb des Teams die geplanten und laufenden Arbeiten nachvollziehen können, wird ein **Operation Board** genutzt. Dieses Board haben wir bereits im Zuge der **Iterative Planning Session (IPS)** kennengelernt.

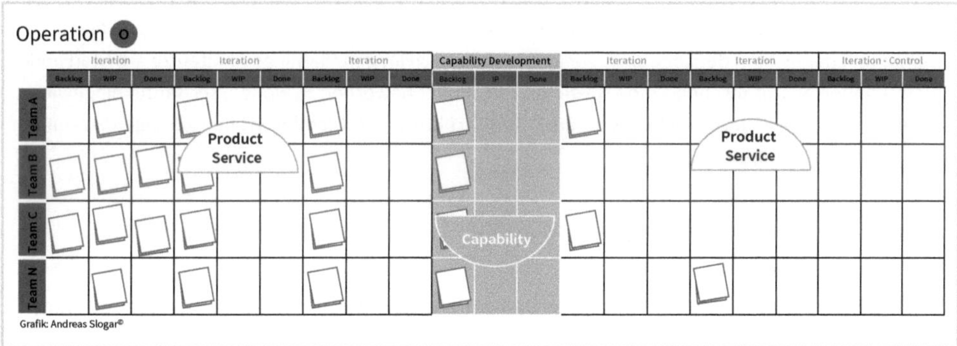

Abb. 70: Operatives Kanban Board auf Teamebene mit namentlicher Aufführung aller zugehörigen Fachexpertinnen (Slogar 2020)

In den Zeilen werden die Namen aller Fachexpertinnen aufgeführt, die in einem Team engagiert sind. Diese Zeilen enthalten auch die von der Mitarbeitenden übernommenen operativen Arbeiten. In den Spalten des Boards ist ersichtlich, in welcher Iteration eine Tätigkeit umgesetzt werden soll und in welchem Umsetzungsstatus sie sich befindet. Befindet sie sich noch im Backlog der Iteration oder bereits im Status WIP (Work in Progress) oder Done? Darüber gibt das Board jederzeit und tagesaktuell Auskunft.

Die Ausgestaltung der Spalten, sowie die Dauer einer Iteration, wird von den Mitgliedern des Teams festgelegt und in der **Team-Charta**, unterstützt von der Verantwortlichen für die Elementarrolle **Governance G**, dokumentiert. Sollte ein Team in einer Kooperationsbeziehung mit einem benachbarten Team stehen, so sollte die Dauer der Iterationen mit diesem synchronisiert werden.

Neben den operativen Iterationen, in denen die Fachexpertinnen die geplanten Anforderungen umsetzen, ist immer eine spezifische Iteration für die Entwicklung der Teamkompetenzen enthalten. Darin tauschen die Fachexpertinnen des Teams Erfahrungen aus, entwickeln Wissen im Rahmen von Schulungen oder Workshops weiter und passen die Teamkooperation auf der Basis neuer Erkenntnisse aus Messungen und Beobachtungen an. Diese Iterationen haben wir im vorhergehenden Kapitel zur **Iterative Planning Session (IPS)** bereits eingeführt und **Capability Development Iteration (CDI)** genannt.

Wie die Anforderungen auf das Board in die Spalte Backlog gelangen, aus der die Fachexpertinnen die nötigen Aktivitäten ableiten, erörtern wir im Rahmen der Bausteine **Adjust Strategy** und **Develop Solution**.

Hinweis

Für die digitalisierte Nutzung und Unterstützung von Kanban Boards ist in den letzten Jahren eine Fülle von IT-Lösungen und SaaS-Angeboten entwickelt worden. Natürlich ist die Nutzung von Kanban Boards damit wesentlich komfortabler als mit Post-its® und ermöglicht auch die verteilte Zusammenarbeit von Teams. Allerdings leidet die Qualität der Kommunikation darunter, wenn die Teammitglieder nicht in der Lage sind, vor Ort und haptisch an den Planungsinhalten zu arbeiten und Informationen auszutauschen. Ohne spezielle IT-Produkte bewerben zu wollen, sei darauf hingewiesen, dass sich die hier vorgestellten Kanban-Board-Strukturen problemlos in allen gängigen Produkten wie Jira oder Trello abbilden lassen.

4.6.5 Ops-Meeting – Einführen

Wie Sie dem Ablauf und der Struktur des **Ops-Meetings** entnehmen können, ist jedes Element der bisher beschriebenen Bausteine durch seine Elementarrolle explizit darin vertreten und stellt einen integrierten Teil der Zusammenarbeit des Teams dar. In jedem Schritt des **Ops-Meetings** wird sichergestellt, dass die vorhergehenden Rahmenbedingungen, Grundlagen und Kommunikationsinhalte sowie die Kennzahlen in einem natürlichen Ablauf bearbeitet werden.

Das **Ops-Meeting** ist der rote Faden oder die Klammer, die die Ergebnisse der bisher erläuterten Bausteine zusammenträgt und die Rückmeldungen der Teilnehmenden in eben diese Bausteine zurückführt. Damit ist das **Ops-Meeting** der Synchronisationspunkt, der es den Teammitgliedern ermöglicht, den Überblick über ihre operative Zusammenarbeit und den qualitativen Stand ihrer Kooperation festzustellen und weiterzuentwickeln. Um es als Kooperationsformat in den Alltag des Teams einzuführen, hat sich folgende Vorgehensweise bewährt.

1. Stellen Sie als Verantwortliche der Elementarrolle **Coordination C** im Rahmen eines Einführungsworkshops folgende Fragen:

a) Welche Erfahrungen haben die Teammitglieder bisher mit Kooperationsformaten und -terminen (z. B. Jours fixes mit Führungskräften, Statusmeetings, Steuerkreisen, Arbeitsgruppen, Stand-ups) sammeln können?
b) Welche Wahrnehmung besteht bei den Teilnehmenden zu Sinn, Intention und Mehrwert der genannten Formate für die operative Kooperation im Team?
c) Welche Relevanz oder Notwendigkeit schreiben die Teilnehmenden dem Thema zu, die operative Zusammenarbeit im Team mit einem Kooperationsformat zu strukturieren und zu organisieren?

1. Erfassen Sie die Äußerungen der Teilnehmenden auf einem Whiteboard oder Flipchart.
2. Gruppieren Sie die Äußerungen in einer SWOT-Matrix und bitten Sie die Teilnehmenden, die einzelnen Inhalte nach Relevanz zu sortieren.
3. Stellen Sie das Format des **Ops-Meetings** vor und simulieren Sie den Ablauf mit den Teilnehmenden. Binden Sie die bereits gewählten Verantwortlichen der Elementarrollen aktiv in die Simulation ein.
4. Bitten Sie die Teilnehmenden um ihr Feedback zur Simulation und der Struktur des Ops-Meetings.
5. Bitten Sie die Teilnehmenden, ihr Feedback mit den Äußerungen der SWOT-Matrix zu vergleichen und stellen Sie Überschneidungen und Unterschiede fest.
6. Erarbeiten Sie mit den Teilnehmenden die konkreten Schritte und Termine zur operativen Nutzung des **Ops-Meetings**.
7. Klären Sie immer wieder Verständnisfragen und behandeln Sie berechtigte Einwände, solange es sich nicht um vorweggenommene Hypothesen, Befürchtungen oder Annahmen handelt, die keinerlei Evidenz enthalten.
8. Beenden Sie den Einführungsworkshop mit einer abschließenden Feedbackrunde.

4.7 Step VII: Adjust Strategy

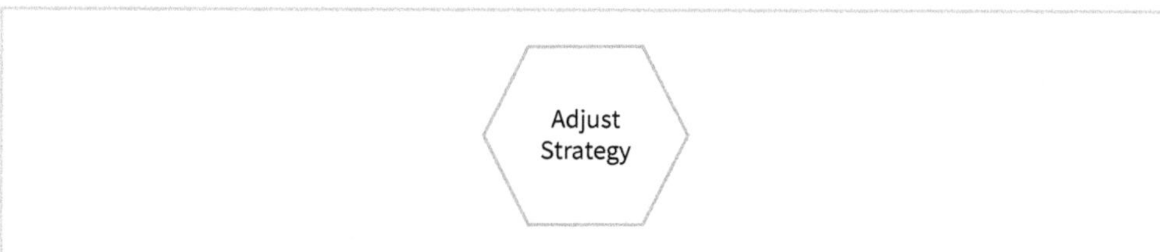

Abb. 71: Baustein Adjust Strategy

Im bisherigen Teil unseres Handbuches haben wir uns darauf konzentriert, ein vorhandenes Team mit der Anwendung des Liquid-Leadership-Modells vertraut zu machen und die Grundlagen aufzubauen. Dabei haben wir Anforderungen und Strategien, die das Team verarbeitet oder benötigt, als gegeben vorausgesetzt.

Nachdem wir nun die grundlegenden operativen Bausteine für die Kooperation und Kommunikation eines Teams eingeführt haben, können wir uns mit der Ausgestaltung der Teamstrategie beschäftigen. Diese Ergänzung ist als Nächstes notwendig, damit das Team eine kollektive Orientierung darüber herstellt, welche Anforderungen und Veränderungen der Umwelt zukünftig umgesetzt werden sollen und welche Fähigkeiten und Kenntnisse des Teams für die Umsetzung vorhanden sind oder angepasst und aufgebaut werden müssen.

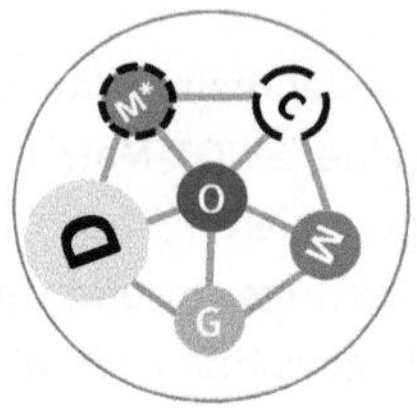

Abb. 72: Selbstorganisiertes Team mit der Elementarrolle Development D im Lead

Perfektion ist nicht dann erreicht, wenn man nichts mehr hinzufügen, sondern wenn man nichts mehr weglassen kann.

Antoine de Saint-Exupéry

Die Ergebnisse der Strategieentwicklung eines Teams beinhalten auch die notwendigen Veränderungen an den Details der entstehenden Kooperations- und Kommunikationsweise. Wird aus den identifizierten und priorisierten Anforderungen und Veränderung der Umwelt ersichtlich, dass beispielsweise spezifische Kennzahlen im Steuerungsmodell des Teams ergänzt werden müssen oder dem Kommunikationsmodell des Teams zusätzliche Informationsquellen (ZDF) hinzuzufügen sind, resultieren daraus relevante Anpassungen an der weiteren Vorgehensweise.

Auf der Ebene eines individuellen Teams sollte das Vorgehen zur Strategieentwicklung beziehungsweise zur Aktualisierung einer vorhandenen Strategie die folgenden Eigenschaften aufweisen:

- Das angewandte Vorgehen sollte von jedem Teammitglied einfach nachvollzogen und angewendet werden können.
- Das angewandte Vorgehen sollte mit dem Vorgehen der gesamten Organisation verbunden werden können.

Die Intention ist, dass ein Team autonom in der Lage sein muss, eine gemeinsame strategische Grundlage erarbeiten und vereinbaren zu können. Gleichzeitig muss es in der Lage sein, eine übergreifende Strategie des Unternehmens zu integrieren. Oder anders ausgedrückt: Liegt eine übergreifende Unternehmensstrategie vor, kann ein Team über die individuelle Vorgehensweise seine spezifischen Details und Organisationselemente ausgestalten. Diese muss es sicherstellen, um seinen individuellen operativen Beitrag zur übergreifenden Strategie leisten zu können.

Im Rahmen des II. Zyklus werden wir uns der Entwicklung einer übergreifenden Unternehmensstrategie widmen. In diesem Kapitel fokussieren wir uns auf eine adäquate Vorgehensweise zur Entwicklung und Aktualisierung einer Strategie für das individuelle Team. Dabei gehen wir an dieser Stelle von folgender fiktiver Annahme aus: Das Unternehmen stellt keine Strategie zur Verfügung, die das Team als Grundlage zur Entwicklung der eigenen Strategie nutzen kann.

4.7.1 Vorgehensweise

Abb. 73: Elemente im Baustein Adjust Strategy

4.7.2 Collective Heartbeat

Für die Entwicklung einer Strategie ist es im Sinne eines organisatorischen und strukturellen Rahmens grundsätzlich nötig, folgende Koordinaten festzulegen:

1. Für welchen Zeitraum soll unsere Strategie gültig sein?
2. In welchem Rhythmus bzw. in welcher Frequenz wollen wir die nötigen Arbeitsinhalte zur Umsetzung der Strategie planen, den Fortschritt messen und die weitere Vorgehensweise anpassen?

Dieser Rahmen bildet den sogenannten »Herzschlag« eines Teams, an dem sich die Organisation der Kommunikations- und Kooperationstermine und -rituale orientiert und synchronisiert. Ein derartiger Herzschlag unterstützt die Transparenz und damit die Nachvollziehbarkeit der Aufgabenplanung und -verteilung innerhalb des Teams – auch für das kooperierende bzw. anfordernde Umfeld.

So stellt beispielsweise die Festlegung regulärer und regelmäßiger Planungstermine sicher, dass Anforderungen durch ein strukturiertes Vorgehen mit den Fachexpertinnen des Teams erarbeitet, vorbereitet und inhaltlich geklärt werden können. Sie werden dann nicht von der Umwelt wahllos »über den Zaun geworfen« und nachvollziehbare oder unbegründete Fertigstellungstermine werden nicht vorgegeben. Ein derartiges Vorgehen wollen wir über den **Collective Heartbeat** ausschließen.

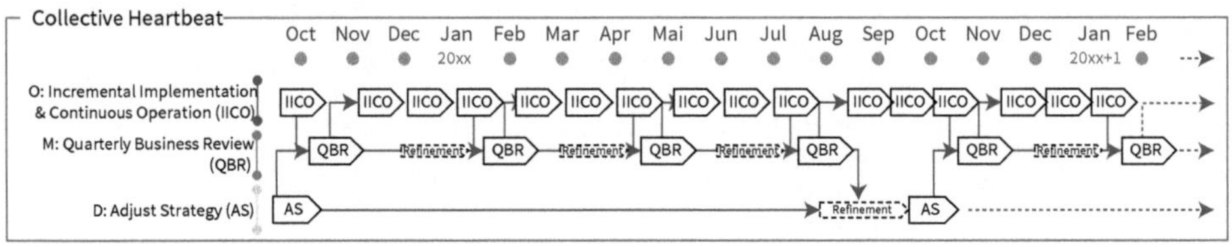

Abb. 74: Collective Heartbeat: Frequenz für Kooperationsereignisse für Fortschrittsmessung und Planung auf Teamebene

Die Kooperationsfrequenz des **Collective Heartbeats** des Teams wird in drei Ebenen unterteilt, die in einer Leistungs- und Lieferbeziehung zueinander stehen:

1. **Incremental Implementation&Continuous Operation (IICO):** Diese oberste Ebene repräsentiert das Herzstück der Kooperation: das Expertinnenteam mit den Elementarrollen **Operation O**. Ganz gleich, ob es eine Strategie gibt oder nicht und ob der Fortschritt kontinuierlich gemessen und geplant wird oder nicht – die operative Zusammenarbeit des autonomen Teams wird konsequent organisiert und die Ergebnisse werden mit der Umwelt kommuniziert. Sowohl bei der inkrementell-iterativen Vorgehensweise zur Entwicklung neuer Produkte oder Leistungen als auch bei der kontinuierlichen zur Durchführung von Regeltätigkeiten in qualitativ hochwertigen Produktions- oder Geschäftsprozessen ist diese Ebene der kritische und relevante Dreh- und Angelpunkt unseres Teams.
   Short-term Goals (STGs): Auf der Granularitätsstufe des Teams im **IICO** fokussieren sich die Fachexpertinnen auf die kurzfristig geplanten und vereinbarten Ziele, die rollierend auf max. drei Monate festgelegt werden. Unter STGs können alternativ Objectives and Key Results (OKRs) verstanden werden, die analog auf einen Zeitraum von max. drei Monaten ausgelegt sind.
2. **Quarterly Business Review (QBR):** An die Arbeitsergebnisse und den Input des Teams schließt sich das **QBR** an. Darin wird kollektiv, in unserem Beispiel einmal im Quartal, der Arbeitsfortschritt analysiert, reflektiert und bewertet. Die Ergebnisse dieses Reviews werden in eine Quartalsplanung überführt, zu individuellen Aufgaben der Fachexpertinnen heruntergebrochen und in monatlichen Regelterminen operativ gesteuert.
   Mid-term Goals (MTGs): Auf der Granularitätsstufe des **QBR** fokussieren sich die Fachexper-

tinnen auf die mittelfristig geplanten und angestrebten Ziele, die **rollierend** auf max. vier Quartale ausgelegt und der operativen Entwicklung entsprechend kontinuierlich justiert werden.

3. **Adjust Strategy (AS):** Die Entwicklung und Aktualisierung der Strategie finden mindestens einmal jährlich statt und werden ergänzt, um die mittel- und langfristige Orientierung und Ausrichtung des Teams zu ermöglichen und eine umfassendere und konsistentere Kooperationsgrundlage für ihr Umfeld und die Umwelt bereitzustellen.
   Long-term Goals (LTGs): Auf der Granularitätsstufe der strategischen Entwicklung des Unternehmens und seiner Strategieentwicklung von Adjust Strategy fokussieren sich die Fachexpertinnen auf die langfristig geplanten und angestrebten Potenziale und potenziellen Möglichkeiten, die rollierend auf max. zwei bis drei Jahre skizziert und kontinuierlich der Dynamik der Umwelt entsprechend angepasst werden.

Kooperationskalender operationalisiert den Collective Heartbeat

Unser Kooperationskalender, den wir im Kapitel »TeamSchedule« kennengelernt haben, wird durch den folgenden Rahmen ergänzt und in den Rhythmus der strategischen und taktischen Planung sowie der operativen Umsetzung eingebettet. Der Collective Heartbeat stellt die Struktur zur Verfügung, im Kooperationskalender werden die konkreten Termine festgelegt und veröffentlicht.

Die Strategieplanung und die daraus resultierenden Arbeitsinhalte sowie die Transferergebnisse des **QBR** werden, wie die operativen Arbeitsergebnisse im **IICO**, über die bereits eingeführten **Liquid Leadership Cyber Boards** organisiert und dokumentiert. Die Boards unterstützen verschiedene Flughöhen, auch Flight Levels genannt, mit denen die jeweilige Granularität der erarbeiteten Planungsinhalte und Aufgabenbeschreibungen abgebildet werden kann. So wird eine zielgruppengerechte Informationsstruktur gewährleistet.

Hierzu kann folgendes Mapping von Boards zu Planungshorizont bzw. Flughöhe verwendet werden:

- Short-term Goals (STGs) oder OKRs: operativer Horizont/Kontext des Teams < 3 Monate (rollierend)
- Mid-term Goals (MTGs): taktischer Horizont/Kontext < 1 Jahr (rollierend)
- Long-term Goals (LTGs): strategischer Horizont/Kontext > 1 Jahr (rollierend)

Hinweis

Im II. Zyklus nutzen wir den gleichen »Herzschlag« als Rahmen der Kooperation auf der Ebene vernetzter Teams bis hin zum gesamten Unternehmen. Wir nennen ihn in diesem erweiterten Kontext **Corporate Heartbeat**. In diesem Zusammenhang werden wir auch die Kaskade der Liquid Leadership Cyber Boards darstellen, über die eine (unternehmensweite) Skalierung bzw. Erweiterung des Kooperationsmodells strukturiert und transparent möglich ist.

4.7.3 Analyze Trends, Innovations, Demand

Ein individuelles und selbstorganisiertes Team kann verschiedene Werkzeuge für die eigene Vorgehensweise nutzen, um die externen Einflussfaktoren der Umwelt, Trends, Marktveränderungen oder Kundinnenanforderungen zu identifizieren und zu analysieren. Sie sollten in die Entwicklung der eigenen Strategie einfließen.

Hier sind einige dieser Werkzeuge als Anregungen zusammengefasst, die von selbstorganisierten Teams häufig verwendet werden und sich in der Praxis bewährt haben:

- Design Thinking: ein kreativer Prozess, der darauf abzielt, innovative Lösungen zu entwickeln. Das Team kann verschiedene Ideen und Perspektiven einbringen, um die Strategie zu gestalten und mögliche Herausforderungen zu bewältigen.
- Open Space Technology: Diese Methode ermöglicht es dem Team, eine offene Diskussion zu führen und gemeinsam Themen und Fragen zu identifizieren, die für die Strategieentwicklung wichtig sind. Das Team kann sich in Kleingruppen aufteilen, um Ideen zu sammeln und anschließend die Ergebnisse zusammenzuführen.
- SWOT-Analyse: Eine SWOT-Analyse (Stärken, Schwächen, Chancen, Bedrohungen) hilft dem Team, die internen Stärken und Schwächen sowie die externen Chancen und Bedrohungen zu identifizieren. Diese Analyse dient als Input für die Strategieentwicklung.
- Wertstromanalyse: Diese Methode ermöglicht es dem Team, den Ablauf von Aktivitäten und Prozessen zu visualisieren und Engpässe oder ineffiziente Bereiche zu identifizieren. Auf Grundlage dieser Analyse definiert das Team gezielt Maßnahmen, um den Wertstrom der Kooperation anzupassen oder im Wirkungsgrad zu steigern.
- Szenario-Planung: Das Team kann verschiedene Szenarien für die Zukunft entwickeln, diese simulieren und bewerten, um auf verschiedene mögliche Entwicklungen vorbereitet zu sein. Diese Herangehensweise ist vor allem in Umfeldern sinnvoll, die von hoher Systemdynamik oder Volatilität geprägt sind. Darüber vermeidet ein Team, von plötzlich auftretenden Anforderungen permanent überrascht zu werden und den Ereignissen nur noch reaktiv hinterherrennen zu können. Die Entwicklung einer szenariobasierten Strategie hilft dabei, in verschiedensten Situationen weiterhin agieren zu können, ohne erst unter Zeitdruck eine angemessene Vorgehensweise entwickeln zu müssen.

Bei der Auswahl einer adäquaten Herangehensweise ist es wichtig, dass die Verantwortliche der Elementarrolle **Coordination C** die Inhalte der Teamarbeit, die Arbeitsweise und die Fähigkeiten der Teammitglieder sowie die Umweltanforderungen an das Team in einen kohärenten Zusammenhang bringt. Außerdem ist es dem Team möglich, unterstützt von **Coordination C**, eine angemessene Herangehensweise zu identifizieren, diese durch Simulation zu validieren, anzuwenden und aus der praktischen Anwendungserfahrung heraus kontinuierlich weiterzuentwickeln. Im Sinne eines Metamodells zur Denk- und Vorgehensweise für diese kontinuierliche Form der Strategieentwicklung ist der OODA-Loop hilfreich.

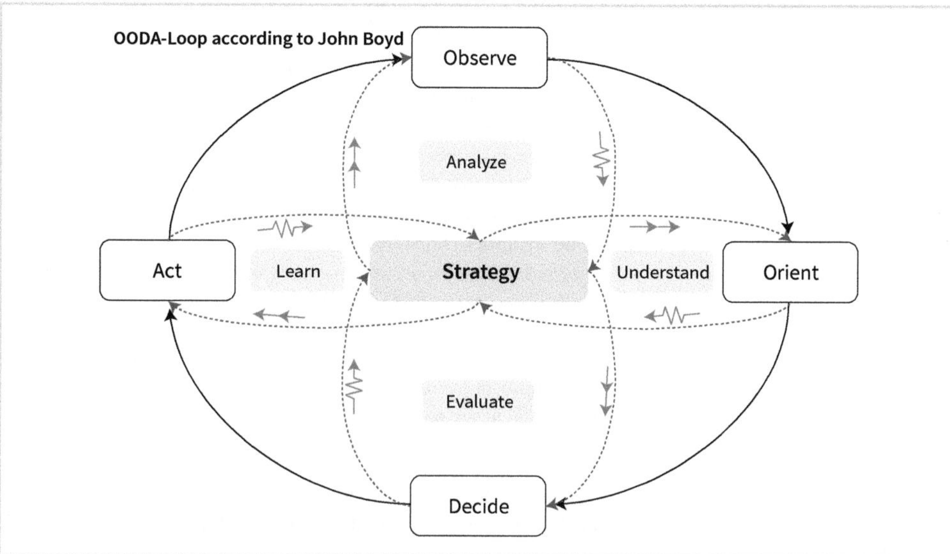

Abb. 75: OODA-Loop zur kontinuierlichen strategischen und taktischen Situationsanalyse und Entscheidung

Der OODA-Loop[24] unterscheidet sich von bzw. ergänzt sich mit dem Deming Loop (Plan – Do – Check – Act) darin, dass er aus strategischer und taktischer Sicht die Arbeit eines Teams unterstützt. Der Deming Loop fokussiert sich vor allem auf die kontinuierliche Verbesserung der operativen Kooperation und der Arbeitsergebnisse des Teams.

Die Strategieentwicklung sollte selbstverständlich in einem partizipativen und inklusiven Kooperationsprozess stattfinden, bei dem alle Teammitglieder ihre Ideen und Meinungen einbringen können, um eine gemeinsame Vision und Ausrichtung zu schaffen. Auch hier unterstützt das Liquid-Leadership-Modell dabei, die individuellen Perspektiven der Elementarrollen als Strukturierungshilfe einzusetzen.

Perspektive | Elementarrolle	Strategische Fragestellung (exemplarisch)
 **Abb. 76:** Development	• Welche Anforderungen oder Veränderungen werden wir in den nächsten X Monaten verarbeiten, verkraften, kompensieren oder nutzen? • Welche Trends und Innovationen werden uns beeinflussen? • Welches Know-how werden wir im Team aufbauen oder erweitern müssen, damit wir den Entwicklungen entsprechen können?

24 Der OODA-Loop ist ein Konzept des strategischen Denkens und Handelns, das von John Boyd, einem US-amerikanischen Militärstrategen, in den 1950er und 1960er Jahren entwickelt wurde. Aus dem militärischen Kontext wurde das Konzept später auf verschiedene Bereiche wie Geschäftsstrategien und Entscheidungsfindung übertragen.

Perspektive | Elementarrolle	Strategische Fragestellung (exemplarisch)
 **Abb. 77:** Governance	• Welche Veränderungen der rechtlichen/regulatorischen Vorgaben sind für uns als Team relevant? Wie können wir uns im Team damit vertraut machen und die nötigen Anpassungen in unsere Kooperationsform integrieren? • Welche Veränderungen der Unternehmensrichtlinien sind für uns relevant und welche Anpassungen müssen wir zur Integration in unsere Kooperationsform sicherstellen? • Müssen wir Sinn und Intention unseres Teams überdenken oder entsprechen sie weiterhin der zukünftigen Entwicklung und unserem kollektiven Verständnis? • Sind die Regeln unserer Zusammenarbeit im Team für die geplanten bzw. erwarteten Entwicklungen angemessen? • Ist die Ausgestaltung der Verantwortungsbereiche der Elementarrollen in unserem Team weiterhin angemessen und ausreichend wirksam?
 **Abb. 78:** Management	• Welchen Bedarf an Ressourcen, inkl. Finanzierungsmitteln, werden wir decken müssen, um den geplanten bzw. erwarteten Anforderungen entsprechen zu können? • Sind unsere Kapazitäten der Mitarbeitenden für den Zeitraum unserer strategischen Planung angemessen oder müssen wir diese erhöhen/reduzieren/ausbilden? • Welche Rahmenbedingungen müssen sichergestellt werden (z. B. Infrastruktur, Arbeitsmittel)? • Sind die benötigten Rahmenbedingungen durch das Unternehmen darstellbar? Wie groß ist die Abweichung zwischen zukünftigen Notwendigkeiten und unternehmensseitigen Möglichkeiten? • Sind die geplanten Maßnahmen zur Weiterbildung ausreichend?
 **Abb. 79:** Coordination	• Welche ZDF benötigen wir im Team, um den geplanten/erwarteten Anforderungen zu entsprechen? • Welche Kooperations- und Kommunikationspunkte haben wir oder benötigen wir mit anderen Teams oder anderen Unternehmen? Ist unsere Interaktion mit ihnen nachvollziehbar vereinbart, definiert und funktionsfähig? • Mit welchen Konflikten im Team und mit welchen kooperierenden Teams rechnen wir und wie bereiten wir uns darauf vor bzw. beugen ihnen vor? • Welche Methoden, Standards, Kommunikations- und Kooperationsrituale nutzen wir heute bzw. sind diese auch weiterhin angemessen und unterstützen unsere Kooperation ausreichend?

Perspektive | Elementarrolle	Strategische Fragestellung (exemplarisch)
 **Abb. 80:** Monitoring	• Ist das bestehende Steuerungsmodell in der Lage, unseren Kooperationszustand gegenüber zukünftigen Entwicklungen angemessen abzubilden? • Ist unser Bedarf an Kennzahlen des Steuerungssystems im Team und mit kooperierenden Teams ausreichend definiert und vereinbart? • Sind notwendige Anpassungen am Kennzahlensystem für alle Teammitglieder nachvollziehbar und operativ anwendbar? • Ist der Aufwand zur Erhebung und Interpretation der Kennzahlen unseres Steuerungsmodells angemessen? Müssen wir den Umfang reduzieren oder können wir die Erhebung automatisieren?

Tab. 8: Multiperspektivische Fragestellungen zur Strategieentwicklung aus Sicht der Elementarrollen

Hinweis

Zur Unterstützung einer strukturierten Bearbeitung und der unterschiedlichen Perspektiven kann das Spiel »6 Liquid Leadership Likeminds« aus Kapitel 5.4.6 eingesetzt werden. Die oben genannten Fragestellungen werden dabei im Spielablauf verwendet.

4.7.4 Definition der Requirements

Um die Anforderungen zu beschreiben, die aus der Entwicklung der strategischen Ausrichtung und Vorgehensweise resultieren, nutzen wir ein spezifisches Werkzeug zur Unterstützung. Das **Liquid Leadership Requirements Canvas** wird von einem Team genutzt, um die Inhalte und relevanten Rahmenbedingungen zu erarbeiten, die für die spätere Umsetzung der Aufgaben jeder Fachexpertin benötigt wird.

4.7.4.1 Liquid Leadership Requirements Canvas

Für die Struktur des Canvas greifen wir auf eine Methode zurück, die Sie zu Beginn des I. Zyklus kennengelernt haben, als es darum ging, das Team initial zu orientieren. Die Minto-Methode nutzen wir als Designgrundlage für unser Canvas, indem wir das gleiche Denkmodell der vier aufeinander aufbauenden inhaltlichen Bausteine nutzen. Sie erinnern sich an:

1. Situation klären | 2. Problem/Potenzial/Chance aufzeigen | 3. Lösung präsentieren | 4. Ergebnisse beschreiben

Daraus bilden wir im Kern unser Canvas, das wir mit zusätzlichen Aspekten anreichern, um die konkrete Umsetzungsvorbereitung abzudecken und bisherige Elemente einzubinden.

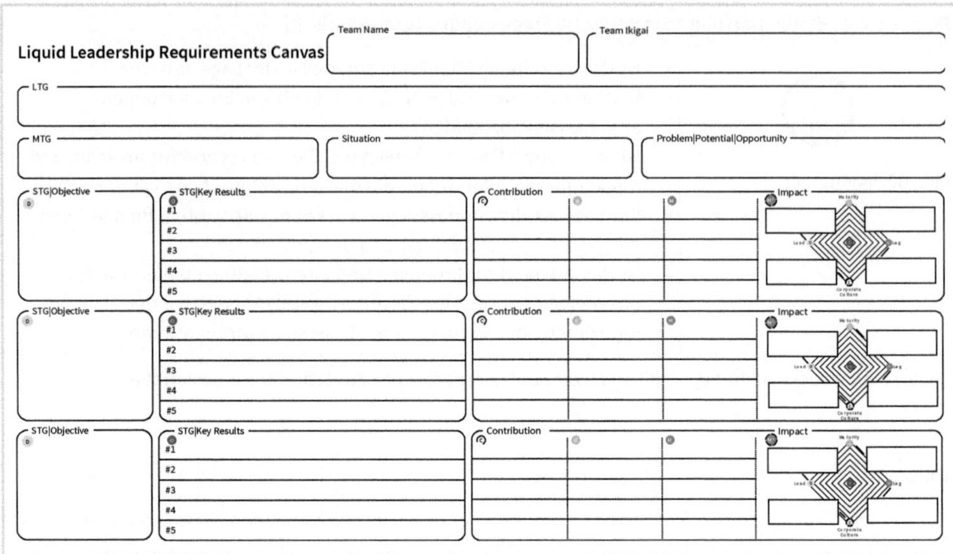

Abb. 81: Liquid Leadership Requirements Canvas

Team Name	Eindeutiger Name des Teams, unter dem es in der Organisation bekannt ist
Team Ikigai	Sinn und Intention des Teams (Purpose) aus der aktuellen Version der Team-Charta
LTG	Long-term Goal: langfristige Zielsetzung oder angestrebter Zielzustand, den das Team verfolgt und als Orientierungshilfe definiert hat
MTG	Mid-term Goal: Zielsetzung bzw. Zielzustand, der innerhalb der nächsten 12 Monate als Teil des LTG angestrebt wird
Situation	Konkrete Situation, die die aktuelle Planung und Ausrichtung beeinflusst oder als Kontext dargestellt werden muss
Problem/Potential/Chance (PPC)	Resultierende Problematik, Potenziale oder Chancen, die sich aus der Situation ergeben, den MTGs entsprechen und auf das LTG einzahlen
STG|Objective	Konkret angestrebte Veränderung, die im Rahmen des operativen Planungshorizonts von 3 Monaten verfolgt und realisiert werden soll, max. 3 STGs je Situation bzw. PPC
STG|Key Results	Konkrete Wirkungen, die erreicht werden sollen, um die im Objective beschriebene Wirkung zu entfalten bzw. zu realisieren
Contribution	Benötigte Beiträge und Rahmenbedingungen, die aus Sicht der Elementarrollen bereitgestellt werden müssen, um die STGs realisieren zu können

Impact	Voraussichtlich messbare Auswirkungen der Dimensionen des Steuerungsmodells und die Beschreibung der Wechselwirkungen untereinander

Tab. 9: Inhalte des Liquid Leadership Requirements Canvas

Mithilfe des Canvas wird sichergestellt, dass die Mitglieder im Team ein einheitliches Verständnis der angestrebten Wirkungen und Veränderungen der Umwelt entwickeln. Darauf aufbauend können sie die notwendigen Maßnahmen und Arbeitsergebnisse definieren. Die Elementarrolle **Development D** sorgt dafür, dass diese Wirkungen im Kontext der fachlichen und inhaltlichen Ausrichtung des Teams beschrieben werden, und entwickelt diese im Dialog mit den Fachexpertinnen. Zusätzlich wird sichergestellt, dass die benötigten Rahmenbedingungen und Unterstützungsleistungen seitens der Elementarrollen **C**, **M** und **G** bereitgestellt werden, damit die operativen Expertinnen die nötigen Arbeitsergebnisse realisieren können. In Zusammenarbeit mit der Elementarrolle **Monitoring M*** wird abgeschätzt, an welchen Messwerten der Grad der angestrebten Wirkung festgestellt werden kann und in welcher Wechselwirkung diese zu den Dimensionen des Steuerungsmodells stehen.

Sollte ein Canvas für die Abdeckung der verschiedenen Anforderungen und strategischen Entwicklungsthemen nicht ausreichend sein, erstellen Sie mit Ihren Kolleginnen die notwendige Anzahl, um eine entsprechende Abdeckung zu erreichen und eine vollständige Planung durchführen zu können.

Bei der Nutzung des Liquid Leadership Requirements Canvas sollten Sie Folgendes beachten:

1. Definieren Sie maximal 3 STGs|Objectives je MTG.
2. Definieren Sie max. 5 Key Results je STG|Objective.
3. Stellen Sie sicher, dass Objectives und Key Results der STGs auf Wirkung und Veränderung ausgerichtet sind und nicht auf Leistung oder Produktivität. Die hierfür passenden Kennzahlen sind der Dimension Lag zuzuordnen und sollten nicht mit der Dimension Lead verwechselt werden, die wir gerade ausgestalten.
4. Formulieren Sie die STGs|OKRs aus der Perspektive der Adressatin und beschreiben Sie die Aspekte, an denen erkannt werden kann, was den Unterschied ausmacht.
5. Formulieren Sie STGs|OKRs SMART: **S**trategisch, **M**essbar, **A**mbitioniert, aber **R**ealistisch und **T**erminiert.
6. Passen Sie die STGs kontinuierlich an, sobald Sie aus der operativen Umsetzung neue Erkenntnisse gewonnen haben oder sich Veränderungen in Ihrem Umfeld oder Ihrer Umwelt ergeben.
7. STGs sind nicht dafür gedacht, dass sie 100%-ig erreicht werden. Sie dienen dem Zweck, richtige Maßnahmen zu planen und anzustreben. Wenn Schritt 5 wirksam wird, passen Sie die Inhalte der STGs entsprechend an. Oder verwerfen Sie sie, wenn sich herausstellt, dass Sie und Ihre Kolleginnen »aufs falsche Pferd« gesetzt haben. Nichts ist fataler, als ein totes Pferd zu reiten, nur weil eine Stakeholderin das angefordert hat.
8. Aktualisieren Sie den Fortschritt der STGs|OKRs im Team wöchentlich, überprüfen Sie ihre Relevanz monatlich und definieren und planen Sie sie im Rahmen des **QBR** quartalsweise.

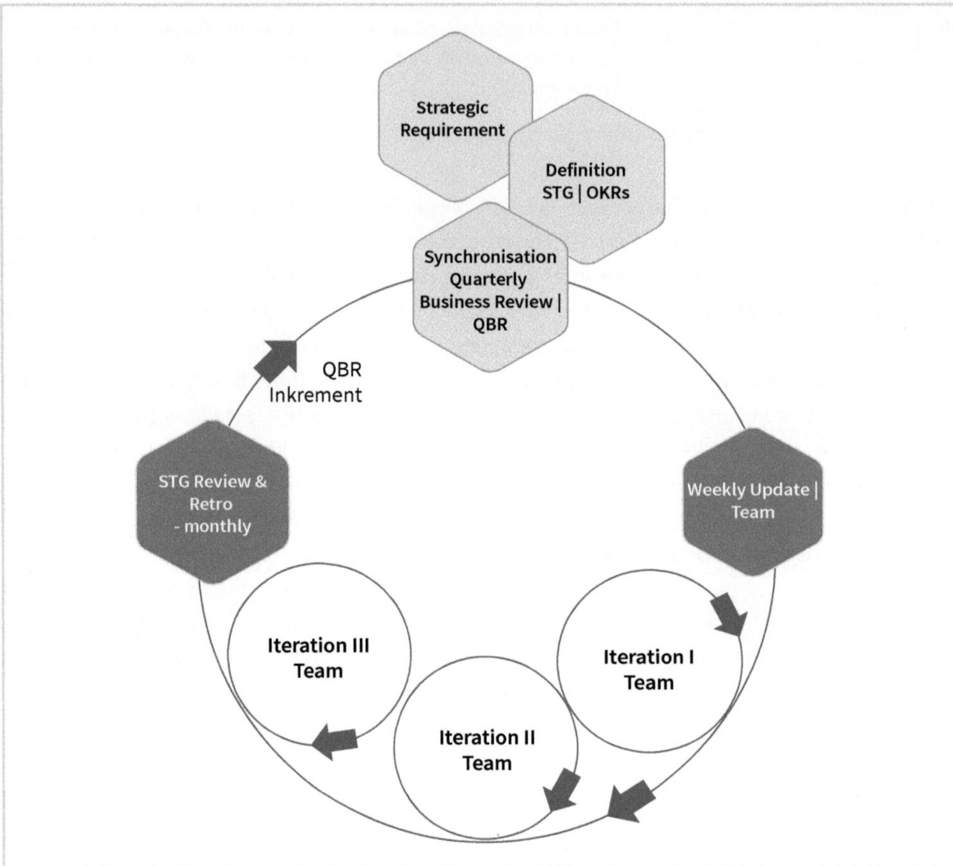

Abb. 82: Revolvierender Zyklus von Entwicklung, Planung, Prüfung und Anpassung der STGs

Beispiele für unzureichend und wohlformulierte STGs|OKRs

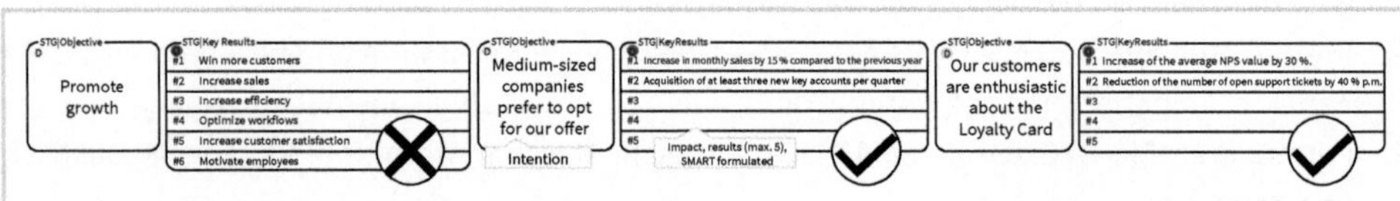

Abb. 83: Formulierungsbeispiele für STGs

4.7.5 Target Capacities & Resources

Neben dem einheitlichen Verständnis der Beteiligten wird eine integrierte Sicht auf die Planungsinhalte und die benötigten Rahmenbedingungen geschaffen. Das schützt vor einer Überplanung bzw. Überlastung des Teams durch Anforderungen, die seine Möglichkeiten, Rahmenbedingungen oder Kapazitäten übersteigen. Umgekehrt kann durch diese integrierte Sicht sichergestellt werden, dass die nötige Unterstützung bereitgestellt wird, bevor die Expertinnen mit der operativen Umsetzung der Anforderungen beginnen. Dazu identifiziert die Elementarrolle **Management M** aus allen STRs den Gesamtbedarf und vergleicht ihn mit den verfügbaren Rahmenbedingungen.

Weichen diese Werte voneinander ab, muss entweder:
- der Umfang der Anforderungen im Dialog mit der Elementarrolle **Development D** verändert und an die verfügbaren Rahmenbedingen angepasst werden oder
- von den zuständigen Unterstützungsbereichen des Unternehmens eine Erweiterung bzw. Anpassung der Rahmenbedingung ermöglicht werden.

In jedem Fall ist von der Elementarrolle **Management M** sicherzustellen, dass die verfügbaren und benötigten Rahmenbedingungen geklärt sind, bevor die operativen Umsetzungsarbeiten der Fachexpertinnen beginnen. Nur so werden keine Reibungsverluste oder Verzögerungen in der Phase der **IICO** bis zum nächsten **QBR** verursacht.

4.7.6 Target Measures

Um in monatlichen Abständen, also nach jedem **IICO**, den Arbeitsfortschritt und die Arbeitsergebnisse im Rahmen der Feedbackrunden der Teammitglieder kollektiv reflektieren zu können und die nötigen Anpassungen für die nächste Iteration zu vereinbaren, ist eine transparente und konsequente Priorisierung der Anforderungen nötig. Die Priorität der Kaskade[25]von LTGs und MTGs zu STGs|OKRs bildet die Grundlage der Arbeit der Elementarrolle **Monitoring M***. Dadurch werden die angemessenen Messpunkte für das Steuerungsmodell erarbeitet, um die Wechselwirkungen zwischen den Dimensionen **Lead**, **Lag**, **Maturity** und **Corporate Culture** identifizieren zu können.

Ergänzend zu den Grundsätzen des Bausteins **Measure Impact** ist im Rahmen der Planung und Ausgestaltung der Anforderungen mithilfe des **Liquid Leadership Requirements Canvas** die Priorität der Zielsetzungen durch die Elementarrolle **Development D** festzulegen. Die Werkzeuge zur konkreten Durchführung werden im nächsten Kapitel beschrieben.

4.7.6.1 Effectuation und die Priorisierung von Anforderungen

Effectuation (Faschingbauer 2023) ist ein von Saras Sarasvathy entwickeltes Konzept des unternehmerischen Denkens und Handelns. Es betont die Idee, dass Unternehmerinnen in unsicheren Umgebungen nicht versuchen sollten, vorhersehbare Ergebnisse zu erreichen. Stattdessen

25 Der Begriff »Kaskade« bezieht sich auf eine Folge von Ereignissen oder Prozessen, bei denen das Ergebnis oder die Auswirkungen eines Ereignisses das nächste Ereignis in Gang setzen oder beeinflussen. Es beschreibt eine Art Kettenreaktion, bei der eine Handlung oder ein Ereignis eine Reihe ähnlicher Handlungen oder Ereignisse auslöst.

sollten sie vorhandene Ressourcen, Netzwerke und Fähigkeiten nutzen, um neue Möglichkeiten zu schaffen. Die Kernprinzipien von Effectuation sind die Fokussierung auf die eigenen Fähigkeiten, die Zusammenarbeit mit anderen und die Schaffung von Chancen durch schrittweises Experimentieren und iterative Anpassungen. Das Konzept stellt einen Gegenentwurf zum traditionellen »Causation«-Ansatz dar, bei dem die Ziele vordefiniert und die Ressourcen zur Zielerreichung gesucht werden. Effectuation findet in unternehmerischen und innovativen Kontexten Anwendung.

Um die Anforderungen oder Opportunitäten zu priorisieren und eine iterative und inkrementelle Investitionsentscheidung zu treffen, werden im Rahmen des Effectuation-Konzepts die folgenden Priorisierungsgrundsätze oder Entscheidungsheuristiken empfohlen:

1. **Mittelorientierung (Bird-in-hand Principle)**: Hierbei werden vorhandene Ressourcen, Fähigkeiten und Netzwerke als Ausgangspunkte genutzt. Anstatt sich auf vorgegebene Ziele zu konzentrieren, wird erkundet, welche Möglichkeiten und Chancen sich aus den bestehenden Ressourcen ergeben. Entscheidungen basieren darauf, was mit den bereits vorhandenen Mitteln erreicht werden kann.
2. **Leistbarer Verlust (Affordable Loss):** Statt sich auf mögliche Gewinne zu fokussieren, wird die maximal akzeptable Verlustgrenze festgelegt. Entscheidungen werden getroffen, indem man analysiert, wie viel Verlust akzeptabel ist, wobei danach die entsprechenden Schritte unternommen werden. Das ermöglicht, Risiken besser zu managen und experimentelle Ansätze zu verfolgen.
3. **Umstände und Zufälle (Lemonade Principle)**: Diese Methode bezieht sich auf die Fähigkeit, unerwartete Wendungen zu nutzen. Wenn sich nicht vorhergesehene Hindernisse oder Veränderungen ergeben, wird versucht, sie zu nutzen und neu zu bewerten, anstatt das Ziel aufzugeben. Das führt oft zu kreativen Lösungen und alternativen Wegen zum Erfolg.
4. **Vereinbarungen & Partnerschaften (Crazy Quilt Principle)**: Bei dieser Methode werden Partnerschaften und Kooperationen genutzt, um Ressourcen und Fähigkeiten zu erweitern. Anstatt alles selbst zu tun, wird mit anderen zusammengearbeitet, um die Verfügbarkeit von Ressourcen zu erhöhen und gemeinsam neue Chancen zu erkunden.

Die Elementarrolle **Development D** legt fest, sofern möglich und im Kontext der Teamarbeit und Governance angemessen, nach welchem Grundsatz identifizierte und beschriebene Anforderungen oder Opportunitäten entschieden werden. Ist die Entscheidung gefallen, sind im nächsten Schritt die einzelnen Detailanforderungen in eine Umsetzungsreihenfolge zu bringen.

Mit der so erarbeiteten Reihenfolge, die je nach Veränderung der Umwelt oder der Rahmenbedingungen iterativ justiert werden kann, ist es den Mitarbeitenden im Team möglich, eine Umsetzungsplanung zu erstellen. In Unternehmen ist oft zu beobachten, dass Anforderungen ohne die oben genannten Grundsätze entschieden werden. Sie erhalten überwiegend die Prioritätsstufe 1: »Superduperwichtig, sonst geht die Welt unter!«. Eine derartige Vorarbeit ist nicht nur unprofessionell, sondern führt zu Disstress, Kooperationskonflikten, Missverständnissen, unproduktiver Hektik und leider viel zu häufig zu Fehlinvestitionen.

Als Gegenentwurf zu dieser weitverbreiteten Unsitte empfiehlt es sich, eine relative Priorisierung der festgelegten Anforderungen zueinander herzustellen und in der anschließenden operativen Umsetzung des Teams anzuwenden. Dazu haben sich folgende Methoden bewährt:

1. Cost of Delay (CoD): Dabei werden Anforderungen oder Aufgaben anhand der finanziellen Auswirkungen bewertet, die sich aus der Verzögerung ihrer Umsetzung ergeben. Das berücksichtigt sowohl den potenziellen Wertverlust als auch die entgangenen Chancen. Es ermöglicht eine fundierte Entscheidung darüber, welche Aufgaben zuerst bearbeitet werden sollten (Rothman/Eckstein 2016).
2. Weighted Shortest Job First (WSJF): Als Erweiterung von CoD werden über die WSJF-Methode Anforderungen basierend auf ihrem geschätzten Wertbeitrag bewertet und durch den geschätzten Arbeitsaufwand dividiert. Diese Berechnung ermöglicht es, Aufgaben mit dem höchsten Verhältnis von Wert zu Aufwand zu priorisieren und so die optimale Reihenfolge der Umsetzung festzulegen (Pavlov 2023).
3. MoSCoW: Diese Methode kategorisiert Aufgaben in »Must Have, Should Have, Could Have, Won't Have«, also je nach Wichtigkeit und Machbarkeit. Dadurch wird den Anforderungen oder Aufgaben eine entsprechende Reihenfolge zugewiesen und es wird erlaubt, sie sogar zu verwerfen.
4. Kano-Modell: Dieses Modell bewertet Aufgaben basierend auf der Kundinnenzufriedenheit und teilt sie in Basis-, Leistungs- und Begeisterungsmerkmale ein (Hinterhuber/Matzler 2004).
5. Opportunity Scoring: Mit dieser Methode werden Aufgaben anhand ihrer Potenziale zur Umsatzsteigerung oder Kostenreduzierung bewertet und entsprechend priorisiert. Je höher das jeweilige Potenzial, umso höher die Priorität.

Die Anwendungsfähigkeit des Priorisierungsvorgehens ist vom Kontext der jeweiligen Aufgabenstellung und der fachlichen Thematik des Teams abhängig. Nach dem Motto »Alle Methoden sind falsch, aber einige sind nützlich« (Box/Draper 1987), sollten Sie die Methoden kontinuierlich auf Wirksamkeit und Angemessenheit prüfen und nötigenfalls anpassen.

4.7.7 Adjust Strategy – Strategy Design Session

Sollen die oben genannten Elemente des Bausteins **Adjust Strategy** angewendet werden, ist es ratsam, sich ausreichend Zeit und Raum für die Erarbeitung, Diskussion, Abstimmung und Festlegung der vielfältigen Inhalte mit den Teamkolleginnen zu nehmen. Je intensiver die Auseinandersetzung mit der Materie der strategischen Ausrichtung und Vorgehensweise ist, umso höher sind das zu erwartende Verständnis der beteiligten Fachexpertinnen im Team, ihr Vertrauen in die Machbarkeit einer operativen Umsetzung und die Nachvollziehbarkeit und Akzeptanz des Umfelds.

Wird ein Team erstmals in die Lage versetzt, eine individuelle Strategie zu erarbeiten, die dem Kontext der eigenen Teamarbeit entspricht, hat sich folgende Vorgehensweise bewährt. Die

Verantwortliche der Elementarrolle **Coordination C** nutzt die folgenden Schritte für die initiale Entwicklung einer Strategie durch die Teammitglieder.

1. Die Elementarrolle **Coordination C** schafft einen geeigneten Rahmen für die kollektive Erarbeitung einer Strategie für das individuelle Team, indem sie geeignete Konferenzräume organisiert, möglichst nach New-Work-Prinzipien ausgestattet. Sollte es finanziell möglich sein und von den Teammitgliedern unterstützt werden, so sollte man ein Tagungshotel nutzen, um alle Fachexpertinnen des Teams vor störenden Einflüssen oder operativen Ablenkungen zu schützen.
2. Die Elementarrolle **Coordination C** nutzt das Format der **Strategy Design Session** für die Durchführung des Entwicklungsprozesses. Sie plant einen möglichst dreitägigen Zeitumfang für ein Team von ca. zwölf Mitarbeitenden ein, um mit dem ausgewählten Werkzeug zur Strategieentwicklung – siehe Vorgehensweise – zu arbeiten.
   a) Day: Review, Orientation, Situation Analysis + Socializing Event
   b) Day: Designing the Strategy + Socializing Event
   c) Day: Defining the Strategy, Building Confidence, Agree Next Steps
3. Der zeitliche Umfang ist von der Komplexität des Themengebiets, der Vertrautheit der Mitarbeitenden mit dem Werkzeug der Strategieentwicklung und der Kooperationsqualität der Teammitglieder abhängig und sollte u. a. an diese Faktoren angepasst werden.
4. Die Elementarrolle **Coordination C** informiert alle Teammitglieder möglichst früh über Zeitpunkt, Zeitumfang und Ort der Strategieentwicklung und darüber, ob und welche Vorbereitungen nötig sind.
5. Die Elementarrolle **Coordination C** klärt mit allen Teammitgliedern ab, welches der bekannten Werkzeuge die höchste Anschlussfähigkeit oder den höchsten Bekanntheitsgrad besitzt und im Rahmen der Strategieentwicklung eingesetzt werden soll. Liegen weder Kenntnisse noch valide Erfahrungswerte zu spezifischen Werkzeugen im Team vor, bestimmt die Verantwortliche der Elementarrolle **Coordination C** das Werkzeug.

Die Elementarrolle **Coordination C** informiert die Teammitglieder über das ausgewählte Werkzeug und den Ablauf der Strategieentwicklung und klärt Verständnisfragen, beispielsweise im Rahmen eines **Ops-Meetings**. So sind die Teilnehmenden auf den Ablauf vorbereitet und es besteht eine möglichst geringe Unsicherheit im Team über Sinn und Intention der Initiative.

4.8 Step VIII: Develop Solution

4.8.1 Kontext

Abb. 84: Baustein Develop Solution

Nachdem das Team seine Strategie entwickelt oder die vorhandene Strategie angepasst hat, kommen wir zur Entwicklung von Lösungen und Umsetzungskonzepten, die auf dieser Strategie aufbauen. Wir trennen bewusst die Entwicklung einer Strategie von der Entwicklung der notwendigen Lösungen. Für die Lösungsentwicklung wird eine zusätzliche Expertise benötigt, die für die Entwicklung der Strategie nicht zwingend notwendig ist. So kann es beispielsweise sinnvoll sein, externe Know-how- oder Bedürfnisträgerinnen zur Entwicklung der Strategie einzuladen und einzubinden, sie aber nicht für die Realisierung der darauf aufbauenden Lösung einzusetzen.

Auch beim Baustein **Develop Solution** fokussieren wir uns nach wie vor auf ein einzelnes Team und die Arbeit der Fachexpertinnen. Für die Ausgestaltung dieses Bausteins nutzen wir erprobte und bewährte Elemente der Domäne des Lean-Start-up-Managements.

Bei der Ausgestaltung und Durchführung dieses Bausteins ist der Kontext der Teamarbeit entscheidend. Ist ein Team als Teil der Produktentwicklung oder Dienstleistungserbringung eines Unternehmens zu verstehen und das Produkt selbst wird nicht durch das Team vorgegeben? Dann bezieht sich **Delevop Solution** auf den Beitrag, den es in diesem Zusammenhang erbringt. Ein weiterer Kontext könnte sein, dass ein Team einen Teilbereich eines Produkts, also beispielsweise eine Komponente oder ein Bauteil, oder einen Teilbereich einer Dienstleistung verantwortet. In diesem Fall bezieht sich die Lösungsentwicklung darauf.

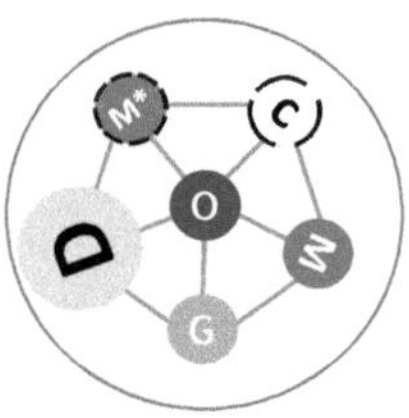

Abb. 85: Selbstorganisiertes Team mit der Elementarrolle Development D im Lead

Der dritte und letzte beispielhafte Kontext ist die Gesamtverantwortung eines individuellen Teams für ein einzelnes Produkt. Obwohl der Kontext unterschiedlich ist und der Funktionsumfang, die Leistungsverantwortung oder die Charakteristika des Produktes verschieden sind, ist die Herangehensweise zur Entwicklung einer Lösung vergleichbar oder zumindest ähnlich.

Ist eine Lösung definiert, konzeptionell beschrieben und durch einen Prototypen validiert, kann sie in die operative Nutzung überführt werden. Das bedeutet, dass wir im Rahmen des Liquid-Leadership-Modells die Lösung über die folgende Checkliste von der kreativen Seite unseres Teams an die operative Seite übergeben:

- **Governance G**: Sind alle notwendigen Regelungen, Standards oder Vereinbarungen konsistent zusammengetragen und für die Überführung des Prototyps bereitgestellt?
  Stimmen die Ergebnisse aus Pilotierung oder Erstellung des Prototyps mit Sinn und Intention des Teams, der Organisation, des Unternehmens überein?
- **Development D**: Sind alle Anforderungen und Konzeptionen konsistent zusammengestellt und können an die operative Nutzung übergeben werden?
- **Management M**: Sind alle notwendigen Rahmenbedingungen (z.B. finanzielle Mittel, Mitarbeitendenkapazität, Geschäftsprozesse, Infrastruktur etc.) verfügbar bzw. erfüllt, damit eine operative Nutzung erfolgen kann? Sind potenzielle Risiken im Rahmen der geplanten Nutzung identifiziert und wurden Maßnahmen zur Mitigation vorbereitet?
- **Monitoring M***: Ist das Steuerungssystem in der Lage, die operative Nutzung zu unterstützen und mit dem annehmenden Team eine regelmäßige Prüfung mithilfe des Monitoring Dashboards durchzuführen?
- **Coordination C**: Sind alle notwendigen Kommunikationswege und Kooperationsvereinbarungen definiert, vereinbart und als operativ praktikabel bestätigt? Bestehen Konfliktpotenziale in der Überführung oder werden durch diese im Team verursacht, die adressiert und aufgelöst werden müssen? Sind die etablierten Methoden und Kooperationsformen für die Überführung angemessen oder sind Anpassungen nötig?
- **Operation O**: Kann die Summe der Voraussetzungen als konsistent und verstanden bestätigt werden? Kann das Vorgehen zur Überführung in die operative Nutzung als praktikabel angesehen werden?

Ist diese Checkliste bearbeitet und sind alle Einzelschritte erfolgreich abgeschlossen, so wechselt die Lösung aus dem Baustein **Develop Solution** in den Baustein **Provide Service/Product**.

4.8.2 Development Board

Wie die Elementarrollen **Governance G**, **Management M** und das operative Team, nutzt auch die Elementarrolle **Development D** ein Kanban Board. Anhand des Boards organisiert und publiziert die Verantwortliche der Elementarrolle alle Anforderungen, die aus der zugrunde liegenden Strategie resultieren, in Lösungen umgesetzt werden sollen oder direkt in der operativen Realisierung von den Teammitgliedern übernommen werden.

Sind die Rahmenbedingungen für eine Anforderung zu klären, übernimmt die Verantwortliche der Elementarrolle **Management M** diese in ihr Kanban Board. Sobald die Rahmenbedingungen für die Realisierung einer Anforderung geklärt sind und zu einem definierten Zeitpunkt bereitgestellt werden können, kann im Rahmen der **Iterative Planning Session (IPS)** die Anforderung von den Teammitgliedern ins Backlog des **Operation Boards** übernommen werden.

Stellen sich die Anforderungen und/oder die Rahmenbedingungen nach Prüfung durch die Fachexpertinnen als unzureichend oder unvollständig heraus, müssen die Verantwortlichen der Elementarrollen **Development D** oder **Management M** diese zwecks Überarbeitung oder Korrektur zurücknehmen. Nur Anforderungen, die von den Fachexpertinnen als realisierbar bestätigt sind, können in die operative Umsetzung gelangen.

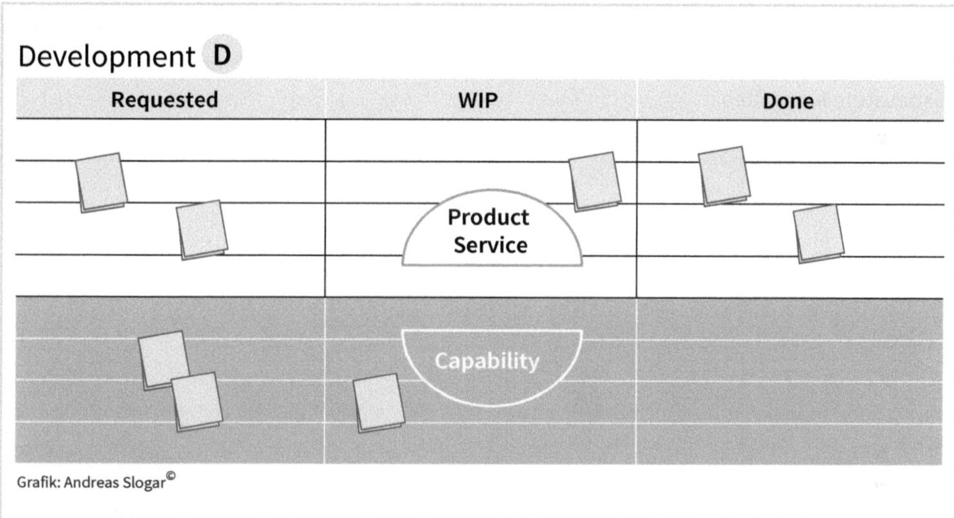

Abb. 86: Development Board (Slogar 2020)

4.8.3 I. Zyklus abgeschlossen

Mit diesem letzten Schritt haben wir den **I. Zyklus** der Einführung des Liquid-Leadership-Modells abgeschlossen. Ihre Teammitglieder und Sie stehen jetzt an einem Scheideweg oder an einer Weiche. Die erste Weichenstellung führt Sie und Ihr Team zurück an den Anfang des **I. Zyklus** und Sie können die Elemente der bisher eingeführten Bausteine erneut durchlaufen und die Anwendungssicherheit unter den Fachexpertinnen des Teams steigern. Damit erhöhen Sie den Reifegrad der Anwendung, die Anwendungsfreundlichkeit und die kontinuierliche und konsequente Reduktion von Reibungsverlusten durch abweichende Interpretationen oder Umsetzungsformen. Entscheiden Sie sich für diese Weichenstellung, führt Sie das Handbuch wieder zurück zum ersten Kapitel und Sie befinden sich weiterhin in der Shu-Phase.

Die zweite Weichenstellung führt Sie zum **II. Zyklus**. Darin lernen Sie zu jedem Baustein Erweiterungen kennen, die es Ihnen ermöglichen, eine Vielzahl kooperierender Teams miteinander zu vernetzen, diese zu sogenannten Wertströmen zu verknüpfen und das Portfolio an Elementen und Werkzeugen auszubauen. Damit können Sie anspruchsvolle Aufgabenstellungen wie eine rollierende Budgetierung oder ein unternehmensweites Portfoliomanagement anwenden. Entscheiden Sie sich für diese Weichenstellung, wechseln Sie in die Ha-Phase der Entwicklung.

Wie auch immer Sie sich entscheiden, es ist Zeit für einen **herzlichen Glückwunsch!**

4.8.4 Liquid Leadership Cyber Board

Dass der **I. Zyklus** zur Einführung der Bausteine des Liquid-Leadership-Modells durchlaufen ist, lässt sich nicht nur an der Einführung der einzelnen Bausteine in der bisher beschriebenen Ausbaustufe feststellen.

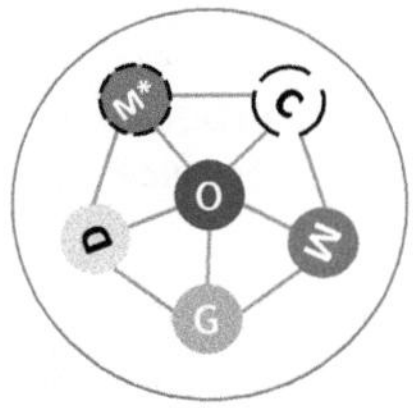

Abb. 87: Selbstorganisiertes Team mit den Elementarrollen im gleichermaßen gültigen und relevanten Zusammenspiel

Zusätzlich steht zum Abschluss des **I. Zyklus** das **Liquid Leadership Cyber Board** zur Verfügung. Es ist ein sichtbares Zeichen dafür, wie die Bausteine mit den darin enthaltenen Elementen strukturell in Zusammenhang stehen. Dieses Board integriert alle bisherigen Kanban Boards und Dashboards, die für die Selbstorganisation der individuellen Planungs- und Arbeitsinhalte sowie Ergebnisse der Bausteine und Elemente genutzt werden.

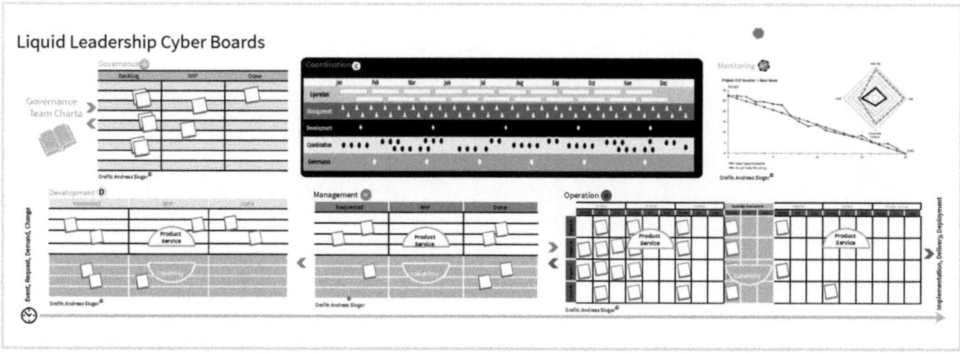

Abb. 88: Das Cyber Board des Liquid-Leadership-Modells auf Ebene des individuellen Teams

Das **Liquid Leadership Cyber Board** stellt die zentrale Übersicht, das Kooperationszentrum und die Kommunikationszentrale des Teams dar. Auf einen Blick kann jede Fachexpertin des Teams oder der gesamten Organisation erkennen:

- welche Regelungen zu beachten sind, um im Team oder mit den Teams kooperieren zu können;
- welche Events, Workshops oder Meetings wann, wofür und von wem geplant sind;
- welchen Stand das Steuerungssystem aktuell aufweist;
- welche Anforderungen auf der Grundlage der aktuellen Strategie in Vorbereitung oder bereits geplant sind;
- welche Rahmenbedingungen in Vorbereitung oder bereits geplant sind, um das Team bestmöglich zu unterstützen;
- an welchen Anforderungen und Aktivitäten die einzelnen Teammitglieder aktuell arbeiten und welche Anforderungen den bevorstehenden Iterationen zugeordnet sind.

Für die Bereitstellung und Nutzung des **Liquid Leadership Cyber Boards** sind keinerlei gesonderte Arbeiten nötig. Die Zusammenstellung der individuellen Kanban Boards und Dashboards der Bausteine und Elementarrollen ergeben automatisch diese Gesamtsicht auf die Planung und operative Kooperation eines Teams.

Das **Liquid Leadership Cyber Board** steht Ihnen als PDF-Datei auf der Internetseite liquid-leadership.de zu Verfügung und kann für die interne Teamarbeit genutzt werden. Wenn Sie das Poster beispielsweise auf einem Plotter farbig ausdrucken und an einer Wand befestigen, können sich alle Teammitglieder persönlich davor versammeln und mit Post-it®-Notes kontinuierlich und interaktiv die Entwicklung der Kooperation des Teams und die Umsetzung der Anforderungen erläutern und erarbeiten. Natürlich ist die Nutzung des Posters auch bei der Übertragung in ein digitales Whiteboard im Homeoffice der Teammitglieder möglich.

5 II. Zyklus – Ha

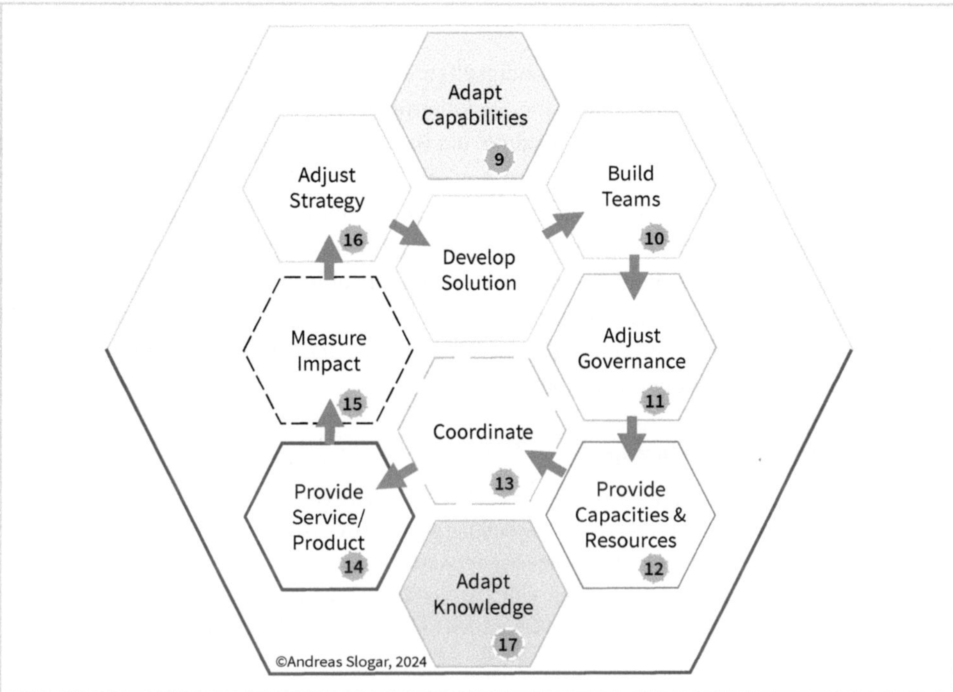

Abb. 89: Reihenfolge der Erweiterung bestehender und Einführung neuer Bausteine im II. Zyklus Ha

Die Grundlagen wurden im **I. Zyklus**, der Shu-Phase, gelegt. Nun können wir in den **II. Zyklus**, in die Ha-Phase, eintreten. Dabei sollten Sie gemeinsam mit Ihren Teammitgliedern die Einschätzung teilen, dass der erworbene Anwendungssicherheitsgrad der bisher beschriebenen und eingeführten Bausteine und Elemente reif genug ist, um weitere Aspekte und Fähigkeiten und vor allem weitere Teams und Unternehmensbereiche in das Kooperationsmodell einzubinden.

Um diesen Zyklus zu starten, sollten Sie zusätzlich kollektiv die Einschätzung teilen, dass die Instabilität überwunden ist, die durch die Adaption der bisher beschriebenen Inhalte und Kooperationsformen ausgelöst werden musste. Fühlen Sie und Ihre Kolleginnen sich gleichermaßen sicher in der alltäglichen Anwendung der bisher erlernten Praktiken? Besteht die Notwendigkeit, die Leistungsinhalte der Bausteine zu erweitern und zusätzliche Teams einzubinden? Dann sind Sie an dem Punkt angelangt, an dem Sie den **II. Zyklus** angehen, Ihre Fertigkeiten erweitern und Ihre Anwendungssicherheit vertiefen können.

Wir verlassen an dieser Stelle die Perspektive des einzelnen Teams und wenden uns der Integration der gesamten Organisation eines Unternehmens zu. Aus dieser erweiterten Perspektive

– oder anders gesagt: aus einer gesteigerten Flughöhe – wollen wir uns in den folgenden Kapiteln unseres Handbuchteils darauf fokussieren, praxiserprobte Ergänzungen zu den bisherigen Bausteinen zu beschreiben, die eine Integration vieler zusätzlicher Teams und Unternehmensbereiche ermöglichen.

Es ist Ihrer Einschätzung und den Notwendigkeiten Ihres fachlichen und strategischen Kontexts überlassen, welche dieser Bausteine Sie integrieren. Wie in der abgeschlossenen Shu-Phase des **I. Zyklus** gilt auch hier die Maxime, die Bausteine in der praktischen Anwendung kennenzulernen und nicht am Zeichentisch aus rein theoretischer Sicht und basierend auf Annahmen und Vermutungen anzupassen. Im **III. Zyklus**, der Ri-Phase, beginnen Sie damit, die Bausteine und Elemente an Ihre Bedürfnisse und Notwendigkeiten anzupassen oder gänzlich neue Bausteine und Elemente zu entwickeln und einzuführen. Die bis dahin erworbene Anwendungssicherheit ermöglicht es, die Auswirkungen von Anpassungen einzuschätzen, die Vorgehensweise zur Einführung von Änderungen zu steuern und den Zustand der temporären Instabilität durch Veränderungen überblicken zu können.

Reihenfolge der Einführung ≠ Nutzung

Die Reihenfolge der Einführung der Erweiterung bestehender Bausteine und der Ergänzung um neue Bausteine stellt nicht die Reihenfolge ihrer Anwendung im operativen Geschehen dar. Wann ein Baustein oder ein darin enthaltenes Element angewendet werden muss, ist vom gegebenen Zeitpunkt, vom Kontext einer Fragestellung oder einem eintretenden Ereignis abhängig. Die Verantwortlichen der Elementarrolle legen dies fest und synchronisieren den Ablauf mit allen Kooperationspartnerinnen im Unternehmen.

5.1 Step IX: Adapt Capabilities@Scale

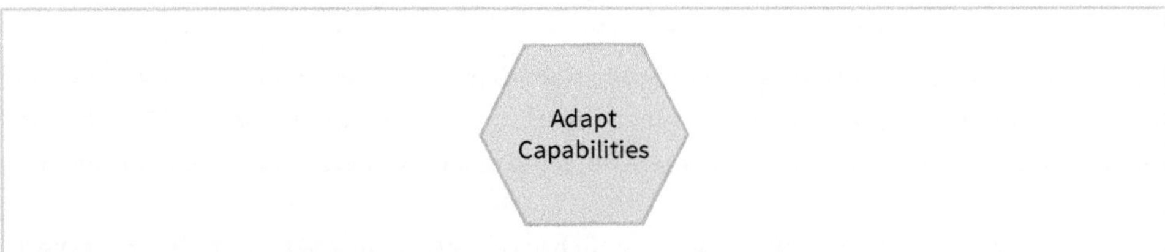

Abb. 90: Baustein Adapt Capabilities

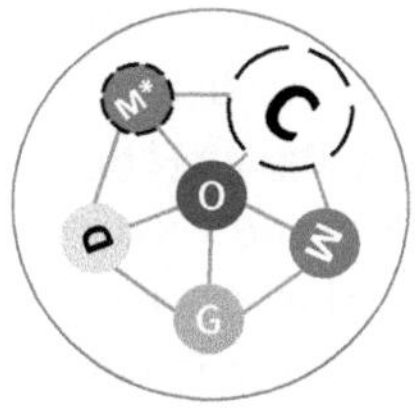

Abb. 91: Sich selbstorganisierende Community of Practice mit der Elementarrolle Coordination C im Lead

It is not necessary to change. Survival is not mandatory.
William Edwards Deming

5.1.1 Kontext

Im **I. Zyklus** war unser Kontext die Arbeit eines individuellen Teams. In der nun beginnenden Ha-Phase wollen wir den Kontext erweitern, zusätzliche Teams in eine Kooperationsbeziehung bringen und ganze Gruppen von Teams in Kooperationseinheiten miteinander vernetzen. Diese Erweiterung des Kontextes benötigt einen zusätzlichen Baustein, auf den wir jetzt eingehen.

5.1.2 Vorgehen

Die Kommunikationswege und Interaktionspunkte in einem Team sind dann überschaubar, wenn die Anzahl der Mitarbeitenden sich in einer Größenordnung[26] von 7 (+/- 2) Personen bewegt. Mithilfe der Elementarrollen und Kommunikationsbausteinen, wie dem **Ops-** und dem **Governance Meeting**, haben wir die Kooperation und die Kommunikation des Teams so strukturiert, dass es prinzipiell mit beliebig vielen weiteren Teams in Verbindung treten kann.

Wollen nun beispielsweise 7 Teams mit je 7 Personen zusammenarbeiten und miteinander kommunizieren, erhöht sich die Anzahl der Interaktionspunkte (I) der Teammitglieder (n) von 21, innerhalb eines Teams, auf insgesamt 1.176, über alle 7 Teams hinweg. Die Anzahl der Interaktionspunkte berechnet sich folgendermaßen: I=(n*(n-1)/2)[27]. Würde jedes Teammitglied mit jedem anderen Mitglied eines kooperierenden Teams eine Vereinbarung treffen wollen, würden die Mitarbeitenden in dieser Konfiguration, außer miteinander zu kommunizieren, keinerlei operative Arbeit mehr verrichten können.

26 Auf die Besonderheiten der Anzahl der Mitarbeitenden in Teams und was bei der Größe einzelner Teams zu beachten ist, gehen wir im nachfolgenden Kapitel ein.

27 Mathematische Formel zur Berechnung der Interaktionspunkte in einem Kommunikationsnetz. Bestehen zwei Interaktionspunkte, von A nach B und umgekehrt und kommt ein weiterer Interaktionspunkt C hinzu, steigt die Anzahl der Verbindungen auf sechs an für n=3 n=3 gilt 3 (3 – 1)=6.

Um einen Zusammenbruch durch Kommunikationsbelastung zu verhindern und eine unterstützende Kommunikationsstruktur zu ermöglichen, nutzen wir den Baustein der **Community of Practice (CoP).** Mit ihm können die multiplen Fähigkeiten der vernetzten Teams entwickelt, aufeinander abgestimmt und durch Standardisierungen und übergreifende Vereinbarungen gefördert werden. Damit nicht alle Mitarbeiterinnen mit allen Mitarbeiterinnen alle Vereinbarungen aushandeln müssen, werden einzelne Teammitglieder stellvertretend für die Interessen und Bedürfnisse ihres Teams in unterschiedlichen **CoPs** zusammengefasst. Sie erarbeiten und vereinbaren übergreifende Definitionen oder Standards, die in den autonom-vernetzten Teams einheitlich angewendet werden.

Einzelne **Communities of Practice** konzentrieren sich also auf spezifische Kontexte oder Fragestellungen: beispielsweise auf die Durchführung datenschutzkonformer Arbeitsweisen, die Definition von Geschäftsprozessen wie der Auftragsabwicklung, der Produktionsvorbereitung oder der rollierenden Budgetierung. Sie erarbeiten und entwickeln Standards und Normen wie das Enterprise Architecture Management, die Gestaltung von Richtlinien zur Einhaltung der Corporate Identity (CI) oder die Vorgehensweise zur Einhaltung regulatorischer und gesetzlicher Vorgaben. Kurz gesagt: Alle Themengebiete, Fragestellungen oder Anforderungen, die nicht nur ein einzelnes Team, sondern eine größere Anzahl von Teams oder das gesamte Unternehmen betreffen, werden in entsprechenden **Communities of Practice** organisiert, bearbeitet und vereinbart.

Damit stellen **CoPs** eine Alternative zu den traditionellen Stabsstellen dar und ermöglichen, dass Mitarbeitende partizipativ, effektiv und effizient an der Entwicklung und Vereinbarung von Standards und Normen mitwirken und gleichzeitig für ihre Anwendung und Einhaltung Verantwortung übernehmen.

Exemplarische Themenbereiche	Mögliche Formate und Methoden	Mögliche Communities
• Entwicklung und Anpassung von Geschäftsprozessen • Rollierende Budgetierung oder No-Budgeting (z. B. Beyond Budgeting) • Definition übergreifender Standardisierungen wie z. B. EAM, DGSVO, CI • Entwicklung übergreifender Detailstrategien zu Themen wie z. B. Marketing, Risikomanagement, Kreditvergabe und der Unternehmensstrategie an sich • Übergreifende Sicherstellung regulatorischer und gesetzlicher Anforderungen	• World Café • Customer Journey Map • (Prozess-)Simulation/ »Trockenübungen« • Rollenspiele • Simulationen, kollegiale Fallberatung • Operative Pilotierung • Design Thinking (Prototypentwicklung) • Befragungen von Zielgruppen und Stakeholdern • Externe Best-Practice-/ Proven-Practice-Recherche und Erfahrungsaustausch mit Peer Groups	• Interdisziplinäre Expertenteams • Agiles Management • Agiles Arbeiten • Interdisziplinäre Gruppierungen zur Ideenentwicklung digitaler Geschäftsmodelle • Innovationsentwicklung • Entwicklung des Kooperationsmodells • Entwicklung der unternehmensweiten Team-Charta

Tab. 10: Anregungen für den Einsatz einer Community of Practice

5.1.2.1 Teams vs. Community of Practice

Neben den inhaltlichen Schwerpunkten unterscheidet sich die übergreifende Kooperation in einer **Community of Practice** ganz grundlegend von der in einem Team oder in einem Netzwerk autonomer Teams. Ein Team von Fachexpertinnen ist von der darin organisierten operativen Zusammenarbeit geprägt. Es ist darauf ausgerichtet, eine definierte oder kollektiv beabsichtigte Wirkung zu erzielen oder ein geplantes operatives Arbeitsergebnis zu produzieren. Auch eine **CoP** verfolgt die Intention, eine Wirkung zu erzielen oder ein Ergebnis zu produzieren. Allerdings ist sie darauf ausgerichtet, die Kooperation der Mitarbeitenden in den Teams zu unterstützen und eine möglichst reibungslose, nachhaltige oder wirksame operative Wertschöpfung zu fördern.

Eine unternehmensweit gültige Standardisierung für die Entwicklung von Geschäftsprozessen und Geschäftsfähigkeiten ist daher kein Selbstzweck. Sie verfolgt vielmehr die Intention, dass operative Teams auf diesen Standard zurückgreifen und ihn nutzen können und keine Energie dafür aufwenden müssen, ihn individuell zu erstellen.

Die gleiche Intention der Ausrichtung einer **CoP** gilt für Innovationen, Normen, Strategien oder die Behebung von Konflikten oder Ressourcen- und Kapazitätsengpässen. Auch die Entwicklung und Vereinbarung übergreifender Kommunikationswege und -formate, die Termine für **QBRs** oder sonstige Rituale von teamübergreifender Relevanz, finden in **CoPs** statt.

Standards und Normen in **CoPs** zu erarbeiten, hinsichtlich ihrer operativen Anwendbarkeit und Wirksamkeit kontinuierlich anzupassen und weiterzuentwickeln, befreit operative Expertinnenteams davon, individuelle Standardisierungen mit kooperierenden Teams schließen zu müssen. Außerdem schützt dieses Vorgehen die gesamte Organisation vor der Entwicklung redundanter und damit potenziell inkompatibler oder widersprüchlicher Standards und Normen. Auch wenn Begriffe wie Konzernvorgabe oder unternehmensweite Governance auf den ersten Blick ein überholtes oder bürokratisches Image haben mögen, so sind sie im Kontext selbstorganisierender und autonom-vernetzter Teams ein relevanter Faktor zur Reduzierung von Reibungsverlusten, unnötigem Mehraufwand oder Disstress. Durch sie wird vermieden, dass die eine Ecke der Organisation nicht mitbekommt, was in der anderen schon verfügbar ist. Man arbeitet, salopp ausgedrückt, weniger für die »Tonne«. Als einfache Regel zur prinzipiellen Unterscheidung von Team und **CoP**:

- Team = operative Wertschöpfung,
- **Community of Practice** = taktische und strategische Unterstützung der Wertschöpfung.

5.1.2.2 Community of Practice gründen und auflösen

Welcher Prozess oder welche Ereignisse in einem Team oder einem Unternehmen übergreifend dazu führen, dass **CoPs** gegründet werden, sollte in einer übergreifenden **Team-Charta** vereinbart werden. Zu diesem Zweck ist es beispielsweise hilfreich, initial eine **Meta-CoP** zu gründen, aus der heraus alle weiteren **CoPs** abgeleitet werden.

Das Modell der organischen Zellteilung ist hier hilfreich: Gehen wir als Ausgangsbeispiel davon aus, dass diese **Meta-CoP** entweder durch die Unternehmensleitung oder durch eine kollektive Vereinbarung der Verantwortlichen der Elementarrollen **Governance G** oder **Coordination C** gegründet wird. In der **Meta-CoP** finden sich entsandte Mitglieder der Teams zusammen, die übergreifende Standards und Normen für die Kooperation in den Teams und der Teams untereinander benötigen.

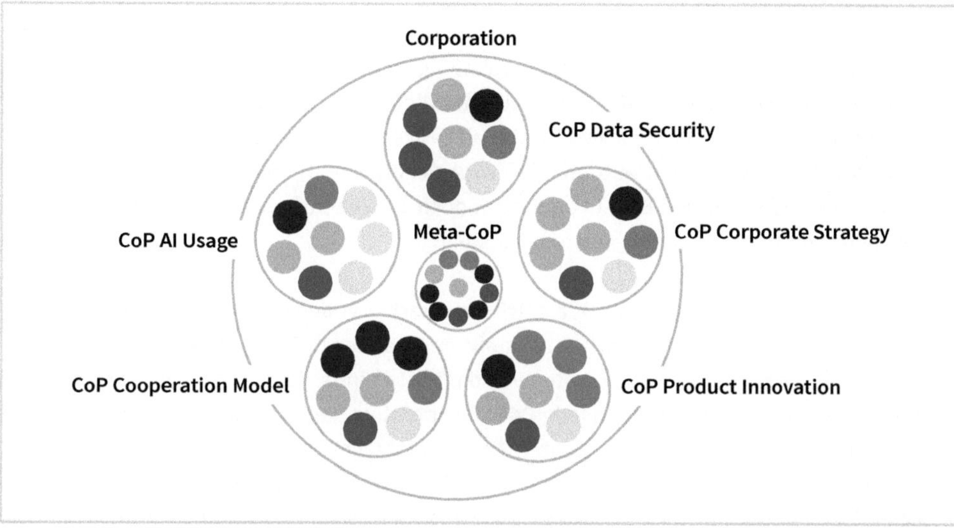

Abb. 92: Rekursive Struktur von Communities of Practice aus dem Koordinationspunkt einer Meta-CoP heraus

Mit diesem simplen Akt entstehen gewissermaßen die Keimzelle und der Koordinierungspunkt aller **CoPs**. Im nächsten Schritt werden im Rahmen der Arbeit in dieser **Meta-CoP** die Notwendigkeiten für spezifische **CoPs** identifiziert und diese ausgegründet. So können beispielsweise die regulatorischen und rechtlichen Anforderungen abgedeckt werden, die organisationsweit aus der DGSVO entstehen. Diese sind einzuhalten und der Einhaltungsgrad ist zu messen und zu dokumentieren. Die dazu notwendige und in den Teams operativ anwendbare Vorgehensweise wird in dieser neuen spezifischen **CoP** erarbeitet, festgelegt, kommuniziert und wirkungsorientiert weiterentwickelt.

In dieser exemplarischen **CoP** Datenschutz treffen sich nicht alle Mitarbeiterinnen aus allen Teams, sondern nur diejenigen, die aus ihren Teams einen entsprechenden Bedarf an einer Norm oder Standardisierung haben. Damit sind zum einen die Datenschutzexpertinnen der Organisation und die Datenschutzbeauftragte sowie die Verantwortliche der Elementarrolle **G** gemeint, deren Teams von Datenschutzaspekten betroffen sind. Damit die getroffenen Vereinbarungen und Regelungen in den Teams angewendet werden können, gehören zu den Arbeitsergebnissen einer **CoP** die Erstellung der nötigen Schulungsinhalte, -maßnahmen und -formate, damit die Fachexpertinnen in den Teams entsprechend orientiert sind. Dann können sie für ihren jeweiligen fachlichen Kontext die notwendige Anwendungssicherheit aufbauen.

Der Lebenszyklus einer **CoP** ist von der Relevanz der Fragestellung, Problematik oder Anforderung abhängig, die in ihr angesiedelt sind. Die Anforderungen zur Aktualisierung der Unternehmensstrategie können in einer temporär etablierten **CoP** behandelt werden, die sich nach Bereitstellung der nötigen Arbeitsergebnisse auflöst. Nur im Bedarfsfall oder in einer festgelegten Frequenz wird sie reaktiviert. Andere Themengebiete, wie der Datenschutz, können dagegen von kontinuierlicher oder längerfristiger Relevanz sein und erfordern daher eine kontinuierlich betriebene **CoP**. Welche **CoPs** benötigt werden und ob ein Themengebiet relevant ist oder seine Relevanz verloren hat, wird regelmäßig im Rahmen des **QBR** überprüft. Wird das Ende des Lebenszyklus einer **CoP** festgestellt und diese aufgelöst, übernimmt die **Meta-CoP** die Verantwortung und Zuständigkeit für die bisherigen Arbeitsergebnisse. Über diesen Mechanismus der Zellteilung und Autophagie[28] wird sichergestellt, dass es weder zu einem unkoordinierten Wildwuchs von **CoP**-Gründungen noch zu Wissenslücken kommt, weil eine **CoP** unkoordiniert ihre Unterstützungsleistung einstellt.

Der letzte Aspekt ist insofern relevant, als sich die Mitarbeitenden der **CoPs** aus den operativen Teams rekrutieren. Da eine **CoP** keine Stabsstelle im klassischen Sinne mit eigenen Mitarbeiterinnen ist, werden die nötigen Kapazitäten und das Wissen innerhalb der **CoP** von den Mitarbeitenden der Teams bereitgestellt. Da jede **CoP** die operative Kapazität der Teams reduziert, ist es ausgesprochen kritisch, darauf zu achten, dass nur tatsächlich und nachvollziehbar notwendige Themen in **CoPs** behandelt werden. Welche Themengebiete dazu gehören, ist beispielsweise im Rahmen der Strategieentwicklung auf Teamebene oder unternehmensübergreifend festzulegen.

5.1.2.3 Community of Practice organisieren und koordinieren

Die prinzipielle Vorgehensweise zur Organisation und Koordination einer **Community of Practice** ist mit der eines Teams identisch. Wenn Sie eine spezifische **CoP** aus der **Meta-CoP** ausgegründet haben, gehen Sie bei der Konstitution, der Verantwortungsverteilung, der Entwicklung der **Team-Charta**, der Terminorganisation etc. genauso vor, wie wir es im **I. Zyklus** eingeführt haben. Die übergreifende Abstimmung und Synchronisierung aller Arbeitsergebnisse und Planungsinhalte der **CoPs** werden, wie bei den Teams bereits in der praktischen Anwendung etabliert, in den Rahmen des **QBR** eingebettet.

Benötigt eine **CoP** eine spezielle (Unterstützungs-)Leistung eines bestimmten Teams, so wird diese über die Verantwortliche der zugehörigen Elementarrolle in das **Ops-** oder **Governance Meeting** des Teams eingebracht. Beispielsweise ist es hilfreich, ein Zwischenergebnis der Arbeit einer **CoP** im Rahmen einer Pilotierung von einem spezifischen Team anwenden und validieren zu lassen. Über die Ergebnisse dieses »Testlaufs« erhalten die Mitarbeitenden der **CoP** das nötige Feedback, um sicherzustellen, dass die zu entwickelnde Norm, Innovation, Strategie oder Standard operativ anwendbar sind, und die nötige Akzeptanz unter den Fachexpertinnen erwarten können.

28 In der Biologie und der Medizin bezeichnet Autophagozytose oder Autophagie den Prozess einer Zelle, mit dem sie eigene Bestandteile abbaut und verwertet. Dies reicht von fehlgefalteten Proteinen bis zu ganzen Zellorganellen.

5.1.2.4 Anwendungsbeispiel

Am konkreten Beispiel der Entwicklung und Pflege einer unternehmensweiten **Team-Charta** beschreiben wir die Vorgehensweise einer entsprechenden **CoP** und ihre Kooperation mit den unterstützenden Teams der Organisation. Eine derartige **Corporate-Team-Charta** sollte erstellt werden, um in ihr alle unternehmensweit einheitlich gültigen und für alle Teams und Mitarbeitenden gleichermaßen verbindlichen Vereinbarungen zur Kooperation festzulegen. Darin enthalten sind u. a. die grundsätzlichen Verantwortungsbereiche der Elementarrollen, die in allen Teams und **CoPs** oder sonstigen Kontexten gleichermaßen genutzt werden.

Von der **Corporate-Team-Charta** leiten sich wiederum die individuellen **Team-Charta** der Teams ab. Das bedeutet, dass jede **Team-Charta** die Inhalte der **Corporate-Team-Charta** übernimmt und um die Details und Vereinbarungen ergänzt, die für ihren individuellen Kontext relevant sind. So wird sichergestellt, dass alle Teams übergreifend in ihrem Kooperationsmodell kompatibel bleiben und zusätzlich ihre individuellen Spezifikationen und Spezialisierungen ausprägen können. Dies erspart den Teams erheblichen Abstimmungsaufwand, da sie die übergreifenden Inhalte übernehmen und ihre speziellen Ergänzungen darauf aufbauen und publizieren.

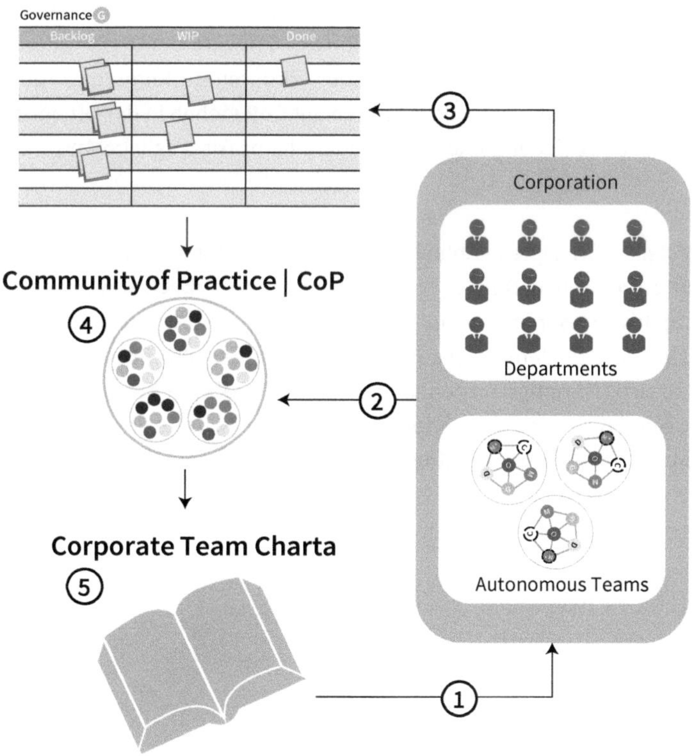

Abb. 93: Vorgehensweise einer CoP am Beispiel der Corporate-Team-Charta

Prinzipieller Ablauf der CoP-Corporate-Team-Charta

1. **Corporate-Team-Charta (CTC)** nutzen: Die **CTC** wird der gesamten Organisation uneingeschränkt zur Verfügung gestellt. Sie wird von autonom-vernetzten Teams ebenso eingesetzt wie von klassisch operierenden Abteilungen und Bereichen, sofern sich diese mit den Möglichkeiten selbstorganisierter Kooperation befassen wollen oder mit autonomen Teams kooperieren müssen.
2. **CoP** bilden: Die Bereiche und Teams entsenden Mitarbeitende in die **CoP.** Darin übernehmen die Mitarbeitenden die Verantwortung für die Definition und Weiterentwicklung der **CTC.**
3. Ideen einbringen: Die Mitarbeitenden aus allen Teilen der Organisation geben Verbesserungsvorschläge oder Entwicklungsanforderungen an die **CoP-CTC** in einem öffentlichen Backlog ein, das über ein **Governance Kanban** strukturiert und in seinem Status frei einsehbar ist. (Die Einsehbarkeit des Kanban Boards ist lediglich zu limitieren, wenn rechtliche Vorgaben es erfordern.)
4. **CTC** entwickeln: Die für die **CTC** verantwortlichen Mitarbeiterinnen der **CoP** priorisieren und bewerten die Vorschläge und Anforderungen zur Weiterentwicklung der Regelungen und Vereinbarungen. Sie integrieren diese nach dem Vorgehen zur Einwandbehandlung. Jede Anforderung, zu der kein valider Einwand festgestellt werden kann und die dem Prinzip »Sicher genug, um es zu versuchen« entspricht, wird in die **CTC** integriert.
5. **CTC** veröffentlichen: Die aktualisierte Version der **CTC** wird der Organisation zur Verfügung gestellt und die Entwicklungen werden über vorbereitete Kommunikationsmaßnahmen und -wege veröffentlicht. Die Mitarbeitenden der **CoP** stehen in der Organisation als Orientierungshilfen zur Verfügung und hinterfragen die praxistaugliche Anwendbarkeit der Inhalte.

Der hier dargestellte, prinzipielle Ablauf ist als Blaupause für die **Meta-CoP** und jede weitere spezifische **CoP** zu verstehen. Der Kontext einer **CoP** mag inhaltlich abweichen, aber die Prinzipien der partizipativen Kooperation auf der Basis von Elementarrollen, **Team-Charta** und den weiteren Bausteinen und Elementen aus dem **I. Zyklus, der Shu-Phase,** bleiben unverändert – zumindest bis sich die nötige Anwendungssicherheit etabliert hat, von den Mitarbeitenden bestätigt wurde und die Formen der Kooperation durch bewusste Entscheidungen im Rahmen der beschriebenen **Governance Meetings** angepasst werden.

5.2 Step X: Build Teams@Scale

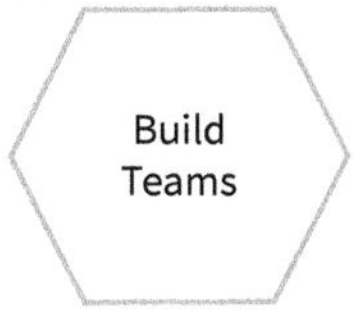

Abb. 94: Baustein Build Teams

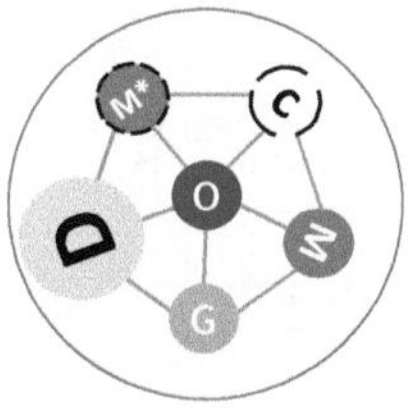

Abb. 95: Selbstorganisiertes Team mit der Elementarrolle Development D im Lead bei der Organisation einer skalierten Kooperationsstruktur multipler Teams oder Wertströme

5.2.1 Kontext

Im **I. Zyklus** haben wir uns damit befasst, wie ein bestehendes oder einzelnes Team die grundsätzlichen Strukturen und Vereinbarungen schafft, um sukzessive und unterstützt durch die Elementarrollen des Liquid-Leadership-Modells in einen Zustand der partizipativen Selbstorganisation hineinzuwachsen.

Diese Transformation haben wir durch die Elementarrolle **Coordination C** vereinfachen lassen, die Sie als Führungskraft übernehmen und darüber in die Perspektive der Managementexpertin wechseln können. Die angestoßenen Veränderungen sind gleichzeitig kollektiver und individueller Natur für Sie als Managementexpertin. Das Gleiche gilt für Ihre Kolleginnen als Fachexpertinnen in einem sich selbstorganisierenden und managenden Team.

5.2.2 Vorgehen

Als Erweiterungen wollen wir zwei Ausbaustufen vorstellen, die Sie und Ihre Kolleginnen je nach Notwendigkeit und Kontext integrieren können. Wir treffen hierfür die Annahme, dass Sie sich parallel zur Entwicklungen Ihres eigenen Teams mit den Auswirkungen des Liquid-Leadership-

Modells und den darin enthaltenen Bausteinen und Elementen auf andere Teams auseinandergesetzt haben. Wenn dem so ist, besteht die Möglichkeit, die personelle Zusammenstellung, d. h. die Konfiguration der Teams, weiter zu fassen und die Grenzen des individuellen Teams zu erweitern.

Self-selecting | Self-configuring Teams

Sie erinnern sich sicher noch an folgende Grafik, in der wir kooperierende Teams dargestellt haben, die mittels der Elementarrollen eine interdisziplinäre Integration herstellen und dabei die etablierten Methoden weiter nutzen können.

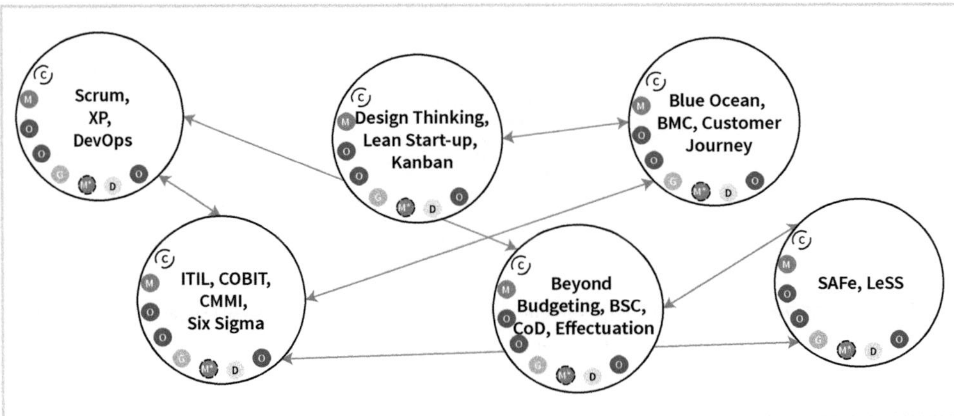

Abb. 96: Kooperation von Teams mit heterogenen Methoden über die Elementarrollen

Nun gehen wir einen Schritt weiter und nutzen den oder die erarbeiteten **Liquid Leadership Requirements Canvas** als Ausgangspunkt. Über die folgenden Schritte finden sich die Mitarbeitenden der beteiligten Teams eigenständig zu neuen Teamkonfigurationen zusammen, die den inhaltlichen Anforderungen des **Liquid Leadership Requirements Canvas** entsprechen.

Vorbereitung: Alle Mitarbeitenden treffen sich in einem ausreichend großen Raum oder alternativ virtuell. Die Verantwortlichen der Elementarrolle **Development D** stellen die Inhalte **der Liquid Leadership Requirements Canvas** vor. Sie erklären die gemeinsam erarbeiteten **LTGs**, **MTGs** und **STGs**, um einen einheitlichen Informationsstand herzustellen. Über eine Q&A-Runde werden hierfür Verständnisfragen geklärt.

Teamarchitektur: Analog zur fachlichen und inhaltlichen Struktur der Canvas, wie wir diese in Kapitel 5.7.4 vorgestellt haben, werden »Themeninseln« im Raum aufgestellt und von den Verantwortlichen der Elementarrolle **Development D** präsentiert.

Hinweis

Unter Themeninseln sind physische Repräsentationen zu verstehen, an denen auf Metaplanwänden oder Flipcharts fachliche oder thematische Inhalte dargestellt werden. Die Themeninseln kann jede Teilnehmende im Raum besuchen und sich im Dialog mit den Kolleginnen informieren oder Verständnisfragen klären.

Teamkonfiguration: Die Mitarbeitenden wählen die Themeninsel selbst aus, die mit ihrer individuellen Expertise am stärksten korrespondiert, und ordnen sich ihr räumlich zu. Vereinfacht gesagt: Sie stellen sich im Raum zu der Themeninsel, die aus ihrer Sicht am besten zu ihnen passt oder zu der sie den größten Beitrag leisten können.

Konfiguration validieren: Durch die Simulation fachlicher Anwendungsfälle und Arbeitsabläufe prüfen die Mitarbeitenden, die sich zu den Themeninseln gruppiert haben, ob diese a) alle fachlichen Expertinnen enthalten, die für eine Kooperation bezüglich des fachlichen Themas und der Aufgabenstellungen ihrer Themeninsel nötig sind, und ob sie b) in den benachbarten Themeninseln Expertinnen identifizieren können, mit denen sie übergreifend kollaborieren können.

Konfiguration anpassen: Wird über die Simulation festgestellt, dass die Zusammenstellung der Mitarbeitenden in den Themeninseln angepasst werden sollte, führen die Mitarbeitenden dies durch und wiederholen die Simulation.

Konfiguration bestätigen: Ist durch die Umsetzung der vorherigen Schritte die bestmögliche Zusammenstellung von Fachexpertinnen zu den fachlichen Themen und Aufgabenstellungen entwickelt worden? Dann bilden die sich in einer Themeninsel befindlichen Mitarbeitenden ein Team. Die Mitarbeitenden des neu zusammengestellten bzw. konfigurierten Teams geben sich abschließend einen Teamnamen. In der bestätigten Zusammenstellung der Mitarbeitenden gestalten sie ihre operative Zusammenarbeit.

Konfiguration etablieren: Die Managementexpertinnen führen die Wahl der Elementarrollenverantwortlichen und die weiteren konstituierenden Schritte des Teamaufbaus durch wie im Baustein **Build Teams** im **I. Zyklus** beschrieben.

Konfiguration justieren: Im Rahmen der **QBR-Sessions** werden die Konfigurationen der Teams von den Mitarbeitenden korrigiert und strukturierte Anpassungen vorgenommen, wenn es der Reduzierung von Kommunikations- und Kooperationsengpässen dient. Die vorgenommenen Justierungen werden publiziert und so dem gesamten Unternehmen zur Verfügung gestellt.

Hinweis

Je nach Themenvielfalt und Teilnehmerinnenanzahl kann die Erarbeitung der Teamkonfigurationen mehrere Stunden in Anspruch nehmen. Diese Zeit ist gut investiert, da sich über den Prozess von Simulation und Anpassung der Konfiguration nicht nur Teams bilden, die fachlich eine hohe Kohäsion aufweisen, sondern auch persönlich korrespondieren. Zusätzlich bildet sich über die Simulationen der Anwendungsfälle und Arbeitsabläufe ein gemeinsames Verständnis der Kooperationsstruktur der Teams untereinander. Das reduziert Reibungs- und Kommunikationsverluste in der operativen Zusammenarbeit.

Value Streams | Wertströme

Ist die Anzahl der beteiligten Mitarbeitenden zu groß oder der Umfang der einzubeziehenden Anwendungsfälle, Arbeitsabläufe und Geschäftsprozesse zu umfangreich, um sie in ihren Leistungs- und Lieferabhängigkeiten im Rahmen einer Simulation nachvollziehen zu können, bietet sich das Design eines Wertstroms an. Ein Wertstrom ist eine visuelle Darstellung des gesamten Arbeitsablaufs in einem Unternehmen bzw. der Geschäftsprozesse, durch die Produkte oder Dienstleistungen von der Anfangsphase bis zur Auslieferung an den Kundinnen fließen. Er zeigt alle Schritte, Aktivitäten und Interaktionen innerhalb dieses Prozesses und der involvierten Teams und Abteilungen auf, um Verschwendungen zu identifizieren, die Effizienz zu verbessern und den Fokus auf die Wertschöpfung für den Adressaten zu lenken, der die erbrachte Leistung oder das hergestellte Produkt benötigt. Die Wertstromanalyse wird oft verwendet, um Geschäftsprozesse zu optimieren und anpassungsfähige Kooperationsstrukturen zu unterstützen. In unserem Fall sollen neben der Wertschöpfung auch die Kooperationsstruktur und die Team- und Mitarbeiterinnenkonfiguration erarbeitet werden, die in einem Wertstrom anzusiedeln sind. In der Darstellung in Abb. 97 der TU Darmstadt ist der Aufbau des Ergebnisses einer Wertstromanalyse exemplarisch zu sehen.

Die Darstellung beinhaltet die Materialströme und Verarbeitungsschritte bzw. Fertigungsprozesse eines fiktiven Produktionsunternehmens. Zusätzlich werden die Ebene der Informationsflüsse der benötigten IT-Systeme und die Durchlaufzeiten dargestellt. Diese Darstellungsform, die durch standardisierte Darstellungsformate eine allgemein nachvollziehbare Verständlichkeit ermöglicht, stellt sicher, dass eine Ende-zu-Ende-Visualisierung der Arbeitsabläufe für jedermann zugänglich ist. Dementsprechend können eine partizipative Analyse und Umsetzung von Verbesserungs- und Anpassungsmaßnahmen kontinuierlich erarbeitet werden.

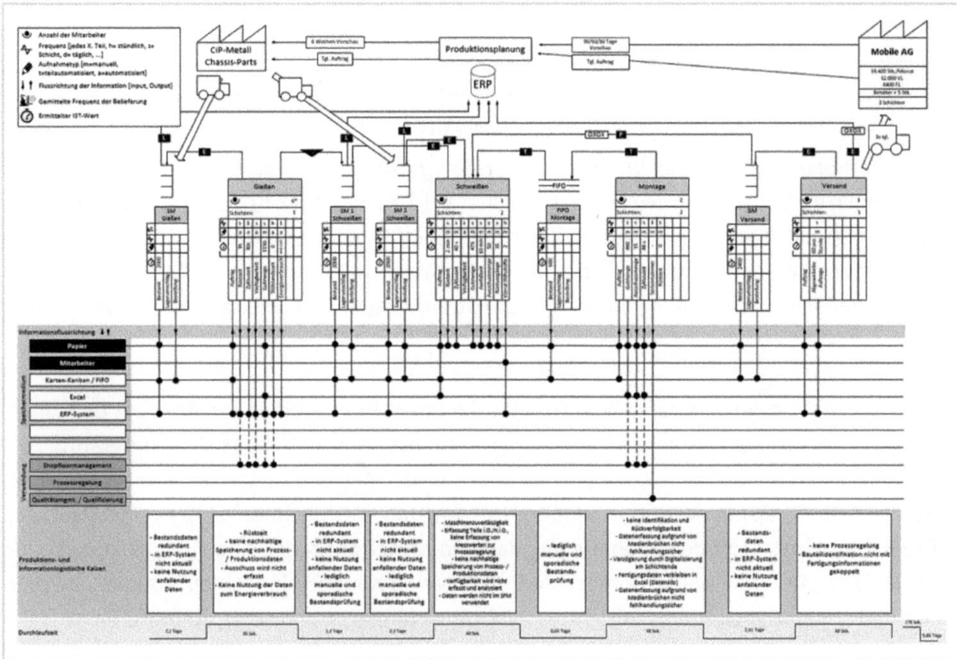

Abb. 97: Exemplarische Darstellung der Darstellungsebenen eines Wertstroms (Quelle: TU Darmstadt, Prozesslernfabrik CiP)

Im Kontext der Elementarrollen des Liquid-Leadership-Modells ist die verantwortliche Mitarbeiterin der Elementarrolle **Coordination C** in der Position, den fachlichen und technischen Aufbau eines Wertstroms über eine Wertstromanalyse zu entwickeln. Dem Darstellungsbeispiel entsprechend besteht die (simple) Miniorganisationsstruktur in diesem Wertstrom aus vier Teams. Sie geben in einer linearen Kette die jeweiligen Arbeitsergebnisse weiter und veredeln sie, bis das fertige Produkt entstanden und versendet worden ist.

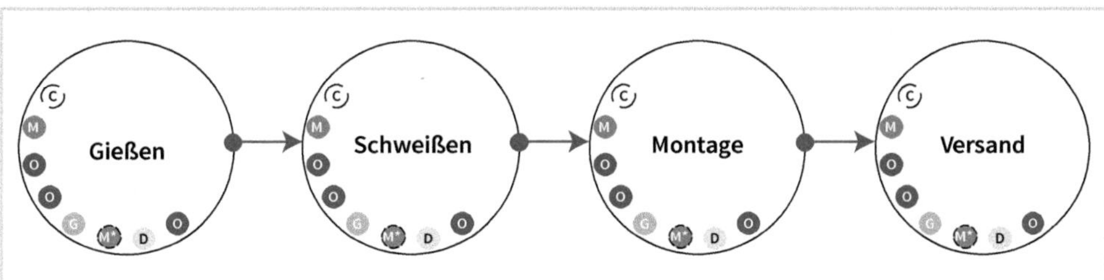

Abb. 98: Exemplarische Darstellung einer linearen und simplen Organisationsstruktur im Wertstrom mit fachlichen Schwerpunkten

Die Teamkonfiguration folgt dem Wertschöpfungsdesign und dem Fluss der Kooperationsstruktur, entsprechend dem bekannten Designprinzip »form follows function«. Das bewusst triviale Beispiel macht den Unterschied zu einem hierarchischen Organigramm deutlich, das lediglich darstellt, welche Zuständigkeitsbereiche in einer Organisation existieren, und welche Personen für welche Gruppen von Mitarbeitenden, Abteilungen und Bereiche disziplinarisch oder fachlich verantwortlich zeichnen. In welcher Art und Weise die Kooperation und die Wertschöpfung strukturiert und organisiert werden, bleibt unbeantwortet. Ein vollständiges Organisationsmodell bezieht zusätzlich auch unterstützende Fachbereiche wie Human Capital (Personalbereich), Finanzen, IT, Vorstand oder Forschung&Entwicklung eines Unternehmens mit ein.

Das Design eines oder mehrerer Wertströme, die ihrer Unternehmensgröße, dem Leistungsportfolio oder der geografischen Verbreitung entsprechend aufgebaut sind, unterstützt ein übergreifendes Verständnis aller Mitarbeitenden in der Art und Weise der Kooperationsabläufe. Die Visualisierung des Unternehmens in Form von Wertströmen ist der reinen Nutzung von Geschäftsprozessmodellen überlegen, da ihr Informationsgehalt höher ist. Leistungs- und Lieferabhängigkeiten wie auch potenzielle Engstellen im Kooperationsablauf können direkt erkannt und angepasst werden. Eine Prozessbibliothek hingegen schweigt sich darüber aus.

Für die Analyse der Wertschöpfung(en) im Unternehmen und das Design der Wertstromorganisationen sollten Expertinnen hinzugezogen werden, die im Rahmen partizipativer Workshops gemeinsam mit den Fachexpertinnen der Organisation zusammenarbeiten. Auch hier ist die Simulation der realen Kooperation ein geeignetes Mittel, um ein gemeinsames Verständnis der am besten geeigneten Kooperationsstruktur zu entwickeln. Bei der Entwicklung von Wertströmen spielt die Verantwortliche der Elementarrolle **Coordination C** eine tragende Rolle. Sie sorgt für die Vorbereitung und Durchführung der oben genannten Workshops sowie für die Veröffentlichung und kontinuierliche Anpassung der Visualisierungsergebnisse.

Value Streams vs. Scaled Agile Framework (SAFe) & Co.

In den vergangenen Jahren hat sich u. a. die Nutzung von Methodensammlungen, wie z. B. SAFe, weltweit rasant durchgesetzt. Allen voran propagiert SAFe den Aufbau von Value Streams. Auch wenn es derselbe Begriff ist, den auch wir verwenden, so sind der Fokus und die Ausrichtung des Verständnisses innerhalb von SAFe gänzlich anders. In SAFe existieren Value Streams (Wertströme) ausschließlich im Kontext der Entwicklung von Softwareprodukten oder -lösungen. Die Bedeutung von Software und IT insgesamt ist im Rahmen der Digitalisierung und der Durchdringung von KI in allen Lebens- und Wirtschaftsbereichen unbestritten dominierend. Unternehmen benötigen dennoch ein Design von Value Streams, das alle Bereiche und Fachgebiete der Organisation integriert und sich nicht ausschließlich aus der Perspektive der IT definiert. Wir hoffen, dass es den Autoren der Methodensammlungen von SAFe&Co. in Zukunft möglich sein wird, einen entsprechenden Perspektivwechsel durchzuführen.

Environmental Interaction Network (EIN)

Das oben genannte Beispiel eines Wertstroms hat sich an der Wertschöpfung eines Produktionsbetriebes orientiert, der von Fertigungsprozessen und Logistik geprägt ist. Das bedeutet, dass die Interaktionsdynamik des Unternehmens stark vom Fertigungsverlauf geprägt ist. Je nach Kontext kann die Interaktionsdynamik mit dem Unternehmensumfeld bzw. der -umwelt von einer Vielzahl von Faktoren und Interaktionspunkten beeinflusst sein. Das führt nicht nur zu multiplen Wertströmen, sondern auch zu einer höheren Frequenz notwendiger Anpassungen; denn sie sind nicht von den Limitierungen eines Produktionsprozesses, z.B. in der Fahrzeugindustrie, geprägt. Den Geschäftsprozess zur Kreditvergabe einer Bank anzupassen, stellt eine geringere Komplexität dar als die Produktionsprozesse eines Elektromotors. Sollte diese Analogie hinken, bitten wir Bankkauffrauen und Ingenieurinnen gleichermaßen um Nachsicht.

In Interaktionskontexten mit höherer Anpassungsdynamik ist das Design einer Kombination aus self-selecting Teams anwendbar, die autonome Leistungsbereiche abdecken, sich miteinander vernetzen und übergreifende Wertschöpfungsstrukturen schaffen. Dabei ist der Interaktionsfluss zwischen der eigenen Organisation und den darin vernetzten Teams der Faktor, der die Konfiguration der Organisationsstruktur eines **Environmental Interaction Networks (EIN)** formt. Im folgenden Beispiel haben wir einen Teilbereich eines Finanzdienstleistungsunternehmens modelliert. Es soll das Prinzip des Designs einer Organisationsstruktur entlang eines Interaktionsflusses und den darin enthaltenen Interaktionspunkten verdeutlichen.

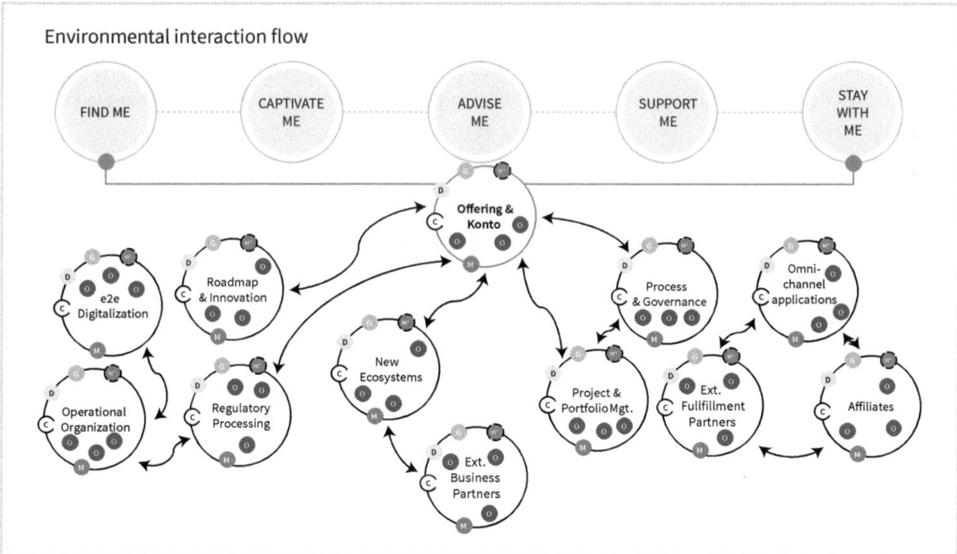

Abb. 99: Illustrative Darstellung einer Organisationsstruktur als Netzwerk autonom-kooperierender Teams

Hybride Organisation

Wechseln wir jetzt die Perspektive: von der Konfiguration einzelner Teams von Fachexpertinnen zur Strukturierung ganzer Organisationsbereiche. Nur in ausgesprochen seltenen Fällen ist es Unternehmen möglich, eine Organisationsstruktur für alle Teams und Themengebiete gleichzeitig zu definieren und zu etablieren, die auf Anpassungsfähigkeit und Umweltdynamik ausgerichtet ist. Neugründungen oder Start-ups haben die seltene Chance, »auf der grünen Wiese« zu beginnen. In den überwiegenden Fällen sind Unternehmen aber gezwungen, aus einer bestehenden, meist hierarchischen Struktur sukzessive in eine anpassungsfähigere zu transformieren. Im Gegensatz zu allgemein bekannten Blaupausen, sogenannten agilen Organisationsstrukturen, auf die wir noch zu sprechen kommen, können Sie mithilfe der Elementarrollen auch mit jenen Bereichen eines Unternehmens kooperieren, die den Wechsel noch nicht vollzogen haben oder nicht vollziehen wollen.

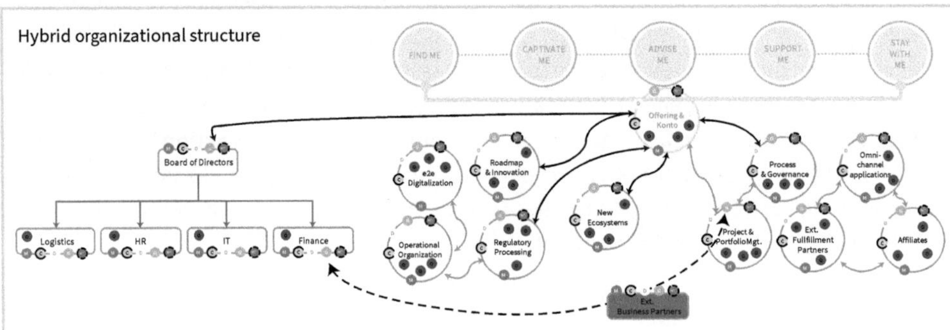

Abb. 100: Organisationsstrukturen, die hierarchische Abteilungen und autonom-kooperierende Teams in Kooperation halten

Um diese Kopplung zwischen autonom-kooperierenden Netzwerkteams und klassischen Abteilungsstrukturen zu etablieren, müssen die weiterhin traditionell organisierten Unternehmensbereiche nur eine einzige Anpassung vornehmen: Die disziplinarischen bzw. fachlichen Führungskräfte der »Klassiker« vereinen die Elementarrollen **G, D, M, M*** und **C** auf ihre Person und sind zentrale Ansprechpartnerinnen für jede Ansprechpartnerin der Netzwerkstruktur. Damit verändert sich explizit an den Verantwortungsbereichen für die klassische Führungskraft nichts. Sie ist ohnehin der **Single Point of Contact (SPOC)** für alle Managementfragen und -entscheidungen.

Die wesentlichen Unterschiede liegen darin, dass:

- die Führungskraft die explizite Struktur des Liquid-Leadership-Modells nutzt, um ihre Kooperation und Kommunikation mit den Netzwerkteams zu organisieren und
- die Kooperationsrituale der autonomen Teams, wie z. B. das **Ops-Meeting** oder das **QBR**, nutzt, um mit den Netzwerkteams in Interaktion zu treten.

Diese hybride Organisationsstruktur ermöglicht es, eine funktionierende Zusammenarbeit der verschiedensten Unternehmensbereiche aufrechtzuerhalten bzw. zu etablieren. Gleichzeitig wird ein »Big Bang« vermieden. Einige Unternehmen haben versucht, die gesamte Organisation zu einem Stichtag in ein neues **Target Operating Model (TOM)** umzustellen. Diese Umstellung in einem Big Bang wurde in ihrer Logik mit einer Reorganisation verwechselt. Es führte dazu, dass die Mitarbeitenden schlagartig über einen unkalkulierbar langen Zeitraum in einen Zustand der Instabilität versetzt wurden. Die Konsequenz war, dass die gesamte Organisation mit sich selbst beschäftigt blieb, da weniger die neue Organisationsstruktur verstanden werden musste, sondern das viel umfangreichere und in seinen Auswirkungen weitreichendere neue Kooperationsmodell: neue Rollen, neue Zuständigkeiten, neue Methoden und Rituale. All das wie beim Umlegen eines Lichtschalters zu aktivieren, führt zu einem schmerzhaften Stromstoß. Davon müssen sich alle betroffenen Mitarbeiterinnen erst einmal erholen.

Diese Auswirkungen haben schon sehr oft zu einer umfangreichen Dysfunktionalität im Unternehmen sowie zur negativen Wahrnehmung von Sinn und Intention einer Transformation geführt. Der Rückfall in die bisher etablierten Kooperationsformen war ebenfalls eine weitverbreitete Konsequenz, damit die Mitarbeitenden überhaupt wieder in die Lage versetzt wurden, ihr operatives Geschäft aufrechtzuerhalten.

Loosely coupled, but tightly aligned

Alle hier vorgestellten Varianten teilen das Prinzip der losen Kopplung autonomer Teams. Das ist relevant, damit schon begrifflich manifestiert wird, dass die Kopplungen der Teams untereinander auf Anpassungen ausgerichtet sind. Die Kopplungen sind aber trotzdem stabil, sobald sie etabliert sind. Sie werden durch eine gemeinsame Governance, eine strategische Ausrichtung, einen übergreifenden Sinn und eine damit einhergehende Intention zusammengehalten (Adhäsion). Dies lässt sich mit dem Grundsatz »loosely coupled, but tightly aligned« zusammenfassen. Die Verbindlichkeit der Kooperation wird im Rahmen der Gesamtstrategie definiert und im **QBR** angepasst bzw. bestätigt. So ist eine grundsätzliche Stabilität der Kooperationsformen und Organisationsstrukturen gewährleistet, ohne einer starren Struktur unterworfen zu sein.

Teamgrößen

Arbeiten Fachexpertinnen partizipativ an der Konfiguration der notwendigen Teams, stellt sich immer die Frage nach der maximalen oder minimalen Mitgliederanzahl je Team. Um diese äußerst relevante Frage zu beantworten, können folgende Orientierungshilfen hinzugezogen werden. Sie sollten im Zusammenhang mit der Kalkulation der Netto- bzw. der Interaktionskapazität verwendet werden, die wir im **I. Zyklus** vertieft haben.

Dunbar's Number

Als Dunbar-Zahl ist eine soziale Theorie bekannt, die vom britischen Anthropologen Robin Dunbar entwickelt wurde. Sie besagt, dass es eine natürliche Grenze für die Anzahl stabiler sozialer Beziehungen gibt, die ein Mensch aufrechterhalten kann. Da wir uns bei der Teamkonfiguration vor allem mit Interaktionspunkten und der Kooperation der Teammitglieder beschäftigen, betrachten wir insbesondere die Beziehungsstruktur der Fachexpertinnen untereinander und mit ihrer Umwelt. Die häufig zitierte Dunbar-Zahl liegt bei etwa 150. Das bedeutet, dass ein Mensch in der Lage ist, ungefähr 150 stabile soziale Beziehungen zu pflegen. Diese Beziehungen können Freundschaften, familiäre Verbindungen oder berufliche Kontakte umfassen. Innerhalb dieser 150 Beziehungen gibt es jedoch unterschiedliche Beziehungskontexte mit unterschiedlichen Größen:

1. Engster Kontext (5 bis 15 Personen): Das ist der innerste Kreis von Freundinnen und Familienmitgliedern, zu denen eine Person eine besonders enge Bindung hat. Eine Bindung ist eine qualitativ hochwertige Beziehung, die auf einem hohen Maß an Vertrauen basiert und damit Komplexität reduziert.
2. Sympathiekontext (ca. 50 Personen): Das sind Menschen, mit denen man sich emotional verbunden fühlt und die man regelmäßig trifft oder kontaktiert, aber nicht so eng wie im engsten Kreis.
3. Aktueller Kontext (ca. 150 Personen): Dieser erweiterte soziale Kreis beinhaltet Bekannte, Kolleginnen und andere Kontakte, mit denen man in Verbindung bleibt, wenn man nicht zwingend in einem regelmäßigen Austausch steht.

Kontakte aus sozialen Netzwerken spielen nur dann eine Rolle, wenn sie einer der vorgenannten Qualitäten zugeordnet werden können.

Dunbar's Number basiert auf anthropologischen Untersuchungen sozialer Gruppen in verschiedenen Kulturen und auf der Beobachtung, dass die Größenordnung der sozialen Gruppen bei Primaten, zu denen ja auch der Mensch gehört, relativ konstant ist. Die Theorie hat auch Auswirkungen auf soziale Interaktionen im digitalen Zeitalter, da sie darauf hinweist, dass es natürliche Grenzen für die Anzahl der Kontakte oder Interaktionspunkte gibt, die eine Person effektiv pflegen kann. Das gilt unabhängig von der scheinbar unbegrenzten Reichweite digitaler Kommunikationsmöglichkeiten und sozialer Medien (BBC Future 2019).

Bei der Konfiguration von Teams und Wertstromgrößen sollten die Qualität und die Intensität der Beziehungen der Fachexpertinnen untereinander, in der Organisation und der Umwelt einbezogen werden, um eine kommunikative Überlastung zu vermeiden.

Magic 7 +/- 2

Die »Miller'sche Zahl«[29] bezieht sich auf das Konzept der »Magischen Zahl 7 +/- 2«, das von George A. Miller, einem amerikanischen Psychologen, in den 1950er Jahren entwickelt wurde. Dieses Konzept beschreibt die kognitive Fähigkeit des Menschen, Informationen in seinem Kurzzeitgedächtnis zu verarbeiten. Wir haben sie schon im **I. Zyklus** kennengelernt.

Die Magische Zahl 7 besagt, dass der Mensch in der Lage ist, etwa sieben Informationen (wie Buchstaben, Zahlen oder Wörter) plus/minus zwei zu behalten und zu verarbeiten. Das bedeutet, dass die Kapazität des Kurzzeitgedächtnisses im Allgemeinen auf etwa fünf bis neun

29 Quelle: In: Christian Glaser, Risiko im Management, Springer Fachmedien Wiesbaden. 2019

Elemente begrenzt ist. Miller argumentiert, dass diese Kapazitätsbegrenzung dazu führt, dass Menschen Informationen in sogenannten »Chunks« organisieren. Ein Chunk ist eine Einheit von Informationen, die als solche wahrgenommen wird. Zum Beispiel kann eine Telefonnummer von zehn Zahlen in zwei Chunks aufgeteilt werden: die Vorwahl und die verbleibenden Zahlen. Diese Chunks können leichter im Kurzzeitgedächtnis behalten werden.

Die Miller'sche Zahl hat darüber hinaus eine Bedeutung für die Größe von Teams in Bezug auf die vorgenannte kognitive Kapazität von Teammitgliedern. Diese Erkenntnis kann auf die Teamgröße angewendet werden, insbesondere in kontextbezogenen Situationen:

1. Kommunikation und Koordination: In größeren Teams können die Kommunikation und die Koordination anstrengend und ermüdend werden. Jedes Teammitglied muss Informationen von und zu anderen Mitgliedern übertragen und erarbeiten bzw. generieren. Ist das Team zu groß, kann das zu Informationsverlusten oder Verzögerungen führen. Die Magische Zahl 7 kann als grobe Richtlinie dienen, um die Teamgröße so zu begrenzen, dass die effektive Kommunikation und Koordination gewährleistet sind.
2. Effektive Entscheidungsfindung: In größeren Teams kann es schwierig sein, effiziente Entscheidungsfindungsprozesse zu implementieren, da mehr Personen involviert sind und die Meinungsverschiedenheiten zunehmen können. Das Arbeiten in kleineren Teams, die innerhalb der Miller'schen Zahl liegen, kann es vereinfachen, konsensuale Entscheidungen zu treffen und schnell voranzukommen. Die Anwendung der Elementarrollen reduziert diesen Faktor allerdings, da nicht jede Person in einem Team an allen Fragestellungen beteiligt sein muss. Die eindeutige Verantwortungsaufteilung erleichtert Entscheidungsprozesse.
3. Individuelle Beiträge: In größeren Teams können einzelne Beiträge und Verantwortlichkeiten weniger sichtbar werden, was zu einer geringeren individuellen Verantwortung und Motivation führen kann. Kleinere Teams ermöglichen es den Mitgliedern, klarere Rollen und Verantwortlichkeiten wahrzunehmen und sich besser auf ihre Aufgaben zu konzentrieren. Auch hier leisten die Elementarrollen einen positiven Beitrag, da der Aspekt der Verantwortlichkeiten einheitlich strukturiert und für jedes Teammitglied transparent ist.

Es ist wichtig zu beachten, dass die Anwendung von Dunbar's Number und der Magic 7 +/- 2 nicht in allen Situationen und für alle Arten von Teams geeignet ist. Die tatsächliche optimale Teamgröße hängt von vielen Faktoren ab. Dazu gehören die Art der Aufgabenstellung, die Komplexität des interagierenden Umfeldes, die Fähigkeiten der Teammitglieder, die Nachvollziehbarkeit der Kooperationsstruktur und natürlich der Grad der psychologischen Sicherheit im Team selbst. Insgesamt sind diese Konzepte nützliche Orientierungshilfen für die Konfiguration von Teams und Teamgrößen. Sie sollten stets zusammen mit anderen Faktoren berücksichtigt werden, die wir z. B. im **I. Zyklus** erörtert haben, und die anhand der Erkenntnisse und Entwicklungen der operativen Praxis kontinuierlich überprüft und nötigenfalls angepasst werden.

Tipps, Tricks und Erfahrungen

Für welche anpassungsfähige Organisationsstruktur (AOM: Adaptable Operating Model) entscheiden Sie sich zusammen mit Ihren Kolleginnen im Team, in den kooperierenden Teams oder im Rest Ihres Unternehmens? Um das herauszufinden, sollten Sie folgende Vorgehensweise anwenden:

- Entwickeln Sie ein zukünftiges AOM partizipativ mit allen Mitarbeitenden oder den gewählten Verantwortlichen der Elementarrollen in ergebnisoffenen Workshops.
- Simulieren Sie die Entwürfe und Entwicklungsstadien des AOM durch Simulationen von Anwendungsfällen, Geschäftsprozessen und Arbeitsabläufen.
- Entwickeln Sie das AOM in iterativ-inkrementellen Schritten.
- Entwerfen Sie ein finales AOM lediglich als Orientierungshilfe für alle Beteiligten und Betroffenen und nicht als definitives Zielbild der zukünftigen Struktur.
- Pilotieren Sie diskrete Entwicklungsstufen des AOM mit interessierten Mitarbeitenden und deren Teams im operativen Realbetrieb.
- Bauen Sie vor der Pilotierung die notwendigen Grundkenntnisse und Fähigkeiten bei den Mitarbeitenden auf, die sich für einen derartigen »Laborversuch« zur Verfügung stellen.
- Werten Sie die Erfahrungen und Erkenntnisse der im Piloten engagierten Mitarbeiterinnen strukturiert aus und passen Sie das AOM entsprechend an.
- Etablieren Sie das AOM in der Organisation schrittweise, um den notwendigen Zustand der temporären Instabilität für die Mitarbeiterinnen in den Teams möglichst kurz und verkraftbar zu halten.
- Entwickeln Sie einen »langen Atem« bzw. halten Sie geduldig und mit stoischer Konsequenz an der Etablierung des AOM fest.
- Führen Sie regelmäßig kollektive und individuelle Reflexionsrunden und Retrospektiven durch, um sicherzustellen, dass Sie sich nicht verrennen, in alte Verhaltensmuster zurückfallen, Widerstände unter den Mitarbeitenden ignorieren oder einer Selbsttäuschung, Selbstüberschätzung oder Überforderung zum Opfer fallen.

Fazit

Die hier beschriebenen Designvariationen für die Konfiguration kontextspezifischer Organisationsstrukturen sind als Anregungen gedacht. Sie sollen die Gestaltungsmöglichkeiten verdeutlichen, die durch die Bausteine, Elemente, Perspektiven und Elementarrollen des Liquid-Leadership-Modells möglich sind. Der Vorteil dieser Gestaltungsmöglichkeiten liegt in der Praxisnähe, -tauglichkeit und Individualisierbarkeit des Organisationsmodells an die spezifischen Gegebenheiten und Notwendigkeiten eines Unternehmens.

Die Organisationsmodelle, die z. B. aus Methodensammlungen wie SAFe und Co. resultieren oder auf Blaupausen, wie dem sogenannten Spotify-Modell, aufbauen, die empirisch in ihrer

Funktionsfähigkeit nicht validiert sind, bieten diese Möglichkeiten nicht.[30] Anstelle einer als Standard vorgegebenen Organisationsstruktur ermöglichen die hier beschriebenen Bausteine und Elemente eine Lingua franca für das Design eines Organisationsmodells, das auf kybernetischen Grundlagen basiert und dennoch individuell ist. Zusätzlich ist es jederzeit an Veränderungen anpassbar und rekonfigurierbar, ohne seine Logik und Konsistenz zu verlieren.

Für die folgenden Beschreibungen treffen wir die Annahme, dass Sie ein Netzwerk autonom-kooperierender Teams bilden, das sich am Interaktionsfluss einer dynamischen Umwelt ausrichten muss und kann.

5.3 Step XI: Adjust Governance@Scaled

Abb. 101: Baustein Adjust Governance

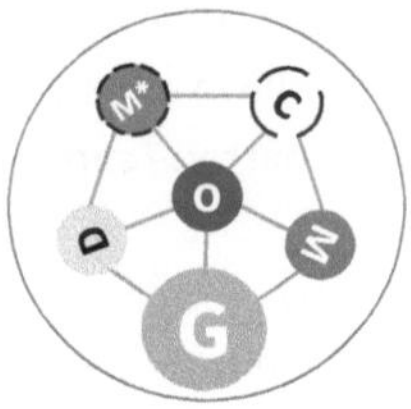

Abb. 102: Selbstorganisiertes Team mit der Elementarrolle Governance G im Lead bei der Koordinierung einer unternehmensweiten Team-Charta als Grundlage für darauf aufbauende Governance-Vereinbarungen in Teams und Wertströmen

30 Im Rahmen der Recherche zu diesem Buch konnten keine empirischen oder wissenschaftlichen Belege für die Wirksamkeit dieser Modelle gefunden werden. Grund ist u. a., dass es beispielsweise zum Spotify-Modell keine einheitliche und damit vergleichbare Implementierung gibt. Unternehmen tendieren dazu, Variationen zu definieren und einzuführen (Mahnke 2021).

5.3.1 Kontext

Durch die Definition und kontinuierliche Weiterentwicklung der **Team-Charta** haben Sie in Ihrem Team einen grundlegenden Baustein gebildet. Sie können mit den benachbarten und entstehenden autonomen Teams die Art und Weise der übergreifenden und interdisziplinären Kooperation vereinbaren. Die Struktur der **Team-Charta** ist in jedem benachbarten Team identisch und es werden dieselben Elementarrollen wie in Ihrem eigenen Team genutzt. Allein dieser Umstand ermöglicht eine spontane Kooperation, da die Beteiligten bereits wissen, welche korrespondierenden Ansprechpartnerinnen bei spezifischen Fragestellungen kontaktiert oder konsultiert werden können.

5.3.2 Vorgehen

Um übergreifende Kooperationsvereinbarungen entwickeln, vereinbaren und kontinuierlich anpassen zu können, sind folgende Erweiterungen nötig.

a) Ergänzung der Verantwortungsbereiche der Elementarrollen um ein interdisziplinäres Segment: Bisher enthalten die Steckbriefe der Elementarrollen die Segmente »generell« und »spezifisch«. Das generelle Segment beinhaltet die Verantwortungsbereiche der Elementarrolle auf unternehmensweit einheitlicher Definition. Das spezifische Segment enthält die Verantwortungsdetails, die eine Elementarrolle im Kontext der Aufgabenstellung eines Teams für sich benötigt und im Rahmen des **Governance Meetings** festgelegt hat. Das zusätzliche, interdisziplinäre Segment nimmt die zusätzlichen Verantwortungsbereiche oder Kompetenzen auf, die eine Elementarrolle in einem Team abdecken oder aufnehmen muss, um die Kooperation mit einem benachbarten Team und ihrer korrespondierenden Elementarrolle sicherstellen zu können.

b) Übergeordnete und allgemeine, unternehmensweit verbindliche regulatorische und juristische Vorgaben werden explizit aufgenommen und die Vorgehensweise zur Einhaltung im individuellen Kontext des Teams wird erläutert. Das gilt gleichermaßen für Unternehmensrichtlinien und Standardisierungen, die alle Teams gleichermaßen befolgen müssen. Darunter fallen beispielsweise Richtlinien für die Nutzung der Corporate Identity (CI), der Dokumentationspflichten für Geschäftsprozesse o. ä.

c) Die interdisziplinäre Synchronisierung der **Team-Charta** der vernetzten Teams ist ebenso nötig wie ein gesteuerter Aufbau fachlicher Redundanzen. Die Synchronisierung stellt sicher, dass die Inhalte und Festlegungen der individuellen **Team-Chartas** kollektiv kompatibel sind und keine Dysfunktionalitäten oder verzichtbare Komplikationen und Bürokratisierungen entstehen. Eine gesteuerte Redundanz ist anzustreben, um fachlichen oder kapazitativen Engpässen unter den Mitarbeitenden vorzubeugen. Außerdem kann eine Art doppelter Boden aufgebaut werden, falls bei Erkrankungen oder in Krisen- und Katastrophensituationen der Ausfall einzelner Mitarbeiterinnen, ganzer Teams oder Standorte vorübergehend kompensiert werden muss. Der zweite Schritt ist vor allem unternehmenskritisch, um eine Resilienz gegenüber extremer Umweltdynamik zu gewährleisten. Dieses Vorgehen widerspricht dem weitverbreiteten Effizienzdiktat in Unternehmen. Diese erfahren in Krisensituationen allerdings schmerzlich, wie fragil, also störanfällig, ihre Organisation ist, da Redundanzen meist systematisch eliminiert werden. Dieses Effizienzstreben hat zur Konsequenz, dass in Krisensituationen exponentielle Kosten und Aufwand entstehen, um die Wiederherstellung der operativen Betriebsfähigkeit zu gewährleisten. Über den Aufbau gesteuerter Redundanz ist es möglich, einen ausbalancierten Zustand zwischen Resilienz und Kostenstruktur zu erreichen und damit krisenstabil zu sein.

Die operative Durchführung der vorgenannten Schritte zur interdisziplinären Entwicklung und Abstimmung der Governance wird von den Verantwortlichen der Elementarrolle **Governance G** sichergestellt. Sie sollte bei jeder Neukonstitution eines autonomen Teams erfolgen und im Rahmen der **QBRs** kollektiv aktualisiert und weiterentwickelt werden. Dazu vereinbaren die Rollenverantwortlichen ein übergreifendes **Governance Meeting** und erarbeiten über ein integratives Governance Backlog die kontinuierliche Arbeit.

Diese Kaskadierung und Synchronisierung der Governance mithilfe von Governance Board und **Team-Chartas** wird in der folgenden Darstellung visualisiert.

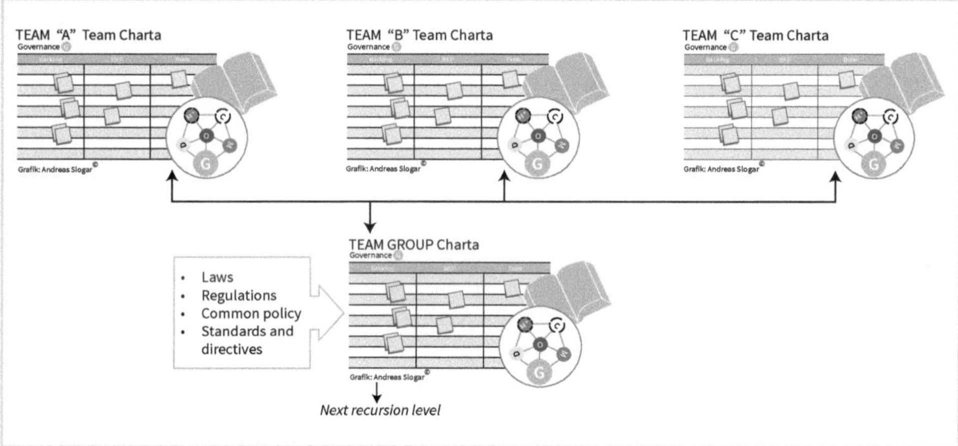

Abb. 103: Skalierte Kaskade aufeinander aufbauender und miteinander synchronisierter Governance-Vereinbarungen

Diese Organisationsweise einer skalierten Kaskade aufeinander aufbauender und untereinander synchronisierter Governance-Vereinbarungen kann über eine selbstähnliche Struktur in Rekursionen erweitert werden. Damit kann ein kontinuierliches Ansteigen der Anzahl autonomer Teams ebenso integriert werden wie die mögliche Entwicklung von Wertströmen. Letztere sind wiederum Gruppierungen spezifischer Teams, die jeweils einen individuellen Beitrag zu Sinn und Intention des Wertstroms leisten. Dieser wiederum verfolgt seinerseits einen Sinn und eine Intention im Kontext der Gesamtorganisation.

Die übergreifende Organisation von Entwicklung und Anpassung dieser Governance-Kaskade kann in Rahmen einer **CoP** sichergestellt und kontinuierlich bearbeitet werden.

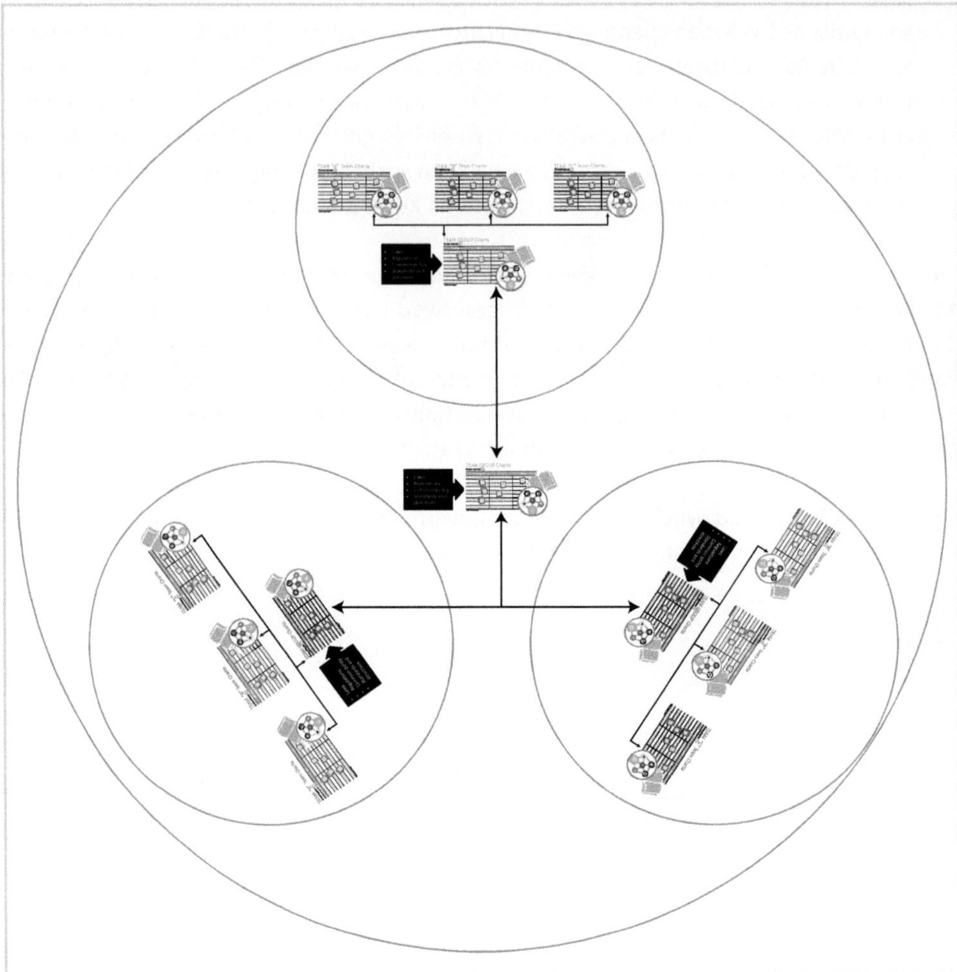

Abb. 104: Skalierte Kaskade von Governance-Vereinbarungen von Teams bzw. Gruppen von Teams im Wertstrom

5.4 Step XII: Provide Capacities & Resources@Scale

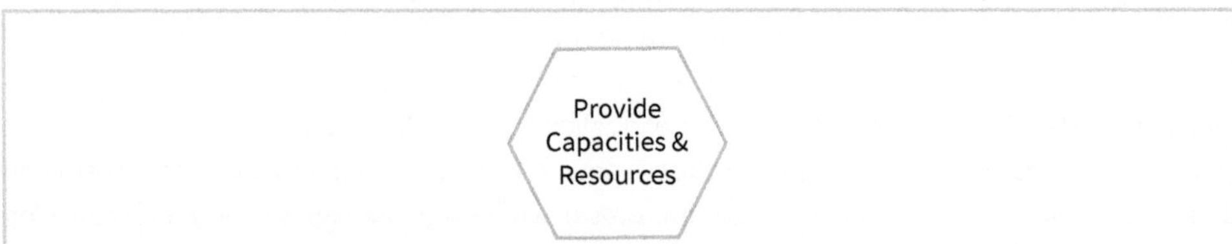

Abb. 105: Baustein Provide Capacities & Resources

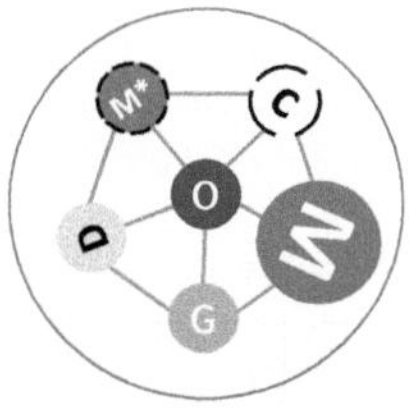

Abb. 106: Selbstorganisiertes Team mit der Elementarrolle Management M im Lead bei der Orchestrierung einer übergreifenden und iterativen Planung in einer skalierten Organisation

5.4.1 Kontext

Unserer Annahme für diesen **II. Zyklus** entsprechend sind der Anspruch an ein übergreifendes Management bezüglich der nötigen Kapazitäten an Mitarbeitenden und deren fachlicher Expertise sowie der Bedarf an Ressourcen gestiegen. Da wir uns nicht mehr auf ein individuelles Team konzentrieren, sondern eine Gruppe kooperierender Teams in einem Wertstrom betrachten, der sich entlang eines Interaktionsflusses mit seiner Umwelt ausrichtet, müssen wir diesen Baustein ausbauen.

5.4.2 Vorgehen

Um diesen gestiegenen, organisatorischen und planerischen Anforderungen gerecht zu werden, wollen wir die folgenden Elemente hinzufügen.

Requirements Deep Dive
Im Rahmen der Einführung des Bausteins **Adjust Strategy** aus dem **I. Zyklus** haben wir uns mit der Kaskade aufeinander aufbauender Ziele mit unterschiedlichen Zeithorizonten (**LTG** > **MTG** > **STG**) befasst. Sie enthalten in kontinuierlich ansteigender Detaillierung eine Konkretisierung der Wirkungen, die in der Umwelt ausgelöst bzw. angestrebt werden sollen. Ergänzend zu dieser Kaskade und um ein gemeinsames Verständnis der fachlichen Inhalte unter einer Vielzahl von beteiligten Fachexpertinnen sicherzustellen, wollen wir detaillierte Beschreibungen zu Art und Umfang der Anforderungen ergänzen. Diese sollen im Rahmen der iterativen oder kontinuierlichen Teamkooperation realisiert werden.

Eine pragmatische Vorgehensweise besteht darin, zu jedem Detaillierungsgrad eines Zielhorizonts einen Leistungsumfang zu beschreiben. Je näher der Zeithorizont, desto höher die Detailtiefe der Anforderungsbeschreibung.

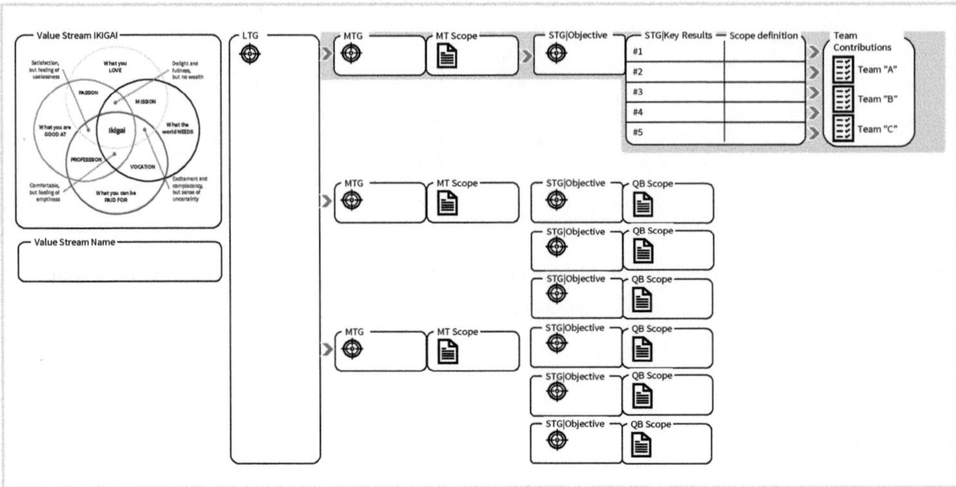

Abb. 107: Korrespondierende Anforderungsbeschreibungen zu den Zielhorizonten

Als ergänzende Detaillierungen zu den Grundlagen des **Liquid Leadership Requirements Canvas** werden die Anforderungsbeschreibungen zu den MTGs (Mid-term Goals) und den daran anschließenden STGs (Short-term Goals) definiert. In der vorstehenden Grafik sind diese Anforderungsbeschreibungen den Zielhorizonten als Scope zugeordnet. Die Anforderungsbeschreibungen erlauben den Fachexpertinnen in den Teams, ihr Umsetzungsvorgehen oder die Lösungsbeschreibung als Contribution zu erarbeiten und in die individuelle Arbeitsplanung des Teams einfließen zu lassen.

Amazon No-PowerPoint Policy

Eine alternative Form der Anforderungsbeschreibung bzw. Lösungskonzeption – wir nennen sie Scope – wurde in der Praxis der Firma Amazon entwickelt. Dabei liegt das Augenmerk des Vorgehens weniger auf einer kontinuierlichen und inkrementellen Entwicklung und Anpassung von Zielen und Anforderungen, sondern auf der konsequenten Konzeption einer Lösungsidee. Sie soll von den Fachexpertinnen und Entscheiderinnen kollektiv verstanden werden.

Ablauf des Workshops

1. **Agenda:** Jeder Workshoptermin hat eine Agenda. Die Agenda wird im Voraus erstellt und an die Teilnehmerinnen verteilt. Sie enthält die wichtigsten Themen, Diskussionspunkte und Ziele des Workshops.
2. **Schriftliche Vorbereitung**: Die schriftliche Vorbereitung ist ein fundamentaler Grundsatz. Die Teilnehmerinnen sollten vor dem Termin alle Dokumente, Berichte oder Präsentationen erhalten, die im Meeting besprochen werden. Das ermöglicht eine effiziente und faktenbasierte Diskussion.
3. **Narrativ statt PowerPoint**: Statt ausführlicher PowerPoint-Präsentationen wird auf die Verwendung schriftlicher Narrative oder Memos gesetzt. Ein Narrativ ist ein maximal sechsseitiges Dokument, das Informationen in erzählerischer Form enthält. Das fördert ein tie-

feres Verständnis des behandelten Sachverhalts und unterstützt eine Diskussion und eine kritische Analyse der vorgestellten Informationen.

4. **Kollektives Lesen**: Alle Teilnehmerinnen lesen in jeweils 30 Minuten die eingebrachten Narrative, die im Rahmen der vorbereiteten Agenda im Workshop erörtert und entschieden werden sollen. Das dient dem Erreichen eines einheitlichen Informationsstandes. Außerdem wird sichergestellt, dass alle Teilnehmerinnen sich mit dem Sachverhalt persönlich auseinandergesetzt haben.
5. **Verständnisfragen klären**: Da in den 30 Minuten des stillen Lesens keine Fragen möglich sind, dient eine anschließende Q&A-Runde der Klärung individueller Fragen.
6. **Decision-Making**: Der Workshop hat das Ziel, Entscheidungen zu treffen. Es gibt klare Verantwortlichkeiten für die Entscheidungsträgerinnen, die am Workshop teilnehmen, um sicherzustellen, dass Entscheidungen getroffen und dokumentiert werden. Die Entscheidungsautorität folgt dem Elementarrollenmodell.
7. **Diskussion und Debatte**: In offenen Diskussionen und Debatten werden verschiedene Standpunkte und Perspektiven ausgetauscht. Die Workshops sollen nicht nur dem Informationsaustausch dienen, sondern auch eine Möglichkeit bieten, Meinungsverschiedenheiten auszuräumen und die besten Lösungen zu finden.
8. **Time Management**: Die Workshops haben festgelegte Zeitrahmen. Die Teilnehmerinnen werden ermutigt, pünktlich zu sein und die Zeit sinnvoll zu nutzen.
9. **Follow-up und Dokumentation**: Nach jedem Workshop werden die Ergebnisse, Aktionsschritte und Verantwortlichkeiten dokumentiert. So wird sichergestellt, dass die getroffenen Entscheidungen umgesetzt werden und, dass die Informationen für alle relevanten Parteien verfügbar sind. Die Elementarrolle **Coordination C** ist für die Moderation, Organisation und Dokumentation verantwortlich.

Die Vorteile dieser Vorgehensweise liegen in der Effizienz der Kooperation und werden von dieser Workshopstruktur hochgehalten. Zusätzlich wird die übermäßige Bürokratie vermieden und die unnötige Teilnahme von Personen wird ausgeschlossen, die nicht direkt mit den Themen des Workshops zu tun haben (Stichwort Meeting-Tourismus).

Eine ganze Reihe von Unternehmen hat, vergleichbar mit Amazon, die Nutzung von PowerPoint-Darstellungen ausgeschlossen, um eine möglichst hohe Informationsqualität sicherzustellen. Sollte dieser Aspekt auch für Ihren Kooperationskontext relevant sein, können Sie das Vorgehen nutzen, um die vorgenannten Anforderungsbeschreibungen zu erstellen, kollektiv zu diskutieren und die Realisierung zu entscheiden.

Adaptable Portfolio Management (APM)

Nachdem wir die Qualität der Aussagekraft der MTGs und STGs durch die Ausarbeitung von Scopes erreicht haben, müssen wir diese noch in den Ablauf von Validierung und Planung einbinden. Dazu dient der Ablauf des APM, der in der folgenden Grafik dargestellt ist.

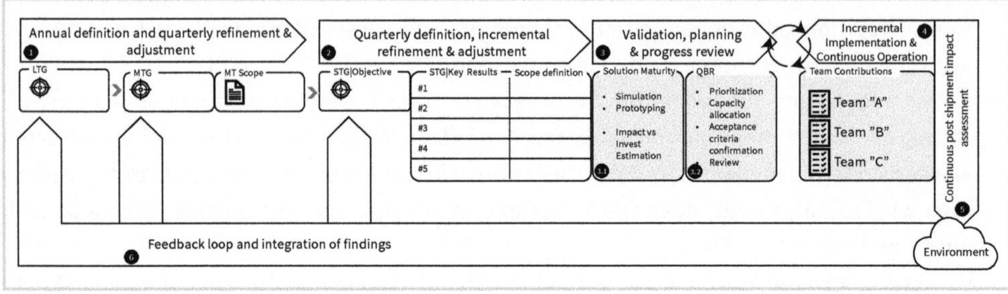

Abb. 108: Generelle Darstellung des APM mit Zielhorizonten, Veredelungs- und Planungsschritten sowie Rückkopplungsschleifen

Phase	Beschreibung
1. Annual definition and quarterly refinement & adjustment	Diese Phase entspricht dem Baustein **Adjust Strategy (AS)** und sollte mindestens jährlich umfassend durchgeführt werden, um eine konsistente, konsequent umzusetzende und unternehmensweit gültige Arbeitsgrundlage und Orientierungshilfe für jede Mitarbeiterin sicherzustellen. Aus **Adjust Strategy (AS)** werden das **LTG** und die korrespondierenden **MTGs** zur Verfügung gestellt. Die **MTGs** werden mit einer dem Zeithorizont entsprechenden Skizze des Anforderungsumfangs (Scope) vervollständigt. So wird ein möglichst umfassendes und einheitliches Verständnis der Fachexpertinnen gewährleistet. Die fokussierten Formulierungen von **LTGs** und **MTGs** erhalten außerdem die nötige Substanz an Informationen und begleitenden Dokumentationen. Diese sind nötig, um eine spätere Planung, Budgetierung, Priorisierung, Lösungsentwicklung und Realisierung vorzubereiten und zu unterstützen.
2. Quarterly definition, incremental refinement & adjustment	Die vom **LTG** und den **MTGs** abgeleiteten **STGs** werden in quartalsweisen Abständen definiert und verfeinert, in Objectives und Key Results formuliert und mit Anforderungsbeschreibungen vervollständigt. Sie werden in partizipativer Kooperation von den Verantwortlichen der Elementarrolle **Development D** und den operativen Fachexpertinnen erarbeitet. Entwicklungsarbeiten an Anforderungen sollten kontinuierlich erfolgen, um für die folgenden Phasen bzw. Iterationen einen entsprechend verwendbaren Reifegrad der **STGs** und der dazugehörigen Anforderungsbeschreibungen für jedes Key Result bereitstellen zu können.

Phase	Beschreibung
3. Validation, planning & progress review	3.1.) Vor der eigentlichen Planung und Übernahme der Realisierung eines Key Results sollte eine Validierung der technischen und fachlichen Machbarkeit erfolgen. Bis zu dieser Phase wird die Erarbeitung von STGs auf rein theoretisch-konzeptioneller Basis durchgeführt. Eine Machbarkeitsprüfung kann durch Simulationen erreicht werden, wie wir sie an verschiedenen Stellen in diesem Handbuch beschrieben haben. Zusätzlich ist die Erstellung eines Prototyps ein probates Mittel, um den Reifegrad einer Anforderung bzw. der detaillierten Beschreibung eines Key Results festzustellen. Diejenigen unter Ihnen, die mit der Methode Design Thinking vertraut sind, kennen die Art und Weise der Nutzung von Prototypen zum Zweck der Validierung einer innovativen Idee. Soll ein Prototyp erstellt werden, ist das im Rahmen des **QBR** einzuplanen, damit die jeweiligen Fachexpertinnen in den Teams die Realisierung des Prototyps in den operativen Ablauf einbinden können. So entstehen keine Sonderbelastungen. Sind die Anforderung und das zugehörige Key Result durch Simulation oder Prototyp validiert, kann die Schätzung von Wirkung und Investitionskosten erfolgen. Diese zusätzlichen Informationen sind für den nächsten Schritt relevant. 3.2.) Aufbauend auf den Ergebnissen von Schritt 3.1. wird der **QBR** vorbereitet. Dazu werden die Key Results zunächst relativ zueinander priorisiert. Dafür kommen die Priorisierungsmethoden zur Anwendung, die wir im **I. Zyklus** in **Kapitel** 5.7.6 **Target Measures** vorgestellt haben. Zusätzlich wird eine Schätzung der Fachexpertinnen für die benötigten Kapazitäten und Ressourcen vorgenommen. Mit dieser Arbeitsvorbereitung ist es nun möglich, das eigentliche **QBR** durchzuführen, in das, neben neuen **STGs**, der Fortschritt, die Ergebnisse und Erkenntnisse der Anforderungen einbezogen werden, die sich bereits in der Realisierung befinden.
4. Incremental Implementation & Continuous Operation (IICO)	Im Anschluss an das **QBR** erstellen die Fachexpertinnen in ihren Teams die konkrete Arbeitsplanung in iterativer oder kontinuierlicher Logik. Welche Vorgehensweise im Kontext des Teambeitrags angemessen ist, entscheiden die Fachexpertinnen in Kooperation mit der Verantwortlichen der Elementarrolle **Coordination C**. Sie legen auch die passende Methode fest. Das Vorgehen des **IICO** haben wir bereits im **I. Zyklus, Kapitel** 5.7.2 **Collective Heartbeat** vorgestellt.
5. Continuous post shipment impact assessment	Sind anwendbare bzw. auslieferbare Entwicklungs- oder Arbeitsergebnisse zum Abschluss einer Iteration oder eines Inkrements verfügbar, wird deren Wirkung bei den Abnehmerinnen bzw. Nutzerinnen etc. gemessen. Nur über eine konsequente und kontinuierliche Messung oder Evaluierung von Akzeptanz, Wirkung oder Konsequenzen der Arbeitsergebnisse ist eine Rückkopplung möglich. Die kontinuierlich laufende Strategieumsetzung und Anforderungsrealisierung können so an Veränderungen der Umwelt angepasst werden.

Phase	Beschreibung
6. Feedback loop and integration of findings	Liegen Messergebnisse aus Phase 5 vor, werden diese je nach Qualität und Relevanz entweder in die Anpassung und Weiterentwicklung der strategischen Ausrichtung einbezogen oder in die taktische Planung und operative Realisierung aufgenommen. Die Phase der Integration ist von verschiedenen Faktoren abhängig: Handelt es sich beispielsweise um eine regulatorische Anforderung, die in drei Jahren erfüllt sein muss? Geht es um die Verknappung eines Rohstoffs, die sich auf die laufende Planung im nächsten Quartal auswirkt? Oder geht es um einen Produktionsfehler, der unmittelbar im laufenden Realisierungsprozess behoben werden muss? Die sechs Phasen und Aktivitäten des **APM**-Flows entsprechen im zeitlichen Ablauf dem **Collective Heartbeat**, den wir im Rahmen des **II. Zyklus** zum **Corpoarte Heartbeat** »befördern« wollen. Davon ausgehend, dass sich in unserem Szenario mehr und mehr autonome Teams bilden und beispielsweise zu Wertströmen formen, ist ein unternehmensweit einheitlicher Rhythmus der Kooperation notwendig. Operative Realisierung und Zusammenarbeit, strategische Ausrichtung und taktische Planung können damit synchron gehalten werden.

Tab. 11: Eingabe Tabellenbeschriftung

QBR-Struktur und Agenda

Im **I. Zyklus** haben wir uns mit den Vorteilen und Möglichkeiten eines **Quarterly Business Reviews (QBRs)** befasst. Im Kontext multipler Teams, einer Vielzahl an Beteiligten und Themengebieten, die in der Kooperation in einem Wertstrom anfallen, sind die konkrete Vorbereitung, die effiziente Durchführung und konsequente Nachbereitung eines **QBR** unabdingbar. Die positiven Aspekte und Impulse einer partizipativen Planung durch möglichst viele Fachexpertinnen, Verantwortliche der Elementarrollen sowie interne und externe Stakeholder erfordern eine disziplinierte Organisation und Orchestrierung.

Die Struktur und der zeitliche Umfang eines **QBR** sind von der Themenvielfalt der zu planenden Inhalte bzw. der zu validierenden Ergebnisse abhängig. Eine allgemeingültige Formel existiert nicht. Da es sich bei einem **QBR** um ein komplexes Ereignis handelt, an dem eine Vielzahl von Akteuren mitwirkt, sollten Struktur und Zeitumfang kontinuierlich angepasst werden. Es sollte eine Balance zwischen Aufwand und Wirkung geben.

Die in der folgenden Grafik exemplarisch dargestellte Struktur und zeitliche Ausdehnung von fünf Tagen Vorbereitung, zwei Tagen Durchführung und einem Tag Nachbereitung ist daher als Anregung zu verstehen. In verschiedenen Methodensammlungen wird ein deutlich höherer Zeitaufwand empfohlen. Aus unserer Sicht sollte er individuell an die Bedürfnisse der Organisation angepasst werden.

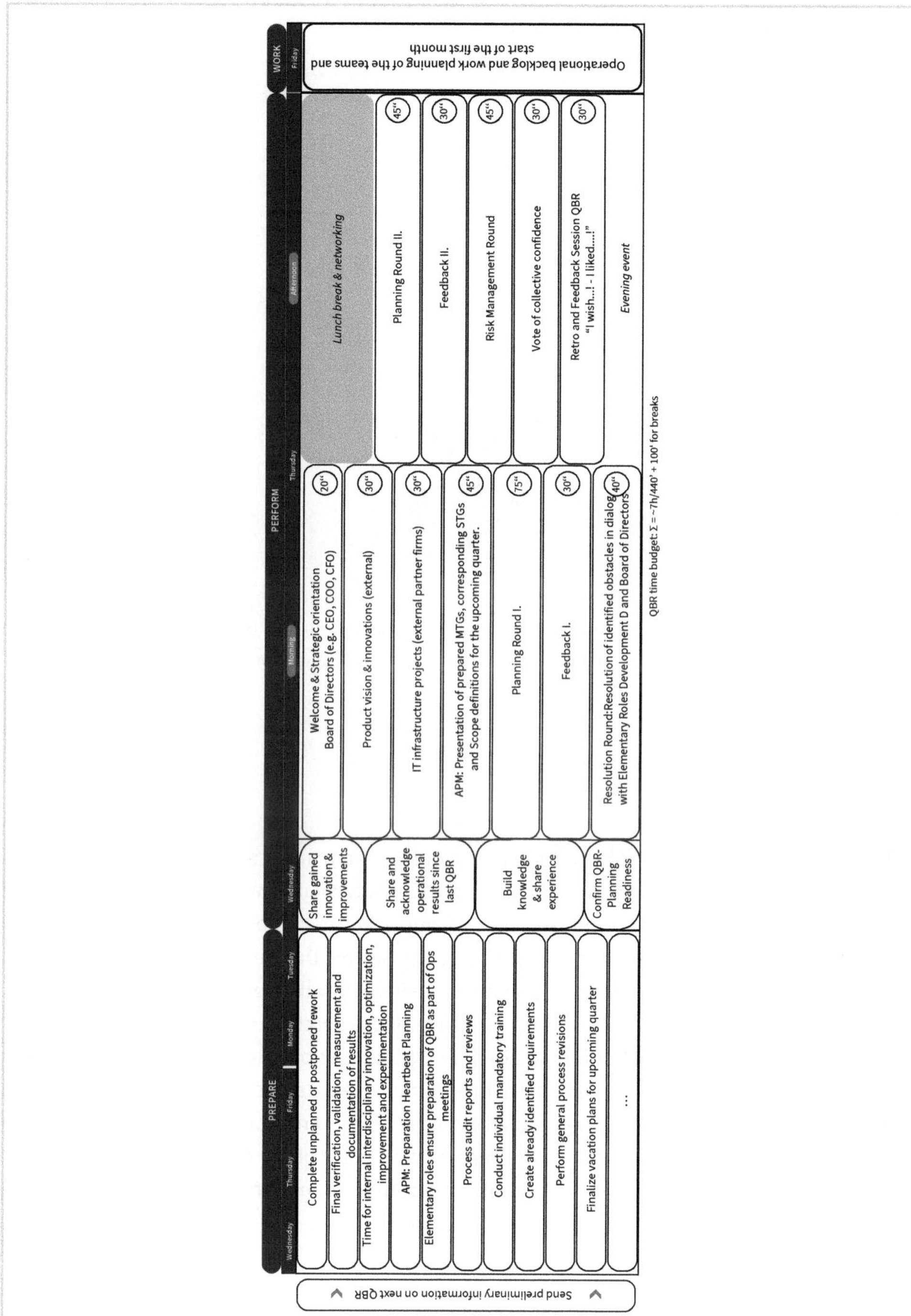

Abb. 109: Exemplarische Orientierungshilfe für die Struktur und den zeitlichen Umfang eines QBR (Quarterly Business Review)

5.5 Step XIII: Coordinate@Scale

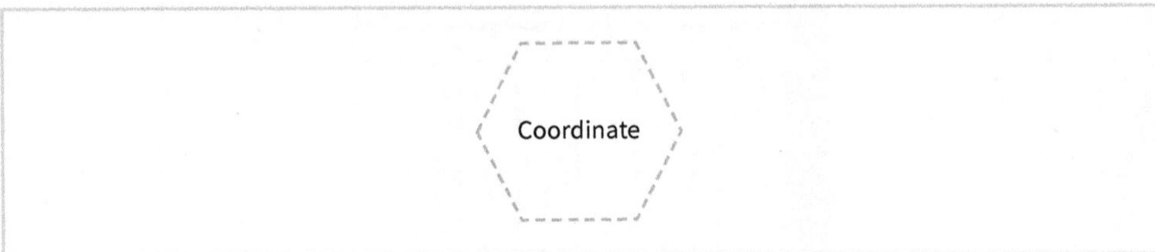

Abb. 110: Baustein Coordinate

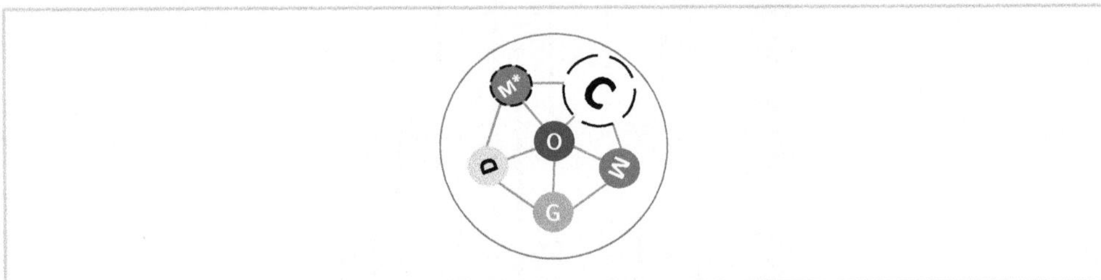

Abb. 111: Selbstorganisiertes Team mit der Elementarrolle Coordination C im Lead bei der Sicherstellung einer interdisziplinären Kommunikation und Kooperation in einer skalierten Organisation

5.5.1 Kontext

Unabhängig davon, wie viele Mitarbeiterinnen in einem Team arbeiten, ist die Kommunikation der Dreh- und Angelpunkt jeder Kooperation.[31] Je mehr Mitarbeiterinnen jedoch beispielsweise in einem Meeting über eine bestimmte Fragestellung diskutieren, desto größer ist die Notwendigkeit, die Kommunikation in geordneten Bahnen zu halten. Das liegt nicht nur an der Miller'schen Zahl (7 +/- 2), sondern auch an den individuellen Charakteren, die mehr oder weniger Redezeit und Aufmerksamkeit für sich beanspruchen, die durch ihre Introversion oder Extroversion mehr oder weniger Gehör finden oder die Diskussion dominieren. Zusätzlich tendieren größere Personengruppen dazu, einen Sachverhalt in allen Details, den unterschiedlichsten Perspektiven und ihren individuellen Bedenken oder Vorlieben ausufern zu lassen. Derartige Meetings enden nicht selten ergebnislos, verursachen zusätzliche Abstimmungsrunden und damit weiteren Zeitaufwand sowie potenzielle Frustration unter den Teilnehmerinnen, die ein konkretes Ergebnis oder eine Entscheidung benötigen.

31 Außer man ist Buchautorin, dann ist Kommunikation vor allem ein innerer Dialog. ;)

5.5.2 Skalierte Kommunikation

Das Erzielen von Ergebnissen und das Treffen von Entscheidungen wird im **Liquid-Leadership-Modell** grundsätzlich von den Verantwortlichen für die Elementarrollen gestaltet. Genauso entscheidend sind der Austausch der Expertinnen zu bestimmten Themen und Aufgaben sowie die gegenseitige Beratung und Unterstützung. Gemeinsame Problemlösungen können in einem Team nur entwickelt und realisiert werden, wenn ein gemeinsames Verständnis ermöglicht wird: nicht nur über Dokumentationen und Konzepte, sondern vor allem über Gespräche und den Austausch von Überlegungen, Wissen, Erfahrungen und Ideen. Es gilt also, eine Balance zwischen der Kommunikation, der Koordination und der Kreation in kleinen wie in großen Personengruppen herzustellen. Dazu benötigen wir drei Hauptelemente, die folgende Fragen beantworten:

1. Wann, wie oft und wie lange kommunizieren wir miteinander und wer ist dafür nötig?
2. Wie kommunizieren wir miteinander und welche Struktur unterstützt uns dabei?
3. Wie stellen wir fest, ob unsere Kommunikationswege und -formen unsere Kooperation wirksam unterstützen und fördern?

Corporate Heartbeat

Im Zuge der Terminkoordination im Team haben wir bereits den **Kooperationskalender (Team Schedule)** vorgestellt. Auf der Ebene von Teamgruppen oder einem Wertstrom nennen wir dieses Werkzeug der Verantwortlichen für die Elementarrolle **Coordination C** den **Collective Heartbeat**. Werden alle Wertströme sowie alle Bereiche und Abteilungen eines Unternehmens in die Logik strategischer Ausrichtung, taktischer Planung und operativer Umsetzung eingebunden, kann unsere Terminkoordination zum **Corporate Hearbeat** »befördert werden«.

Daraus ergibt sich eine kaskadierte oder rekursive Struktur. Sie ermöglicht es, die für ein Team oder einen Wertstrom relevanten Kollaborations- und Kommunikationsereignisse je nach Kontext und Aufgabe zu filtern. In der Folge muss nicht jede Mitarbeiterin jede Information und jedes Ereignis mitverfolgen oder darin eingebunden sein. Der **Corporate Heartbeat** gewährleistet einerseits den Überblick über alle Ereignisse, verhindert aber andererseits, dass die Mitarbeitenden einer zeit- und energieraubenden Informationsflut zum Opfer fallen. Meeting-Tourismus und das FoMo-Phänomen können damit reduziert oder sogar ausgeschlossen werden.

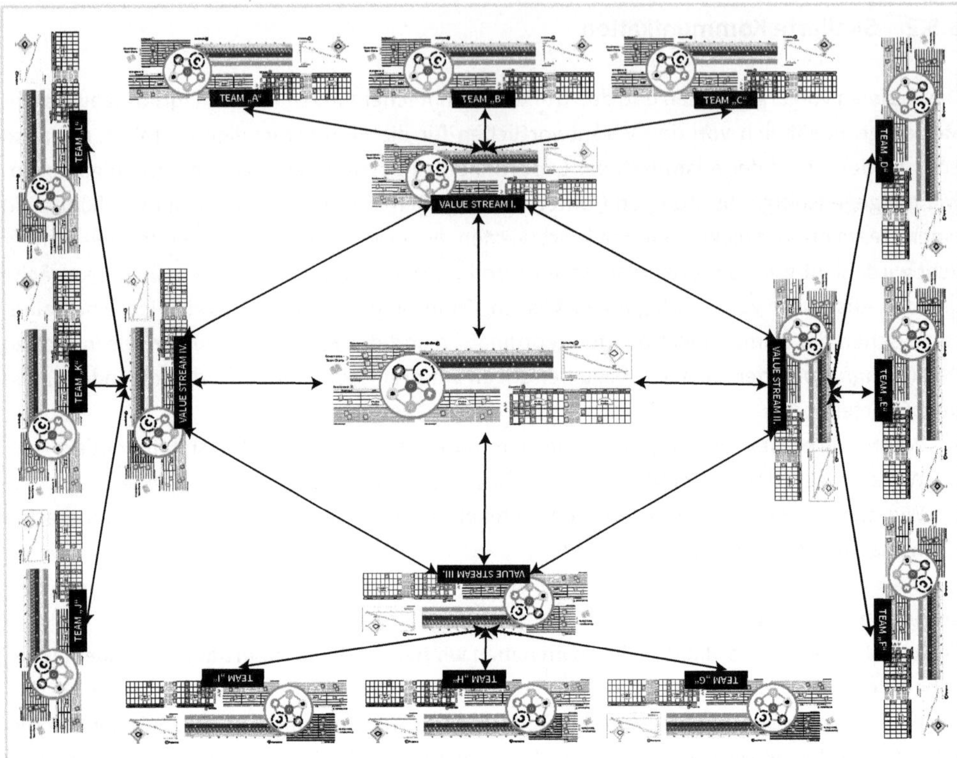

Abb. 112: Rekursive Struktur von Kooperationskalendern und Heartbeats zur Synchronisation aller Teams und Wertströme miteinander

3C-Events

Wie schon zu Beginn des Buches erwähnt, grenzt es an ein Wunder, dass menschliche Kommunikation überhaupt gelingen kann. Erinnern wir uns daran, dass die Kommunikation ausschließlich auf der kontinuierlichen Auswertung und Interpretation von Sinnesreizen durch unser Gehirn beruht. Wir tauschen daher keinerlei Informationen aus, sondern unser Gehirn erzeugt Informationen als Ergebnis der Interpretationsleistung. Davon ausgehend, dass jeder Mensch ein Unikat ist, müssen wir auch davon ausgehen, dass es keine zwei identischen Interpretationen gibt, die zu gleichen Informationen führen. Um die unvermeidbaren Abweichungen multipler Interpretationen so gering wie möglich zu halten, benötigen wir Mechanismen bzw. Rituale und Strukturen, die uns dabei unterstützen. Ein Schritt in diese Richtung besteht darin, die Kontexte unserer beruflichen Kommunikation in drei grobe Qualitäten zu differenzieren.

Die erste Qualität besteht aus dem reinen Austausch von Zahlen, Daten, Fakten, Beobachtungen und Wahrnehmungen und daraus, wie wir diese individuell bewerten oder einschätzen. Wenn Sie beispielsweise Ihren Kolleginnen die neuesten Key Results vorstellen, die in der vergangenen Woche von einem benachbarten Team für ein spezifisches **STG** erstellt wurden, und wie Sie die Relevanz für die Arbeit des eigenen Teams einschätzen, dann ist diese erste Qualität gemeint. Es gibt keine Aktivitäten, die sich aus der Vorstellung und Ihrer Einschätzung ergeben und zunächst auch keinen Klärungs- oder Diskussionsbedarf mit den Kolleginnen. Sie teilen Ihren Kolleginnen diese beiden Kommunikationsinhalte, das Key Result und Ihre Einschätzung, mit. Diese erste Qualität nennen wir **Communication** und verstehen darunter den Austausch von Informationen, auch wenn wir wissen, dass wir lediglich Sinnesreize an andere senden und empfangen können.

Leitet sich jedoch ein Handlungsbedarf aus dem Beispiel für die erste Qualität ab, so entsteht die Notwendigkeit der Koordination in der Gruppe der Teammitglieder. Aus Information entsteht also Aktion. Und Aktionen wollen in ihrer Notwendigkeit erklärt und verstanden und in ihrer Umsetzung inhaltlich, zeitlich, qualitativ etc. geplant werden. Diese zweite Qualität wollen wir **Coordination** nennen und darauf hinweisen, dass es keinen direkten kausalen Zusammenhang zwischen diesem Begriff und der Elementarrolle **Coordination C** gibt.

Die dritte Qualität, die wir **Creation** nennen, geht noch einen Schritt weiter: Nehmen wir an, aus den beiden Kommunikationsinhalten wurde die Notwendigkeit einer Aktion abgeleitet, die bis zu einem bestimmten Termin abgeschlossen sein muss. Diesen Termin haben Sie mit Ihren Kolleginnen abgestimmt und koordiniert. Was aber noch fehlt, ist eine passende Maßnahme oder ein geeignetes Vorgehen, um das beschriebene Key Result zu realisieren. In diesem Fall muss zunächst eine Lösungsidee entwickelt werden. Das bedeutet, dass sich die Fachexpertinnen mit der dafür nötigen Expertise zusammenfinden müssen, um eine Vorgehensweise auszuarbeiten.

Diese drei Qualitäten sind für sich individuell gesehen trivial und logisch. Sicher existieren dazu weitere Variationen oder Mischformen. Im **II. Zyklus** können Sie diese ergänzen. Was wir in unserer Arbeit beobachten und auch immer wieder selbst erleben, ist, dass in Meetings oder Workshops alle drei Qualitäten gleichzeitig behandelt werden. Kommt dann noch hinzu, dass in einem großen Teil aller weltweit stattfindenden Meetings oder Workshops keine oder nur eine unzureichende Agenda oder eine Ergebniserwartung mit den Teilnehmenden festgelegt wird, sind die eingangs beschriebenen Auswirkungen unvermeidlich.

Wir empfehlen daher, die drei skizzierten Qualitäten in eigenständige Formate oder Rituale zu unterteilen und konsequent separat zu nutzen. D.h. wenn Informationen ausgetauscht werden, werden ausschließlich Informationen ausgetauscht. Wenn Aktivitäten geplant und koordiniert werden müssen, liegt der Fokus ausschließlich auf der Planung und Koordination von Aktivitäten. Und sobald eine Lösung als Antwort auf eine neue Frage oder ein neues Problem kreiert werden muss, so steht die Lösungsfindung im Mittelpunkt der Interaktion.

Selbstverständlich können Sie alle drei Qualitäten in einem Meeting behandeln. Ihr Meeting wird für alle Beteiligten angenehmer oder produktiver, mindestens aber stressfreier, wenn Sie den Ablauf mit dem Austausch von Informationen beginnen. Danach können Sie koordinative

Fragen klären und anschließend Lösungen finden, die Sie mit einer Koordinationsrunde beenden. Wenn Sie zum Format des **Ops-Meetings** zurückblättern, werden sie einige dieser Strukturen und Qualitäten erkennen. Zu jeder der drei Qualitäten **C**ommunication, **C**oordination und **C**reation stellen wir Ihnen nachfolgend eine – sicher unvollständige – Zusammenstellung passender bzw. bekannter Rituale zusammen. Diese können Sie einsetzen, wenn Sie vor der Aufgabe stehen, eine Vielzahl von Mitarbeiterinnen in unterschiedlichen Kontexten mit einer strukturierten, kreativen, produktiven und achtsamen Kooperations- und Kommunikationsform zu unterstützen.

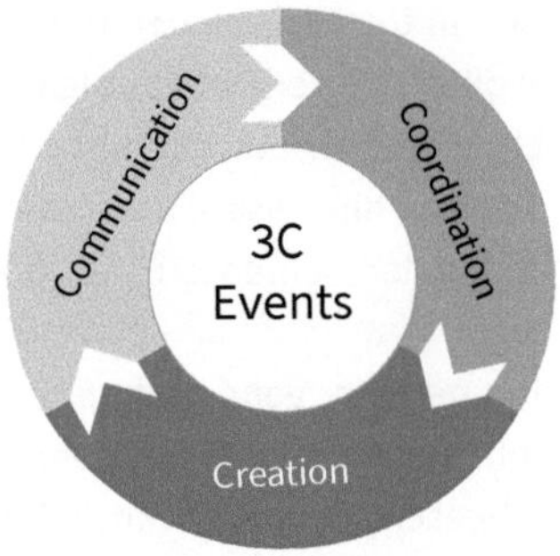

Abb. 113: Kommunikationsstruktur für frustfreie und wirkungsorientierte Kooperation

1. C – Communication

- **Stand-up Meeting**: ca. 15-minütige Versammlungsform, die ausschließlich dem Informationsaustausch dient und keine Diskussionen erlaubt. Das Ritual ist im Zuge der Verbreitung der Methode Scrum populär geworden, was für sich gesehen bereits als Bestätigung unserer vorhergehenden Ausführungen gesehen werden kann. Im Daily Stand-up werden drei zentrale Fragen reihum von jeder Teilnehmerin vorgetragen. Was habe ich seit unserem letzten Treffen erreichen können? Was plane ich bis zu unserem nächsten Treffen zu erreichen oder abzuschließen? Was könnte mich davon abhalten, diese Planung umzusetzen? Stand-up-Meetings können in ihrer Frequenz frei definiert und am Informationsbedarf der Teilnehmenden ausgerichtet werden. Im Liquid-Leadership-Modell nennen wir dieses Format einfach Daily-Synch.
- **Demo Show and Tell:** Zielsetzung des Rituals ist es, Arbeitsergebnisse oder den Entwicklungsstand z. B. einer Simulation, eines Prototyps oder eines Minimum Viable Products (MVP) vorzustellen. Dabei werden von den Gästen, die an der Demonstration teilnehmen, ausschließlich Verständnisfragen beantwortet und Feedback eingesammelt. Diese Rückmeldungen fließen in die weitere Arbeitsplanung und weitere Entwicklungsschritte ein.
- **Reverse Presentation**: Um sicherzustellen, dass ein Themengebiet oder ein Sachverhalt im Verständnis der Empfängerin möglichst nahe an dem der Senderin liegt, ist das Ritual der umgekehrten Präsentation (Reverse Presentation) hilfreich. Die Wirkung ist mindestens aus zwei Perspektiven zu bewerten. Zum einen kann die Senderin, z. B. Buchautorin oder

Anforderungsentwicklerin, nachvollziehen, was und in welchem Umfang oder in welcher Konsistenz ein beschriebener Sachverhalt von der Empfängerin verstanden wurde. Die Empfängerin, also die Leserin oder Ingenieurin, kann validieren, inwiefern das eigene Verständnis frei von Missverständnissen oder Verständnislücken ist. Das ist möglich, da für beide Seiten die direkte Rückkopplung gegeben ist und Abweichungen identifiziert und aus der individuellen Perspektive behoben werden können.

2. C – Coordination

- Liquid Leadership Ops-Meeting | Backlog Refinement | Kanban-Steuerungsmeeting
- Quarterly Business Review | Portfolio Refinement | Project War Room

3. C – Creation

- Design Thinking | Blue Ocean | 6 Liquid Leadership Like Minds
- Six Thinking Heads | Six Sigma | Scrum

Hinweis

Die Abstimmung und Vereinbarung von Terminen und Events für **Communication**, **Coordination** und **Creation** werden von den Verantwortlichen der Elementarrolle **Coordination C** unterstützt, die über Reflexionen und Feedbackrunden ein ausbalanciertes Maß herstellen und kontinuierlich anpassen. Die individuelle Fachexpertin ist dafür verantwortlich und autorisiert zu entscheiden, an welchen Terminen und Events sie sich beteiligt. Sie stellt sicher, dass dies über die jeweilige Governance von Team, Wertstrom und Unternehmen abgedeckt ist.

Tipps, Tricks und Erfahrungen I./II.

Im Zuge der Einführung und Etablierung der **3C-Events** ist damit zu rechnen, dass das Umfeld anfangs mit Unverständnis oder Ungeduld reagiert. Das ist vor allem in Unternehmen der Fall, in denen Meetings gewachsenen Formen und Inhalten folgen und von individuellen Präferenzen oder sogar Egoismen geprägt sind. Nicht selten finden Meetings nur deshalb statt, weil sie dem Informationsbedürfnis oder der Einflussnahme einer Führungskraft dienen, den Teilnehmenden aber keinen oder nur einen geringen Mehrwert bringen. Erfahrungsgemäß ist es Erfolg versprechend, die Wahrnehmung der Betroffenen und deren Informations- und Kommunikationsbedürfnisse im Rahmen einer Feedbackrunde zum Thema Meetingkultur oder Kommunikationskultur zu recherchieren. Aufbauend auf den Ergebnissen können Sie die gesammelten Aussagen den drei Qualitäten zuordnen und partizipativ eine Konfiguration von Meeting-Strukturen und -Ritualen entwickeln, die die negativen Kritikpunkte kompensieren. Versuchen Sie nicht, alle Eventualitäten und Bedürfnisse der Betroffenen abzudecken. Auch in diesem Kontext hat sich die Maxime »safe enough to try« bewährt. Beginnen Sie mit einer ersten Struktur und passen Sie diese sukzessive und den Erfahrungen der Kolleginnen entsprechend an. Shu-Ha-Ri ist auch in Fragen der Kommunikation ein sehr bewährtes Denkmodell.

Feedback + Feedback + Feedback
Das Handbuch und alle von uns hier dargelegten Bausteine und Elemente haben einen direkten Bezug zur Kybernetik, also zur Funktionsweise komplexer Systeme. Eines ihrer Kernelemente ist die Rückkopplung. Ohne Rückkopplung oder zirkuläre Bezüge ist es unmöglich, die Wirkung beispielsweise individueller Handlungen nachzuvollziehen und die eigene weitergehende Handlungsweise an die Erkenntnisse anzupassen. So gesehen ist konstruktives und ehrliches Feedback vielleicht das größte und wertvollste Geschenk, das sich Kolleginnen gegenseitig machen können.

Um festzustellen, ob und welche der drei Qualitäten unseres **3C-Event-Modells** sich bewähren, die erwartete oder benötigte Wirkung entfalten oder (warum) nicht, braucht es einen Kanal zur Rückkopplung, auch Feedback genannt. Formate für die Etablierung von Rückkopplungswegen sind u. a.:

- Mitarbeitendenbefragungen über Intranet/Online-Services,
- (vertrauliche) Einzelgespräche,
- Gruppeninterviews,
- Retrospektiven in Formaten wie Start-Stop-Improve-Continue etc. (siehe Handbuch I. Zyklus) sowie
- Fragebögen zur psychologischen Sicherheit (siehe Handbuch I. Zyklus).

> **Tipps, Tricks und Erfahrungen II./II.**
> Selbst Rückkopplung benötigt Rückkopplung. Überprüfen Sie bei der Planung, Durchführung und Auswertung von Rückkopplungsprozessen regelmäßig deren Wirksamkeit, Konsistenz und vor allem Akzeptanz bei den Beteiligten. Feedbackrituale tendieren dazu, sich »abzunutzen« oder Ermüdungserscheinungen bei den Beteiligten auszulösen. Das ist vor allem dann der Fall, wenn die beteiligten Feedbackgeberinnen das Gefühl haben, dass die von ihnen zur Verfügung gestellten Erkenntnisse und Wahrnehmungen keine Wirkung zeigen. Wenn Sie also einen Weg oder ein Mechanismus der Rückkopplung etablieren, sollten Sie sicherstellen, dass er auch in der Lage ist, einen Unterschied zu machen und die Quelle der adressierten Verbesserungspotenziale zu beeinflussen. In unserem Fall der **3C-Events** bedeutet dies, die Formate, Strukturen oder Frequenzen der Rituale so anzupassen, dass sie die nötige Wirkung erzielen.

5.6 Step XIV: Provide Service&Product@Scale

Abb. 114: Baustein Provide Service/Product

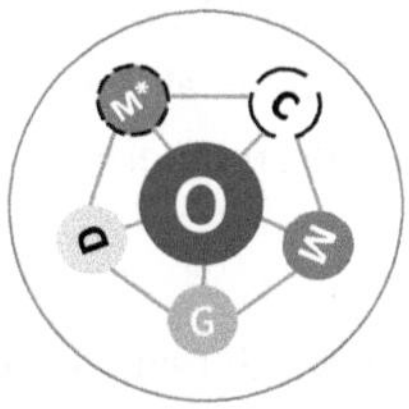

Abb. 115: Selbstorganisiertes Team mit der Elementarrolle Operation O im Lead bei der Erbringung der operativen Leistungen im skalierten Organisationsumfeld

Übergreifendes Kooperationsmodell
Solange sich die Kooperation im Rahmen eines einzelnen Teams bewegt, ist meist die Nutzung einer spezifischen Methode ausreichend. Gehen wir davon aus, dass Ihr Team als Teil eines Callcenters tätig ist, und die Hauptaufgabe darin liegt, kontinuierliche Kundinnenanfragen entgegenzunehmen und zu bearbeiten. Dieser Kontext zeichnet sich dadurch aus, dass er auf den ersten Blick gleichförmig ist. Allerdings ist jeder einzelne Anruf einer Kundin individuell und kann entweder bekannte Fragestellungen enthalten oder die Entwicklung neuer Antworten erfordern. Im Kontext dieser Aufgabenstellung kann die Nutzung eines Kanban Boards für die Organisation der Kooperation des Teams ausreichend sein. Die spezifische Methode deckt den Kontext der Aufgabenstellung ausreichend ab und kann die nötigen Geschäftsprozesse abdecken. Erweitern Sie jetzt das Arbeitsumfeld um weitere Teams, mit denen Sie kooperieren, und schließen diese in einem Wertstrom zusammen, denn eine einzelne Methode kann die Kooperation der jetzt heterogenen Kontexte nicht mehr abdecken.

Diesen Ansatz verfolgen Frameworks wie z. B. das von Scaled Agile. Sie versuchen, mit einer Sammlung von Methoden vielschichtige Kontexte miteinander zu verbinden. In dieser Logik muss für jeden neu zu integrierenden Kontext eine neue Methode hinzugefügt werden. Aus der Konfiguration diverser Methoden entsteht ein Kooperationsmodell. Der Vorteil dieser Vorgehensweise liegt darin, dass ein vorgefertigtes Kooperationsmodell quasi »gebrauchsfertig« übernommen werden kann. Der Nachteil ist allerdings, dass nur spezifische Kontexte in diesem

Kooperationsmodell abgebildet werden können, zu denen eine spezifische Methode vorgehalten wird. Da Methoden sehr starre und unflexible Konstruktionen sind, erfordern Anpassungen und Adaptionen einen entsprechenden Aufwand und potenzielle Inkompatibilitäten. Wollen Sie beispielsweise den Logistikbereich Ihres Unternehmens an ein gegebenes Framework anbinden, müssen Sie das auf der Ebene spezifischer Methoden tun. Sofern keine Herstellerin oder Dienstleisterin eine vorgefertigte Konfiguration anbietet, müssen Sie selbst eine Lösung finden und eine Methode mit entsprechenden Rollen erstellen.

Ein Kooperationsmodell sollte nicht mit Geschäftsprozessen verwechselt werden. Geschäftsprozesse decken die detaillierte erste Ebene der einzelnen Arbeitsschritte ab, die für die Erbringung einer spezifischen Leistung notwendig sind. Prozesse kann man als die Inhalte verstehen, die in Methoden gefasst werden können. Das Kooperationsmodell stellt die über beiden Elementen liegende Integrationsebene aller Methoden und der darin enthaltenen Geschäftsprozesse dar, die für die Kooperation innerhalb eines Teams, teamübergreifend oder unternehmensweit notwendig sind.

Dabei ist der Detaillierungsgrad der Informationen, die ein Kooperationsmodell zur Verfügung stellt, so gehalten, dass die grundlegenden Prinzipien und Abläufe sichtbar werden. Diese Orientierungshilfe ist wie ein Stadtplan zu verstehen: Er zeigt Touristinnen, an welcher Stelle und in welchem Viertel ein bestimmtes Gebäude, ein gesuchter Platz oder ein Krankenhaus zu finden sind. Möchte man die Konstruktion eines Gebäudes verstehen und genauer betrachten, muss man entweder das Gebäude betreten oder den Bauplan der Architektin lesen. Dieser Analogie entspricht ein Kooperationsmodell: Es ist auf der Flughöhe eines Stadtplans und in einem bestimmten Maßstab gehalten, der es allen Beteiligten in allen Teams und Wertströmen im gesamten Unternehmen ermöglicht, den prinzipiellen Ablauf der Kooperation zu verstehen.

Um die Details der Zusammenarbeit eines individuellen Teams genauer zu verstehen, muss man sich mit der spezifischen Methode und den genutzten Geschäftsprozessen auseinandersetzen. Man muss aber nicht umgekehrt erst die detaillierten Schritte des Geschäftsprozesses lesen und verstehen. Man ist auch nicht gezwungen, alle Geschäftsprozesse im gesamten Unternehmen zu verfolgen, um nachvollziehen zu können, wie die Kooperation in den einzelnen Unternehmensbereichen und im Unternehmen insgesamt aufgebaut ist.

Ein Kooperationsmodell ist also eine Orientierungs- und Kommunikationshilfe für jede Mitarbeiterin in jedem Team. Es ermöglicht eine für alle transparente und nachvollziehbare Darstellung der Zusammenarbeit und deckt damit einen wesentlichen Faktor ab, den wir im Rahmen der psychologischen Sicherheit angesprochen haben. Ein Unternehmen ist unter anderem für die Mitarbeitenden dann psychologisch sicher, wenn die Organisationsstruktur und der Kooperationsmodell transparent und einfach nachvollziehbar sind. Stellt man also ein Kooperationsmodell zur Verfügung und hält es kontinuierlich auf dem aktuellen Stand der Organisationsentwicklung, wird dadurch ein wesentlicher Beitrag für die Aufrechterhaltung der psychologischen Sicherheit für alle Mitarbeitenden erbracht.

Im Kontext der Teamarbeit haben wir bereits den Einsatz sogenannter Prozessposter beschrieben, die einen erleichterten Einblick in die Arbeitsabläufe im individuellen Team visualisieren. Das Kooperationsmodell ist in vergleichbarer Logik auf einer größeren Flughöhe verortet. Es schließt aus dieser Perspektive eine Vielzahl von Teams und Wertströmen ein.

Ein weiterer Vorteil des Kooperationsmodells ist es, dass es die Verbindung zwischen der Organisationsstruktur, beispielsweise in Form von Wertströmen, und dem disziplinarischen Organigramm herstellt. Die Organisationsstruktur beantwortet die Frage, welche Teams welchen Beitrag leisten und in welchem Team eine Mitarbeiterin organisiert ist. Das Organigramm beantwortet mir die Frage, welche Führungskraft für mich disziplinarisch zuständig ist. Das Kooperationsmodell verbindet diese beiden Ebenen und beantwortet die Frage, wie hier eigentlich alle zusammenarbeiten und wie die Anforderungen und Leistungen von einem Team zum anderen fließen, von der Auftraggeberin zur Auftragnehmerin und wieder zurück. In der folgenden Grafik ist diese Verbindung der einzelnen Ebenen visualisiert.

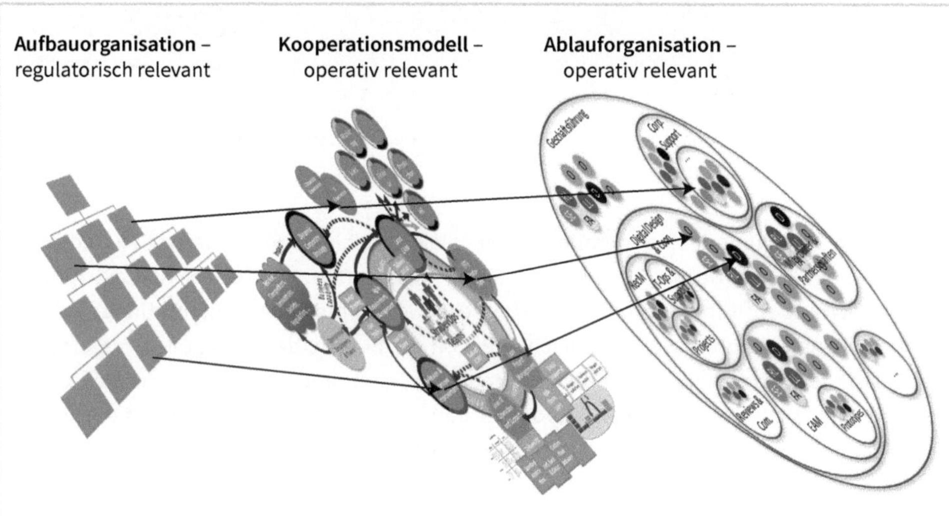

Abb. 116: Ebenen der Unternehmensarchitektur: Organigramm – Kooperationsmodell – Organisationsstruktur (Slogar 2020)

Wie die genutzten Methoden und Prozesse in einem Team sollte auch das Kooperationsmodell als Poster erstellt und veröffentlicht werden. Das nachfolgende Beispiel visualisiert ein derartiges Poster.

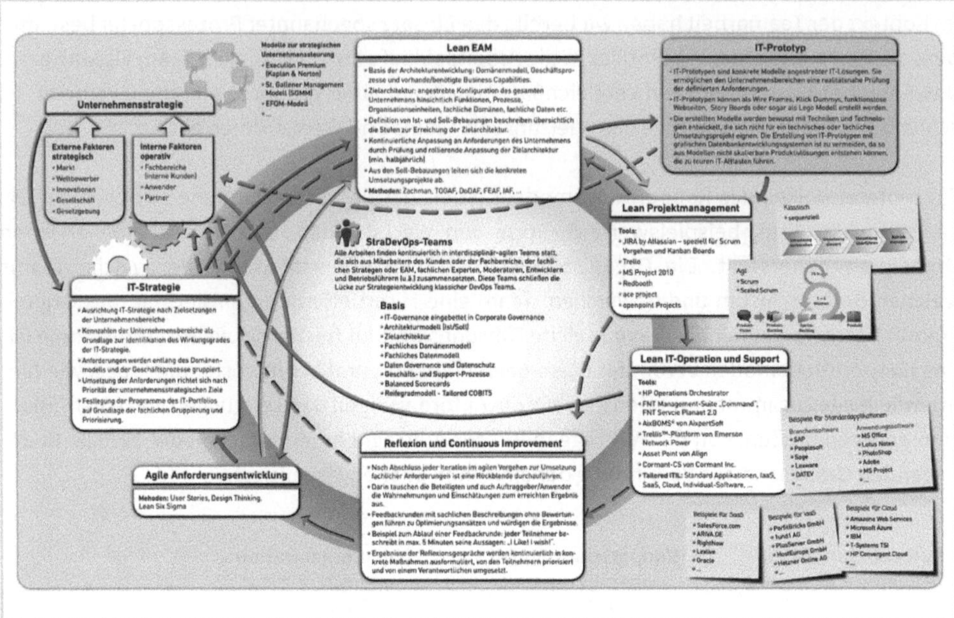

Abb. 117: Darstellung eines Kooperationsmodells als Poster (mit freundlicher Genehmigung von ObjectSpektrum, SIGS DATACOM GmbH (Slogar 2016))

Auch für die Erstellung des Kooperationsmodells bieten sich die Elementarrollen und bisher beschriebenen Bausteine und Elemente an. Sie ermöglichen es, heterogene Kontexte und darin eingesetzte spezifische Methoden miteinander zu verknüpfen und in Interaktion zu bringen. Dabei wird eine Kakophonie an spezifischen Rollen vermieden, da die gegebenen Elementarrollen alle Aspekte der Selbstorganisation autonomer Teams abdecken. Das prinzipielle Vorgehen hierzu haben wir im Kapitel »**Methods & Rituals**« im **I. Zyklus** erläutert. Für die Erstellung eines Kooperationsmodells können Sie diese Vorgehensweise konsistent anwenden.

Arbeiten Sie mit externen Kooperationspartnerinnen zusammen, können Sie diese ebenfalls auf der Ebene der Elementarrollen in Ihr Kooperationsmodell einbinden. Dazu ist es nötig, dass Sie Ihrer Kooperationspartnerin den Aufbau und die Logik der Liquid-Leadership-Modells in den relevanten Bestandteilen vermitteln. Schließen Sie eine Kooperationsvereinbarung, die dem Konzept einer **Team-Charta** und der darin definierten Governance entspricht. Formal kann man diese Vereinbarung auch »Statement of Work« (SoW) oder »Service Level Agreement« (SLA) nennen.

Community-of-Practice-Kooperationsmodell

Für die Entwicklung und Aktualisierung eines unternehmensweiten Kooperationsmodells muss eine Vielzahl von Fachexpertinnen ebenso eingebunden werden wie die verschiedenen Verantwortlichen der Elementarrollen aus den unterschiedlichen Teams. Da ein Kooperationsmodell die Perspektiven der Elementarrollen **Development D, Coordination C, Management M, Go-**

vernance G und **Monitoring M*** gleichermaßen betrifft, ist es lohnenswert, ein übergreifendes **CoP**-Kollaborationsmodell zu etablieren. Darin werden die Perspektiven der Strategieentwicklung, der Bereitstellung von Rahmenbedingungen und Kapazitäten, der Kommunikationswege und -formen, der Spielregeln und Kooperationsvereinbarungen sowie des Steuerungsmodells integriert behandelt.

Diese interdisziplinäre Integration vermeidet, dass sich spezifische **CoPs** für jeden individuellen Kontext einer Elementarrolle aufbauen. Auf den ersten Blick mag es sinnvoll und zweckmäßig sein, für die Aufgabenstellungen der Elementarrollen spezielle **CoPs** zu gründen. So kann argumentiert werden, dass Kommunikationswege und -formen, die unternehmensweit etabliert und genutzt werden sollen, in einer **CoP** Coordination definiert und vereinbart werden. Doch dafür sind im Rahmen der Governance entsprechende Vereinbarungen zu treffen und in der **Corporate-Team-Charta** festzuschreiben. Eventuell müssen Rahmenbedingungen geschaffen werden, um angemessene Kommunikationswege aufbauen zu können. In diesem Fall wären die Verantwortlichen der Elementarrolle **Management M** nötig.

Sie sehen: Die Kooperation in spezifischen **CoPs** für die Perspektiven der einzelnen Elementarrollen kann dazu führen, dass die Kooperationsstruktur kompliziert und unübersichtlich wird. Individuelle **CoPs** je Elementarrolle können darüber hinaus zu Asynchronitäten führen, da sie keinen integrierten Informationsfluss und keinerlei Osmotic Communication unter den in der **CoP** engagierten Mitarbeitenden ermöglichen. Daher ist eine zentrale **CoP** als Integrationsinstanz zur übergreifenden Entwicklung eines Kooperationsmodells zu empfehlen. Darin bildet das Kooperationsmodell den integrierenden Kontext, in dem die individuellen Perspektiven der Elementarrollen behandelt werden, ohne den Bezug zur übergreifenden Zusammenarbeit zu verlieren.

Für den **II. Zyklus** gehen wir daher weiter davon aus, dass die Skalierungen der einzelnen Bausteine und Elemente des Liquid-Leadership-Modells von den Verantwortlichen der Elementarrollen im Rahmen eines **CoP**-Kooperationsmodells erarbeitet, entwickelt, erprobt und beschlossen werden. Das schließt die Erweiterungen der Bausteine, die in diesem Segment bereits beschrieben wurden, ebenso ein wie die nachfolgenden.

> **Tipps, Tricks und Erfahrungen**
> Die Erstellung eines Kooperationsmodells erfordert das Wissen und die Zusammenarbeit einer Vielzahl von Fachexpertinnen in interdisziplinärer Konfiguration. Es bietet sich an, das Design und die Aktualisierung des Kooperationsmodells im Rahmen des **QBR** zu erstellen, zumindest aber vorzustellen, damit sich ein möglichst breites Verständnis zur Art und Weise der unternehmensweiten Kooperation etablieren kann.

5.7 Step XV: Measure Impact@Scale

Abb. 118: Baustein Measure Impact

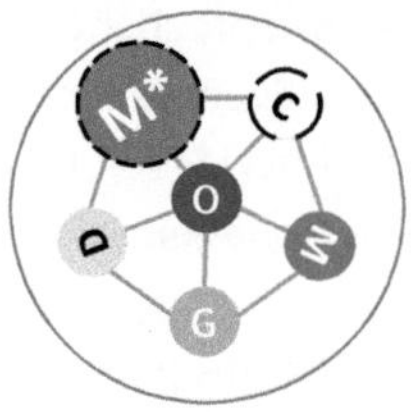

Abb. 119: Selbstorganisiertes Team mit der Elementarrolle Monitoring M* im Lead für die Entwicklung eines skalierbaren Steuerungsmodells

Künstliche Intelligenz ist die exponentielle Aufblähung von Verstand ohne Vernunft.
Prof. Dr. phil Ziad Mahyni

5.7.1 Kontext

Warum dieses Zitat zur Einleitung? Im Rahmen des **I. Zyklus** haben wir uns bereits mit dem Aufbau eines Steuerungsmodells auseinandergesetzt und Slogar‹s Diamond als strukturelle Grundlage genutzt. Bei der Anwendung des Bausteins haben wir uns auf den Kontext eines einzelnen Teams fokussiert. In diesem Umfang an Kooperationsteilnehmerinnen ist eine analoge Aufbereitung und Auswertung von Messwerten zu beispielsweise Produktivität, Qualität oder Mitarbeitendenzufriedenheit noch praktikabel. Die Anzahl der Interaktionspunkte, d. h. die Anzahl der einzubeziehenden Mitarbeitenden, wächst allerdings an, wenn mehr und mehr Teams in ein Kooperationsverhältnis und schließlich in einem Wertstrom integriert betrachtet werden. Dann ist eine analoge Form der Erfassung, Auswertung und Interpretation von Messwerten nicht mehr praktikabel, zu zeitintensiv und tendenziell fehleranfällig. Aus diesem Grund ist es bei der Skalierung des Steuerungsmodells unausweichlich oder sogar unabdingbar, dass IT-gestützte Lösungen eingesetzt werden. Mit ihnen können die Durchführung von Messungen, die Erfassung von Messwerten, die Generierung von Auswertungen, Analysen und Reports effizient und qualitativ konsistent sichergestellt werden.

Im Rahmen der fortschreitenden Digitalisierung befindet sich der Einsatz von Maschine-Learning- oder Deep-Learning-Algorithmen auf dem Vormarsch. Sie eröffnen unter dem irreführenden Begriff der Künstlichen Intelligenz (KI) neue Dimensionen in der Analyse und Interpretation von Datensammlungen beliebiger Größenordnungen. Der Einsatz dieser »stochastischen Papageien«, wie man die aktuelle Entwicklungsstufe der KI nennen könnte, steht aktuell noch am Beginn einer unabsehbaren Entwicklung ihrer Anwendungsgebiete und Implikationen. Wir verwenden das am Anfang dieses Kapitels genutzte Zitat von Prof. Dr. Ziad Mahayni, einem der wohl kompetentesten Wissenschaftler Deutschlands zu Fragen der KI-Ethik, um darauf hinzuweisen, dass KI-Algorithmen in gewisser Hinsicht als Analogie zum menschlichen Verstand dienen können. Was der KI jedoch gänzlich fehlt, ist die Dimension der Vernunft.

Der Einsatz von KI-Lösungen bei der Auswertung großer Datenmengen kann für den Verantwortungsbereich der Elementarrolle **Monitoring M*** in skalierten Kooperationsstrukturen notwendig oder nützlich sein. Allerdings wird stets die menschliche Vernunft als Regulativ und Validierungsinstanz gebraucht, um den exponentiell erscheinenden bzw. aufgeblähten Verstand der KI konstruktiv und ethisch vertretbar einsetzen zu können. Die Verbreitung von KI wird sich nicht verhindern lassen und wir erkennen die Vorteile der Nutzung zur Unterstützung einer interdisziplinären Kooperation an. Aber auch wenn das sehr belehrend wirken mag, möchten wir darauf hinweisen, dies mit Augenmaß und in Abwägung der positiven wie negativen Auswirkungen in bewusster und nachvollziehbarer Form zu tun. Der alte Spruch »A fool with a tool is still a fool« kann durch den Einsatz von KI zu einem kritischen oder gar existenziellen Problem eskalieren. Deshalb empfehlen wir, dass Organisationen, die sich aktiv und konstruktiv mit dem Einsatz von KI auseinandersetzen, neben einer umfassenden Strategie für den Einsatz von KI auch eine spezifische Governance und einen Katalog ethischer Grundsätze für alle Mitarbeitenden zur Verfügung stellen sollten. So werden die Art und der Umfang des Einsatzes von KI allgemein transparent und nachvollziehbar.

5.7.2 Steuerungsproblem skalierter Kooperation

Tauchen wir jetzt in die Ausrichtung ein, die wir im Kontext unternehmensweiter und interdisziplinärer Kooperation aus der Perspektive der Elementarrolle **Monitoring M*** beleuchten müssen. Im **I. Zyklus** haben wir uns bereits mit den negativen Aspekten von Steuerungsmodellen in Unternehmen und dem Umgang mit Kennzahlen befasst. Erweitern wir unseren Wirkungskreis auf eine Vielzahl von Teams in einem oder mehreren Wertströmen, so sind folgende negative Folgen daraus weit verbreitet.

Die Anwendung von Kennzahlensystemen (oder synonym Steuerungsmodellen) kann in großen Unternehmen u. a. die folgenden Probleme aufwerfen:

- **Kompliziertheit und Überlastung:** Die Vielzahl von Geschäftsbereichen und Prozessen, die betrachtet werden müssen, kann zu einer Vielzahl von Kennzahlen führen, der Überwältigung und Informationsüberlastung als Folge haben kann. Mitarbeitende haben dann

Schwierigkeiten, relevante Informationen zu identifizieren, zu interpretieren und strategisch oder operativ anzuwenden.

- **Mangelnde Integration:** Verschiedene Abteilungen, Teams und inkompatible IT-Systeme (Datenhaltungslösungen) enthalten individuelle Kennzahlen und Metriken mit uneinheitlichen Begrifflichkeiten und werden nicht in ein konsistentes Gesamtmodell integriert.
- **Fehlende Ausrichtung auf strategische Ziele:** Kennzahlen werden ohne nachvollziehbare strategische Ausrichtung entwickelt und interpretiert. Das kann zu einer Verwässerung der Unternehmensziele führen.
- **Falsche Anreize**: Werden Kennzahlen ohne konsistente Integration und strategische Ausrichtung genutzt, können sie falsche Anreize setzen. Mitarbeitende könnten versucht sein, Kennzahlen zu manipulieren, um kurzfristige Ziele zu erreichen, die nicht im Einklang mit den Unternehmenszielen stehen.
- **Mangelnde Flexibilität**: Bestehende Kennzahlensysteme anzupassen oder neue Metriken hinzuzufügen, kann äußerst aufwendig sein. Das kann dazu führen, dass Kennzahlensysteme veralten und unzureichend werden.
- **Datensicherheit und Datenschutz:** Die Erfassung und die Analyse großer Mengen sensibler Daten in inkonsistenter und nicht integrierter Form kann zu einer kritischen Problematik aus Sicht des Datenschutzes und der Datensicherheit führen.
- **Mangelnde Schulung und Kommunikation:** Mitarbeitende werden oft nicht ausreichend geschult, um die Interpretation von Kennzahlen korrekt durchzuführen und für den individuellen Verantwortungsbereich sinnvoll einzusetzen. Dies kann zu Missverständnissen, Fehlinterpretationen und unbeabsichtigten Rechtsverstößen führen.

Um diese Probleme zu minimieren, ist es wichtig, dass bei der Entwicklung und Anwendung von Kennzahlensystemen eine klare Strategie und konsequente Governance implementiert werden. Diese sicherzustellen, ist die Aufgabe der Verantwortlichen der Elementarrolle **Monitoring M*** in Kooperation mit **Governance G**. Die Auswahl relevanter und aussagekräftiger Kennzahlen, die Schulung der Mitarbeitenden und die regelmäßige Überprüfung und Anpassung des Systems sind ebenfalls entscheidend, um sicherzustellen, dass Kennzahlensysteme in großen Unternehmen effektiv sind und zur Erreichung der Unternehmensziele beitragen. Die Entwicklung des Steuerungsmodells sollte in interdisziplinärer Form und im Rahmen des **CoP**-Kooperationsmodells durchgeführt werden.

5.7.3 Denken in Ursache-Wirkungs-Beziehungen und der »stochastische Papagei«

Ein Aspekt der oben genannten Problemphänomene in skalierten Organisationen ist in der Entwicklung und Anwendung von Steuerungsmodellen für die Verantwortlichen der Elementarrolle **Monitoring M*** von besonderer Relevanz. Es ist entscheidend, dass bei der Analyse von Problemen stets die dynamische Beziehung von Ursache und Wirkung betrachtet wird.

Bei der Anwendung des Steuerungsmodells sollten identifizierte Konflikte also nicht auf der offensichtlichen Symptomebene behandelt werden. Wartet ein Team beispielsweise immer wieder länger als vereinbart auf die Bereitstellung der benötigten Informationen, Entscheidungen oder Vorleistungen eines kooperierenden Teams, so sollte die gesamte Kette der Kooperationsschritte übergreifend betrachtet werden. Die Verzögerung mag augenscheinlich dem kooperierenden Team zugeordnet werden. Aber es ist nicht auszuschließen, dass lediglich eine Bugwelle als Folgeproblem vorhergehender Verzögerungen oder Engpässe vorliegt. Es leuchtet ein, dass Verzögerungen nicht aufgelöst werden können, wenn sie nur symptomatisch und nicht systematisch behandelt werden.

Dieses simple Beispiel soll die Notwendigkeit der systemischen Betrachtung ganzer Wertschöpfungsketten und Kooperationsstrukturen verdeutlichen. Durch sie kann die Gesamtheit der Ursache-Wirkungs-Beziehungen erfasst werden. Slogar's Diamond bereitet mit den vier prinzipiellen **Dimensionen Lag**, **Lead**, **Corporate Culture** und **Maturity** die Grundlage des nötigen Denkmodells. In skalierten Organisationen mit vernetzten Geschäftsprozessen ist die Anwendung auf analogem Weg nicht mehr in angemessener Zeit möglich – und wir beziehen hier bewusst Tabellenkalkulationen mit ein. Der Aufwand der Analyse kann schnell den angestrebten Nutzen übersteigen.

An dieser Stelle empfiehlt es sich, die IT-gestützte Analyse von Kennzahlen nicht nur auf den Erstellungsprozess der Messwerte auszudehnen. Nutzen Sie die Algorithmen dazu, um den Komplexitätsgrad der Kooperationsvernetzung zu reduzieren. Die zentrale Eigenschaft aktueller KI-Lösungen ist es, die Auswertung und Interpretation größter Datenmengen beherrschbar zu machen. Sie übertreffen die Möglichkeiten von Data-Warehouse-Systemen und derartiger IT-Anwendungen. Erst durch die Möglichkeiten von Deep-Learning-Algorithmen ist es möglich, die Ursachen- und Wirkungsmechanismen komplizierter Prozessdynamiken über die erfassten Daten zu durchdringen. KI-Lösungen zur Bilderkennung in der Histologie können abnorme Gewebestrukturen mit einer höheren Genauigkeit erkennen als das geübte Auge der Histologin. Ebenso können Prozessabrisse oder Inkonsistenzen und Konfliktpunkte in Kooperationsstrukturen skalierter Organisationen mit vergleichbaren Effekten wesentlich präziser lokalisiert werden.

5.7.4 Informelles Kooperationssystem sichtbar machen

Um informelle Kooperationssysteme sichtbar zu machen, ist es nötig, die entsprechenden Prozesse in ihrem Echtzeitverhalten zu analysieren. Dazu gehören nicht nur die Daten der Prozess verarbeitenden IT-Systeme, sondern auch die Kommunikationswege zwischen den Teams, den Fachexpertinnen und den Managementexpertinnen. So kann beispielsweise festgestellt werden, ob ein Team unnötig lange auf eine Entscheidung warten muss, die durch eine unbearbeitete E-Mail in der Inbox einer Fachexpertin oder einem Service Center verursacht wird.

Sinn und Intention der Analyse und Messung dieser Zusammenhänge liegt darin, formelle Kooperationsmodelle, wie wir sie in den vorhergehenden Kapiteln entwickelt haben, mit dem informellen Kooperationssystem, das alltäglich von den Mitarbeitenden genutzt wird, abzugleichen. Die Beobachtung der Kooperationsbeziehungen der Mitarbeitenden und Teams untereinander und miteinander können wir durch Befragungen ergänzen. Damit vergleichen wir unsere individuellen Wahrnehmungen mit den ausgewerteten Befragungsergebnissen, beispielsweise zur Kooperationsqualität und -geschwindigkeit. Was wir aber auf diesem analog bzw. digital unterstützten Weg der Analyse nicht sehen, ist das, was wir durch Beobachtung oder Befragung nicht erfassen können. Was wir nicht sehen, ist der berühmte blinde Fleck.

An dieser Stelle erweitern wir unser Beobachtungsspektrum um zwei Dimensionen: die Prozessanalyse zur Wertschöpfung der Teams und Wertströme, wie sie in den IT-Anwendungen abgebildet sind, und die Kooperationssystemanalyse, das zwischen den Mitarbeitenden real existiert.

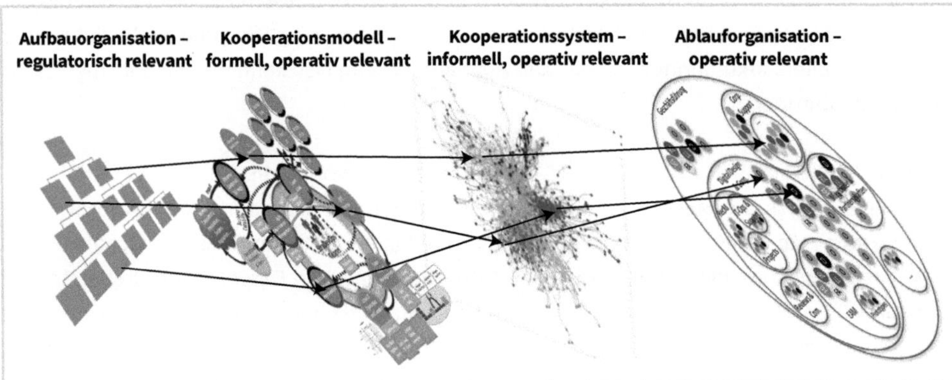

Abb. 120: Vier Dimensionen der Organisationsarchitektur: Aufbauorganisation – Kooperationsmodell – Kooperationssystem – Ablauforganisation

Damit erweitern wir die bekannten Dimensionen der Organisationsarchitektur um das informelle System der Kooperations- und Kommunikationsbeziehungen zwischen den Mitarbeitenden. Dieses System kann auch als Netzwerk verstanden werden. Es stellt eine Abbildung der realen Kommunikations- und Kooperationskomplexität dar. Komplex ist es, weil wir die Kooperationsbeziehungen nicht vorhersagen können. Sie entstehen je nach Kontext und Ereignis und formieren sich kontinuierlich und immer wieder neu.

In regulären Kooperationsprozessen gibt es sie in der einen Ausprägung, in Krisen- oder Ausnahmesituationen in einer anderen – je nachdem, ob repetitive Regelprozesse oder dynamische Anpassungsprozesse in Krisen das Kooperationssystem beeinflussen. Diese Ausprägungen können durch die Analyse von Echtzeitdaten oder -informationen wie in der vorhergehenden Grafik der vier Dimensionen einer Organisationsarchitektur visualisiert werden. Durch diese

Art der Analyse, für die der eingangs erklärte Einsatz von KI nützlich ist, kann die Verantwortliche der Elementarrolle **Monitoring M*** beispielsweise folgende Fragen beantworten:

- Sind alle für eine spezifische Wertschöpfung notwendigen Kompetenzen und Fachexpertinnen beteiligt?
- Welche Teams der Organisation werden besonders häufig in Wertschöpfungsprozessen frequentiert und sind damit potenziell überlastet?
- Welche Teams der Organisation müssen auf die Ergebnisse vorhergehender Verarbeitungsschritte wie lange warten?
- Stehen die nötigen Kommunikationswege den einzubindenden Teams uneingeschränkt zur Verfügung?
- Welchen Umfang haben die Redundanzen der Wertschöpfungsprozesse der Organisation und ist die dadurch erreichte Resilienz ausreichend?
- Werden alle Kompetenzen im Unternehmen, die für die Erkennung und Überwindung einer Krisensituation notwendig sind, eingebunden?

Im Anschluss an die Analyse des Ist-Zustandes können KI-Lösungen noch einen Schritt weitergehen und alternative Kooperationssysteme modellieren. Dabei können Variationen entwickelt werden, die eine reibungslosere, lückenlosere oder (im Sinne der Informationsgeschwindigkeit) performantere Zusammenarbeit der Teams ermöglichen oder kürzere Kooperationswege in Wertströmen und sogar mit externen Partnerinnen oder Lieferantinnen erlauben. Solche alternativen Varianten können anschließend über reale Simulationen oder Pilotierungen mit Fachexpertinnen und Teams hinsichtlich ihrer operativen Anwendbarkeit validiert werden.

Dieser letzte Absatz führt uns wieder zum Zitat von Prof. Dr. Mahayni. Wenn Kooperationssysteme mithilfe von KI modelliert werden können, geschieht das durch den »aufgeblähten Verstand« des eingesetzten Algorithmus. Zu entscheiden, in welcher Form und in welchem Umfang das bestehende Kooperationssystem der Mitarbeitenden und Teams angepasst wird, ist eine Frage der Vernunft. Und diese sollte kollektiv und individuell im Dialog mit allen Beteiligten und Betroffenen eingesetzt werden. Sie müssen die letztlich entscheidende Instanz sein und auch bleiben.

Aber warum führt eigentlich die Verantwortliche der Elementarrolle **Monitoring M*** die Analyse der informellen Kooperationsnetzwerke durch? Die Kommunikation und die Kooperation liegen doch in der Domäne der Elementarrolle **Coordination C**! Dieser Einwand ist korrekt und es spricht aus dieser Perspektive prinzipiell nichts gegen eine entsprechende Verortung. Ein geeignetes Steuerungsmodell muss allerdings so entwickelt und ausgeweitet werden, dass Messungen der Kooperationsinteraktionen zwischen den verschiedenen Protagonistinnen innerhalb und auch außerhalb der Organisation durchgeführt werden können. Wird das durch die Elementarrolle **Monitoring M*** realisiert, kann sie dann mit **Coordination C** in einen konstruktiven bzw. konstruktivistischen Dialog treten. Gemeinsam können beide Rollen die verschiedenen Situationen und Szenarien reflektieren, die aus den Analysen entstehen. Das hat den Vorteil, dass mindestens zwei komplementäre Perspektiven auf den gleichen Gegenstand blicken und ihre Schlüsse und Interpretationen gegenseitig austauschen und validieren können. Aspekte der unbewussten Voreingenommenheit lassen sich so leichter minimieren oder identifizieren. Die Ergebnisse dieses Dialogs fließen anschließend, verantwortet durch die Elementarrolle **Coordination C**, in die Anpassung des Kooperationsmodells ein. Die Erkenntnisse zur Weiterentwicklung des Steuerungsmodells werden durch **Monitoring M*** operationalisiert.

> **Tipps, Tricks und Erfahrungen**
> Auch in diesem Fall empfiehlt es sich, die Analyseergebnisse zum Kooperationsnetz der Teams und Wertströme im Rahmen des **CoP**-Kooperationsmodells zu reflektieren. Schließlich sollten das formelle Kooperationsmodell und das informelle Kooperationsnetz möglichst deckungsgleich sein und die Veränderungen in beiden Dimensionen in einer unmittelbaren Wechselwirkung zueinander stehen. Die Veränderungen beider Dimensionen haben unmittelbare Auswirkungen auf die Perspektiven **Development D**, **Management M** und **Governance G**. Sie sollten von ihnen direkt nachvollzogen und aus der jeweiligen Verantwortung heraus unterstützt werden.

Technologieempfehlung und Datenschutz

Im Rahmen dieses Buches können wir als Autoren keine Empfehlungen für geeignete IT- oder KI-Lösungen geben. Im persönlichen Austausch können wir unsere jeweils aktuellen Kenntnisse und Erfahrungen gerne teilen und mit Ihnen reflektieren. Damit geht der dringende Hinweis auf Datenschutz und auch arbeitsrechtliche Vorgaben einher – speziell für die Länder der EU. Der Einsatz von IT- und KI-Lösungen zur Analyse und Visualisierung des Kooperationsnetzes muss im Kontext der rechtlichen Vorgaben erfolgen. Außerdem muss aus ethischen Gesichtspunkten darauf geachtet werden, dass diese Analyseform nicht missbraucht wird, um beispielsweise Mitarbeitende in ihrem Verhalten oder bezüglich ihrer Leistung zu überwachen oder zu kontrollieren. Wer diese Intention verfolgt, hat außerdem unser Buch wahrscheinlich nicht verstanden.

5.8 Step XVI: Adjust Strategy@Scale

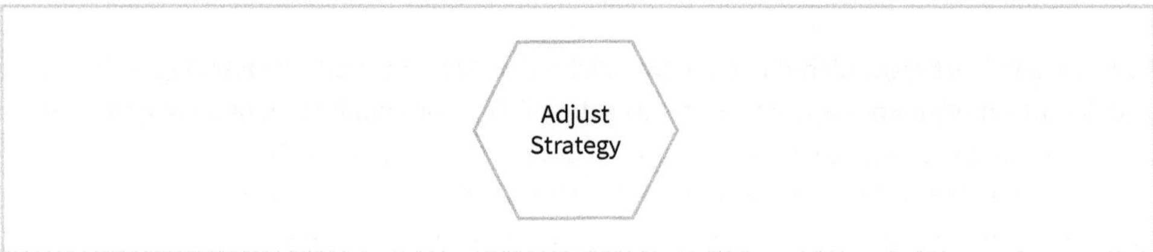

Abb. 121: Baustein Adjust Strategy

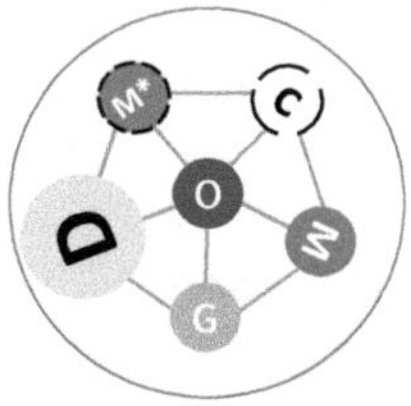

Abb. 122: Selbstorganisiertes Team mit der Elementarrolle Development D im Lead zur Organisation einer übergreifenden Strategieentwicklung

5.8.1 Kontext

Wie wir im **I. Zyklus** schon festgestellt haben, ist eine gelungene Kommunikation zwischen einzelnen Personen geradezu als Wunder anzusehen. In einem Team mit 7 +/- 2 Personen bedarf es einer ganzen Reihe an Anstrengungen und vor allem Engagement, Beobachtung und Reflexion, um ein konstruktives Kommunikationssystem zu etablieren. Es scheint eine unlösbare Herkulesaufgabe zu sein, die Kommunikation und damit die Kooperation zur Entwicklung einer übergreifenden Strategie im Kontext einer skalierten Organisation herzustellen – und dann auch noch ein möglichst deckungsgleiches Verständnis unter 50, 150 oder gar 5.000 Mitarbeitenden zu etablieren.

Allgemein praktizierte Kommunikations- und Kooperationskonzepte zur Strategieentwicklung in Unternehmen sehen eher so aus: Ein exklusiver Personenkreis erarbeitet eine Strategie und informiert den Rest des Unternehmens darüber. Üblicherweise werden von diesem Personenkreis, der meist aus Managerinnen und/oder Vorstandsmitgliedern besteht, auch die Maßnahmen zur Operationalisierung der Strategie vorgegeben. In vielen Fällen wird dieses strategische Gremium von externen Beratungsunternehmen unterstützt. Mitarbeitende in der Organisation werden anschließend mit der Umsetzung beauftragt. Die strategische Intention nachzuvollziehen, ist für die individuelle Mitarbeiterin meist sehr schwer bis unmöglich. Festzustellen, welchen individuellen Beitrag sie für eine wirksame Operationalisierung leisten kann, ist nicht trivial – von Rückkopplungsmechanismen und iterativen Korrekturschleifen zwischen Strategieentwicklung und Fachexpertinnen ganz zu schweigen.

Für das partizipative Management eines Unternehmens nach den Prinzipien des Liquid-Leadership-Modells ist der zentrale Dreh- und Angelpunkt aller Planungen, Entwicklungen und Kooperationen eine Strategie, die kollektiv entwickelt wurde und individuell in der Wirkung und Implikation nachvollziehbar ist. Dafür brauchen wir ein Kooperationsmodell, das es uns erlaubt, eine Vielzahl von Personen aktiv in die Strategieentwicklung einzubeziehen. So können wir von ihren fachlichen Expertisen profitieren und gleichzeitig ein möglichst deckungsgleiches Verständnis, einen konsistenten Informationsstand und die erfolgskritische Anschlussfähigkeit der Mitarbeitenden her- bzw. sicherstellen.

5.8.2 Syntegration® – Quadrate zu Kreisen

Und wieder liefert die Kybernetik wie selbstverständlich eine Lösung für die beschriebene Herkulesaufgabe. Wir greifen uns aus dem kybernetischen Werkzeugkasten zu ihrer Bearbeitung die Syntegration®. Sie wurde von Stafford Beer in den 1970er Jahren entwickelt und basiert auf den Erkenntnissen der Kybernetik und Systemtheorie. Die Syntegration®[32] ermöglicht die effektive Zusammenarbeit und den Austausch von Wissen und Ideen in Gruppen, um komplexe Probleme zu lösen und innovative Lösungen für komplexe Aufgabenstellungen zu finden. Das gilt insbesondere für komplex-abstrakte Probleme, die nicht durch einen Prototyp visualisiert werden können. Die folgende Beschreibung des Nutzens und des Durchführungsprozesses einer Syntegration® führt uns in die Grundlagen der Methode ein.

Vorteile der Syntegration®

- **Effektive Zusammenarbeit:** Syntegration® fördert die Zusammenarbeit und den Wissensaustausch großer Personengruppen, wodurch die kreativen Fähigkeiten und die fachliche Expertise und Erfahrung der Teilnehmenden genutzt werden.
- **Schnelle Problemlösung:** Die Methode ermöglicht es, komplexe Probleme interaktiv und interdisziplinär zu analysieren und innovative bzw. konstruktive Lösungen zu finden, indem sie die Intelligenz und das Wissen vieler Teilnehmerinnen integriert.
- **Strukturierte Diskussion:** Syntegration® verwendet eine strukturierte Kommunikations- und Kooperationsstruktur, um Diskussionen zu organisieren und sicherzustellen, dass relevante Ideen und Informationen effizient und unmittelbar unter den Teilnehmenden ausgetauscht werden.
- **Identifizierung von Prioritäten:** Durch eine Fokussierung auf Fragen und Herausforderungen, die kollektiv als relevant bewertet werden, können Organisationen Prioritäten setzen und Kapazitäten und Ressourcen gezielt einsetzen.
- **Wissensmanagement:** Die Methode ermöglicht es, Wissen und Erfahrung innerhalb einer Organisation zu nutzen, zu bewahren und kontinuierlich weiterzugeben.

Durchführung

Die Methode der Syntegration® umfasst typischerweise die folgenden Schritte:

1. **Zusammenstellung der Teilnehmenden**: Eine Gruppe zwischen 20 und 45 interdisziplinären Expertinnen wird zusammengestellt, um an einem bestimmten Problem oder Thema zu arbeiten und kollektiv eine Strategie oder ein Lösungskonzept zu erarbeiten.
2. **Vorbereitung**: Die zentrale Frage oder das Problem, die/das gelöst werden soll, wird aus einer Interview- und Recherchephase heraus formuliert und den Teilnehmenden zur Verfü-

32 Das Wort »Syntegration®« ist eine Kombination aus »Synergie« und »Integration.«

gung gestellt. Das kann z. B. die strategische Entwicklung des Unternehmens, die Herangehensweise an eine bisher unbekannte Problemstellung, eine erkannte Krisensituation oder das Vorgehen gegenüber einer neuen Wettbewerberin betreffen. Die zentrale Fragestellung wird in bis zu zwölf Themengebiete unterteilt, die in individuellen Arbeitsgruppen behandelt werden. Die Anzahl der behandelbaren Themengebiete einer zentralen Fragestellung ist von der Anzahl der Teilnehmenden und der zur Verfügung stehenden Zeit abhängig.

3. **Syntegration-Prozess**: Die Teilnehmenden führen eine speziell strukturierte und meist mehrtägige Workshopreihe durch, die in einem kreativen und psychologisch sicheren Umfeld stattfindet. Sie arbeiten in definierten Gruppen innerhalb vorgegebener Time-Boxen zu je 60 Minuten in drei Iterationen zusammen. In der ersten Iteration wird der Ist-Zustand eines Themengebiets der zentralen Fragstellung analysiert, um ein gemeinsames Verständnis unter den Diskutierenden aufzubauen. Die zweite Iteration legt den Fokus auf die unlimitierte und kreative Beschreibung des idealen Zielzustands, in dem die identifizierten Problemstellungen eines Themengebiets aufgelöst sind. Es wird sozusagen die fiktive, aber ideale Welt konstruiert. Die letzte Iteration ist auf die kollektive Entwicklung von Vorgehens- und Lösungsideen oder Umsetzungsmaßnahmen ausgerichtet. Die Diskutantinnen nutzen die ideale Welt als Orientierungspunkt und kreieren die konkreten Schritte, um ihrer Realisierung so nah wie möglich zu kommen.
4. **Wechselnde Gruppen und Perspektiven**: Die Teilnehmenden wechseln in regelmäßigen Abständen zwischen parallel arbeitenden Gruppen, die weitere Themengebiete der zentralen Fragestellung behandeln. Sie ändern dabei jeweils ihre Perspektive als Diskussionsteilnehmende, Kritikerin oder Beobachterin. Dadurch wird sichergestellt, dass entwickelte Ideen und ausgetauschte Informationen Gruppen übergreifend reflektiert und breit verteilt werden und, dass ein möglichst homogenes und kollektives Verständnis der Teilnehmenden zu allen Themengebieten erwächst.
5. **Synthese**: Am Ende der Workshopreihe werden die Ergebnisse aus den verschiedenen Gruppen zusammengeführt, präsentiert und zu einer Gesamtsicht an Umsetzungslösungen konsolidiert.
6. **Aktionspläne**: Basierend auf den erarbeiteten Lösungen werden konkrete Aktionspläne entwickelt, um die behandelte Problemstellung, Krisensituation, Herausforderung oder Chance strategisch und operativ anzugehen. Im Falle des Liquid-Leadership-Modells werden die Aktionspläne als Input über das bereits beschriebene **Adaptable Portfolio Management (APM)** in den **QBR**-Zyklus eingespeist. Dann werden sie im Rahmen des **Corporate Heartbeats** kontinuierlich inkrementell realisiert.

Die Methode der Syntegration® wird gewissermaßen als Erbe von Stafford Beer durch Prof. Dr. Malik im Rahmen des Malik Instituts in der Schweiz weiterentwickelt, gepflegt und weltweit durchgeführt. Die folgende grafische Darstellung des gesamten Ablaufs aller Phasen einer Syntegration® wurde uns dankenswerterweise von Prof. Dr. Malik und Dr. Constantin Malik für dieses Buch zur Verfügung gestellt.

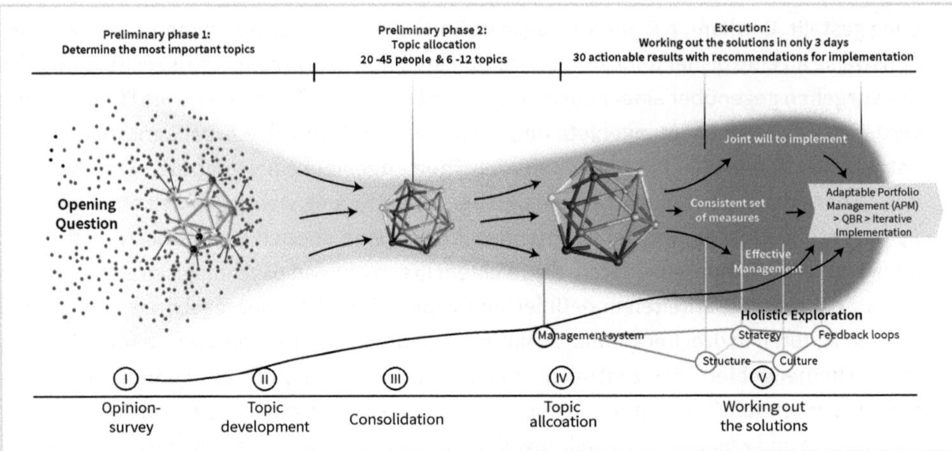

Abb. 123: Ablauf der Phasen zur Vorbereitung und Durchführung einer Syntegration® mit anschließender Operationalisierung der erarbeiteten Maßnahmen im Rahmen des QBR

Literaturempfehlung

Zur Vertiefung der wissenschaftlichen Grundlagen der Syntegration®[33] und der Details ihrer Anwendung ist, neben den Publikationen von Prof. Dr. Malik, das von Stafford Beer 1975 veröffentlichte Buch »Platform for Change« zu empfehlen. Darin erläutert Beer seine Ideen zur Organisationsentwicklung und Systemtheorie. Er stellt die Syntegration® als innovative Methode zur Bewältigung komplexer Probleme in Organisationen vor. »Platform for Change« gilt als eines der wichtigsten Werke Stafford Beers und hat bis heute einen großen Einfluss auf die Bereiche Management, Kybernetik und Organisationsgestaltung.

Tipps, Tricks und Erfahrungen

Um die Methode der Syntegration® anwenden zu können, ist eine Ausbildung einzelner Mitarbeiterinnen in Unternehmen empfehlenswert. Darin unterscheidet sich die Syntegration® nicht von anderen Methoden wie Design Thinking, Six Sigma oder SAFe. Es ist allerdings ausreichend, »eine Handvoll« Mitarbeitende in dieser Thematik zu schulen. Über die wiederholte Durchführung von Syntegration-Workshops im Laufe der Zeit etablieren sich ein kollektives Wissen und eine Selbstverständlichkeit von Inhalt, Struktur und Wirkung der Methode. Außerdem kann die Syntegration® auch auf kleinere Personengruppen »herunterskaliert« werden. Sie eignet sich daher ebenso für die Anwendung in kleinen Teams oder Wertströmen, um wirkungs- und lösungsorientierte Diskussionsstrukturen zu organisieren. Die Struktur der Vorgehensweise und die Abfolge der Phasen bleiben dabei konsistent. Im Rahmen des Liquid-Leadership-Modells sind die Verantwortlichen der Elementarrolle **Coordina-**

33 Syntegration® und das farbige Ikosaeder sind geschützte Marken des Malik Management Zentrums St. Gallen, Schweiz.

tion C die entsprechende Zielgruppe. Die Elementarrolle **Development D** identifiziert die Problemstellung bzw. die Entwicklungsfelder, die behandelt werden sollen.

5.8.3 Kritische Würdigung

Wahrscheinlich wird den meisten unserer Leserinnen die Methode der Syntegration® bisher kein Begriff gewesen sein. Dieser Zustand ist aktuell (also 2024, noch) symptomatisch für das gesamte Forschungsgebiet der Kybernetik und der aus ihr hervorgegangenen Erkenntnisse. Auch wenn gerade in Europa ein stetig wachsendes Interesse an den Fachgebieten der Systemtheorie und der Kybernetik festzustellen ist, wird es sicherlich noch einige Jahre dauern, bis ihre Inhalte in die Domäne der Unternehmenssteuerung eingezogen sind.

Vergleicht man die Syntegration® mit anderen Methoden der Problemlösungs- oder Strategieentwicklung in Großgruppen, dann wird deutlich, dass keins dieser Formate eine ähnliche Stringenz und Ergebniswirksamkeit entfaltet und dabei keinerlei Vorkenntnisse zur Methode unter den Teilnehmenden voraussetzt. Artverwandte Methoden sind z. B. TRIZ (Theorie des erfinderischen Problemlösens), die Open Space Technology bzw. World Café oder Design Thinking. Dabei unterscheidet sich die Syntegration® in den folgenden Aspekten besonders von vergleichbaren Methoden:

- **Gruppenzusammensetzung**: Während die Syntegration® darauf abzielt, große Gruppen von Menschen in eine strukturierte Diskussion einzubeziehen, konzentrieren sich andere Methoden wie Design Thinking und Lean Management häufig auf kleinere, multidisziplinäre Teams.
- **Problemstellung**: Syntegration® eignet sich besonders für komplexe Probleme, bei denen vielfältige Perspektiven und Ideen erforderlich sind. Andere Methoden, wie beispielsweise Six Sigma, sind meist auf spezifischere Probleme und Fragestellungen, wie das Qualitätsmanagement, ausgerichtet.
- **Struktur**: Die Syntegration® verfolgt einen klaren Ablauf mit Phasen wie der Ideengenerierung und -bewertung. Andere Methoden können in ihrer Struktur flexibler sein.

Der Aufwand für die Vorbereitung und Durchführung einer Syntegration® erscheint auf den ersten Blick oft hoch und wirkt etwas abschreckend. Der investierte Aufwand muss allerdings mit den Wirkungsdimensionen und Effekten der Ergebnisse einer Syntegration® ins Verhältnis gesetzt werden. Nehmen wir beispielsweise eine lineare Kommunikationskaskade einer neu entwickelten Unternehmensstrategie an: In einem fiktiven Szenario wird die Strategie von 25 Personen über mehrere Wochen in verschiedenen Konfigurationen erarbeitet. Nach Fertigstellung und Freigabe durch die Geschäftsführung wird sie den Mitarbeitenden über Rundschreiben (E-Mails), Webmeetings (Videokonferenzen und Web Cast) oder Town Hall Meetings (Mitarbeitendenversammlung oder Betriebsversammlung) unidirektional vorgestellt. Von einer Frage-und-Antwort-Runde abgesehen, gibt es einen Weg der Rückkopplung zur Sicherstellung der Verständnisqualität nicht. Welchen Wirkungsgrad kann diese »klassische« Kommunikationsform haben? Wie stehen die »geringen« Kosten der Ergebniskommunikation im Verhältnis zum erreichten Wirkungsgrad ihrer Umsetzung?

Sicherlich gibt es in einer Vielzahl von Unternehmen, die sich bemühen, die Konsistenz ihrer Informationsvermittlung zu steigern – durch Diskussionsrunden in Teams und Wertströmen, Podiumsdiskussionen oder über die technischen Möglichkeiten der Rückkopplung durch Intranet-Lösungen. Verglichen mit der Intensität der partizipativen Kooperationsweise einer Syntegration® kann eine unidirektionale Informationsverbreitung nicht einmal annähernd die gleiche kollektive Akzeptanz und Wirkung entfalten. Von der positiven sozialen Wirkung auf die Entwicklung interpersoneller Netzwerke der Teilnehmenden ganz zu schweigen. Oder haben Sie jemals mit einer E-Mail ein nachhaltiges Gefühl der Zusammengehörigkeit entwickeln können? Falls ja, wenden Sie sich bitte an die neugierigen Autoren.

Führen Sie dagegen beispielsweise fünf aufeinanderfolgende Syntegrationen mit jeweils max. 45 Teilnehmenden über je drei Tage durch, haben sie nach 15 Tagen ein Team von 225 Mitarbeitenden mit einem maximal hohen Überschneidungsgrad an Wissensstand und Nachvollziehbarkeit der entwickelten Strategie aufgebaut. Diese 225 Personen wirken zusätzlich als autonome Multiplikatoren in den Teams und Wertströmen der Organisation. Sie dienen als Rückkopplungskanal für die Anpassung und Justierung der Strategie aus den Ergebnissen der **QBR**.

Soll sich die selbstorganisierende Kooperation autonom-vernetzter Teams in einem Unternehmen etablieren, sind die Informationsgeschwindigkeit und -qualität ein untrennbares Paar. Durch sie kann der höchstmögliche Wirkungsgrad einer Strategieentwicklung und ihrer Operationalisierung erreicht werden. »Klassische« Kommunikationskaskaden und spezifische Methoden können das nur eingeschränkt leisten.

5.9 Step XVII: Adapt Knowledge@Scale

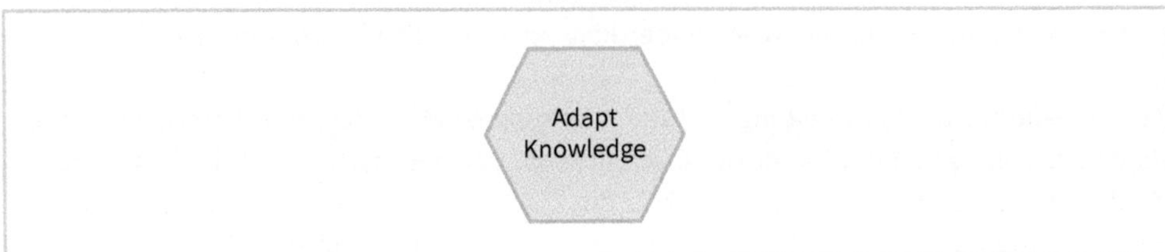

Abb. 124: Baustein Adapt Knowledge

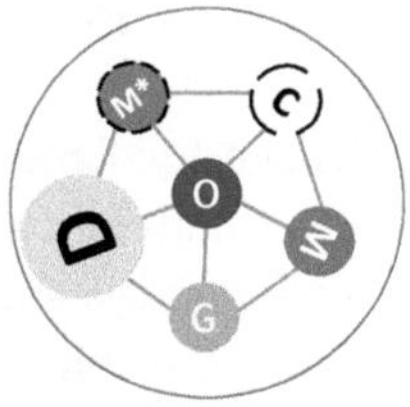

Abb. 125: Selbstorganisiertes Team mit der Elementarrolle Development D im Lead für die Identifikation zukünftiger Wissensgebiete

> *Probleme kann man niemals mit derselben Denkweise lösen, durch die sie entstanden sind.*
>
> *Dr. phil., Dr. rer. nat., Dr. h.c. mult. Albert Einstein*

5.9.1 Kontext

Die Arbeitswelt ist seit den Anfängen der Industrialisierung von kontinuierlichen Veränderungen und Umbrüchen geprägt. Die Auswirkungen der Digitalisierung repräsentieren die aktuelle Umbruchsphase, die mit den Einflüssen der sich rasch entwickelnden KI eine erneute Hochzeit erlebt. Ob derartige Umbrüche Arbeitsplätze vernichten oder schaffen, scheint eine Frage der Perspektive, persönlicher Betroffenheit oder politischer Interessen zu sein. Prognosen erinnern aktuell noch etwas an Glaskugellesen.

Was im Kontext kontinuierlicher Veränderungen unstrittig scheint, ist die Notwendigkeit, das einmal erworbene Wissen, ob in der Schule, am Ausbildungsplatz oder an der Universität, stetig zu erweitern und zu erneuern. So sind z. B. die technologischen Kenntnisse aus den Anfängen der IT mit dem heutigen Entwicklungsstand kaum noch zu vergleichen. So verhält es sich in fast allen Branchen und Berufszweigen: Die Technologisierung der meisten von ihnen und die immer weiter wachsenden wissenschaftlichen Erkenntnisse schaffen die permanente Notwendigkeit kontinuierlichen Lernens und der Wissensanpassung. Die Erschließung immer neuer Wissensgebiete, der Aufbau von Methodenkompetenz und der interdisziplinäre Austausch von Erfahrungswissen und Erkenntnissen ist nicht nur individuell notwendig, sondern vor allem aus Sicht der Organisation auch kollektiv.

Seit den 2000er Jahren wird der Mangel an Fachkräften diskutiert. Aber er verstärkt nur die Gründe, aus denen sich Unternehmen mit einer strukturierten Wissenssicherung und -entwicklung befassen müssen. Es ist ein ökonomischer und wettbewerbsentscheidender Faktor, die Kenntnisse und Talente der Mitarbeitenden konsequent und intensiv auszubauen.

5.9.2 Communities of Excellence aufbauen und betreiben

Im Rahmen des **I. Zyklus** haben wir bereits zwei fundamentale Elemente des Bausteins **Provide Capacities & Resources** kennengelernt: das **Competence-Radar** als Werkzeug zur Planung und Steuerung der individuellen Entwicklung in den Dimensionen **Expertise, Social Competence** und **Methodological Competence** und die **Capability Development Iteration (CDI)**. Diese haben wir im Rahmen des Kooperationskalenders als festen Bestandteil der Kooperationsstrukturierung für regelmäßige Wissensentwicklung und Erfahrungsaustausch im Team beschrieben. In einer skalierten Kooperation stehen wir vor der Frage, wie wir in einem Verbund lose gekoppelter vielzähliger Teams und Wertströme eine kontinuierliche und übergreifende Förderung von Wissensaufbau und Erfahrungsaustausch organisieren.

Dazu machen wir uns den Baustein der **Community of Practice (CoP)** als Blaupause zunutze. Er wurde zu Beginn des **II. Zyklus** eingeführt. Mit ihm entwickeln wir eine **Community of Excellence (CoE)**. Organisatorisch existieren keinerlei Unterschiede zwischen einer **CoP** und einer **CoE**. Die Vorgehensweisen, nach denen beide identifiziert, aufgebaut und wieder zurückgebaut werden, können identisch praktiziert werden.

Da beide Bausteine dennoch sehr unterschiedliche Kontexte abdecken, sollten sie strikt getrennt betrieben werden. Der Grund ist, dass in einer **CoP** eine Vielzahl interdisziplinärer Fachexpertinnen mit individuellen Expertisen zusammengebracht werden. Sie lösen ein spezifisches Problem oder legen einen Standard fest. Eine **CoE** hingegen fokussiert sich jeweils auf eine Expertise, also auf ein fachliches, technisches, methodisches oder kooperatives etc. Themengebiet und richtet sich an eine fachlich homogene Gruppe von Fachexpertinnen.

So kann es beispielsweise für eine Bank sehr sinnvoll sein, eine **CoE** zum Themengebiet regulatorischer Anforderungen an das Finanzwesen zu betreiben. Durch sie werden die unterschiedlichsten Personenkreise für den jeweiligen Kontext ihrer fachlichen Aufgabenstellung entsprechend orientiert. Oder eine Versicherung bildet ihre Fachexpertinnen auf dem Themengebiet von IFRS 17 aus. Diese Themengebiete sind für einen speziellen, also nicht interdisziplinären Kreis von Mitarbeitenden relevant, und zwar eventuell nur temporär. Andere Themen, wie beispielsweise die Methodenkompetenz zur selbstorganisierten Vorgehensweise bei der Planung und Entwicklung von OKRs, können dafür von längerfristiger Relevanz sein und in multiplen **CoPs** eingesetzt werden.

Die Beziehung zwischen den Problemstellungen und Standardisierungsfragen der **CoPs** steht multiplen Beziehungen zu den Wissensgebieten gegenüber, die im Unternehmen gepflegt und gefördert werden müssen. Als Relation ausgerückt, würde man diese Beziehung mit n:m beschreiben. Deshalb ist es wenig ratsam, die Bearbeitung übergreifender Fragestellungen und die Entwicklung von Wissen in einem Baustein zusammenzufassen. Die Wissensgebiete, die in **CoEs** gepflegt und gefördert werden sollen, speisen sich vornehmlich aus der kontinuierlich entwickelten und aktualisierten Strategie der Gesamtorganisation und der Teams in den

Wertströmen. Wie im **I. Zyklus** beschrieben, liegt es in der Verantwortung der Elementarrolle **Development D**, die Anforderungen der sich verändernden Umwelt zu identifizieren und in die Planungs- und Umsetzungslogik der Organisation einzubringen. Gleichsam sollte sie Wissensgebiete identifizieren, die für eben diese Umsetzung notwendig sind, und mit dem Wissensniveau vergleichen, das in der Organisation vorhanden ist. Die Relation zwischen Themengebiet und Mitarbeitenden in einer **CoE** entspricht somit 1:n.

Im Rahmen der sich entwickelnden **CoE**-Strukturen können die passenden Schulungs- und Weiterbildungsmaßnahmen von den Fachexpertinnen entwickelt werden. Dieses Vorgehen verändert die übliche Dynamik der Mitarbeiterschulungen in Unternehmen. Das nach wie vor weitverbreitete und praktizierte Verständnis von Mitarbeiterentwicklung ist, dass die Personalabteilung oder ein darin angesiedelter Unterbereich Schulungsinhalte und -maßnahmen festlegt. Da die von der Personalabteilung festgelegten Angebote oft nicht im Dialog mit den Fachexpertinnen entwickelt werden, laufen sie Gefahr, abgekoppelt neben den strategischen und operativen Notwendigkeiten und zukünftigen Veränderungen der Mitarbeitenden zu stehen.

Außerdem wird die kontinuierliche Qualifikation von Mitarbeitenden in Unternehmen vielfach als Kosten- und nicht als Wettbewerbsfaktor verstanden und bewertet. Das kann zu einem Schulungsportfolio führen, das lediglich ein Minimum an Themengebieten abdeckt und nicht das, was strategisch erforderlich wäre. Das von uns im Kontext des Bausteins **Measure Impact@Scale** integrierte Themengebiet der Künstlichen Intelligenz (KI) ist ein Paradebeispiel: Ein z.B. auf zukünftige technologische Veränderungen ausgerichtetes Schulungskonzept von Personalbereichen stellt die Ausnahme dar. Oder welches Unternehmen kennen Sie, das bereits in den 2010er Jahren KI oder Big-Data-Analysen als allgemein relevantes und strategisches Entwicklungsthema der Mitarbeitenden erkannt und gefördert hat?

Damit das Schulungsportfolio an die Entwicklungsthemen der Organisation angepasst werden kann, sollten folgende Prinzipien im Rahmen der **CoEs**, die identifiziert und etabliert sind, Anwendung finden:

- Personalentwicklerinnen als Beraterinnen: Das Selbstverständnis der Personalabteilung bzw. der darin angesiedelten Personalentwicklungsexpertinnen wechselt in das einer Beratungsstelle für Mitarbeitendenförderung der gesamten Organisation. Dabei ist der semantische Wechsel der Begriffe Personal zu Mitarbeitende bereits relevant. Diesen Wechsel im Selbstverständnis klassischer Rollen kennen wir bereits von den Prozessexpertinnen oder Führungskräften.
- Die Elementarrolle **Management M** für Weiterbildungsressourcen: Diese Verantwortung der notwendigen Ressourcen für die Weiterbildung der Mitarbeitenden sollte organisationsweit übergreifend bei der Personalabteilung verortet sein. Von dort wird sie über die **CoEs** bereitgestellt. Die Konsequenz daraus ist, dass die Mitarbeitenden in den Teams zusammen mit den Verantwortlichen für die Elementarrolle **Development D** erarbeiten, welche Schulungs- und Qualifikationsthemen priorisiert werden müssen. Die Personalabteilung stellt, aus der Perspektive von **Management M**, die dafür nötigen Ressourcen zur Verfügung, vor

allem finanzielle Mittel und Schulungsformate. Im Dialog zwischen den Spannungsfeldern **Development D** und **Management M** wird so erarbeitet, was aus Sicht der Kompetenzen in den Teams nötig und aus Sicht der Ressourcen und der Personalabteilung möglich (leistbar, finanzierbar) ist.

- Mentorinnen zur Wissensmultiplikation: Damit das bestehende Fachwissen, das neu erworbene statische Wissen und das gewonnene Erfahrungswissen weitergegeben werden, sollten Mentorinnen für priorisierte Themengebiete etabliert werden. Sie sind für den Fortbestand der Organisation besonders relevant. Sie können über das Werkzeug des **Competence Radars** aus den Mitarbeitenden erwachsen, die den Reifegrad Master erreicht haben und das Talent besitzen oder entwickelt haben, Wissen an Mentees weiterzugeben und diese individuell zu fördern.

Als Anregung für den Aufbau von **Communities of Excellence (CoEs)** haben wir die folgende Liste zusammengestellt, die Wissensgebiete beinhaltet, die in unterschiedlichen Organisationen übergreifend gefördert werden:

- Feedback geben und annehmen, Konfliktmanagement und Moderation von Workshops
- Agile Kooperationsmodelle (Methoden, Standards, Frameworks, Kompetenzen)
- Rollierende Budgetierung (z. B. Beyond Budgeting) und Portfoliomanagement
- IT-Kompetenz für Nicht-IT-Expertinnen, Nicht-IT-Kompetenz für IT-Expertinnen
- Steuerungsmodelle entwickeln, anpassen und nutzen (Lag, Lead, Maturity und Corporate Culture)
- Kommunikation in verteilten Kooperationsmodellen lose gekoppelter Teams;
- Strategieentwicklung und Operationalisierung
- Geschäftsprozessentwicklung (White Box & Black Box)
- Fremdsprachen und interkulturelle Kommunikation
- Liquid Leadership: Management als Fähigkeit selbstorganisierender Teams
- Mentoring und Trainerausbildungen
- Soziales Engagement für karitative Einrichtungen oder durch gemeinnützige Projekte

Soziales Engagement

Ein auf Sinnstiftung und Intention ausgerichtetes Arbeitsumfeld sollte die Möglichkeit bieten, sich auch aus dem beruflichen Kontext heraus sozial zu engagieren. Es reicht nicht aus, alleine den Zweck der eigenen Arbeit zu kennen. Mitarbeitende wollen auch wissen, wem ihre Arbeit gesellschaftlich dienen kann. Wenn die Teammitglieder wissen, dass sie einen wertvollen Beitrag für die Umwelt leisten, der sich positiv auf andere Menschen auswirkt, fühlen sie einen zusätzlichen prosozialen Zweck. Das wiederum wirkt sich positiv auf die kollektive Zusammengehörigkeit und auf die Motivation im Unternehmen aus.

Tipps, Tricks und Erfahrungen

In ökonomischen Krisensituationen oder bei einem Umsatzrückgang wird der Rotstift der Einsparmaßnahmen gerne sehr früh bei den Schulungsmaßnahmen angesetzt. Das ist aus mindestens zwei Gründen fatal. Erstens weil Mitarbeitende, die keine Entwicklungsperspektive sehen, tendenziell eher dazu neigen zu kündigen. Das wurde u. a. in der bereits bemühten Gallup-Studie belegt. Zweitens führt das Einstellen von Weiterbildungsinvestitionen dazu, dass die Wettbewerbsfähigkeit der Organisation geschwächt wird, da das bestehende Wissen zwangsläufig »veraltet«. Daher sollte der Rotstift prinzipiell, wenn überhaupt, dann erst am Ende aller Maßnahmen als Ultima Ratio zur Kostenreduktion angesetzt werden, wenn alle anderen Möglichkeiten, inkl. Kekse und Kaffee, ausgeschöpft sind.

6 III. Zyklus – Ri

Wir haben den **II. Zyklus,** die **Ha-Phase** abgeschlossen, die Anwendungssicherheit vertieft, die selbstverständliche Anwendung der Bausteine des Liquid-Leadership-Modells im operativen Alltag der Mitarbeitenden weiter etabliert. Fand die selbstorganisierte Form der Kooperation nach dem **I. Zyklus** noch hauptsächlich innerhalb des einzelnen Teams statt, wurde sie im **II. Zyklus** um weitere Teams oder Abteilungen erweitert. Diese wurden in eine interdisziplinäre Form der Kooperation integriert.

Der **III. Zyklus** dient nunmehr der Anpassung und Weiterentwicklung der Bausteine entlang identifizierter Anforderungen und der Arbeitsbedürfnisse der Mitarbeitenden sowie zur kontinuierlichen Steigerung des Reifegrades ihrer Anwendung.

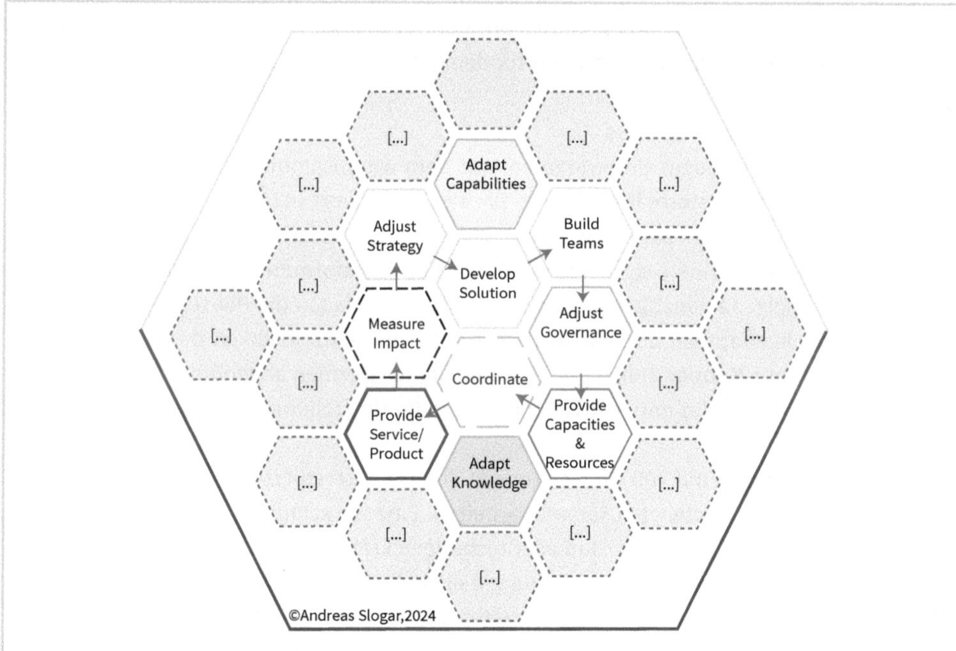

Abb. 126: Der III. Zyklus zur Einführung des Liquid-Leadership-Modells in der Ri-Phase

Last step VII–X V. re-iterate, refine, mature

Wurden bisher die Einführung und Anwendung der Bausteine des Liquid-Leadership-Modells nach der bisherigen Verfahrensbeschreibung durchgeführt, können sie im **III. Zyklus** angepasst, erweitert, ersetzt oder durch Eigenentwicklungen angereichert werden. Das gilt natürlich immer nur, sofern dies nützlich ist und dem Wirkungsgrad der selbstorganisierten Kooperation aller Teams in der Organisation dient. Bei der Anpassung, Ergänzung oder Weiterentwicklung der Bausteine sind folgende Prinzipien zu beachten:

- Die Instabilität, die durch eine Anpassung o.ä. in einem Team oder der gesamten Organisation ausgelöst wird, sollte immer temporär sein und ein operativ für die Mitarbeitenden verkraftbares Ausmaß annehmen.
- Auf eine Phase temporärer Instabilität muss eine Phase der Stabilisierung folgen, in der die Mitarbeitenden die Neuerungen verinnerlichen und die nötige Anwendungssicherheit aufbauen.
- Eine Anpassung darf lediglich erfolgen, wenn von den Mitarbeitenden eine nachvollziehbare und durch eine Einwandbehandlung validierte Verbesserung, Erleichterung oder Vereinfachung der etablierten Kooperationsform verifiziert werden.
- Das **Governance** und das **Ops-Meeting** sind geeignete Kooperationsformate, um diese Entwicklungen strukturiert zu identifizieren, zu vereinbaren und zu dokumentieren.
- Anpassungen an den Bausteinen des Liquid-Leadership-Modells müssen durch Schulungs-, Simulations- und Feedbackmaßnahmen unterstützt werden. Die Bausteine **Adapt Capabilities** und **Adapt Knowledge** bieten hierfür den nötigen Rahmen.

Ein wenig Philosophie zum Schluss

Wir bekommen in fast jedem Unternehmen, mit dem wir zusammenarbeiten, die Frage gestellt, wie lange eine Transformation dauert. Die exakte Antwort »42 Wochen« irritiert jede Gesprächspartnerin und die Reaktion ist immer: »So schnell? Das ist unmöglich!« Stimmt – oder eben auch nicht. Wie schon betont, ist die Dauer der Transformation von Ihren Rahmenbedingungen abhängig. Je günstiger diese sind, desto kürzer fallen die Phasen der temporären Instabilität aus. Je adaptiver und konstruktiver sich die Eigenzeitlichkeit der Mitarbeitenden gestaltet, in der neue Kooperations- und Kommunikationsformen angenommen und etabliert werden, desto kürzer ist das notwendige Zeitfenster der Umstellung.

Wir haben Unternehmen mit 200 Mitarbeitenden ebenso unterstützt wie Konzerne mit zigtausend Angestellten, die weltweit zusammenarbeiten. Eine Berechnungsformel lässt sich nicht ableiten. Wahrscheinlich ist – aufgrund aller bisherigen Erfahrungen und Erkenntnisse –, dass Sie sich auf mehrere Jahre Geduld und Energie einstellen müssen, bevor Sie und Ihre Kolleginnen in den **III. Zyklus**, die **Ri-Phase**, eintreten werden. Selbstverständlich ist zu betonen, dass es für ein individuelles Team umso einfacher ist, die verschiedenen Elemente des Liquid-Leadership-Modells anzuwenden und die Möglichkeiten der Selbstorganisation für die eigene Kooperation zu etablieren, je autonomer es vorgehen kann. Je höher die Anzahl der Interaktionspunkte, mit denen ein Transformationsprozess abgestimmt und koordiniert werden muss, desto größer auch der notwendige Zeitaufwand.

Unabhängig davon, ob die Etablierung des Liquid-Leadership-Modells als Graswurzelbewegung von den Mitarbeitenden in den Teams aus eigenem Antrieb durchgeführt wird oder durch die Geschäftsführung oder die Vorstandsmitglieder initiiert wird: Entscheidend ist in allen von uns beobachteten Fällen der erreichte Wirkungsgrad, nicht die Geschwindigkeit der Veränderung.

Doch die Frage nach der Dauer lässt eine ganz andere Erkenntnis zu, auf die wir zum philosophischen Abschluss des Handbuchteils hinweisen möchten. Die Frage nach dem Endtermin ist von unserer Sozialisierung geprägt: Wir gehen davon aus, dass alle Prozesse beherrschbar und steuerbar sind. Die Erkenntnisse und Modelle der Komplexitätsforschung lassen dieses Dogma nicht nur überholt erscheinen, sondern entlarven es als naiv und weltfremd. Die Welt ist voller Komplexität. Wenn wir dazu übergehen, Komplexität als Designelement unserer Umwelt und unserer eigenen Person zu verstehen und anzuerkennen, haben wir die Möglichkeit, einen Zugang zu ihr zu schaffen und einen kreativen Umgang mit ihr zu entwickeln. Einen altbekannten und bewährten Weg, mit Unbeherrschbarem umzugehen und es sogar konstruktiv zu nutzen, haben uns die Stoiker bereits vor Hunderten von Jahren eröffnet. Andere Kulturkreise kennen ähnliche Denkmodelle wie beispielsweise das »Wu wei« des Daoismus, das als »Nichthandeln im Sinne von Enthaltung eines gegen die Natur gerichteten Handelns« definiert ist.

Mit diesem Buch möchten wir unseren Beitrag dazu leisten, einen Umgang mit Komplexität zu eröffnen; und zwar einen, der ein Umgang **mit** der Komplexität ist und nicht **gegen** sie. Da Komplexität nicht reduzierbar ist, außer aus soziologischer Sicht durch gegenseitiges Vertrauen und Liebe, können wir dennoch unsere Fähigkeiten kontinuierlich an die Dynamik unserer Umwelt anpassen. Wir können uns das zu eigen machen, was Ross Ashby in seinem »Law of Requisite Variety« aufzeigt: Indem wir uns die Komplexität unserer Umwelt erschließen und unsere individuellen und kollektiven Fähigkeiten kontinuierlich entwickeln und an sie anpassen, finden wir unseren immerwährenden Weg des »Wu wei«. Oder wie der Volksmund sagt: »Der Weg ist das Ziel.« Deswegen ist die einzig sinnvolle Antwort auf die vorgenannte Frage »niemals und sofort«, da unsere Einstellung relevant ist und die Erkenntnis, dass es keinen finalen Zustand geben kann. Diese demütige Einsicht lehrt uns schon die Entropie.

In diesem Sinne wünschen wir Ihnen eine bereichernde Reise.

Segment 3

7 Empirische Erkenntnisse

7.1 Notwendigkeit einer empirischen Validierung

Um Management neu zu erfinden, braucht es mehr als nur eine solide theoretische Grundlage und einen einprägsamen Namen. Liquid Leadership kann nur funktionieren, wenn es die Mentalität von Arbeitnehmerinnen und Arbeitgeberinnen gleichermaßen anspricht. Deshalb ist es nicht überraschend, dass die häufigste Kritik, die uns zu Ohren kommt, ungefähr so lautet: »So gut es sich auch anhört, ich glaube einfach nicht, dass Menschen diese Art zu arbeiten akzeptieren werden.«

Wir wissen, dass wir eine tief greifende Abkehr vom klassischen Führungs(selbst)verständnis vorschlagen, das in vielen betriebswirtschaftlichen Studiengängen gelehrt wird. Es wäre kurzsichtig, diese berechtigten Bedenken zu ignorieren. Deswegen wollen wir empirisch zeigen, dass Liquid Leadership nicht nur eine Theorie ist, sondern von Managerinnen und Mitarbeiterinnen gleichermaßen akzeptiert – wenn nicht sogar gegenüber traditionellen Führungsansätzen bevorzugt – wird. Dafür haben wir eigens eine Ministudie durchgeführt.

Die Anzeichen dafür, dass Alternativen zu den traditionellen Ansätzen dringend benötigt werden, sind eindeutig. Laut dem 2023 »State of the Global Workplace«-Bericht von Gallup sind nur 23% aller Arbeitnehmerinnen weltweit im Job »aktiv engagiert«. Dabei sind die regionalen Unterschiede beträchtlich. Südasien kommt auf immerhin 33% aktiv engagierte Arbeitnehmerinnen, die USA und Kanada auf 31%. In Europa dagegen sind es nur kümmerliche 13%. Doch selbst 33% sind weit von einem wünschenswerten Engagement entfernt. Darüber hinaus sind jüngere Arbeitnehmerinnen im Durchschnitt im Beruf weniger aktiv engagiert als ältere und sie fühlen sich auch häufiger gestresst (Gallup 2023). Diese Ergebnisse decken sich mit einem Phänomen, das in letzter Zeit in den sozialen Medien, insbesondere in der Generation Z, an Bedeutung gewonnen hat: das sogenannte »Quiet Quitting«. Frei übersetzt mit »stille Kündigung« – beschreibt es Mitarbeiterinnen, die sich darauf beschränken, »ihre Zeit abzusitzen«. Sie sind nicht engagiert und leisten nur das absolute Minimum. Laut Gallup trifft dies auf 59% aller Arbeitnehmerinnen zu. Aufgrund der Brisanz, die dieses Phänomen in den letzten Jahren gewonnen hat, widmen wir ihm einen Exkurs in unserer Ministudie. Gallup beziffert die jährlichen Kosten für die Weltwirtschaft durch mangelndes Engagement auf 8,8 Billionen US-Dollar, ca. 9% des globalen BIPs (Gallup, 2023).

Die Bandbreite an Erklärungsversuchen für fehlendes Arbeitnehmerinnenengagement ist groß. Während einige Kommentatorinnen, vor allem auf Arbeitgeberinnenseite, das uralte Lied »Niemand will mehr arbeiten« anstimmen, glauben andere, dass viele Arbeitnehmerinnen nach der COVID-19-Pandemie einfach ihr Wohlbefinden über die Maximierung von Unternehmensgewinnen stellen. Es nicht mehr selbstverständlich, sich nur für den Profit des Unternehmens zu engagieren. Es wird kritisch hinterfragt, was die einzelne Mitarbeiterin persönlich davon hat.

Wir leben in einer Welt voller Ungewissheit, in der ein unerwarteter Krieg in Osteuropa tobt, eine Masseninflation gerade erst abschwillt und eine weitere wirtschaftliche Rezession sowie der Klimawandel als Damoklesschwert über allem schweben. Wer könnte es da, insbesondere jungen Menschen, verdenken, dass sie versuchen, ihre Lebensqualität zu optimieren, anstatt hart für eine ungewisse Zukunft zu arbeiten? Unter diesen Umständen ist es nur sinnstiftend zu arbeiten, wenn die Arbeit selbst sinnstiftend ist.

Unabhängig davon, ob man der Arbeit wieder einen tieferen Sinn geben möchte oder einfach nur ein produktives Arbeitsumfeld fördern will, ist eindeutig, dass die Problematik des fehlenden Engagements nicht ignoriert werden kann. Wir sind davon überzeugt, dass Liquid Leadership in dieser schwierigen Situation ein niederschwelliger Lösungsansatz sein kann.

7.2 Erste Resultate

Schon 2020 griffen wir das Thema in Lukas‹ Masterarbeit unter dem Titel »Liquid Leadership – an Alternative to Hierarchical Leadership Principles in the Digital Age?« auf. Wir entwickelten einen Fragebogen, um die Akzeptanz agiler Führungskonzepte über verschiedene Demographien und Beschäftigungsgruppen hinweg zu untersuchen. Konkret ging es darum, die Wahrnehmung von Liquid Leadership im Vergleich zu anderen Führungsstilen in gängigen Geschäftssituationen zu verstehen. Den Befragten wurden immer drei Antwortmöglichkeiten zur Auswahl gestellt: eine »transaktionale« – hierarchisch, autoritär geprägte – Möglichkeit; eine »partizipative« Liquid-Leadership-Option, die vollkommen den im ersten Teil dieses Buches beschriebenen Grundsätzen entspricht; und eine »transformationale« Kompromissoption, die Elemente aus beiden Führungsstilen inkorporiert. Für die Masterarbeit wurden 300 Personen befragt, wobei die Ergebnisse überaus vielversprechend waren:

- Die Akzeptanz von Liquid Leadership ist hoch. 43 % der Befragten sahen es in den meisten Geschäftssituationen als den besten Ansatz, um das jeweilige Szenario zu lösen. 49 % identifizierten den Liquid-Leadership-Ansatz zumindest in manchen Situationen als optimal. Nur 8 % bevorzugten den klassischen, transaktionalen Führungsstil.
- Die breite Akzeptanz zog sich durch alle Alters- und Beschäftigungsgruppen. Führungskräfte waren genauso offen gegenüber agilem Management wie Angestellte. Ältere Mitarbeiterinnen waren nicht systematisch weniger agil als jüngere. Damit widerlegten die Ergebnisse einige der typischen Klischees wie z. B., dass Führungskräfte nicht bereit seien, ihre Verantwortung zu teilen oder dass die Agilität nur etwas für junge Menschen sei.
- Frauen standen dem Liquid Leadership allgemein etwas offener gegenüber als Männer. Allerdings arbeiteten deutlich weniger der befragten Frauen in Führungspositionen, in denen sie die agilen Ansätze hätten umsetzen können.
- Die Umfrageteilnehmerinnen bevorzugten den Liquid-Leadership-Ansatz im »soften« VSM-Subsystem Coordination. Deswegen ist es sinnvoll, Transformationsprozesse in diesem Subsystem zu starten.

Auch wenn diese Ergebnisse aufschlussreich und zweifellos ermutigend sind, weisen die Daten doch einige Einschränkungen auf. Die Stichprobe bestand nur aus 300 Personen und enthielt eine gewisse Verzerrung, da einige Bevölkerungsgruppen (z. B. Hochschulabsolventinnen) aufgrund der Art und Weise, wie die Umfrage durchgeführt wurde, überrepräsentiert sind. Darüber hinaus wurde die Umfrage während des Höhepunkts der Covid-19-Pandemie durchgeführt, was einen schwer zu berücksichtigenden Einfluss auf die Einstellung der Befragten gehabt haben könnte. Deswegen haben wir uns entschieden, die Umfrage erneut und unter verbesserten Bedingungen durchzuführen.

7.3 Verbesserte Methodik

Mithilfe eines unabhängigen Drittanbieters haben wir eine repräsentative Stichprobe von über 500 US-Amerikanerinnen befragt, um zu verstehen, wie sie den partizipativen Liquid-Leadership-Ansatz sehen. Wir haben uns für die USA entschieden, weil die meisten Geschäftstrends und Arbeitsweisen dort ihren Ursprung haben und weil es dort keine Sprachbarrieren gibt, die bei einer Umfrage in z. B. der EU aufgetreten wären. Außerdem haben wir den Fragebogen leicht modifiziert, um Fragen zum Verständnis und den wahrgenommenen Auswirkungen von Quiet Quitting aufzunehmen, die in der ursprünglichen Masterarbeitsumfrage nicht enthalten waren.[34]

An dieser Stelle sei darauf hingewiesen, dass das Ziel unserer Datenerhebung darin bestand, unsere ersten Erkenntnisse zu validieren und unsere Aussagen über das Potenzial und die Akzeptanz von Liquid Leadership zu untermauern. Wir wollten über theoretische Konzepte hinausgehen und zeigen, dass Liquid Leadership von vielen Führungskräften und Mitarbeiterinnen bereits als praktikabler, zukunftsorientierter Führungsansatz angesehen wird. Allerdings sind wir keine Forscher und es war nicht unser Ziel, einen allumfassenden Beweis zu liefern. Deswegen verzichten wir auf die vollmundige Behauptung, dass Liquid Leadership unzweifelhaft die Zukunft des Managements wäre. Außerdem möchten wir unsere Skepsis gegenüber der Literatur zum Ausdruck bringen, in der Autorinnen derart kühne Behauptungen aufstellen. Bei »unscharfen« Themen wie Führungsstilen wird es immer einen gewissen Grad an Unsicherheit und niemals einen einheitlichen Ansatz geben.

7.4 Vielversprechende Ergebnisse

Im Folgenden gehen wir detailliert auf die konkreten Ergebnisse unserer Untersuchung ein. Deshalb empfehlen wir allen geneigten Leserinnen, die sich nur dafür interessieren, wie sie die Schlussfolgerungen aus den Ergebnissen effektiv in ihren Teams und Organisationen einsetzen können, zum Kapitel 8.6 weiterzublättern.

34 Der vollständige Fragebogen ist im Anhang enthalten.

7.4.1 Weitreichende Akzeptanz von Liquid Leadership

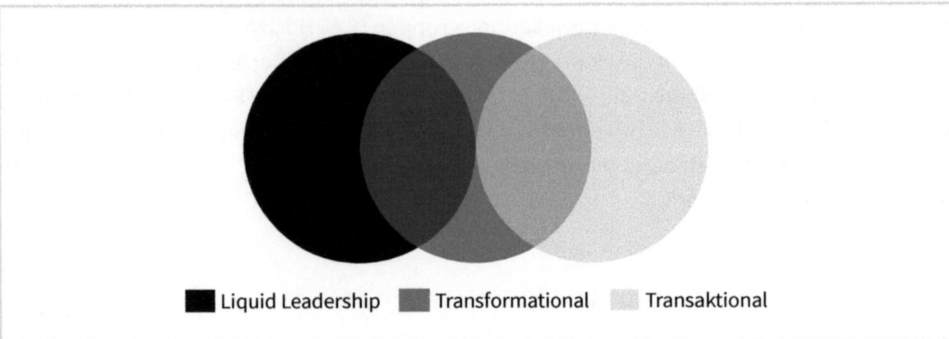

Abb. 127: Definierte Führungsstile und ihre Überschneidungen

Die Ergebnisse unserer verbesserten Umfrage sind aus der Sicht des Liquid Leaderships insgesamt sehr positiv ausgefallen. Wenn sie mit drei Optionen konfrontiert werden, entscheiden sich die meisten Menschen von Natur aus für den Mittelweg. Deshalb ist es bemerkenswert, dass sich in 37 % der Geschäftssituationen die Befragten für den Liquid-Leadership-Ansatz entschieden haben. In 45 % der Situationen bevorzugten sie den transformationalen Ansatz und nur in 18 % für den transaktionalen. Damit haben sich die Teilnehmerinnen also in über 80 % der Geschäftssituationen für den Liquid Leadership oder immerhin für den transformationalen Ansatz entschieden, der schon Kernelemente von Liquid Leadership enthält. Der transformationale »Kompromissansatz« bleibt zwar insgesamt der Beliebteste, aber es zeigt sich trotzdem eine klare Tendenz zu Liquid Leadership anstatt zum klassischen, hierarchischen Führungsmodell. Folglich untermauern die Daten die Ergebnisse der ursprünglichen Umfrage, auch wenn die Präferenz für Liquid Leadership etwas niedriger ausfällt als zuvor.

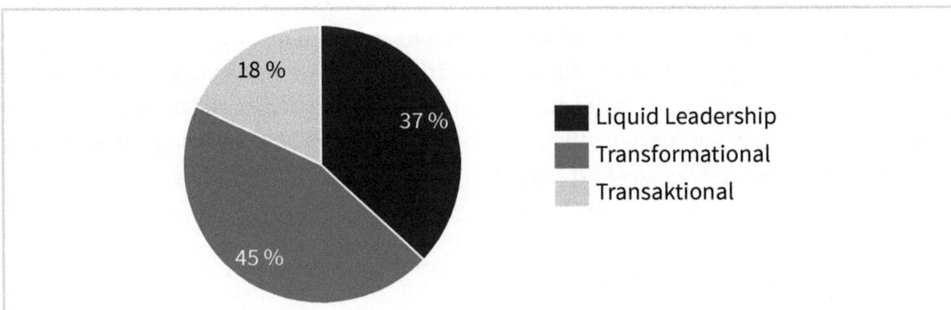

Abb. 128: Führungsverhalten in hypothetischen Geschäftssituationen

Allerdings zeigen sie auch, dass Liquid Leadership keine Selbstläuferin ist. Auch wenn die überwiegende Mehrheit der Befragten einen Führungsstil bevorzugt, der zumindest einige partizipative Elemente einbezieht, sind viele Menschen noch nicht bereit, sich vollkommen dazu zu verpflichten. Um einen erfolgreichen agilen Transformationsprozess zu gewährleisten, müssen Führungskräfte und Mitarbeiterinnen an den richtigen Stellen abgeholt und überzeugt werden.

Praktischerweise liefert die weitere Analyse unserer Umfrageergebnisse konkrete Anhaltspunkte dafür, wie das gelingen kann. Zum Beispiel ist die Offenheit gegenüber Liquid Leadership im Subsystem Coordination besonders hoch. In einem Geschäftsszenario, in dem Umfrageteilnehmerinnen entscheiden sollten, wie Coordination in ihrer Abteilung geregelt werden soll, entschieden sich 50% für den Liquid-Leadership-Ansatz. Sollten sich Teilnehmerinnen dagegen entscheiden, wie der Ressourcenverteilungsprozess in der Abteilung ablaufen solle, war die Bereitschaft für den Liquid-Leadership-Ansatz mit 22% deutlich geringer.

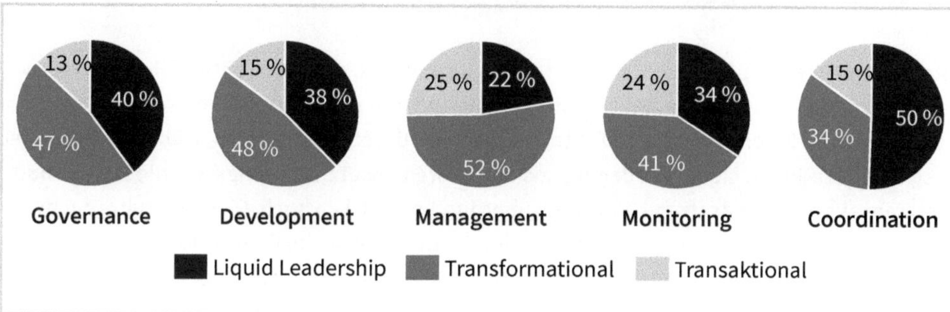

Abb. 129: Führungsverhalten in verschiedenen VSM-Subsystemen

Es lohnt sich also für Organisationen und Managerinnen, Liquid Leadership zuerst in »soften« Bereichen einzuführen, in denen die natürliche Akzeptanz von Mitarbeiterinnen höher ist. Sobald sich das Team, oder die Organisation, an den neuen Ansatz gewöhnt hat und die damit einhergehenden Vorteile wahrnimmt, können die agilen Führungselemente schrittweise auch in anderen Subsystemen und Bereichen eingeführt werden.

7.4.2 Komplementarität von Führungsverantwortung und Liquid Leadership

Wenn Sie es bis hierhin geschafft haben, dann ist Ihnen schon längst bewusst, dass Liquid Leadership auch bedeutet, Entscheidungsgewalt an Mitarbeiterinnen abzugeben. Die Verantwortung wird im Team geteilt. Vielen Managerinnen fällt das jedoch schwer, weil sie sich dadurch in ihrer Machtposition bedroht sehen – oder zumindest ist das ein gängiges Vorurteil. Unsere Ergebnisse zeigen jedoch das Gegenteil.

Umfrageteilnehmerinnen, die angeben, Führungsverantwortung zu haben oder bis vor Kurzem gehabt zu haben, entschieden sich in 38% der Fälle für den Liquid-Leadership-Ansatz. Bei Personen ohne Führungsverantwortung waren es nur 35%. Allerdings wählten Managerinnen auch häufiger den hierarchischen, transaktionalen Ansatz als Angestellte. Sie entschieden sich somit einfach insgesamt seltener für den transformationalen Mittelweg.

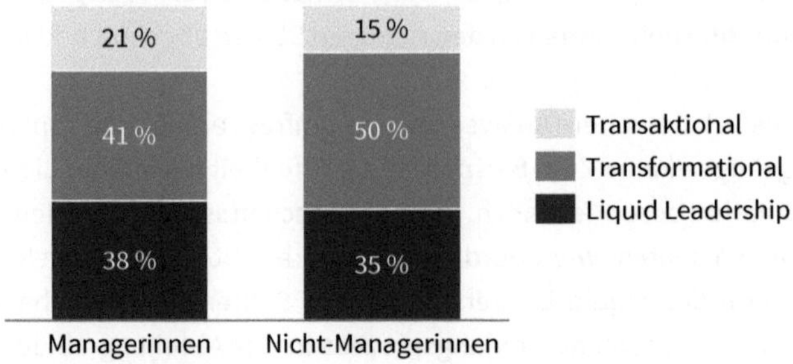

Abb. 130: Führungsverhalten von Managerinnen im Vergleich zu Nichtmanagerinnen

Interessanterweise spielte die Zahl der Mitarbeiterinnen, die die Befragten führten, eine wesentliche Rolle. Je höher die Zahl, desto seltener wählte die Managerin den Mittelweg. Umfrageteilnehmerinnen, die über 100 Mitarbeiterinnen führen oder führten, wählten in 44% der Geschäftssituationen Liquid Leadership als den besten Ansatz. Allerdings war die Zustimmung zum transaktionalen Ansatz mit 26% auch überdurchschnittlich hoch. Dies ist intuitiv nachvollziehbar: Managerinnen mit viel Führungsverantwortung sind in der Regel erfahrener und schon länger in der Berufswelt aktiv. Dementsprechend ist es plausibel, dass sie ihren eigenen Führungsstil schon »gefunden« haben und ihm konsequent folgen. Unerfahrenere Führungskräfte entscheiden sich dagegen häufiger für den vermeintlich »sicheren« Mittelweg. Die Ergebnisse sind jedoch trotzdem mit Vorsicht zu genießen, da die Stichprobe der Befragten mit Führungsverantwortung für mehr als 100 Personen relativ klein war.

Betrachtet man einzelne VSM-Subsysteme, zeichnen sich einige zu berücksichtigende Besonderheiten ab. Zum Beispiel entschieden sich 43% der Managerinnen mit Führungsverantwortung für mehr als 100 Personen für den Liquid-Leadership-Ansatz, als es um die Ressourcenverteilung ging; Managerinnen mit Führungsverantwortung für weniger als sechs Personen dagegen nur in 17% der Fälle. Im Bereich Coordination zeigt sich interessanterweise ein gegenteiliges Bild. Hier nimmt die Bereitschaft, dem partizipativen Ansatz zu folgen, mit steigender Führungsverantwortung ab. Gleichzeitig nehmen die transaktionalen Entscheidungen an Beliebtheit zu. Diese Ergebnisse unterstützen die obige Hypothese, dass erfahrene Managerinnen konsequenter bei ihrem Führungsstil bleiben. Anders als bei Führungskräften mit weniger Verantwortung ändert die Art der Geschäftssituation ihren gewählten Führungsansatz nicht. Die potenziellen Gründe für dieses Verhalten sind vielschichtig. Eine plausible Erklärung könnte sein, dass erfahrenere Führungskräfte weniger bereit sind, ihren »gefundenen« Führungsstil zu hinterfragen und Alternativen auszuprobieren. Genauso könnte es aber sein, dass ihnen schlicht das Wissen und die Erfahrung über die Alternativen fehlen oder dass sie zu risikoavers sind, um sie anzuwenden.

Insgesamt ist es sehr ermutigend, dass ein großer Anteil der Führungskräfte den Liquid-Leadership-Ansatz in vielen Geschäftssituationen als besonders zielführend ansieht. Allerdings zeigt sich auch, dass einige Managerinnen, insbesondere die mit viel Erfahrung, schon in ihrem Führungsstil »eingeloggt« sind. Auf der DIY-Ebene in kleinen Teams hat das wenig Auswirkung. Möchte man jedoch eine agile Transformation auf Organisationsebene durchführen, kann das zu einer Herausforderung werden. Einerseits können Führungskräfte, die Liquid Leadership konsequent präferieren, als starke Zugpferde fungieren. Andererseits werden Managerinnen, die dem transaktionalen Führungsstil verschrieben sind, schwer zu überzeugen sein und potenziell versuchen, den Transformationsprozess zu blockieren.

7.4.3 Zusammenspiel von Demographie und Liquid Leadership

Der Erfolg einer agilen Transformation, unabhängig davon, ob sie in einem kleinen Team oder in der gesamten Organisation durchgeführt wird, hängt schlussendlich immer davon ab, ob sich Führungskräfte und Mitarbeiterinnen begeistern lassen und bei der Transformation mitziehen. Wir haben uns dafür interessiert, ob es bestimmte demographische Gruppen gibt, die einem agilen Führungsansatz wie Liquid Leadership besonders offen gegenüberstehen. Gleichermaßen wollten wir verstehen, ob und welche demographischen Gruppen potenziell besonders kritisch und schwer zu überzeugen sind. Erstere sollten frühzeitig eingebunden werden, um das Bewusstsein und die Akzeptanz im Team oder in der Organisation zu vermitteln. Letztere können zu Störfaktoren werden. Sie müssen vorsichtig überzeugt werden, was erheblich einfacher funktioniert, wenn ein Großteil des restlichen Teams oder der Organisation bereits an Bord ist und den neuen Ansatz unterstützt.

7.4.3.1 Geschlecht

Allgemein zeigen unsere Ergebnisse, dass Frauen Liquid Leadership etwas offener gegenüberstehen als Männer. Sie haben sich in 39% der Geschäftssituationen für den Liquid-Leadership-Ansatz entschieden, Männer nur in 35% der Fälle. Außerdem haben nur 16% der befragten Frauen den transaktionalen Weg gewählt, im Vergleich zu 21% bei den Männern.

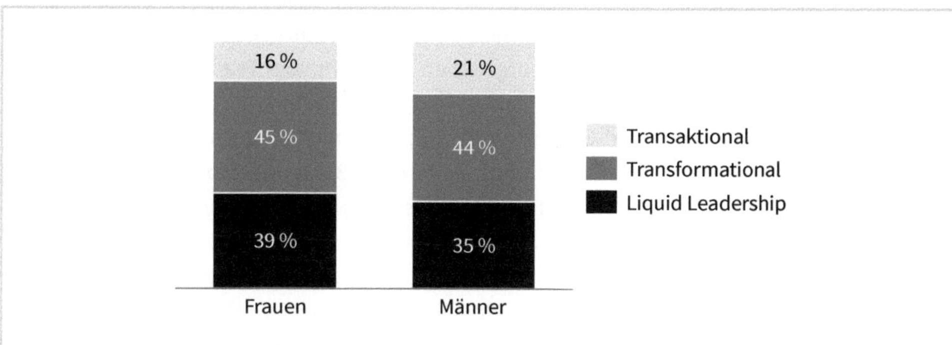

Abb. 131: Zusammenhang von Geschlecht und Führungsverhalten

Gleichzeitig arbeiten Frauen jedoch seltener in Führungspositionen und die Umfrageteilnehmerinnen, die Personalverantwortung hatten, waren im Schnitt für weniger Mitarbeiterinnen verantwortlich als ihre männlichen Gegenüber. Darüber hinaus hatten nur 37 % der weiblichen Nichtführungskräfte die Ambition, in Zukunft Personalverantwortung zu übernehmen, im Vergleich zu 53 % bei den Männern. Das ist insofern besonders schade, als dass der Zustimmungswert zu Liquid Leadership bei weiblichen Führungskräften mit 42 % besonders hoch ist. Konsequenterweise würde es sich also für Organisationen, die agiler werden wollen, besonders lohnen, Frauen in Führungspositionen zu fördern.

7.4.3.2 Alter

Jüngere Teilnehmende, im Alter von 25 bis 34 Jahren, entschieden sich etwas häufiger für den Liquid-Leadership-Ansatz als ältere Teilnehmende. Davon abgesehen, gab es allerdings keinen klaren Trend, der zeigen würde, dass jüngere Menschen agilen Führungskonzepten offener gegenüberstünden als ältere Personen, so wie man das vielleicht erwartet hätte.

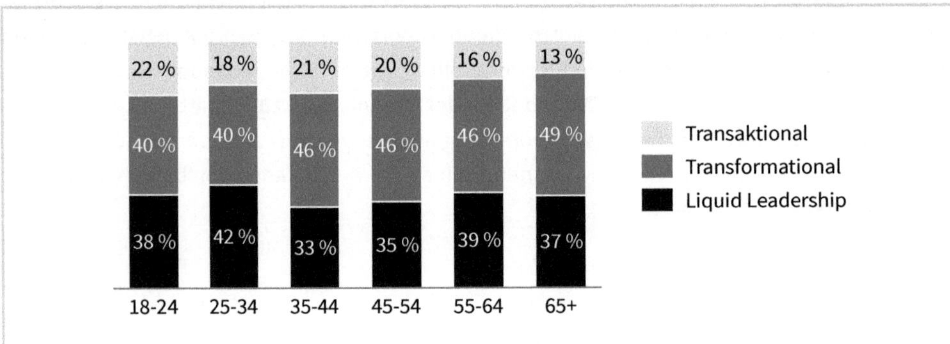

Abb. 132: Zusammenhang von Alter und Führungsverhalten

In den VSM-Subsystemen lassen sich jedoch einige interessante Trends feststellen. Zum Beispiel sind junge Umfrageteilnehmerinnen zwischen 18 und 24 Jahren überdurchschnittlich transaktional im Governance-System. Eventuell sind sie es noch aus Schulzeiten gewöhnt, dass es starre Spielregeln gibt, die von außen vorgegeben und nicht vom Team entwickelt werden. Gleichzeitig legen sie großen Wert darauf, im Development-System mitgestalten zu können. Hier haben sich 45 % für den Liquid-Leadership-Ansatz entschieden. Darüber hinaus ist der Liquid-Leadership-Ansatz mit 56 % Zustimmung bei den unter 35-Jährigen besonders im Coordination-System beliebt. In den anderen Altersgruppen sind es im Durchschnitt nur 48 %.

Insgesamt zeigt sich, dass das Alter keine entscheidende Rolle spielt. Auch ältere Menschen können flexibel sein und sich für Liquid Leadership begeistern. Es sollte nur berücksichtigt werden, dass unterschiedlichen Altersgruppen unterschiedliche Subsysteme besonders wichtig sind. Beginnt man den Transformationsprozess eher mit jüngeren Mitarbeiterinnen, dann lohnt es sich, zuerst besonders die Bereiche zu fokussieren, die ihnen wichtig sind. Dazu gehören Development und Coordination.

Wie erwartet, arbeiten ältere Befragte deutlich häufiger in Führungspositionen und tragen dann auch mehr Personalverantwortung als jüngere. Das lässt zwar keine konkreten Rückschlüsse auf Liquid Leadership zu, fungiert aber als Kontrollvariable und Validierung dafür, dass Teilnehmerinnen die Umfrage wahrheitsgemäß beantwortet haben, statt nur nach dem Zufallsprinzip Antworten anzukreuzen.

7.4.3.3 Bildungsgrad

Es gibt nur eine sehr schwache, positive Korrelation zwischen dem Bildungsgrad und der Anzahl an Situationen, in denen eine Teilnehmerin den Liquid-Leadership-Ansatz präferierte. Zwar gibt es in den VSM-Subsystemen vereinzelte Schwankungen, aber keine, die das Gesamtbild ändern würden. Die einzige relevante Schlussfolgerung, die sich dementsprechend ziehen lässt, ist, dass der Bildungsgrad keine entscheidende Rolle dabei spielt, wie offen jemand gegenüber Liquid Leadership bzw. einer agilen Transformation ist. Die Fragen zur Führungsverantwortung dienen auch hier wieder der Kontrolle. Wie erwartet, gibt es eine starke Korrelation zwischen der Höhe des erworbenen Bildungsabschlusses und dem Grad an Führungsverantwortung.

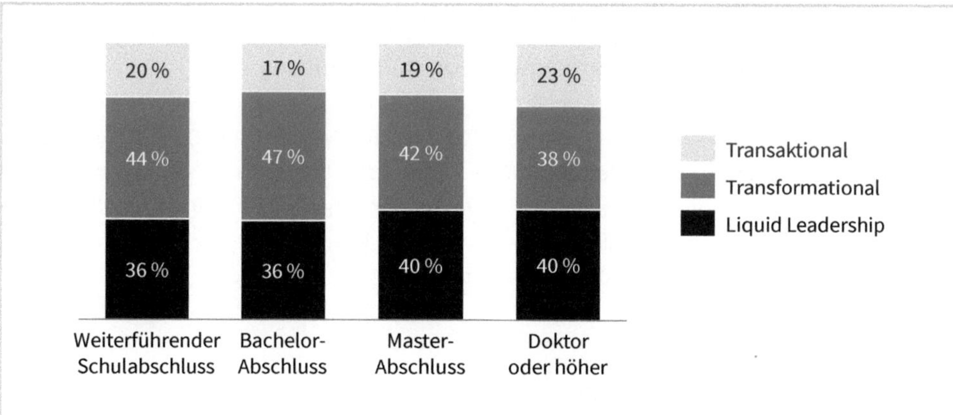

Abb. 133: Zusammenhang von Bildungsgrad und Führungsverhalten

7.4.3.4 Aktuelles Arbeitsverhältnis

Der Großteil der Befragten, ca. 60 %, arbeitet in Vollzeit. Allerdings gibt es keine nennenswerten Schwankungen in der Präferenz für den Liquid-Leadership-Ansatz zwischen Teilnehmerinnen in Vollzeit, Teilzeit, Ruhestand sowie Arbeitslosen und Studierenden. Nur Selbstständige tendieren etwas weniger zum Liquid-Leadership-Ansatz. In den VSM-Subsystemen gibt es Fluktuationen, zum Beispiel ist Liquid Leadership für Teilzeitangestellte im Development besonders attraktiv. Allerdings lassen sich auch hier keine tieferen Schlüsse ziehen, außer dass das aktuelle Arbeitsverhältnis nicht ausschlaggebend dafür ist, wie offen jemand dem Liquid Leadership gegenüber ist.

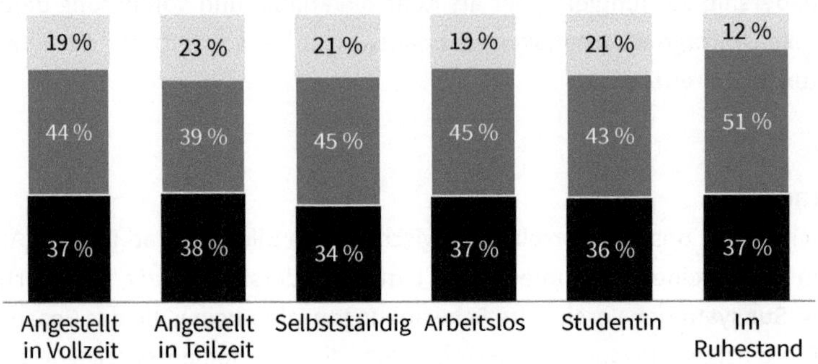

Abb. 134: Zusammenhang von aktuellem Arbeitsverhältnis und Führungsverhalten

7.5 Exkurs: Quiet Quitting

7.5.1 Unterschiedliche Wahrnehmungen von Quiet Quitting

Zwei Drittel der Umfrageteilnehmerinnen konnten mit dem Begriff »Quiet Quitting« etwas anfangen. Managerinnen, insbesondere mit mehr Führungsverantwortung, stachen dabei heraus. Fast 90% der Führungskräfte mit Personalverantwortung für über 100 Angestellte waren mit der Terminologie vertraut. Außerdem konnten sich, wie erwartet, jüngere Befragte und Vollzeitangestellte häufiger etwas darunter vorstellen.

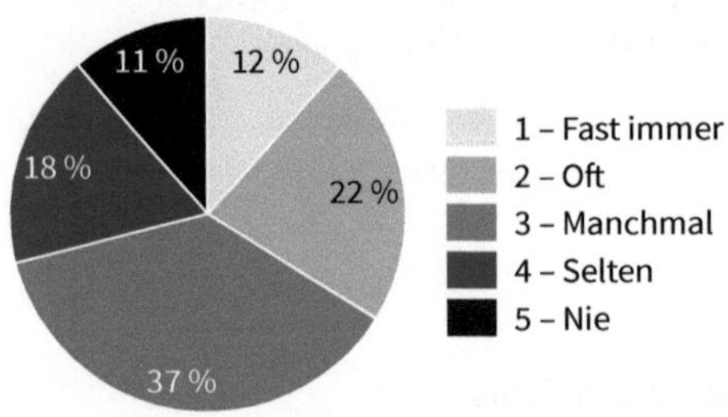

Abb. 135: Auf einer Skala von 1 bis 5, wie häufig stellen Sie in Ihrem Berufsleben »Quiet Quitting« oder Anzeichen dafür fest? (Alle Umfrageteilnehmerinnen)

Insgesamt nahm ein Drittel der Befragten Quiet Quitting oder Anzeichen dafür im Alltag »fast immer« oder »oft« wahr. 37% fiel es zumindest manchmal auf und nur 29% bemerkten es »selten« oder »nie«. Zwischen den weiblichen und dem männlichen Teilnehmenden gab es praktisch keinen Unterschied, aber wenig überraschend haben Voll- und Teilzeitangestellte es häufiger wahrgenommen als zum Beispiel Selbstständige oder Studierende. Außerdem bemerkten ältere Teilnehmende und solche mit höherem Bildungsabschluss Quiet Quitting verhältnismäßig oft. Diese Korrelation könnte auch darauf zurückzuführen sein, dass die besagten Teilnehmenden häufiger in Führungspositionen arbeiten und Managerinnen Quiet Quitting ebenfalls deutlich häufiger wahrnehmen als Angestellte. Dies gilt insbesondere für Führungskräfte mit umfassender Personalverantwortung.

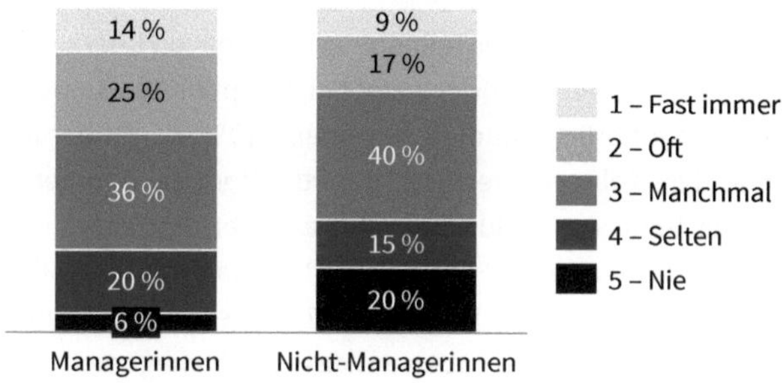

Abb. 136: Auf einer Skala von 1 bis 5, wie häufig stellen Sie in Ihrem Berufsleben »Quiet Quitting« oder Anzeichen dafür fest?

Managerinnen schätzen Quiet Quitting als problematisches Phänomen ein. 46% gaben an, dass sie es »sehr ernst« oder »ziemlich ernst« nehmen würden. Bei Führungskräften mit mehr als 100 Mitarbeitenden sind es sogar 67% der Befragten. Angestellte schätzen es dagegen nur in 36% der Fälle als »sehr ernst« oder »ziemlich ernst« ein. Signifikante demographische Unterschiede gibt es beim Grad der Ernsthaftigkeit kaum. Teilzeitangestellte nehmen das Phänomen etwas ernster als ihre Kolleginnen. Einzig das Alter scheint eine entscheidende Rolle zu spielen. So nehmen nur 28% der 18–24-jährigen Befragten Quiet Quitting »sehr ernst« oder »ziemlich ernst«. Dagegen sind es bei den 45–54-Jährigen 53%.

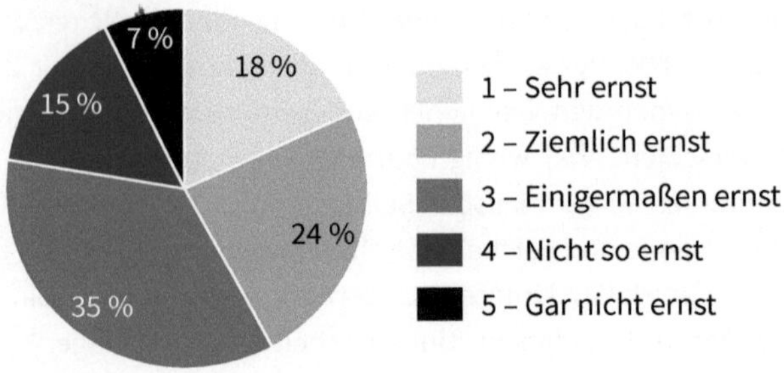

Abb. 137: Wie ernst nehmen Sie das »Quiet-Quitting«-Phänomen auf einer Skala von 1 bis 5? (Alle Umfrageteilnehmerinnen)

Bezeichnend ist, dass insgesamt 64% der Teilnehmerinnen davon überzeugt waren, dass gutes bzw. schlechtes Management einer der, oder sogar der, Haupteinflussfaktoren ist, der entscheidet, ob eine Mitarbeiterin innerlich kündigt. Nur knapp 10% waren der Meinung, dass Quiet Quitting eher durch andere Faktoren verursacht wird. Ältere Teilnehmerinnen, Vollzeitangestellte und Befragte mit höherem Bildungsabschluss sahen Managerinnen mehr in der Verantwortung als andere Gruppen. Auch Führungskräfte schätzten die Rolle des Managements als zentrale Ursache für Quiet Quitting ein. Mehr als 75% der Führungskräfte mit Personalverantwortung für über 100 Mitarbeitende gaben an, dass das Management einer der, wenn nicht sogar der Hauptfaktor ist, der bewirkt, ob eine Mitarbeiterin innerlich kündigt.

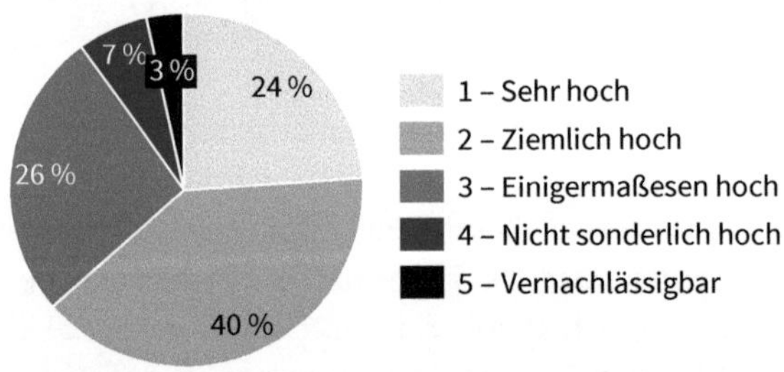

Abb. 138: Auf einer Skala von 1 bis 5, wie hoch ist der Einfluss von gutem (oder schlechtem) Management darauf, ob eine Mitarbeitende »quiet quittet«? (Alle Umfrageteilnehmerinnen)

Zusammenfassend lässt sich sagen, dass Quiet Quitting, wie erwartet, in der Arbeitswelt durchaus bekannt ist. Vollzeitangestellte und ältere Menschen nehmen es etwas häufiger wahr und messen dem Phänomen mehr Bedeutung zu. Geschlecht und Bildungsabschluss spielen in der Wahrnehmung dagegen keine entscheidende Rolle. Einig sind sich alle Teilnehmendengruppen darin, dass eine maßgebliche Verknüpfung zwischen Quiet Quitting und (schlechtem) Management besteht. Führungskräfte sind der Thematik gegenüber noch sensibilisierter als Angestellte und sehen das Management in der Verantwortung dafür, also sich selbst.

7.5.2 Liquid Leadership als potenzieller Lösungsansatz für Quiet Quitting

Wir halten an dieser Stelle also fest: Führungskräfte kennen die Quiet-Quitting-Problematik, nehmen sie ernst, erkennen sie oft in ihrem eigenen Umfeld und sind davon überzeugt, dass (schlechtes) Management, also ihre eigenen Führungsqualitäten, ein treibender Faktor sind. Dennoch sinkt das Engagement von Mitarbeitenden weltweit und Trends wie Quiet Quitting gewinnen nicht nur in sozialen Medien, sondern auch in traditionellen Medien immer mehr an Bedeutung.

Interessanterweise zeigen unsere Ergebnisse, dass Führungskräfte, die Quiet Quitting besonders häufig oder als besonders ernst wahrnehmen, sich in weniger Geschäftssituationen für den transformationalen Mittelweg entscheiden. Sie präferieren entweder den partizipativen oder den transaktionalen Führungsansatz. Eine plausible Erklärung hierfür ist, dass Managerinnen, wenn sie auf verstärktes Quiet Quitting reagieren, ihren eigenen Führungsstil konsequenter umsetzen. Die einen versuchen, Mitarbeiterinnen stärker einzubinden und mehr Eigenverantwortung zu schaffen. Die anderen versuchen, der mangelnden Motivation durch »intensiveres« Management von oben nach unten entgegenzuwirken. Letzteres kann zwar kurzfristig die Produktivität eines Teams oder einer Organisation erhöhen, führt aber langfristig in einen Teufelskreis, in dem das Mitarbeiterengagement immer weiter sinkt.

Deswegen sind wir überzeugt davon, dass traditionelle, hierarchische Führungskonzepte größtenteils ausgedient haben und stattdessen moderne Ansätze entwickelt und eingeführt werden müssen. Den Mitarbeiterinnen mehr Verantwortung für die Gestaltung des eigenen Arbeitsumfeldes sowie für die Entscheidungen zu geben, so wie es im Liquid-Leadership-Ansatz vorgesehen ist, wirkt sich sinnstiftend aus und fördert langfristig das Engagement. Nur so lassen sich bedenkliche Trends wie Quiet Quitting in der heutigen Arbeitswelt aufgreifen und wirksam bekämpfen.

7.6 Schlussfolgerungen

7.6.1 Liquid Leadership erfolgreich im Team oder in der Organisation einführen

Die Ergebnisse unserer neu aufgelegten Studie bestätigen weitestgehend die Erkenntnisse der ursprünglichen Masterarbeit und zeigen hauptsächlich Folgendes: Der Anteil der Bevölkerung, der konsequent einen rein hierarchischen Führungsstil bevorzugt, ist sehr gering. Über alle Demographien hinweg befürwortet ein Großteil der Menschen Liquid Leadership oder zumindest Elemente davon. Auch wenn es immer wieder vereinzelt Mitarbeiterinnen und Managerinnen geben wird, die strikt gegen einen solchen Ansatz sind, kann und sollte das Ziel sein, alle Gruppen einzubinden und mitzunehmen. Das gilt unabhängig davon, ob Liquid Leadership in einem einzelnen Team eingeführt oder ein gesamter Konzern agil transformiert wird.

Trotzdem lassen sich einige Erfolgsfaktoren identifizieren, die berücksichtigt werden sollten. Jüngere Menschen und Frauen sind Liquid Leadership gegenüber offener als andere Gruppen. Auf der Ebene eines einzelnen Teams, in dem so gut wie alle Mitarbeitenden direkt eingebunden werden, ist das nicht entscheidend; aber wenn Liquid Leadership in einer Organisation eingeführt wird, ist es wichtig, dass die Transformation von einem diversen Team vorangetrieben wird.

Außerdem zeigen unsere Ergebnisse eindeutig, dass die Offenheit gegenüber der partizipativen Führung stark von der Geschäftssituation abhängt. Geht es zum Beispiel darum, wie Budget beantragt und verteilt wird, neigen die meisten Leute eher zu einem transaktionalen oder zumindest zu einem transformationalen Ansatz. In der Coordination dagegen bevorzugen Menschen eher den Liquid-Leadership-Ansatz. In diesem zwischenmenschlichen Bereich wünschen sie sich mehr Gestaltungsmöglichkeiten und Flexibilität ohne strikte Hierarchien. Entscheidet man sich also dafür, ein Team oder eine Organisation nach Liquid-Leadership-Prinzipien zu transformieren, ist es sinnvoll, mit den Entscheidungsstrukturen in diesem Bereich zu beginnen. Nachdem sich die Führungskräfte und die Mitarbeiterinnen an die neuen Abläufe gewöhnt haben und von den Vorteilen profitieren, kann Liquid Leadership sukzessive auch in anderen Strukturen und Prozessen eingeführt werden. Vor Beginn des Transformationsprozesses kann eine auf das jeweilige Unternehmen angepasste Version unseres Fragebogens eingesetzt werden, um die VSM-Subsysteme zu ermitteln, in denen Führungskräfte und Mitarbeiterinnen Liquid Leadership am offensten gegenüberstehen.

Darüber hinaus lohnt es sich, Führungskräfte und Mitarbeiterinnen zu identifizieren, die von Liquid Leadership besonders überzeugt sind und diese frühzeitig einzubinden. Zum einen lassen sich anfängliche Hürden und Rückschläge mit vom Ansatz überzeugten Kolleginnen leichter überwinden, zum anderen können sie als Multiplikatoren dienen, die Liquid Leadership, und die Begeisterung dafür, in den Rest des Teams bzw. der Organisation tragen. Das führt zu einer breiteren Akzeptanz gegenüber dem Konzept, als wenn die Einführung nur vom Management von oben herab diktiert wird. Eine angepasste Version unseres Fragebogens kann auch hier genutzt werden, um herauszufinden, welche Führungskräfte und Mitarbeiterinnen sich für eine frühzeitige Einbindung besonders gut eignen.

Dennoch wird es bei einem Transformationsprozess auf einer größeren Skala immer wieder Hindernisse geben. Insbesondere Führungskräfte, die sich querstellen, bieten ein großes Torpedierungspotenzial. Auch wenn unsere Daten zeigen, dass die meisten Managerinnen der agilen Führung offen gegenüberstehen, gibt es einige, die deutlich ihren transaktionalen Stil präferieren. Sie müssen überzeugt oder – wenn das partout nicht möglich ist – entlassen werden. Auch aufgrund der Schwierigkeiten und Kosten, die damit verbunden sind, lohnt es sich für Organisationen, schon bei Beförderungen bzw. Neueinstellungen darauf zu achten, wie eine potenzielle Kandidatin zu agilen Führungskonzepten steht. Ein konkreter Ansatz ist zu versuchen, mehr Frauen für Führungspositionen zu gewinnen, da diese Liquid Leadership allgemein offener gegenüberstehen als Männer. Noch präziser wird es, wenn entsprechend angepasste Persönlichkeitstests in den Bewerbungsprozess aufgenommen werden.

7.6.2 Weitere Überzeugungsarbeit notwendig, um Quiet Quitting zu adressieren

Quiet Quitting wird durchgängig als wichtige und ernste Problematik wahrgenommen, von Führungskräften noch mehr als von Mitarbeiterinnen. Diese Perspektive zieht sich durch alle demographischen Gruppen. Gutes bzw. schlechtes Management wird von einem Großteil unserer Befragten als einer der oder sogar als der Hauptauslöser für Quiet Quitting wahrgenommen. Auch in dieser Metrik liegen Führungskräfte vor ihren Mitarbeiterinnen, sie empfinden die Verantwortung des Managements als noch größer. Dementsprechend ist es nicht überraschend, dass insbesondere Führungskräfte, die Quiet Quitting oft und als ernst wahrnehmen, seltener den transformationalen Mittelweg wählen. Sie entscheiden sich häufiger für eine der »extremeren« Optionen: Liquid Leadership oder Transaktionalität. Das erscheint uns logisch. Je besorgter eine Managerin über Quiet Quitting ist, desto eher ist sie bereit, vom Mittelweg abzuweichen, um das Problem anzugehen.

Wir sind davon überzeugt, dass ein transaktionaler Ansatz Problematiken wie Quiet Quitting nicht lösen kann, Liquid Leadership dagegen schon. Deswegen machen diese Ergebnisse einerseits Mut, denn sie zeigen, dass Managerinnen gegenüber agilen Führungskonzepten offen sind, insbesondere wenn sie mit Phänomenen wie Quiet Quitting konfrontiert werden. Andererseits zeigen sie auch, dass viele Führungskräfte lieber auf den »bewährten« traditionell, hierarchischen Ansatz zurückgreifen.

Liquid Leadership kann also ein wichtiger Beitrag dazu sein, Quiet Quitting und gesunkenes Mitarbeiterengagement langfristig in den Griff zu bekommen. Allerdings muss noch viel Überzeugungsarbeit auf allen Ebenen geleistet werden, um den Weg dorthin zu ebnen. Wir hoffen, dass dieses Handbuch ein erster Schritt in diese Richtung ist.

7.7 Einschränkungen der empirischen Daten und weitere Verbesserungsmöglichkeiten

Wir haben einige Verbesserungen im Vergleich zur ursprünglichen Masterarbeitsumfrage vorgenommen. So haben wir die Zahl der Befragten von 300 auf 518 erhöht und einen unabhängigen Drittanbieter genutzt, um die Daten zu erheben. Dieser hat sichergestellt, dass sie für die breite Bevölkerung repräsentativ sind. Die Ergebnisse reichen dementsprechend aus, um einen Eindruck zu gewinnen und erste Schlussfolgerungen zu ziehen. Allerdings sind mehr Daten notwendig, um natürliche Schwankungen in den Ergebnissen zu minimieren und präzisere Aussagen, insbesondere zu einzelnen Untergruppen, zu treffen.

Eine weitere Einschränkung ist, dass wir die Daten nur in den USA erhoben haben. Kulturen, insbesondere Arbeitskulturen, können sich von Land zu Land stark unterscheiden. Die Akzeptanz von Liquid Leadership könnte im Rest der Welt also deutlich niedriger oder deutlich höher sein. Allerdings würden wir in Deutschland und, im weiteren Sinne, Westeuropa aufgrund der verhältnismäßig ähnlichen Kultur vergleichbare Ergebnisse erwarten wie in den USA. Eventuell hat Liquid Leadership in Europa sogar noch mehr Potenzial, da hier das Mitarbeiterengagement laut Gallup deutlich niedriger ist. Abschließend ließe sich das aber nur durch weitere Untersuchungen sagen.

Darüber hinaus haben wir unseren Fragebogen, ganz bewusst, relativ kurz gestaltet. Zusätzliche oder detailliertere Fragen können potenziell noch zu weiteren Erkenntnissen führen. Allerdings würde dadurch auch das Risiko erhöht, dass Teilnehmerinnen das Interesse verlieren und einfach »irgendetwas ankreuzen«, anstatt sich in die beschriebenen Situationen hineinzudenken. Eine weitere, vollkommen berechtigte, Kritik ist, dass Menschen in der realen Welt nicht unbedingt so handeln, wie sie es in einer hypothetischen Situation in einem Fragenbogen angeben. Ein nächster Schritt könnte deswegen sein, das Führungsverhalten von Kandidatinnen in einem Workshopumfeld zu untersuchen, ähnlich wie es in manchen Assessment Centern schon der Fall ist.

Außerdem ist festzuhalten, dass Korrelationen zwar auf eine plausible Kausalität hindeuten können, diese aber nicht garantieren. Zum Beispiel haben Führungskräfte, die Quiet Quitting oft bemerken und das Phänomen ernst nehmen, überdurchschnittlich oft den transaktionalen Ansatz gewählt. Eine plausible Erklärung ist, dass ihr hierarchischer Führungsansatz von Mitarbeiterinnen nicht gut aufgenommen wird und deswegen zu mehr innerlichen Kündigungen führt. Alternativ könnte es aber auch sein, dass sie ein verringertes Mitarbeiterengagement wahrnehmen und verstärkte transaktionale Führung ihre Reaktion darauf ist. Theoretisch wäre es auch möglich, dass ein dritter, hier nicht berücksichtigter Faktor, wie z.B. ein bestimmtes Branchenumfeld, sowohl mehr Quiet Quitting als auch mehr transaktionale Führung hervorruft.

Dennoch empfehlen wir allen, die Liquid Leadership oder Teile davon in ihrem Team oder ihrer Organisation einführen möchten, die Ergebnisse aus unserer Ministudie zu berücksichtigen. Darüber hinaus möchten wir dazu anregen, den Fragebogen in der eigenen Organisation oder dem eigenen Team mit entsprechenden Anpassungen zum Geschäftsumfeld selbst durchzuführen. Das hilft nicht nur dabei, zu verstehen wie hoch die grundsätzliche Bereitschaft gegenüber Liquid Leadership, und im weiteren Sinne agilem Zusammenarbeiten, ist, sondern auch zu erkennen, welche Subsysteme sich zur schnellen Einführung gut eignen. Auf der Organisationsebene kann es außerdem helfen, Personen oder Mitarbeitendengruppen zu identifizieren, die besonders geeignet sind, um eine agile Transformation, zum Beispiel in einem »Transformationsteam«, voranzutreiben.

Außerdem wollen wir an dieser Stelle erneut betonen, dass wir keine spezialisierten Wissenschaftler sind, die nach allen Regeln der Kunst einen Beweis erbringen wollten. Dies würde den Rahmen dieses Buches sprengen. Sinn und Zweck unserer Ministudie war es, Führungskräften und interessierten Mitarbeiterinnen Mut zu machen und zu demonstrieren, dass Liquid Leadership nicht nur graue Theorie ist, sondern auch ein erfolgsversprechendes Konzept in der realen Arbeitswelt. Wir hoffen, dass uns das gelungen ist.

7.8 Ein Plädoyer für Liquid Leadership

In heutiger Zeit, die sich schnell entwickelt und von Krisen geprägt ist, werden traditionelle Führungsansätze den komplexen Herausforderungen des modernen Arbeitslebens immer weniger gerecht. Wir haben einen dringenden Bedarf, unsere Teams und Organisationen anpassungsfähiger zu machen, um schneller auf Veränderungen reagieren zu können. Gleichzeitig sehen wir uns mit alarmierenden Phänomenen wie Quiet Quitting konfrontiert. Wir sind davon überzeugt, dass es Zeit für eine neue Perspektive ist, wie wir Teams und Organisationen führen und inspirieren können. Deswegen haben wir Liquid Leadership entwickelt.

Im ersten Teil dieses Buches haben wir erklärt, wie und warum es funktioniert, und wir haben detailliert dargelegt, wie Sie, liebe Leserin, das Konzept selbst in einfachen Schritten einführen können. Im zweiten Teil haben wir gezeigt, dass das Konzept nicht nur schöne Theorie ist, sondern dass eine breite Masse über alle Demographien hinweg die Vorteile von Führung nach Liquid Leadership erkennt. In über 80 % der Geschäftssituationen haben unsere Befragten entweder Liquid Leadership oder einen transformationalen Ansatz bevorzugt, der schon Kernelemente von Liquid Leadership enthält. Wir sind davon überzeugt, dass Letztere leicht dazu gebracht werden können, sich Liquid Leadership vollkommen zu eigen zu machen, sobald sie die Vorteile selbst erleben.

Dennoch wird es immer wieder Menschen geben, die Liquid Leadership ablehnen. Führungskräfte, die möglichst viel Verantwortung auf die eigene Person vereinen wollen, Mitarbeitende, die es präferieren, hierarchisch geführt zu werden, ohne selbst denken und gestalten zu müssen. Aber unsere Daten zeigen, dass die überwiegende Mehrheit genau das eben nicht möchte. Wir sehen Liquid Leadership nicht als Wundermittel gegen alle Probleme. Aber wir sehen darin das Potenzial, die Wirtschaftswelt zu verändern und die Herausforderungen der heutigen Zeit anzugehen. Deswegen ermutigen wir Sie, diesen Ansatz auszuprobieren. Fangen Sie klein und mit ersten Schritten an. Genießen Sie die Erfolge und wenn es Ihnen und Ihren Mitarbeitenden gefällt, führen Sie immer mehr Liquid Leadership ein. Gemeinsam können wir Management in dieser Zeit der globalen Krisen neu erfinden!

Segment 4

8 Einführung des Liquid-Leadership-Modells bei der Edekabank AG

Seit 2022 bemüht sich die Edekabank AG um eine agile Aufstellung ihrer Unternehmensorganisation, seit 2023 und mithilfe von Andreas Slogar ist das Unternehmen dabei, Schritt für Schritt das Liquid-Leadership-Modell einzuführen. Von den Erfahrungen, die im Unternehmen damit gemacht wurden, berichten Thorsten Engbers und Kevin Knobe in diesem Kapitel.

Thorsten Engbers hat nach seiner Ausbildung zum Bankkaufmann und einem Studium der Betriebswirtschaftslehre mehrere Stationen bei Sparkassen in der Vertriebssteuerung, Kommunikation und im Marketing durchlaufen. Seit 2010 ist er Bereichsleiter bei der Edekabank. Dort war er in unterschiedlichen Zeiträumen bis Anfang 2023 verantwortlich für die Bereiche Vertriebsmanagement, Direktbank, Kreditanalyse und -votierung. Seit 2022 ist er Agile Coach und Team Lead Kommunikation. Kevin Knobe hat nach seiner Ausbildung zum Bankkaufmann und einem Studium im Bereich Business Administration verschiedene Stationen im Vertrieb, zuletzt auch mit Führungsverantwortung, bei einer Sparkasse durchlaufen. Im Jahr 2020 ging er als Vertriebsmanager zur Edekabank, wo er seit 2022 als Agile Coach tätig ist.

Um einordnen zu können, in welchem Bereich die Edekabank tätig ist, und um die Grundsätze des Unternehmens zu beleuchten, beschreiben die beiden Autoren zunächst den Aufbau und die Ziele der Edekabank sowie die Arbeitsorganisation bis zum Zeitpunkt der Umstrukturierung. Auf dieser Grundlage berichten sie dann vom Unterfangen, das Liquid-Leadership-Modell in die Unternehmensstruktur einzuführen.

8.1 Beschreibung der Edekabank AG

Die Edekabank AG ist eine Universalbank mit Sitz in Hamburg und das zentrale Finanzierungsinstitut der EDEKA-Gruppe. Gegründet wurde die Edekabank AG im Jahr 1914 von den EDEKA-Kaufleuten, um den Finanzierungskreislauf innerhalb der Genossenschaft zu sichern. Dieses deutschlandweite Geschäftsmodell betreibt sie bis heute: Mit Finanzierungen, Investitionen und weiteren Finanzdienstleistungen unterstützt die Edekabank AG den selbstständigen EDEKA-Einzelhandel. Im strategischen Fokus stehen dabei der Ausbau und die Festigung der Kundinnenbeziehungen im EDEKA-Verbund. Außerdem bietet eine Tochtergesellschaft, die Zahlungswerk-GmbH, auch Kundinnen außerhalb des EDEKA-Umfeldes Zahlungsverkehrsdienstleistungen an. Als Mitglied im Bundesverband der Deutschen Volks- und Raiffeisenbanken e.V. (BVR) profitiert die Edekabank AG von der Zuverlässigkeit und Sicherheit übergreifender Systeme im Bankenalltag und in der Interessenvertretung, die u.a. einen umfangreichen Schutz der Kundinneneinlagen bietet. Die Bank hat die Rechtsform einer Aktiengesellschaft. Anteilseigner der Edekabank AG sind die EDEKA-Genossenschaften, die EDEKA Zentrale Stiftung&Co KG sowie die DZ Bank.

Die selbstständigen EDEKA-Einzelhändlerinnen sind die zentrale Zielgruppe im Firmenkundinnengeschäft. Ihnen bietet die Edekabank AG Produkte und Dienstleistungen für Investition und Finanzierung, Liquidität und Zahlungsverkehr sowie für die Vermögensanlage an. Die EDEKA-Regionalgesellschaften und die EDEKA-Organisationen bilden aufgrund ihrer Größe innerhalb des Firmenkundinnengeschäftes der Edekabank AG ein eigenständiges strategisches Geschäftsfeld. Das Produktportfolio für diese Kundinnen umfasst Finanzierungen, insbesondere von Spezialimmobilien und Dienstleistungen für die Bedarfsfelder Liquidität und Zahlungsverkehr. Darüber hinaus bietet die Edekabank AG ihren Kundinnen eine kompetente Vermögens-, Anlage- und Baufinanzierungsberatung.

Die meisten der etwa 170 Mitarbeiterinnen der Edekabank AG arbeiten in der Zentrale in Hamburg. Der Großteil der Vertriebsmitarbeiterinnen, die Firmenkundinnen- und Vermögensberaterinnen sind allerdings deutschlandweit im Außendienst tätig. Neben der Zahlungswerk-GmbH unterhält die Edekabank AG mit der EDEKA-Versicherungsdienst Vermittlungs-GmbH (EVD) eine weitere Tochtergesellschaft. Die EVD vermittelt und verwaltet als Maklerin Versicherungen für gewerbliche und private Kundinnen. Die Tätigkeit erstreckt sich vorwiegend auf Geschäfte, die den EDEKA-Organisationen, den EDEKA-Genossenschaften sowie deren Mitgliedern und Mitarbeiterinnen dienen. Insofern ergänzt die Tochtergesellschaft das bankeigene Produkt- und Dienstleistungsangebot und rundet das Profil der Edekabank AG als Allfinanzanbieterin ab. Im Mittelpunkt der Marke Edekabank AG steht das »gute Gefühl«, das alle Anspruchsgruppen bei jedem Kontakt mit der Edekabank AG haben sollen. Die Edekabank AG hat den Anspruch, durch ihre Angebote und ihre Arbeitsweise dazu beizutragen, den Erhalt der Biodiversität und die Erreichung der UN-Klimaziele zu unterstützen. Die Anspruchsgruppen sind die Eigentümerinnen, die Kundinnen und die Mitarbeiterinnen der Edekabank AG.

Als Bank mit genossenschaftlicher Verankerung setzt die Edekabank AG auf nachhaltiges Wirtschaften. Sie unterstützt die Zielerreichung des Pariser Klimaabkommens, u.a. durch die Unterzeichnung der Klimaschutz-Selbstverpflichtung der deutschen Finanzindustrie. Umweltfragen spielen vor allem im Kerngeschäft der Bank – also in der Investitions- und der Kreditstrategie – eine zentrale Rolle. Die Edekabank AG möchte mit ihrer Tätigkeit und Funktion andere Unternehmen – vor allem die EDEKA-Kaufleute – bei der Transformation hin zu nachhaltigerem Handeln unterstützen. Zusätzlich werden Finanzierungs- und Anlageprodukte entwickelt, die zur Erreichung der Pariser Klimaziele beitragen, und Kundinnen verstärkt im Hinblick auf den ökologischen Fußabdruck ihres Vermögens beraten. Auch die Eigenanlagen der Edekabank AG werden sukzessive mit Blick auf die Nachhaltigkeit optimiert. Die Anlagekriterien richten sich dabei an der Erhaltung der Biodiversität sowie an den Anforderungen des Pariser Klimaabkommens aus. Die Edekabank AG strebt, bezogen auf die Betriebsökologie, an, ihren ökologischen Fußabdruck deutlich zu verringern – etwa in den Bereichen Mobilität, Ressourcenverbrauch und Materialbeschaffung.

Neben ökologischen Aspekten widmet sich die Edekabank AG auch vermehrt der sozialen Dimension der Nachhaltigkeit. Ein wesentlicher Schritt ist in diesem Zusammenhang die Unterzeichnung der Charta der Vielfalt. Darin bekennt sich die Bank zu dem Ziel, ein wertschätzendes Arbeitsumfeld für alle Mitarbeitenden zu schaffen – unabhängig von Alter, ethnischer Herkunft und Nationalität, Geschlecht und geschlechtlicher Identität, körperlichen und geistigen Fähigkeiten, Religion und Weltanschauung, sexueller Orientierung und sozialer Herkunft.

Die Edekabank war bis 2022 klassisch hierarchisch aufgebaut. Die Strukturen basierten auf der Aufgabenteilung und der Spezialisierung der Mitarbeitenden. Die Aufgaben waren in abgegrenzte Bereiche unterteilt, die jeweils von einer verantwortlichen Bereichsleiterin geleitet wurden. Größere Einheiten wie beispielsweise der Vertriebsservice (Marktfolge Kreditgeschäft) verfügten zudem über weiter spezialisierte Gruppen mit einer Gruppenleiterin als Führungskraft. Diese war für die Erfüllung der Aufgaben in ihrem Bereich verantwortlich. Die Funktionstrennung Markt/Marktfolge gemäß MARisk wurde durch den Vorstand dargestellt, bestehend aus einer Vorstandssprecherin, verantwortlich für den Vertrieb und den Handel, sowie einem Vorstandsmitglied, verantwortlich für die Marktfolge und den Nichthandel. Folgende Bereichszuordnung bestand bis Sommer 2022:

Abb. 139: Organisation des Vertriebsressorts

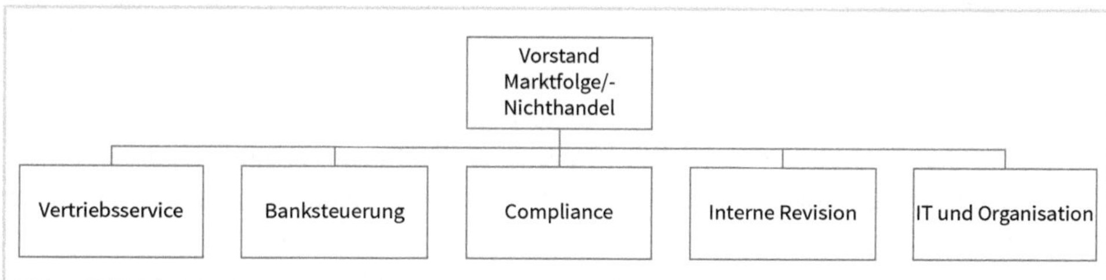

Abb. 140: Organisation des Marktfolgeressorts

Die Zusammenarbeit der Bereiche auf fachlicher, aber auch auf Führungsebene war in der Regel kollegial. Operativ wurde allerdings sehr stark in Silos gearbeitet. Das bedeutete insbesondere, dass es kurze Abstimmungen zwischen zwei Bereichen gab, dann aber meist jeder Bereich für sich die weitere Erarbeitung von Inhalten vornahm und sich erst nach einigen Wochen für ein Update wiedertraf. Entscheidungen wurden dann wiederum von den jeweiligen Bereichsleitungen getroffen. Projekthaftes Arbeiten über mehrere Bereiche hinweg, abgesehen von aufsichtsrechtlich notwendigen Projekten, wurde tendenziell vermieden.

Als genereller Nachteil der klassischen Aufbauorganisation wird oft die mangelnde Flexibilität genannt. Die Hierarchie kann eine schnelle Entscheidungsfindung und Anpassung an neue Marktbedingungen erschweren. Das war in Teilen auch in der Edekabank AG der Fall. Neue Themen, Produkte oder Prozesse, die dem eigenen Bereich von anderen in der Wahrnehmung übergestülpt wurden, konnten durch Boykott verhindert werden. In diesen Fällen half einzig eine Vorstandseskalation mit anschließender Vorstandsbegleitung dabei, unliebsame Themen tatsächlich umzusetzen. Beispielhaft zu nennen sind hier die konsequente technische Abbildung und Optimierung der Standardkreditprozesse über drei Bereiche hinweg, die über mehrere Jahre intensiv durch den Vorstand kritisch, strategisch und operativ begleitet wurden.

8.2 Warum ein agiles Zusammenarbeitsmodell?

2017 hatte eine Studie zur Entwicklung der Bankenbranche in Deutschland bis 2030 für Aufsehen gesorgt. Mit dem Subtext »Noch da! Wie man zu den 150 deutschen Banken gehört« wurde eine Studie vorgelegt, die den deutschen Bankenmarkt auf dem Weg zu einer nie da gewesenen Konsolidierung sah. 2030 werde es maximal noch 150 Kreditinstitute geben, bei 1.668 Banken im Jahr 2017. Was insbesondere aufgrund der unterdurchschnittlichen Eigenkapitalrendite von nur einem Prozent im Vergleich zum bereits stark konsolidierten Wettbewerb in Frankreich und Spanien mit 6,5 bzw. 5,0% auf die Banken zurolle, habe es in der Geschichte der deutschen Banken seit Jahrzehnten nicht gegeben. Zwar habe es immer Fusionen sowie Marktbereinigungen gegeben; dass es nun aber auf nur noch wenige Banken hinauslaufen werde, galt trotz laufender Fusionswellen im Land der Sparkassen und Volks- und Raiffeisenbanken bislang als undenkbar.

Auch in der Edekabank AG schlug diese Studie ein. Als Nischenbank mit klar definiertem und abgegrenztem Geschäftsfeld hatte man keine »natürlichen« Fusionspartnerinnen. Daher machte sich der Vorstand intensiv Gedanken über die Rolle der Edekabank AG als eines der idealerweise verbleibenden 150 Institute. Bereits in den Vorjahren hatten sich Anforderungen und Geschwindigkeit, mit denen die Edekabank AG arbeitete und im Sinne der EDEKA-Kaufleute Probleme löste, stark erhöht. Die Edekabank AG war prozessual kaum mit der Edekabank AG der Vordekade zu vergleichen: Kredit- und Backofficeprozesse waren fast durchgehend strukturierter, automatisierter und digitaler geworden. Die Kundinnenbeziehungen waren vertriebsseitig persönlich immer weiter gestärkt und verbindlicher gestaltet worden. Die Edekabank AG war kundinnen- wie auch kostenseitig in der eigenen Wahrnehmung sowie auch im Benchmark-Vergleich relevanter Kennzahlen wie Ertrag, Kosten und Kundinnenzufriedenheit sehr gut aufgestellt. Der Markt der Finanzdienstleistungen veränderte sich allerdings parallel mit hohem Tempo. Ausgelöst durch die Finanzmarktkrise und regulatorische Rahmenbedingungen hatten sich die Wettbewerbsbedingungen über fast 15 Jahre massiv verschärft. Zunehmend neue Player wie Fintechs, aber auch bankfremde digitale Dienstleisterinnen drängten in das Kerngeschäft der Banken. Sie boten Kundinnen zunehmend Mehrwerte über das klassische Bankgeschäft hinaus. Dazu nutzten sie Kundinnendaten, die sie über ihr Kerngeschäft sammelten und verbanden sie mit Zahlungsverkehrsdaten. Vermittlerinnenplattformen drängten sich zwischen Bank und Kundinnen, weil sie einfacher, schneller und digitaler arbeiten als klassische Banken. Zunehmend lösten Mehrwerte einer digitalen Wettbewerberin bei Kundinnen ein Problem, das klassische Banken gar nicht kannten.

Auch die Edekabank-Kundinnen, also die EDEKA-Kaufleute, waren mit ihrem robusten Geschäftsmodell zunehmend interessanter geworden. Regionalbanken aus der Umgebung der Kaufleute nutzten die Pandemie, um Filialen zu schließen. Damit optimierten sie Kostenstrukturen und versuchten so, unter anderem Ressourcen zu generieren, um die interessanten Kundinnen der Wettbewerberinnen, also auch der Edekabank AG, für sich zu gewinnen. Sie schärften in Teilen ihre Profile und setzten ihr Asset, also die regionale Nähe, zunehmend besser ein. Für die Edekabank AG war es absehbar, dass es schwerer werden könnte, die Kernzielgruppe der Kaufleute durch klassische Bankdienstleistungen zu binden.

Daran schlossen sich noch weitere Entwicklungen im Umfeld der Edekabank AG an. Auf der Zusammenarbeitsebene zwischen Mitarbeitenden sowie mit Kundinnen gab es einen coronabedingten Digitalisierungsschub: Zusammenarbeitsmodelle veränderten sich durch mobiles Arbeiten und Videokonferenzen. Im genossenschaftlichen Finanzverbund hatten die verbliebenen Rechenzentren zur Atruvia fusioniert. Diese entwickelte zunehmend neue Standardlösungen mit agilen Projektstrukturen. Um diese zu verstehen und auch um mit diesen Strukturen interagieren zu können, war ein Einsatz von ebenfalls agilen Strukturen zumindest in Teilbereichen der Bank durchaus sinnvoll. Die ING-DiBa, eine Wettbewerberin im Privatkundinnengeschäft, das zum Zeitpunkt der Entscheidungsfindung noch ein strategisches Geschäftsfeld darstellte, entwickelte Services und Produkte mit einem agilen Zusammenarbeitsmodell im gesamten Unternehmen rasant weiter – und zwar mit einer hervorragenden Cost Income Ratio (CIR).

Agiles Arbeiten bot der Edekabank AG also mit Blick auf Umfeld und Wettbewerb einen Lösungsansatz, um insbesondere die Wünsche von Kundinnen früh zu erkennen, neue Angebote für sie zu erarbeiten, diese strukturiert umzusetzen und damit die Kundinnen stärker an sich zu binden. Agilität wurde für die Edekabank AG zunehmend zu einem Modellentwurf, um auch mit Blick auf die CIR strukturiert und kundinnenfokussiert im Sinne der Kundinnenbindung zu arbeiten. Dadurch, so die Überlegungen, würde man die Kundinnenzufriedenheit und die Geschwindigkeit von Projekten, Weiterentwicklungen, aber auch Teilen des Tagesgeschäfts erhöhen können.

8.3 Erste Gehversuche

Gestartet ist die Edekabank AG in ein agiles Zusammenarbeitsmodell in mehreren Stufen – teils unbewusst, teils bewusst. Im Jahr 2018 hatte sich die Bank entschlossen, ein eigenes Kundinnenportal zu entwickeln. Dazu wurden insbesondere Skills von Programmiererinnen benötigt, die es bis zu diesem Zeitpunkt in der Bank nicht gab, da hauptsächlich Dienstleistungen des zentralen Rechenzentrums der genossenschaftlichen Finanzgruppe genutzt wurden. Verhandlungen über eine gemeinsame Lösung der Spezialinstitute im Verbund waren erfolglos abgebrochen worden – nun also ein eigenes Portal. Koordiniert durch eine interne Systemarchitektin wurde ein Team zunächst externer Programmiererinnen aufgebaut, das sukzessive durch intern akquirierte Programmiererinnen aufgestockt wurde. Als Methode der Zusammenarbeit wurde das in der Softwareentwicklung etablierte Scrum genutzt. Intern wurde die Kapazität für eine Product Owner geschaffen.

Schnell zeigte sich, dass die agile Zusammenarbeit Lösungskraft für die Portalentwicklung entfalten konnte. Warum also sollte Scrum nicht auch für die Zusammenarbeit im klassischen Bankgeschäft geeignet sein? Der Vorstand der Bank war jedenfalls begeistert von den Erfolgen des Softwareprojekts und versuchte mit Begleitung durch zwei externe Beraterinnen, den Kreis der Bereichsleitenden mittels eines Scrum-Projekts »Edekabank goes agile« (EGA) in die Agilität zu führen. Ziel des Projektes war es, die Voraussetzungen für eine Gesamthaustransformation zu schaffen. Als Zielstruktur schwebte den Beteiligten unbewusst ein Large Scale Scrum vor. Man wollte sich erst einmal auf den Weg machen und agile Prinzipien in der obersten Führungskräfteebene verankern.

Die Umsetzung des EGA-Projekts erfolgte in kürzester Zeit mit nur sehr geringer Einbindung und Ausbildung der Beteiligten. Die externen Coaches fungierten als Scrum Master, ein Vorstandsmitglied als Product Owner. Insgesamt wurde den Beteiligten innerhalb weniger Stunden ein theoretischer Hintergrund vermittelt, um dann in die Bearbeitung von Aufgaben zu starten. Zunächst wurden diese Aufgaben durch die Product Owner, eine ausgesuchte Bereichsleitung sowie die externen Beraterinnen beschrieben, nach und nach wurden dann die Bereichsleitenden aufgefordert, neue Aufgaben selbstständig zu erarbeiten und umzusetzen. Während der Events wurde durch die Product Owner zunehmend Druck aufgebaut, auch fachfremde Aufgaben zu übernehmen, da die Bereichsleitenden sehr zurückhaltend auf das Projekt reagierten. Zudem erfolgte die Bearbeitung der Aufgaben durch Einzelpersonen, nur selten wurde in einer Worker/Co-Worker-Systematik und somit als »Team« gearbeitet. Die externen Beraterinnen griffen als Scrum Master nicht in dieses Vorgehen ein. Schließlich wurde während des Projekts eine Bereichsleitung zum Scrum Master ausgebildet und übernahm die Leitung der Events. Zu einer merklichen Verbesserung führte dieser Wechsel nicht. In der Folge traten weiterhin Unstimmigkeiten zwischen Vorstand und den externen Beraterinnen auf, da sich der fachlich gewünschte Erfolg nicht einstellte. Zudem sank die Zustimmung der Bereichsleitenden zur Methode Scrum und damit zur agilen Zusammenarbeit. Das Projekt wurde zunächst beendet.

Als eines der Ergebnisse des EGA-Projekts wurde 2020 ein Innovationsteam (InnoTeam) aus motivierten Mitarbeitenden zusammengestellt, das sich mit dem Thema »Neue Geschäftsfelder« auseinandersetzen sollte. Die Teammitglieder wurden initial durch das Hasso-Plattner-Institut in der Anwendung der Methodik »Design Thinking« ausgebildet. Das Team sollte selbstorganisiert, aber begleitet von zwei Bereichsleitenden arbeiten. Ein Rahmen für die Zusammenarbeit wurde nicht vorgegeben. Ziel war es, dass das Team die Zusammenarbeitsstruktur auf Basis der Inhalte selbst entwickelte, woraus rasch mehrere umsetzungsreife Themen entstanden. Das Team spaltete sich zu deren Umsetzung dann auf. Das führte, auch aufgrund von Kontaktbeschränkungen in der Coronapandemie, dazu, dass die konkreten Umsetzungen in Teilen des Teams zu einem Vakuum in der bisherigen inoffiziellen Führungsstruktur führten. Während ein Teil des Teams in der technischen Umsetzung ihrer Innovation sehr ziel- und umsetzungsorientiert arbeiten konnte, benötigte ein anderer in der Erarbeitung von Prototypen mehr Struktur und »Führung«. Die inoffiziellen »Leader« wiederum wussten nicht, inwieweit sie die Verantwortung annehmen durften, da sie ja ein Team von Gleichen waren. Dieses Vakuum führte zeitweilig dazu, dass das Team eher mit der Selbstorganisation als mit eigentlichen Fachthemen beschäftigt war. Da es zunächst auch nur für einen Zeitraum von 18 Monaten gegründet worden war, stellte sich sowieso die Frage des künftigen Umgangs mit Innovationen im Rahmen neuer Geschäftsfelder. Dazu erarbeitete das InnoTeam einen Vorschlag, der auch eine Struktur mit personeller Kapazität und der Leitung des Teams beinhaltete. So konnte das Team eine geeignete Struktur für sein Fortbestehen etablieren und damit sein Ziel erreichen.

Operativ wurden 2021 und 2022 während des Projekts EGA zwei Scrum-Pilotprojekte auf operativer Ebene aufgesetzt. Das erste Projekt zur Weiterentwicklung einer Beratungssoftware zum Thema Zahlungsverkehr startete noch mit Begleitung der oben genannten externen Beraterinnen. Einige Monate später wurde ein Projekt zur Optimierung des telefonischen Kundinnenservice ohne externe Begleitung aufgesetzt. Im ersten Projekt traten nach kurzer Zeit ähnliche Probleme wie im EGA auf: Die Anforderungen an die Rollen der Product Owner und Entwicklerinnen waren nicht klar abgegrenzt. Die Product Owner arbeitete als Fachexpertin für diverse Themen gleichzeitig auch als Entwicklerin im Team mit. Die nicht vorhandene Abgrenzung führte in der Folge sogar dazu, dass sie, die bis dahin nicht als Führungskraft im Unternehmen tätig gewesen war, aufgrund der ihr eingeräumten Zeitanteile auch sukzessive den Großteil der fachlichen Aufgaben übernahm. Den weiteren Teammitgliedern wurden zudem nur sehr geringe Zeitanteile in ihren entsendenden Bereichen eingeräumt. Das Tagesgeschäft wurde höher priorisiert als das Projekt – ein Fehler, der eigentlich durch die agilen Methoden abgestellt werden sollte. Aus diesem Grund kam es zu wachsenden Problemen hinsichtlich der Umsetzungsgeschwindigkeit des Projekts. Zwar wurden neue technische Anwendungen wie jira und Confluence von Atlassian als vermeintlich agile Tools für die Umsetzung genutzt, das Projekt wurde allerdings in der Bearbeitung der Aufgaben zunehmend wie ein klassisches Projekt durchgeführt, wenn auch mit einem hohen Grad an Selbstorganisation im Team. Das änderte sich erst mit der Umstellung der Aufbauorganisation im Rahmen der agilen Transformation.

Die Optimierung des telefonischen Kundinnenservice hingegen wurde ohne externe Begleitung als Scrum-Projekt aufgesetzt. Hier wurde versucht, die Fehlentwicklungen des ersten Projekts zu vermeiden, insbesondere bezüglich der zu starken fachlichen Einbindung der Product Owner. Allerdings konnte diese Abgrenzung nach einigen Wochen nicht vollumfänglich eingehalten werden. Hintergrund waren Probleme des Development-Teams, fachfremde Themen zu übernehmen, neue Aufgaben an Bereiche in der Bank zuzuweisen und zusätzlich Entscheidungen im Rahmen übernommener Aufgaben zu treffen. Dies wurde durch die Product Owner, eine erfahrene Gruppenleiterin mit ausgeprägten Fach- und Führungskenntnissen, kompensiert, auch wenn das die Entwicklung einzelner Mitarbeiterinnen hin zu mehr Eigenverantwortung und Entscheidungsbereitschaft hemmte. Dennoch wurden hier in einem Zeitraum von eineinhalb Jahren folgende Projektziele erreicht:

- eine starke Erhöhung des Service-Levels der Kundinnen bei telefonischen Anfragen (von 60% auf 85%),
- eine Steigerung der Kundinnenzufriedenheit mit der fachlichen Betreuung im Kundinnenservice (Steigerung von 80% auf 85% in einer Kundinnenbefragung) sowie
- die Steigerung der Mitarbeitendenzufriedenheit des Kundinnenservicecenters (von einem Scorewert unter 60% auf den Bankendurchschnittswert von über 65%).

Insgesamt problematisch war in beiden Projekten der Ansatz, Scrum in einer abgewandelten Form anzuwenden, zum Beispiel durch den Verzicht auf eine »Definition of done« oder durch die Vermischung der Rollen Entwicklerin, Product Owner und Scrum Master. Ein weiterer kritischer Aspekt war die Beidhändigkeit, mit der die Projektteilnehmerinnen Tagesgeschäft und Projekt regeln mussten. Hier gab es durchgehend Probleme, wobei das Projekt zum Kundinnenservice durch die straffe Anleitung der Product Owner und ihrer Kommunikation mit den entsendenden Gruppen und Teams erfolgreicher agieren konnte als eine Mitarbeiterin, die eher aus der Fachlichkeit in die Rolle der Product Owner gelangt und die Kommunikation mit den Hierarchien nicht gewohnt war. Die Erfahrungen mit Scrum als Zusammenarbeitsmodell waren also durchwachsen. Dennoch wurde der Vorteil der Erhöhung der Anpassungsfähigkeit an Kundinnenbedürfnisse eines agilen Zusammenarbeitsmodells in Projekten sichtbar, insbesondere durch das Kundinnenservice-Projekt.

Zusätzlich zu den bereits genannten Versuchen wurde im August 2021 das Transformationsteam (Trafo-Team) gegründet. Es sollte die Transformation kulturell begleiten und vorantreiben; die Mitglieder des Trafo-Teams sollten zu Treiberinnen der Transformation in ihren Ursprungsteams werden. Konkrete Inhalte wurden nicht vorgegeben, sondern sollten sich Schritt für Schritt entwickeln. Auf die unternehmensweite Ausschreibung konnte sich jede Mitarbeiterin der Edekabank AG bewerben. Das Auswahlverfahren hierzu stellte bereits ein Novum dar: Einem Gremium aus mehreren Personen wurde die eigene Motivation, Mitglied des Trafo-Teams zu werden, vorgestellt. Dabei waren die Bewerberinnen gleichzeitig Mitglieder des Gremiums und konnten die Vorstellungen der anderen Bewerberinnen mitbewerten. Das Team wählte sich sozusagen selbst. Letztlich wurde das Trafo-Team aus acht Personen gebildet und war divers zusammengesetzt. So fanden sich neben unterschiedlichen Hierarchiestufen von Sachbearbeiterinnen über Gruppenleiterinnen zu Bereichsdirektorinnen auch Mitglieder unterschiedlichster Bereiche zusammen.

Das Team, das bisher wenige bis gar keine Berührungspunkte mit dem agilen Arbeiten hatte, wurde in der Anfangszeit von externen Beraterinnen begleitet und erst einmal mit Basiswissen zur Agilität versorgt. Die ersten Themen sollten sich aus den Ideen der Mitglieder entwickeln. Eine Struktur zur Arbeit in den Teams wurde nicht vorgegeben, sie sollte sich entwickeln.

Auch hierarchisch gab es für das Team keine Vorgaben. Alle Mitglieder arbeiteten innerhalb des Teams gleichberechtigt zusammen. Inhaltlich war eine Mitarbeiterinnenschulung zu den Grundlagen der Agilität eines der ersten Themen, die bearbeitet wurden. Diese erste Bearbeitungszeit war von zahlreichen und häufig sehr intensiven Diskussionen geprägt. Als Learning daraus passte man die Arbeitsstruktur an und organisierte sich nach Scrum.

Daraufhin konnte man einen spürbaren Unterschied in der Produktivität und Effizienz feststellen: Die Teammitglieder hatten erste eigene Erfahrungen mit einer agilen Arbeitsmethode gemacht. Im Verlauf der weiteren Zusammenarbeit stellte sich aber auch ein weiteres Problem ein: Die Aufgaben des Teams waren noch immer nicht klar genug definiert und es mangelte an einer Priorisierung der Aufgaben. Das Team arbeitete zwar in der Meetingstruktur nach Scrum, die Position der Product Owner war allerdings nicht besetzt, sodass diese Funktionen und Aufgaben nicht wahrgenommen wurden. Vermutlich war das der Grund dafür, dass einige Startmitglieder das Team verließen, da sie sich die Arbeit anders vorgestellt hatten. Das Team wurde daraufhin mit neuen Mitgliedern bestückt. Der Auftrag, »sich vor allem mit Kultur- und Stimmungsthemen zu beschäftigen«, wurde geschärft und die Arbeit wurde in angepasster Meetingstruktur neu aufgenommen. So arbeitete das Team etwa ein Jahr zusammen und bestätigte sich in dieser Zeit vor allem als kultureller Mehrwert. In der Zwischenzeit wurde das neue Organisationsmodell vorgestellt und die initiale Aufstellung der Wertströme begann (siehe Kapitel 6.2). Diese, besonders zu Beginn, sehr einschneidenden Veränderungen wurden aktiv begleitet und mit verschiedenen Austauschformaten unterstützt. Zusätzlich wurde in dieser Phase das Team der Agile Coaches, die zuvor im Trafo-Team tätig waren, gegründet. Nach Etablierung der Agile Coaches wurden die Aufgaben des Trafo-Teams umverteilt. Teile dieser Aufgaben wurden durch die Agile Coaches übernommen. Alle übrigen, eher kulturell geprägten Themen wurden in die Wertströme gegeben. Deshalb löste sich das Trafo-Team im Frühjahr 2023 auf.

Rückblickend kann man sagen, dass die Gründung des Trafo-Teams eine gute Idee war. Besonders nach dem Neuaufsatz konnte es spürbare Unterstützung im Unternehmen liefern, u. a. durch Schulungen zu »neuen« Themen, durch die aktive Begleitung der ersten Phase der Transformation (Aufsatz und Etablierung der Wertströme) und durch Unterstützungsleistungen für alle Mitarbeitenden sowie das »Hineinfühlen« in einige Teams, um die jeweils aktuelle Stimmungslage im Unternehmen schnell und zügig wahrnehmen zu können und Ableitungen daraus zu treffen.

Da sich bei den beschriebenen Aktivitäten nicht der gewünschte Erfolg eingestellt hatte, die Edekabank AG agil zu transformieren, fanden mehrere Termine des Vorstands der Bank mit Andreas Slogar statt, um eine mögliche agile Zusammenarbeit in der Edekabank AG zu organisieren. Dabei wurden Anforderungen und Ziele eines entsprechenden Zusammenarbeitsmodells definiert. In der Folge wurde ein Kernteam aus ausgewählten Bereichs- und Gruppenleiterinnen gebildet. Berücksichtigt wurden die Vorkenntnisse der Beteiligten in agilen Zusammenarbeitsmethoden. Das Kernteam erarbeitete in Workshops mit externer Beratung die Grundlagen eines strukturierten Aufsatzes der agilen Transformation auf Basis eines rollenbasierten Zusammenarbeitsmodells.

8.4 Aufstellung und Zusammensetzung der Wertströme und Teamstrukturen

Wie kann ein agiles Zusammenarbeitsmodell in der Edekabank AG aussehen, ohne dass man einfach nur einzelne agile Elemente oder Methoden nutzt? Mit dieser Fragestellung beschäftigte sich das für die Transformation verantwortliche Kernteam und wurde dabei extern unterstützt. Ziele waren die Entwicklung eines eigenen Modells und dessen anschließende Umsetzung. Das Ergebnis ist das Modell der Wertstromorganisation. Eine Wertstromorganisation ist eine spezifische Herangehensweise zur Prozessoptimierung in Unternehmen. Dabei werden alle Schritte und Aktivitäten, die zur Wertschöpfung beitragen, analysiert und bewertet. Der Fokus liegt vor allem auf Bereichen, in denen tatsächlich Wert an der Kundin generiert wird. Das Ziel ist es, den Fluss von Werten zu verbessern, indem Engpässe, Verschwendung und ineffiziente Abläufe identifiziert und angepasst werden. Dies geschieht durch die Anwendung verschiedener Lean-Prinzipien wie z. B. durch eine kontinuierliche Verbesserung und Pull-Systeme. Eine Wertstromorganisation ermöglicht es der Edekabank AG, ihre Prozesse effizienter zu gestalten, die Kundinnenzentrierung zu gewährleisten und die Qualität zu verbessern. Letztendlich führt das zu einer Steigerung der Kundinnenzufriedenheit und einer höheren Wettbewerbsfähigkeit.

Benannt wurden zu Beginn drei zentrale Wertströme: Finanzierung, Zahlungsverkehr & Konto/Karte sowie Anlageberatung. Diese drei Wertströme vereinen auch die wesentlichen Dienstleistungen an den Kundinnen. Kurzum: Hier wird Wert geschöpft. Unterstützt werden die Wertströme dabei von Funktionsteams, die vorrangig einen Mehrwert für interne Kundinnen (also u. a. für die Wertströme) bieten. Auf die Teamstrukturen und -arten wird im weiteren Verlauf näher eingegangen. Teil der Wertstromorganisation ist auch das Ziel, eine selbstorganisierte Arbeitsweise zu etablieren.

Selbstorganisierte Teams kann man als Gruppen von Mitarbeitenden bezeichnen, die autonom und eigenverantwortlich arbeiten. In solchen Teams gibt es keine traditionelle Hierarchie oder Vorgesetzte, die Anweisungen geben oder Entscheidungen treffen. Stattdessen übernehmen die Teammitglieder gemeinsam die Verantwortung für ihre Aufgaben und treffen Entscheidungen im Konsens. Selbstorganisierte Teams zeichnen sich durch eine hohe Flexibilität, Effizienz und Motivation aus. Die Mitglieder haben mehr Freiheit bei der Gestaltung ihrer Arbeit und können ihre individuellen Stärken und Fähigkeiten besser einbringen. Durch den Wegfall hierarchischer Strukturen werden die Kommunikation innerhalb des Teams verbessert und Entscheidungsprozesse beschleunigt. Um erfolgreich zu sein, benötigen selbstorganisierte Teams klare Ziele, eine klare Rollenverteilung und eine gute Kommunikation. Die Rollenverteilung wird in der Edekabank AG durch die Etablierung des Liquid-Leadership-Modells geregelt. Klassische Führungsaufgaben, die in einem hierarchischen Team von einer Person – der Führungskraft – erledigt wurden, werden somit durch die verschiedenen Rollen von verschiedenen Teammitgliedern ausgeübt. Bildlich kann man sich die Ablauforganisation nach Vorbild einer Wertstromorganisation der Edekabank AG wie folgt vorstellen:

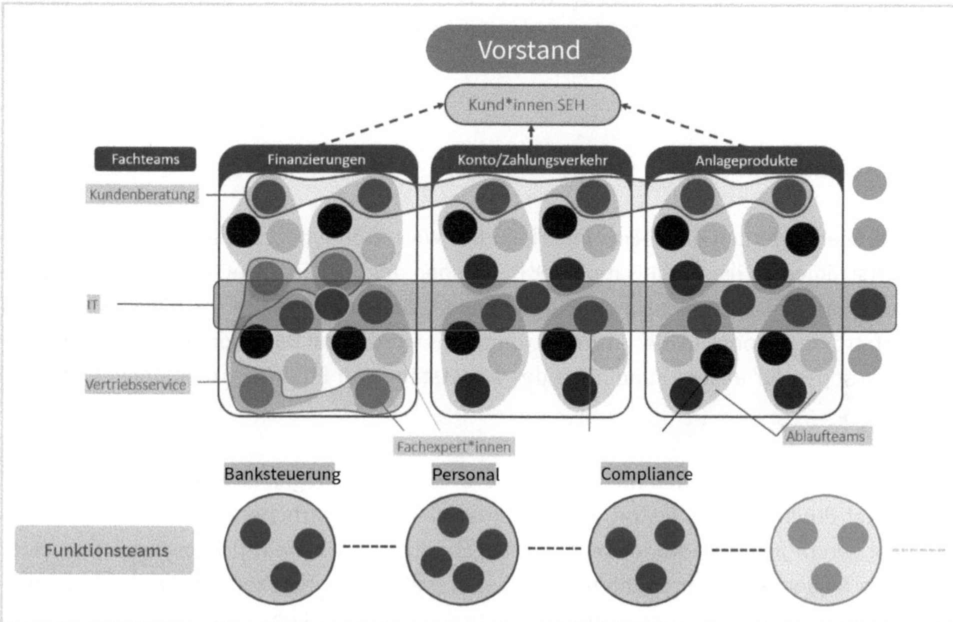

Abb. 141: Ablauforganisation der Edekabank AG, stark vereinfacht

Im Rahmen der Ablauforganisation kann man grundsätzlich von vier verschiedenen Teamarten sprechen: Wertströme, Ablaufteams, Funktionsteams und Fachteams.

8.4.1 Wertströme

Die Wertströme arbeiten operativ an der Kundin und sind nach den drei Hauptdienstleistungen Finanzierung, Konto/Zahlungsverkehr und Anlageberatung aufgeteilt. Sie vereinen dabei ihre operativen Kräfte innerhalb des Wertstroms, um Zielkundinnen eine möglichst hochwertige Dienstleistung anzubieten. Bei der Aufstellung der Wertströme wurde darauf geachtet, dass zukünftig alle Personen zusammenarbeiten, die auch davor schon hauptsächlich an diesem Thema gearbeitet haben.

> **Beispiel:**
>
> Im Wertstrom Finanzierung finden sich neben den Beraterinnen für die Firmenkundinnen auch Mitarbeitende, die bisher Marktfolgetätigkeiten wie Kreditanalysen etc. getätigt haben. Dazu kommen Personen aus den Bereichen Vertriebs- oder Prozessmanagement,

die auch in ihrem alten Bereich hauptsächlich an Themen gearbeitet haben, die der Wertschöpfung im Bereich Finanzierung dienen. Die Wertströme werden also interdisziplinär zusammengestellt. Jeder Wertstrom hat zudem eine Wertstromverantwortliche. Diese Person ist dafür zuständig, dass der Wertstrom bestmöglich aufgestellt ist und der Rahmen für ein selbstorganisiertes Team geschaffen wird.

8.4.2 Ablaufteams

Als Ablaufteams werden die Teams innerhalb der Wertströme bezeichnet. Die Teams sind in den Wertströmen an die Organisation der Kundinnen der Edekabank AG angelehnt und in regionalen Genossenschaften zusammengeschlossen. Daher organisieren sich auch die Teams der Wertströme regional. In diesen Wertstromteams werden auf Basis von Bedarfsfeldern und Produktgruppen für unsere Kundinnen des selbstständigen EDEKA-Einzelhandels Werte geschaffen.

Der Wertstrom bildet den Rahmen für mehrere Teams: die Regionalteams, möglicherweise unterstützt durch ein Administrationsteam oder einzelne Mitarbeitende aus Fachteams, die dem Wertstrom fest zugeordnet sind. Die Regionalteams arbeiten für die Kundinnen einer speziellen Region, um in ihren internen Abläufen und Kommunikationswegen die Besonderheiten dieser Kundinnengruppe möglichst optimal bedienen zu können. Sie werden durch Mitarbeitende aus speziellen Fachteams wie Organisation/IT oder Telefonie ergänzt, die dauerhaft einem Wertstrom zugeordnet sind. Ihre Skills sind für ein Funktionieren der Wertströme unbedingt notwendig.

Beispiel:

Nehmen wir an, eine EDEKA-Kauffrau aus der Region Nord stellt bei ihrer zuständigen Firmenkundinnenberaterin eine Finanzierungsanfrage. Verfolgt man diese Anfrage durch die Bank, stellt man fest, dass bis zur Auszahlung des Kreditbetrages folgende Personengruppen für die Bearbeitung einer Finanzierungsanfrage eingebunden werden: Firmenkundinnenberaterinnen, Beraterinnenassistenzen, Kreditsachbearbeiterinnen, Kreditassistenzen sowie ggf. das Kreditmanagement. Um diesen Ablauf optimal bedienen zu können, finden sich diese Kolleginnen für Kaufleute der Region Nord als Ablaufteam »Finanzierung Nord« zusammen.

8.4.3 Fachteams

Fachteams sind selbstorganisierte Teams, die sich regelmäßig aufgrund ihrer Spezialisierung treffen, um Erfahrungen und Wissen auszutauschen. Zudem organisieren sie Wertstrom übergreifende Themen und steuern deren Umsetzung. Gleichzeitig sorgen sie dafür, dass die Mitarbeitenden des Fachteams in die Lage versetzt werden, Fähigkeiten aufzubauen, die sie in ihren Wertströmen benötigen, über die sie heute allerdings noch nicht verfügen. Die Fachteams sind als einzige Zusammenschlüsse nicht als eigenständiges Team operativ tätig. Jedes Mitglied eines Fachteams ist auch automatisch Mitglied eines Ablaufteams. Dort passiert die operative Arbeit der Teammitglieder. Rückblickend betrachtet war genau das zu Beginn eine der größten Herausforderungen. Die Abstimmung zu operativen Themen fand in der Anfangszeit hauptsächlich in den bekannten Fachteams statt. Sich von diesen Strukturen zu lösen und die operative Arbeit in die Ablaufteams der Wertströme zu bringen, musste zu Beginn sehr häufig aktiv begleitet werden.

Beispiel:

Die IT-Expertinnen planen und steuern gemeinsam die Einführung einer neuen Telefonanlage, die in allen Wertströmen zum Einsatz kommt. Gleichzeitig möchte der Wertstrom »Finanzierung« das eigene Kanban-Board individualisieren. Die bisherige Expertin für die Jira-Boards arbeitet aber im Wertstrom »Konto & Zahlungsverkehr«. Nun wird sie gemeinsam mit der IT-Expertin im Wertstrom »Finanzierung« eine Board-Umstellung vornehmen und die Kollegin in die Lage versetzen, Anpassungen an Boards künftig für ihren Wertstrom selbst vorzunehmen.

8.4.4 Funktionsteams

Funktionsteams sind selbstorganisierte Teams, die außerhalb der Wertströme die Tätigkeiten übernehmen, die keinen direkten Wert für unsere Kundinnen schaffen. Das bedeutet, dass sie die Wertströme indirekt unterstützen, weil sie Leistungen erbringen, die für die Bank als Ganzes notwendig sind.

Beispiel:

Die Banksteuerung erbringt keine Leistungen für ein einzelnes Produkt oder für einen einzelnen Wertstrom, sondern aggregiert die unterschiedlichen Ergebnisse zu einem bankweiten Ergebnis.

8.5 Auswahl und Rolle der Managementexpertinnen

Eine besonders wichtige Rolle bei der Transformation hin zu einem agilen Zusammenarbeitsmodell kommt den sogenannten Managementexpertinnen zu. Die Managementexpertinnen vereinen zu Beginn noch alle Elementarrollen (siehe Kapitel 4.3) auf sich und sorgen u.a. dafür, dass die Mitarbeitenden in den Teams dazu befähigt werden, diese Rollenaufgaben perspektivisch zu übernehmen. Dabei transformiert sich die Rolle der Managementexpertinnen ebenfalls. Sie entwickeln sich von hierarchischen Führungskräften, deren Führungsinhalte sich dadurch ausgezeichnet haben, die Verantwortungen, Ziele und Strategien festzulegen sowie Leistungsfortschritte zu überwachen und zu steuern, hin zu einer Orientierungskraft, die den Mitarbeitenden im Team viel Freiraum zur kreativen Gestaltung von Prozessen einräumt. Sie haben im Vergleich zur hierarchischen Führungskraft eher eine begleitende, unterstützende Rolle.

Die Positionen der Managementexpertinnen innerhalb der Teams wurden zu einem Großteil durch ehemalige Gruppen- und Bereichsleiterinnen besetzt. Für diese Personengruppen gilt es nun, eine neue Art der Führung zu erlernen und zu praktizieren. Zusätzlich hatten vereinzelte Personen zu Beginn auch mit dem Gefühl eines Statusverlustes zu kämpfen. Zumindest dieses Problem konnte relativ schnell ausgeräumt werden, da den betroffenen Personen bald bewusst wurde, wie wichtig die Rolle der Managementexpertin für das Gelingen der agilen Transformation ist und was sie über diese Position zum Unternehmenserfolg beitragen. Im weiteren Verlauf konnten vereinzelt auch weitere Probleme erkannt werden. So fiel es manchen Managementexpertinnen zu Beginn nicht leicht, sich an das Prinzip zu gewöhnen, dass sie nicht mehr die ersten oder alleinigen Entscheidungsträgerinnen sind und manche Themen »loslassen« müssen. Sogar die Wirksamkeit des neuen Zusammenarbeitsmodells wurde infrage gestellt. Diesbezüglich konnten die meisten Bedenken aus dem Weg geräumt werden, indem die Personen das neue Modell einfach erlebten und eigene Erfahrungen sammelten. Die Entwicklung zur Orientierungskraft brauchte aber etwas Zeit. Die Teamstrukturen müssen sich setzen und der Rahmen für ein weitestgehend selbstorganisiertes Team muss geschaffen werden. Das geschieht in dem einen Team schneller, dauert in komplett neu zusammengestellten Teams aber eventuell ein bisschen länger.

Eine besondere Herausforderung kam den Managementexpertinnen der Fachteams zu. Vor der Etablierung der agilen Arbeitsmethoden führten sie geschlossene Teams, die operative Tätigkeiten verübten. Mit der Umstellung auf die Wertstromorganisation wurde die operative Arbeit in die Wertströme getragen. Die Fachteams sollten perspektivisch lediglich dazu dienen, die Skills zu vermitteln, die für die operative Arbeit in den Wertströmen notwendig sind, und ein gleiches Level an Fähigkeiten aufzubauen. Entscheidungen über operative Themen wurden fortan nicht mehr in den (bekannten) Fachteams getroffen, sondern ebenfalls in den Wertströmen. Diese Umstellung war zu Beginn nicht so einfach umzusetzen und die Managementexpertinnen der Fachteams hatten gerade in der Anfangszeit mit dem Gedanken zu kämpfen, sich selbst mit der Zeit obsolet zu machen. Auch hier war es wichtig, den Beitrag in den Vordergrund zu rücken, den die Managementexpertinnen durch ihre Erfahrung und ihr Know-how leisten. Über die Besetzung der Positionen der Managementexpertinnen entschied zum Start der Transformation der Vorstand, wodurch viele ehemalige Gruppen- und Bereichsleiterinnen zu Managementexpertinnen wurden. Darüber hinaus wurden allerdings auch Personen benannt, die im Vorfeld keine Führungsposition innehatten. Zudem wurde in zwei Fällen die Meinung des Teams bei der Besetzung der Managementexpertinnenstelle mit einbezogen. In Form einer Wahl reichte das Team zuerst Vorschläge ein und schlug danach mithilfe einer Abstimmung die Wunschkandidatin vor. Hier behielt sich der Vorstand ein Veto-Recht vor, das aber nicht ausgeübt wurde. Somit wurden zu Beginn gleich zwei Managementexpertinnenstellen intern durch die Entscheidung des jeweiligen Teams besetzt.

8.6 Erste Themen in den Wertströmen

Nachdem die Wertströme initial mit Mitarbeitenden besetzt wurden, konnte die operative Arbeit in den Wertströmen nicht sofort starten. Zum einen waren die Ablaufteams noch nicht besetzt, zum anderen gab es noch keine gemeinsamen Teamstrukturen, da die Wertströme interdisziplinär aufgestellt waren. Diesen Themen hat man sich zu Beginn wie folgt gewidmet: Im Rahmen eines Workshops konnten alle Beteiligten ihre Bedenken und Probleme kundtun. Diese wurden im Anschluss auf Dopplungen geprüft und von den Beteiligten eigenständig priorisiert. Dabei handelte es sich zum Teil um organisatorische Fragen wie »Bei wem melde ich mich zukünftig krank?« oder »Mit wem muss ich meinen Urlaub abstimmen?«. Aber auch erste Ideen zu zukünftigen Arbeitsthemen wurden in diesem Schritt angesprochen. Die vom Team priorisierten Aufgaben wurden von den Teammitgliedern nach dem Pull-Prinzip eigenständig bearbeitet. Mit der Zeit stellte man zudem fest, dass einige Problemstellungen, die zu Beginn des Workshops kundgetan wurden, in der Zwischenzeit bereits gelöst worden waren.

Im zweiten Schritt wurden die Ablaufteams aufgestellt. Diese wurden nach den jeweiligen Regionen der Kundinnen von EDEKA zusammengestellt. Teammitglieder, die bisher nicht nach Regionen gearbeitet hatten, wurden identifiziert und den Kolleginnen zugeordnet, mit denen sie die meisten Schnittstellen hatten. Nach diesem Prinzip konnten sie den Ablaufteams zugeordnet werden.

8.7 Neuaufsatz mit rollenbasiertem Zusammenarbeitsmodell

Die rollenbasierte Zusammenarbeit nach dem Liquid-Leadership-Modell startete mit der Ausbildung der neuen Managementexpertinnen und der Anforderung, dass diese ihre zukünftigen Rolleninhaberinnen auf Basis ihrer eigenen Ausbildung anleiten und ausbilden sollten. Ziel war es, so ein höchstmögliches Commitment zur Transformation zu erlangen und gleichzeitig die Verantwortung für eine erfolgreiche Transformation mit dem operativen Geschäft zu koppeln. Von der Geschäftsleitung gab es ein klares Bekenntnis zu den Managementexpertinnen als wichtige Orientierungskräfte und Leader der künftigen Edekabank AG.

Nach einem recht allgemeinen Workshop zu den Grundlagen agiler Zusammenarbeit mittels teamorientierter Spiele, z. B. mit Lego Serious Play, startete dann ein ausführliches Training mit theoretischen Inhalten und Simulationen zu konkreten Elementen der Transformation durch die internen Agile Coaches. Dabei wurden folgende Elemente geschult, die zuvor durch das Coach-Team erarbeitet bzw. zusammengestellt worden waren:

- Grundlagen:
  - Change Story der Edekabank AG
  - Definition eines agilen Mindsets
  - Agile Werte der Edekabank AG
- Operative Zusammenarbeit I:
  - Feedback
  - Fehlerkultur
  - Psychologische Sicherheit
- Operative Zusammenarbeit II:
  - Arten von Teams inkl. ihrer Gründung
  - Elementarrollen
  - Wahlverfahren für Elementarrollen
- Operative Zusammenarbeit III:
  - Team-Charta und ihre Entwicklung
  - Durchführung von Ops-Meetings
  - Leadership Transfer Board

Für die Umsetzung der Themen war ein Zeitraum von ca. vier Monaten vorgesehen. Jeder Managementexpertin wurde eine der drei bankinternen Agile Coaches zur Seite gestellt, die die Umsetzung mittels Coachings und Shadowings begleiten sollten. Gestartet wurde in den Teams mit der Reflexion der gelernten Inhalte, also der Vorstellung der Grundlagen und der operativen Zusammenarbeit Teil I. Nach einer kurzen Abklingphase begannen die Managementexpertinnen mit der Einführung von Stand-ups in ihren Teams, gefolgt von Wahlen zu den Rollen Governance und Coordination. Diese übernahmen dann in der Folge über das Leadership Transfer Board koordiniert die Verantwortung für die Erstellung einer **Team-Charta** sowie die Stand-ups und noch bestehenden Regelmeetings in Form der »alten« Jours fixes.

Schnell wurde klar, dass die Managementexpertinnen, auch aufgrund der Vorkenntnisse, unterschiedliche Umsetzungsgeschwindigkeiten hatten. Das war auch in Teilen auf die Zusammensetzung der Teams zurückzuführen. Während viele Funktionsteams unverändert zusammengeblieben waren, hatten sich in den Wertströmen teilweise komplett neue Teams mit unterschiedlichen Tätigkeiten gebildet. Das führte dazu, dass erst einmal ein Aufbrechen alter Strukturen und Arbeitsweisen notwendig war, zudem mussten sich teilweise komplett fremde Kolleginnen kennenlernen.

8.8 Herausforderungen durch neue Strukturen und Abläufe

Das kulturell größte Problem der ersten Schritte waren zweifellos die Wahlen der beiden genannten Elementarrollen. Inhaltlich war es vielen Mitarbeitenden trotz Schulungen nicht klar, was die Aufgaben der neu eingeführten Rolleninhaberinnen sein sollten. Die bestehenden Aufgaben der Mitarbeitenden wurden im Vorfeld nicht verringert. Deshalb sah sich ein nicht unerheblicher Teil der Teammitglieder bereits vor den Wahlen großem Druck ausgesetzt, trotz der Zusicherung, dass man das Pensum der Regeltätigkeiten nach einer Wahl im Bedarfsfall anpassen würde. Die Bereitschaft, eine Rolle zu übernehmen, war in einem Teil der Teams fast gar nicht vorhanden. Zusätzlich gespeist wurde die Skepsis bzw. die Ablehnung der Elementarrollen dadurch, dass man die Übernahme der Rolle nach der Wahl nicht ablehnen durfte. Dies war für die Verantwortlichen aber alternativlos, wenn wirklich die am besten geeigneten Teammitglieder die entsprechende Rolle übernehmen sollten. Die Wahlen sollten schließlich dafür sorgen, dass nicht wieder die Personen die Verantwortung an sich »reißen« würden, die bereits in der Vergangenheit eine hohe Bereitschaft zur Verantwortungsübernahme gezeigt hatten. Bei Teamgrößen von sieben bis neun Personen und fünf perspektivisch wählbaren Elementarrollen sollten insbesondere die evtl. eher introvertierten, aber am besten geeigneten Mitarbeitenden Elementarrollen übernehmen, für die das Team sie besonders befähigt hielt. Hier sei das Beispiel der Governance-Rolle genannt. In Teams mit Vertriebs- und Backoffice- bzw. Marktfolgemitarbeitenden liegt in Banken die Vermutung nahe, das Backoffice- und Marktfolgemitarbeitende durch Kontrolltätigkeiten, die sie regelmäßiger durchführen als ihre Vertriebskolleginnen, für diese Rolle eine gewisse Eignung mitbringen. Da auf einem agilen Weg eine gewisse Unsicherheit hinsichtlich der zu übernehmenden Verantwortung besteht, hätten genau diese Mitarbeitenden, so war die Annahme, die Rolle aus Unsicherheit eher abgelehnt. Das wäre aber nicht im Sinne des Teams gewesen. Das Wahlverfahren führte so zu einem massiven Abfall der wahrgenommenen Mitarbeiterzufriedenheit im Zeitraum der Wahlen und der Einarbeitung der Gewählten. Letztendlich stellten sich viele Befürchtungen der Mitarbeitenden nicht ein. Die Gewählten übernahmen die neuen Aufgaben nach einem zähen Prozess ausnahmslos mit großem Verantwortungsbewusstsein.

Der Start in die neuen Meetingstrukturen verlief unspektakulär, wurde jedoch bei Teilen der Mitarbeitenden vom Gefühl, dass man nun ständig an Meetings gebunden sei, begleitet, die keinen Mehrwert böten und Zeitverschwendung seien. Dies blieb allerdings mit zunehmender Etablierung die Ausnahme und verkehrte sich sogar ins Gegenteil. Gerade durch das seit Beginn der Coronapandemie ermöglichte hybride Arbeitsmodell wurde nach einigen Monaten positiv vermerkt, dass man endlich wieder wisse, was bei den Kolleginnen so passiere. Man freue sich insbesondere auf den sozialen Aspekt der Meetings.

Die unverändert bestehenden Teams, meist Funktionsteams, konnten direkt in die Umsetzung der erlernten Inhalte starten. Die Mitarbeitenden dieser Teams waren es gewohnt, in unterschiedlichen Projekten mit hohen Freiheitsgraden in der Priorisierung ihrer Tätigkeiten zu arbeiten. Das führte dazu, dass in diesen Teams sehr schnell die ersten Elementarrollen Governance und Coordination gewählt wurden und die Verantwortlichkeiten mittels des Leadership Transfer Boards zügig übertragen werden konnten. Das Zusammenspiel zwischen den Managementexpertinnen und ihren Mitarbeitenden funktionierte größtenteils hervorragend, bestehende Stärken konnten die Mitarbeitenden innerhalb der Teams gut einschätzen. Das

Vertrauensverhältnis zwischen Managementexpertinnen und Mitarbeitenden bildete ein sehr gutes Fundament für die weitere Zusammenarbeit.

Zu größeren Herausforderungen kam es in den Wertströmen und deren Ablaufteams, insbesondere in den sehr prozessual arbeitenden, also »Konto & Zahlungsverkehr« sowie »Finanzierung«. Begonnen wurde zunächst mit dem Aufbau von Meetingstrukturen in den regional aufgestellten Ablaufteams. Aufgrund der bisher klar definierten oder nicht existierenden Schnittstellen hinterfragten die Mitarbeitenden die Sinnhaftigkeit dieser Meetings. Es gebe nichts zu besprechen. Das war faktisch sogar korrekt, da viele Mitarbeitende bis dato nicht in projekthaftes Arbeiten eingebunden waren. Die beschriebenen Schnittstellen funktionierten größtenteils. Wozu also miteinander sprechen? Der Fokus lag also auf der Etablierung eines regelmäßigen Austausches, einer adäquaten Gesprächskultur, und nicht zu vergessen, einem gegenseitigen Kennenlernen. Dafür stellte die Bank kleine Budgets zur Verfügung, die die Teams flexibel für kleinere Events nutzen konnten. Die Aufgabe der Transformation dieser Teams in ein neues Zusammenarbeitsmodell war für die Managementexpertinnen ungleich größer. Sie hatten neu zusammengestellte Teams übernommen und mussten nun dafür Sorge tragen, dass das Tagesgeschäft weiterlief, Prozesse und Abläufe teilweise komplett neu modelliert wurden und sich neue Teams zudem auf persönlicher und fachlicher Ebene kennenlernten. Im Wertstrom »Konto & Zahlungsverkehr« bestand zudem die Herausforderung, dass der bisherige Bereich Zahlungsverkehr durch Mitarbeitende aus bisher eigenständigen Bereichen verstärkt wurde, die bisherigen Führungskräfte allerdings nicht mitwechselten. Zusätzlich zu einer Betriebs- und einer Gruppenleiterin übernahmen zwei Managementexpertinnen ohne fachliches Know-how in beiden Fachthemen Verantwortung. Sie mussten also auch am eigenen Wissensaufbau arbeiten.

8.9 Exkurs: Leadership Transfer Board (LTB)

Das Leadership Transfer Board stellte und stellt weiterhin in der Übertragung von Verantwortlichkeiten und Entscheidungsbefugnissen einen zentralen Baustein bei der Edekabank AG dar. Es ermöglicht selbstorganisierten Teams, Management als Teamkompetenz aufzubauen und zu etablieren. Dabei unterstützt die Managementexpertin das Team in diesem Prozess. Die Zielsetzungen der Einführung und Anwendung des LTB sind:

- die Sicherstellung einer planvollen Übertragung von Entscheidungsbefugnissen zwischen der Managementexpertin und den Teammitgliedern zur wirksamen Verbesserung der Vertrauens- und Entscheidungskultur und -geschwindigkeit im Team,
- die Etablierung einer effektiven, schnellen und dezentralen Entscheidungsfähigkeit der Teammitglieder,
- die Transparenz bezüglich Aufgaben und Verantwortlichkeiten zwischen Managementexpertin und dem jeweiligen Teammitglied (»Wer entscheidet was und wie?«) sowie
- die Unterstützung der Etablierung und Anwendung von Elementarrollen in Teams, die diese operativ für sich nutzen.

Das Tool wurde und wird in der Edekabank AG mittels eines Whiteboards genutzt, das für alle Teammitglieder einsehbar ist.

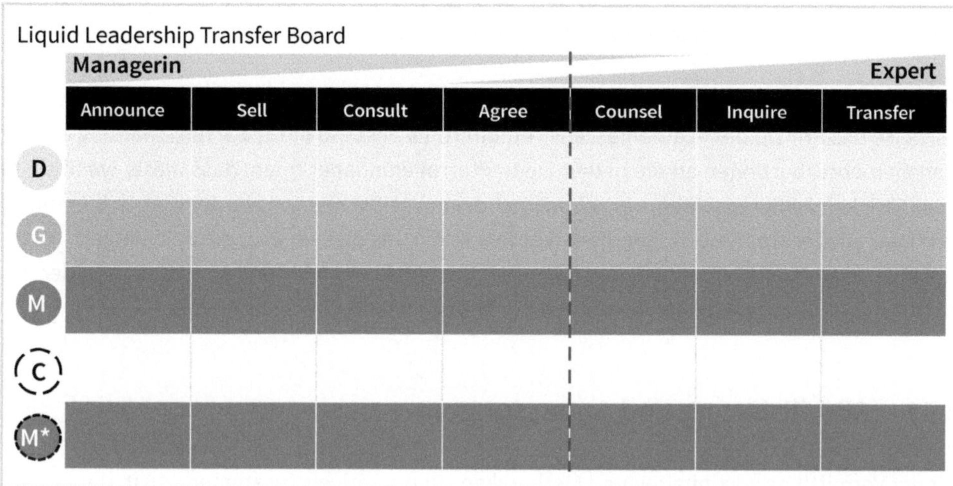

Abb. 142: Liquid Leadership Transfer Board

8.10 Missverständnisse: Von der Führungskraft zur Orientierungskraft

Im Rahmen der Ausbildung der Managementexpertinnen kam und kommt es immer wieder zu Missverständnissen. Das größte Missverständnis bestand überaschenderweise im Selbstverständnis der Managementexpertinnen. Während ein Teil der bisherigen klassisch hierarchischen Führungskräfte die Rolle als Treiberin und Organisatorin der Transformation relativ schnell verinnerlicht hat, nahm ein anderer Teil den Start der Transformation als sofortige Veränderung der eigenen Rollen und Aufgaben im Unternehmen wahr. Die Führungskräfte verunsicherten sich gegenseitig mit der Annahme, dass der Rollenwechsel von der Führungskraft zur Orientierungskraft sofort mit der Schulung bezüglich der Grundlagen eingetreten sei. Man sei zwar für die Ausbildung der neuen Rolleninhaberinnen verantwortlich, Entscheidungen dürften aber nur noch durch das Team herbeigeführt werden; Interventionen der alten Führungskräfte seien kontraproduktiv. Dieses Selbstverständnis bzw. die sofortige Abgabe jeglicher Ergebnisverantwortungen für die Teamleistung führte zu einem Vakuum in den Teams, die natürlich nicht sofort geeignete Instrumente zur Selbstorganisation zur Verfügung hatten. Geschweige denn, dass sie aufgrund der bis dato etablierten hierarchischen Organisation ad hoc dazu in der Lage gewesen wären, dieses Vakuum mit vorhandenen Leadership-Qualitäten einzelner Teammitglieder zu füllen. Trotz diverser Gespräche zwischen dem Vorstand, der Wertstromverantwortlichen und der Agile Coaches konnte das korrekte Selbstverständnis als weiterhin verantwortliche Führungskraft teilweise nicht hergestellt werden. Die Vermutung liegt nahe, dass dies aus einer Unzufriedenheit mit dem sukzessiven Wegfall der herausgehobenen Stellung als Führungskraft resultierte. Konsequent mussten diese Führungskräfte wieder abgeholt und den angeblich getätigten Aussagen zu Stellung und Funktion der Managementexpertinnen während Schulung und Umsetzung klar und deutlich begegnet werden.

Auch operativ war ein klares Coaching notwendig. Dem Ausbildungsauftrag entgegen wurde teilweise das Prinzip des »Laufenlassens« etabliert. Es bestand die Erwartungshaltung einiger Managementexpertinnen an die neuen Elementarrolleninhaberinnen, dass diese, wenn sie in ihrer Tätigkeit Fehler machten, »es schon irgendwann selbst merken würden«. Auch hier musste immer wieder steuernd eingegriffen werden. Allein aus diesem Grund ist ein längerfristiger Einsatz von gut ausgebildeten Agile Coaches mit einem klaren Führungsverständnis in der Begleitung von Führungskräften im Rahmen der Transformation höchst sinnvoll.

8.11 Stabilisierung und Anpassungen

Mit der Vermittlung von Inhalten und Methodiken zur operativen Zusammenarbeit, der Einführung neuer Meetingstrukturen und der damit verbundenen engen Begleitung durch die Agile Coaches wurde versucht, diesen neuen Grat der Zusammenarbeit erst einmal zu stabilisieren. Erst dann sollte es wieder darum gehen, neue Inhalte in die Teams zu bringen und somit erneut »Staub aufzuwirbeln«. Diese Stabilisierungsphase erwies sich als äußerst wichtig und wertvoll, da zum einen die initial vermittelten Basics den Raum hatten, zu wirken und sich zu festigen, zum Teil gab es aber auch aus der Belegschaft den Wunsch, ein wenig »den Fuß vom Gas zu nehmen«. Die Entscheidung, mit neuen Inhalten erst einmal zu warten und sich vollkommen auf die Stabilisierung zu konzentrieren, war daher auch eine wichtige Entscheidung, um die Akzeptanz der Transformation weiterhin hochzuhalten und die Einzelne nicht zu überfordern. Zusätzlich bot diese Phase Raum, um den bis dahin eingelegten Weg zu reflektieren. Hieraus sind einige notwendige Anpassungen erfolgt.

8.11.1 Auflösung der Ablaufteams im Wertstrom Anlageberatung

Der Wertstrom Anlageberatung hatte sich initial in zwei regionsspezifische Ablaufteams aufgeteilt. Die beiden Ablaufteams Nord und Süd orientierten sich am Wirken der Vermögensberaterinnen im Außendienst, die in den jeweiligen Regionen beheimatet sind. Zusätzlich zu den Vermögensberaterinnen wurden die Ablaufteams durch jeweils eine Person aus dem Bereich Vertriebsassistenz/Kundinnenservicecenter und eine Person aus dem Bereich IT gebildet. In den Ablaufteams wurden eigenständige Zielwerte vereinbart und Vertretungsregelungen etabliert. Mit der Zeit stellte man allerdings auch fest, dass kein Ablaufteam beispielsweise prozessuale Anpassungen oder die Etablierung neuer Produkte für sich alleine entscheiden konnte, ohne dass das andere Ablaufteam ebenfalls davon betroffen war. Die Bearbeitung dieser Themen fand nach wie vor auf Wertstromebene statt. Ein Grund hierfür war sicherlich, dass die Personen aus den Bereichen Vertriebs-, Organisations-, Prozessmanagement und WP-Kompetenzcenter den einzelnen Ablaufteams nicht zugeordnet waren. Die Zuordnung war nicht erfolgt, weil man beide Ablaufteams mit den gleichen Skills versehen wollte und eine Abstimmung auf Wertstromebene zu beispielsweise prozessualen Anpassungen sowieso nötig war. Die Auflösung der Ablaufteams wurde also erst einmal testweise durchgeführt. In dieser Testphase wurde festgestellt, dass eine Zusammenarbeit auf Wertstromebene auch mit insgesamt 15 Personen durchaus möglich ist und die Abstimmung zu prozessualen Themen oder zur Einführung neuer Produkte auf Wertstromebene deutlich schneller stattfinden kann. Die neue Teamstruktur wurde also beibehalten. Die Mehrwerte der Ablaufteams wurden allerdings ebenfalls in die neue Struktur integriert: Die Vermögensberaterinnen in den Regionen profitieren von einem vertrieblichen Austausch innerhalb ihrer Regionen, weshalb es diese Austauschformate weiterhin auf der alten regionsspezifischen Ablaufteamebene gibt.

8.11.2 Wandel der Fachteams IT und OPV zu Funktionsteams (mit Verbleib in den Wertströmen)

Die beiden Fachteams IT und Organisations- und Prozessmanagement (OPV) wurden bei der initialen Aufstellung der Wertströme als Fachteams behandelt. So wurde ein Großteil der Mitarbeitenden aus diesen beiden Teams auf die Wertströme aufgeteilt und hat zum Teil in den Ablaufteams mitgewirkt. Mit der Zeit wurde deutlich, dass das Wirken dieser Personen in den Ablaufteams aber nur dort sinnvoll ist, wo eine ausreichende Anzahl an Personen aus diesen Teams Bestandteil der Wertströme ist, sodass jedes Ablaufteam mit den notwendigen Skills ausgestattet werden kann. Daher wurden beispielsweise im Wertstrom Finanzierung (der Wertstrom mit den meisten Ablaufteams) die Personen aus den beiden Fachteams IT und OPV zuerst nicht mehr den Ablaufteams zugeordnet, sondern haben fortan den Wertstrom auf Rekursionsebene unterstützt. Zugleich stellte man fest, dass die beiden genannten Teams nicht ausschließlich operative Dienstleistungen für die Wertströme erbringen, sondern darüber hinaus operative Dienstleistungen für die Gesamtbank oder für andere Funktionsteams (beispielsweise beschafft die IT die komplette Hardware für die Gesamtbank und nicht nur für einzelne Wertströme). In dieser Rolle unterscheiden sie sich also nicht vom Funktionsteam Personal oder Banksteuerung. Somit war es auch hier notwendig, die beiden Teams fortan als Funktionsteams zu listen. Diese Entscheidung hat Unsicherheiten ausgeräumt, die bei der initialen Aufstellung der Teams noch herrschten und den betroffenen Personen mehr Klarheit und Sicherheit vermittelten.

8.11.3 Etablierung von CoP und CoE

Die Zeit der Stabilisierung wurde auch dazu genutzt, die Einführung und Etablierung zweier neuer Begriffe für eine Teamart vorzubereiten. Eine **Community of Practice (CoP)** zeichnet sich dadurch aus, dass dieses Team an Wertstrom übergreifenden operativen Themen arbeitet.

Eine interdisziplinäre Zusammensetzung des Teams ist erforderlich. Das bedeutet, dass Skills aus mindestens zwei unterschiedlichen Teams notwendig sind. Ausnahme: Die Elementarrollen kommen für die operative Erarbeitung fachlicher Inhalte ihrer Rekursion bzw. mit der Quellrekursion zusammen, um Standards für ihre Rollen zu erarbeiten. Sie sind damit nicht eindeutig interdisziplinär. **CoPs** besitzen einen Sinn und Zweck. Dieser kann temporär (Projekte/Arbeitsgruppen) oder dauerhaft (z. B. Elementarrollenteams, regulatorisch notwendige Teams) sein. Bei Wegfall von Sinn und Zweck, insbesondere bei temporären Teams, löst sich das Team auf. Dauerhafte **CoPs** werden auf Initiative bestehender Inhaberinnen der Elementarrollen Management und Development durch den Vorstand gegründet. Dabei beauftragt der Vorstand eine Mitarbeitende mit der Gründung des Teams in der Rolle Management. Temporäre **CoPs** können durch Rolleninhaberinnen der Elementarrollen Management oder Development gegründet werden. Dabei wird eine Mitarbeitende mit der Gründung des Teams in der Rolle Management beauftragt. In beiden Fällen stellt die Rolleninhaberin Management nach Zusammenstellung des Teams grundsätzlich alle Rollen, inklusive der eigenen, zur Wahl. Dabei kann es regulatorisch oder gesetzlich bedingte Ausnahmen geben. Die Anzahl der Teammitglieder sollte sich an der optimalen Teamgröße 7 +/- 2 orientieren. Grundsätzlich können die Teammitglieder über unterschiedliche Erfahrungsstände in ihrer jeweiligen Tätigkeit verfügen. In den **CoPs** werden grundsätzlich, wie in allen Teams, Elementarrollen gewählt, um eine Funktions-, Kommunikations- und Kooperationsfähigkeit der **CoP** mit dem Unternehmen herzustellen. Die Funktion der Managementexpertin wird nicht benötigt. Die Einführung dieser neuen Teamstruktur hat geräuschlos funktioniert und die Teammitglieder neugegründeter **CoPs** konnten ihre erlernten Kenntnisse aus dem Zusammenarbeitsmodell schnell anwenden.

Communitys of Excellence (CoEs) sind Teams von Expertinnen, die sich um die Wissensweitergabe und Definition von Standards bezüglich der Aus- und Weiterbildung für eine Fachlichkeit, Funktion oder Elementarrolle kümmern. **CoEs** sollen perspektivisch die Fachteams ablösen, in denen keine fachlich operative Arbeit mehr vorgesehen ist. Eine **CoE** liegt dann vor, wenn die Zusammenkunft der Mitglieder hauptsächlich dem Erfahrungsaustausch der operativen Expertinnen/Seniors oder der Verantwortlichen der Elementarrollen untereinander dient. Diese Expertinnen haben weitgehend identische Skills, arbeiten operativ aber eher in unterschiedlichen Teams. Konkrete Teamaufgaben sind die Weiterentwicklung und Weitergabe u. a. von Fachwissen, Methodenkompetenz, Prozesskompetenz, Erfahrungswissen etc. In einer **CoE** wird grundsätzlich keine fachlich operative Arbeit verrichtet. In der Regel sind **CoEs** dauerhaft bestehende Teams. Auch Funktionsteams können **CoEs** bilden. Das ist aber nicht zwingend notwendig, da sie die Aus- und Fortbildung von Teammitgliedern teamintern regeln können. Auch eine **CoE** wird auf Initiative der bestehenden Rolleninhaberinnen Management und Development durch den Vorstand gegründet. Dabei beauftragt der Vorstand eine Mitarbeitende mit der Gründung des Teams in der Rolle Management. Nach Zusammenstellung des Teams stellt die Rolleninhaberin Management grundsätzlich alle Rollen, inklusive der eigenen, zur Wahl, um eine Funktions-, Kommunikations- und Kooperationsfähigkeit der **CoE** mit dem Unternehmen herzustellen. Dabei kann es regulatorisch oder gesetzlich bedingte Ausnahmen geben. Es wird keine Managementexpertinnenfunktion benötigt. Die Anzahl der Teammitglieder sollte zwischen drei und fünf Personen liegen. Die Teammitglieder sollten über einen Expertinnenstatus im Rahmen ihrer regulären Tätigkeit verfügen, die sie für die **CoE** qualifiziert. Die Kommunikation, dass perspektivisch die **CoE** die bisherigen Fachteams ablösen wird, hat dazu geführt, dass ein wenig Verunsicherung in den Fachteams herrschte. Viele Mitglieder der Fachteams haben weiterhin das Fachteam als das Team gesehen, in dem sie hauptsächlich tätig waren – nicht die Ablaufteams in den Wertströmen. Diese Verunsicherung konnte durch eine eng begleitete und transparente Kommunikation aufgelöst werden. Besonders relevant für das Gelingen dieses Vorhabens sind die Managementexpertinnen dieser Fachteams. Hier kommt es darauf an, dass jegliche operative Tätigkeit in die Ablaufteams der Wertströme gegeben wird und das Fachteam bzw. später die **CoE** lediglich dazu dient, den Erfahrungsaustausch zu fördern.

Zusätzlich zu den im Vorfeld genannten Themen wurde die Kommunikation zur Transformation reflektiert. Auch hier konnte man Maßnahmen ableiten; die Kommunikation wurde an dieser Stelle wieder direkter und erklärender. Neue Formate wurden installiert, um möglichst niedrigschwellig einzelne kleinere Themen simpel zu erklären. Auf diese Kommunikation wird auch weiterhin gesetzt.

8.11.4 Führungskräfte, die das Unternehmen verlassen

Erwähnt werden muss auch, dass die Transformation eines klassisch hierarchischen hin zu einem selbstorganisierten Unternehmen zum Verlust wertvoller Mitarbeitender und Führungskräfte führt. Das Selbstverständnis der Führungskräfte in der Edekabank AG nach der Ankündigung der Transformation in ein agiles Unternehmen hatte eine große Bandbreite. Einen Pol bildeten die Führungskräfte, die in der Übergabe von Verantwortlichkeiten im Team große Vorteile sahen. Spätestens nach den ersten Schulungen hatten sie erkannt, dass sie eventuell nicht alle Führungsaufgaben, die dort transparent gemacht worden waren, gleich gut beherrschten bzw. dass sie in der Vergangenheit selbst hatten priorisieren müssen, auf welche Verantwortlichkeiten sie sich konzentrierten. So war es in einigen Bereichen oder Gruppen selbstverständlich, dass sich Gruppen- oder Bereichsleiterinnen eher auf die Rollen Management und Coordination konzentrierten, Development aber beispielsweise als Verantwortung und Tätigkeit nicht stattfand. Das hatte immer wieder zu Ärger mit Vorgesetzten geführt, da Prozesse laufend weiterentwickelt und Produkte und Services verbessert bzw. erweitert werden sollten. Dafür blieb häufig wenig Zeit bei einer Führungskraft, die nach eigener Wahrnehmung noch Tagesgeschäft und Gruppen- und Bereichsorganisation regeln musste. In anderen Gruppen oder Bereichen bestand das Selbstverständnis der Führungskräfte eher darin, dass sie durch die bisherige Übernahme oder Delegation von Verantwortung und Entscheidungsbefugnissen bereits sehr nah an der agilen Struktur arbeiten bzw. das in ihren Gruppen oder Bereichen auch notwendig sei. Die Annahme dieser Führungskräfte war, dass Mitarbeitende sich wünschten, dass eine Führungskraft auch die Letztverantwortung für alle Entscheidungen tragen müsse. Das funktioniere gut. Zudem hätten die entsprechenden Personen den Status einer Führungskraft durch harte Arbeit und Ausbildung erlangt und beherrschten die entsprechenden Tätigkeiten.

Man übernehme gerne Verantwortung und man könne diese auch tragen. Deshalb habe man sich den Status einer herausgehobenen Führungskraft mit entsprechender Betitelung verdient. Trotz der Bemühungen des Vorstandes verließ ein kleiner Teil der Führungskräfte aus diesen Gründen die Edekabank AG. Insgesamt konnte der Großteil der Führungskräfte gehalten werden und von der Notwendigkeit der Transformation und ihrer Aufgabe darin überzeugt werden.

8.11.5 Fazit und Ausblick

Betrachtet man den eingeschlagenen Kurs, dann kann gesagt werden, dass die Nutzung agiler Arbeitsmethoden, die damit verbundene Transformation des Zusammenarbeitsmodells und nicht zuletzt auch die neuartigen Anforderungen an Orientierungskräfte und Mitarbeitende, Mehrwerte mit sich gebracht haben. Erfreulich ist, zu sehen, dass das komplette Unternehmen in vielen Bereichen spürt, welche Mehrwerte die Transformation mit sich bringt, wenngleich im Unternehmen auch sichtbar ist, dass diese grundlegenden Veränderungen Zeit benötigen und ebenfalls gut begleitet werden müssen. Jede einzelne Mitarbeiterin ist für das Gelingen der Transformation bedeutend. Daher ist es in den nächsten Schritten unabdingbar, die Mitarbeitenden direkt in die Prozesse einzubinden und geeignete Feedbackformate zu ermöglichen. In den wenigsten Unternehmen funktioniert es, ein theoretisches Konzept 1:1 umzusetzen. Somit sind vor allem das Ausprobieren und Anpassen wesentliche Bestandteile der zukünftigen Weiterentwicklung der Edekabank AG.

Aktuell werden beispielsweise die direkte Einbindung und die Partizipation einzelner Mitarbeiterinnen in die Strategieentwicklung vorbereitet. Zum einen erhofft man sich dadurch ein höheres Commitment zur Strategie. Ein weiterer wesentlicher Effekt ist, im Rahmen der Strategieentwicklung nicht nur Top-down-Maßnahmen abzuleiten. Kundinnenbedürfnisse können am besten durch die Personen ins Unternehmen getragen werden, die direkt an den Kundinnen arbeiten. Hierdurch erhofft man sich Beiträge zur Strategie, die bottom-up bzw. direkt von Kundinnen ins Unternehmen gespielt werden. Zusätzlich wird zukünftig eine quartalsweise Synchronisation der operativen Arbeiten und strategischen Umsetzungen eingeführt und in den Terminkalender der Bank fest integriert. Auch die Einführung und Nutzung von Objectives and Key Results (OKRs) wird aktuell vorbereitet und stellt für die Zukunft einen bedeutenden Meilenstein dar. Davon erhofft man sich, den Fokus des Handelns noch mehr auf Wirkungen zu legen und nicht nur auf bloße Ergebnisse.

Abgeschlossen ist die Transformation bei der Edekabank AG also noch lange nicht. Allerdings hat das Finanzinstitut in den vergangenen, sehr intensiven Monaten viel dazugelernt und kann auf das bisher Erreichte mit Stolz zurückblicken. Auch die Zukunft wird spannend, lehrreich und intensiv werden – wir freuen uns darauf!

9 Literatur

The Guardian (2012): Unilever's Paul Polman: challenging the corporate status quo, https://www.theguardian.com/sustainable-business/paul-polman-unilever-sustainable-living-plan, Abrufdatum: 19.12.2023.

von Foerster, Heinz (2007): Teil der Welt: Fraktale einer Ethik – oder Heinz von Foersters Tanz mit der Welt | Heinz von Foerster (Autor), Monika Bröcker (Autor) | Carl-Auer Verlag GmbH; 4. Edition (1. Januar 2007), Heidelberg.

Arte.tv (2022): Arbeit ohne Sinn mit Dienst nach Vorschrift – Arte Doku, Oktober 2022, Strassburg.

Baethge, Anja/Rigotti, Thomas (2010): Arbeitsunterbrechungen und Multitasking, Dortmund.

BBC Future (2019): Dunbar's number: Why we can only maintain 150 relationships, https://www.bbc.com/future/article/20191001-dunbars-number-why-we-can-only-maintain-150-relationships, Abrufdatum: 20.12.2023.

Beer, Stafford (1995): Brain of the Firm, Classic Library, Volume 10, Hoboken.

Bergmann, Frithjof (2017): Neue Arbeit, neue Kultur, Freiburg.

Boehm, Barry W. (1981): Software Engineering – Economic Aspects, Hoboken.

Box, George E. P./Draper, Norman Richard (1987): Empirical Model Building and Response Surfaces (Probability & Mathematical Statistics S.), Hoboken.

Cleese, John (1991): Creativity in Management, https://www.youtube.com/watch?v=Pb5oIIPO62 g, Abrufdatum: 19.12.2023.

Edmondson, Amy C. (1999): Psychological Safety and Learning Behavior in Work Teams in: Administrative Science Quarterly, Vol. 44, No. 2 (Jun., 1999), pp. 350–383 | http://www.jstor.org/stable/2666999, Abrufdatum: 22.12.2023.

Edmondson, Amy C. (2018): The Fearless Organization: Creating Psychological Safety in the Workplace for Learning, Innovation, and Growth, Hoboken.

Faschingbauer, Michael (2023): Effectuation: Wie erfolgreiche Unternehmer denken, entscheiden und handeln (Systemisches Management), Stuttgart.

Foucault, Michel (1993): Überwachen und Strafen: Die Geburt des Gefängnisses, Frankfurt a. M.

Fromm, Erich (1941): Die Furcht vor der Freiheit.

Gallup (Hrsg.) (2022): State of the Global Workplace, Berlin.

Gallup (Hrsg.) (2023):State of the Global Workplace, Berlin.

Graham, Pauline (2003) (Hrsg.): Mary Parker Follett: Prophet of Management, Washington, DC.

Groll, Tina (2014): Auffällig viele Psychopathen werden Chef; in: Die Zeit, https://www.zeit.de/karriere/beruf/2014-05/psychopathen-interview-psychologe-jens-hoffmann, Abrufdatum 15.10.2023.

Haken, Hermann/Schiepek, Günter (2010): Synergetik in der Psychologie: Selbstorganisation verstehen und gestalten, Göttingen.

Hinterhuber, Hans-H./Matzler, Kurt (Hrsg.) (2004): Kundenorientierte Unternehmensführung: Kundenorientierung – Kundenzufriedenheit – Kundenbindung, Wiesbaden.

Hope, Jeremy/Fraser, Robin (2003): Beyond Budgeting: How Managers Can Break Free from the Annual Performance Trap, Brighton.

Hurtz, Simon (2021): Social Media und mentale Gesundheit: Instagram im Kreuzverhör, in: Süddeutsche Zeitung https://www.sueddeutsche.de/wirtschaft/instagram-kongress-magersucht-1.5483494, Abrufdatum: 19.12.2023.

Kahneman, Daniel (2012): Thinking, Fast and Slow, London.

Kahneman, Daniel/Sibony, Olivier/Sunstein, Cass R. (2021): Noise: A Flaw in Human Judgment, Boston.

Kobayashi, Daichi: Die japanische Lebensweise: 3 Bücher in 1: Ikigai, Kaizen, Shinrin-Yoku. Die tausendjährige Weisheit, die das Land der aufgehenden Sonne groß gemacht hat, Kindle.

Laker Benjamin/Pereira, Vija/Malik, Ashish/Soga, Lebene (2022): »Dear Manager, You're Holding Too Many Meetings«, https://hbr.org/2022/03/dear-manager-youre-holding-too-many-meetings, Abrufdatum: 19.12.2023.

Lee, Jeremiah (2020): Failed #SquadGoals. Spotify doesn't use »the Spotify model« and neither should you, https://www.jeremiahlee.com/posts/failed-squad-goals/, Abrufdatum: 21.12.2023.

Mahnke, Dorian (2021): Analyse der Strukturen und Eigenschaften von agilen Organisationen, https://www.pi.uni-hannover.de/fileadmin/pi/se/Stud-Arbeiten/2021/MA_Mahnke2021.pdf, Abrufdatum: 21.12.2023.

Meadows, Donnella H. (2010): Die Grenzen des Denkens: Wie wir sie mit System erkennen und überwinden können, München.

Microsoft Human Factors Lab (2021): Research Proves Your Brain Needs Breaks, https://www.microsoft.com/en-us/worklab/work-trend-index/brain-research, Zugriffsdatum: 19.12.2023.

Minto, Barbara (1996): The Minto Pyramid Principle: Logic in Writing, Thinking, & Problem Solving, London.

Minto, Barbara (2021): The Pyramid Principle: Logic in Writing and Thinking, 3. Auflage, London.

Newport, Cal (2016): Deep Work: Rules for focused success in a distracted world, New York.

Pavlov, Boris B. (2023): Product Owner Methoden-Buch: Ein Leitfaden für die Praxis.

Pfiffner, Michael D. (2017): System Viability of Organizations and the Aetiology of Organizational Crisis – A Quantitative Assessment of Stafford Beer's Viable System Model, Utrecht.

Rothman, Johanna/Eckstein, Jutta (2016): Diving for Hidden Treasures: Uncovering the Cost of Delay in Your Project Portfolio.

Sinek, Simon (2011): Start With Why: The Inspiring Million-Copy Bestseller That Will Help You Find Your Purpose, London.

Sinek, Simon (2020): The Infinite Game.

Slogar, Andreas (2020): Die agile Organisation, 2. Auflage, Hanser, München.

Sprenger, Reinhard K./Plaßmann, Thomas (2021): Mythos Motivation: Wege aus einer Sackgasse, Frankfurt a. M./New York.

Tannenbaum, Robert/Schmidt, Warren H. (1973): How to Choose a Leadership Pattern. Harvard Business Review, Brighton.

Webster, John (2022): Arbeiten ohne Sinn, https://www.arte.tv/de/videos/089133-000-A/arbeit-ohne-sinn/, Abrufdatum 15.10.2023.

10 Anhang

10.1 Liquid-Leadership-Umfragebogen

10.1.1 Einleitung

Wir erforschen, wie unterschiedliche Managementstile wahrgenommen werden und welche Führungsmodelle zur Verbesserung der Managementeffektivität eingesetzt werden können.

10.1.2 Demographie

1. Welchem Geschlecht ordnen Sie sich zu?
   a) Männlich
   b) Weiblich
   c) Sonstiges
2. Wie alt sind Sie?
   a) Unter 18
   b) 19–24
   c) 25–34
   d) 35–44
   e) 45–54
   f) 55–64
   g) 65+
3. Welcher ist der höchste Bildungsabschluss, den Sie erworben haben?
   a) Weiterführender Schulabschluss
   b) Bachelor-Abschluss
   c) Master-Abschluss
   d) Doktor oder höher
   e) Keiner der oben genannten Abschlüsse
   f) Möchte ich nicht sagen
4. Wie ist Ihr derzeitiger Beschäftigungsstatus?
   a) Angestellt in Vollzeit
   b) Angestellt in Teilzeit
   c) Selbstständig
   d) Arbeitslos
   e) Studierende
   f) Im Ruhestand

10.1.3 Management-Erfahrung/Ambitionen

1. Arbeiten Sie derzeit oder haben Sie in letzter Zeit in einer Führungsposition mit Personalverantwortung gearbeitet?
   a) Ja
   b) Nein
2. Falls ja, für wie viele Mitarbeiterinnen waren oder sind Sie verantwortlich?
   a) 1–5
   b) 6–20
   c) 21–100
   d) 101–500
   e) 500+
3. Falls nein, würden Sie dann gerne in Zukunft in einer Führungsposition arbeiten?
   a) Ja
   b) Nein

10.1.4 Quiet Quitting

1. Haben Sie schon einmal den Begriff »Quiet Quitting« gehört?
   a) Ja
   b) Nein

»Quiet Quitting« bedeutet, dass man die Mindestanforderungen seines Jobs erfüllt und nicht mehr Zeit, Mühe oder Enthusiasmus aufwendet als unbedingt nötig. Das Phänomen hat in letzter Zeit in den sozialen Medien an Bedeutung gewonnen, insbesondere bei der Generation Z.

2. Auf einer Skala von 1 bis 5, wie häufig stellen Sie in Ihrem Berufsleben »Quiet Quitting« oder Anzeichen dafür fest, z. B. bei sich selbst, Ihren Kolleginnen oder den Mitarbeiterinnen, die Sie führen?
   a) 1 – Fast immer
   b) 2 – Oft
   c) 3 – Manchmal
   d) 4 – Selten
   e) 5 – Nie
3. Wie ernst nehmen Sie das »Quiet-Quitting«-Phänomen auf einer Skala von 1 bis 5?
   a) 1 – Sehr ernst
   b) 2 – Ziemlich ernst
   c) 3 – Einigermaßen ernst
   d) 4 – Nicht so ernst
   e) 5 – Gar nicht ernst
4. Auf einer Skala von 1 bis 5, wie hoch ist der Einfluss von gutem (oder schlechtem) Management darauf, ob eine Mitarbeiterin »quiet quittet«?
   a) 1 – Sehr hoch, Management ist der entscheidende Faktor

b) 2 – Ziemlich hoch, Management ist ein sehr wichtiger Faktor
c) 3 – Einigermaßen hoch, Management ist wichtig, aber nicht der einzige kritische Faktor
d) 4 – Nicht sonderlich hoch, andere Faktoren sind entscheidender
e) 5 – Vernachlässigbar, ob eine Mitarbeiterin »quiet quittet« hat nichts mit der Qualität des Managements zu tun

10.1.5 Hypothetische Geschäftssituationen

Bitte stellen Sie sich vor, dass Sie die Führungskraft in den folgenden fünf fiktiven Szenarien sind. Wählen Sie den Ansatz aus, den Sie für am besten geeignet halten, um das Team effektiv zu führen und die Mitarbeiterinnen zu motivieren, damit sie nicht »quiet quitten«.

Sie haben vor Kurzem eine neue Stelle als Teamleiterin in einem großen Unternehmen angetreten, das alle Arten von Körperpflegeprodukten herstellt. Ihr Team arbeitet an einem neuen Haarpflegeprodukt, das innerhalb der nächsten zwei Jahre in die Regale kommen soll. Sie bringen zwar einige Führungserfahrung aus Ihrer früheren Tätigkeit bei einem großen Automobilunternehmen mit, aber Ihre Kenntnisse in der Haarpflegebranche sind begrenzt.

1. Zunächst wollen Sie eine allgemeine Mission für das Team entwickeln, um festzulegen, wohin es gehen will, und einige Grundregeln zur Erleichterung der Zusammenarbeit festlegen.
   a) Ich bin die Managerin, ich habe die Erfahrung, und ich bin diejenige, die verantwortlich ist. Ich entwickele also die Mission, stelle die Regeln auf und überwache jeden Schritt des Prozesses genau.
   b) Damit sich meine Mitarbeiterinnen integriert fühlen, führe ich einen Dialog mit ihnen und berücksichtige ihr Feedback, wenn ich die Mission entwickle und die Regeln festlege.
   c) Ich überlasse es dem Team, unsere Mission und unsere Regeln zu erstellen, da es in der Vergangenheit erfolgreich zusammengearbeitet hat und das Geschäft besser kennt als ich. Ich moderiere lediglich den Prozess und gebe bei Bedarf Feedback und unterstütze mit allgemeinem Fachwissen.
2. Zweitens wollen Sie einen Entwicklungsplan erstellen, der sowohl die Strategie hinter dem neuen Produkt als auch die persönliche Entwicklung Ihrer Mitarbeitenden und deren Fähigkeiten umfasst.
   a) Als Managerin bin ich diejenige, die das große Ganze sieht. Folglich muss ich diejenige sein, die diesen Plan aufstellt, und ich entscheide, was meine Mitarbeiterinnen wissen und lernen müssen, damit der Plan erfolgreich aufgeht.
   b) Das betrifft meine Mitarbeiterinnen genauso wie mich. Deshalb bespreche ich ihre Ideen mit ihnen und berücksichtige ihre Vorschläge, wenn ich den Plan entwickle.
   c) Als Expertinnen auf ihrem Gebiet lasse ich meinen Mitarbeiterinnen die Freiheit, den Plan zu entwickeln, da sie wissen, wie die Branche funktioniert und welche Fähigkeiten sie brauchen. Ich überwache lediglich den Prozess und gebe Hinweise, damit keine wichtigen Möglichkeiten übersehen werden.

3. Jetzt, da Sie wissen, wohin das Team geht und wie es dorthin kommt, müssen Sie entscheiden, welche Ressourcen das Team braucht und wie diese verteilt werden sollen.
   a) Ich entscheide über die Höhe des Budgets, das das Team benötigt, und kontrolliere genau, wie es ausgegeben wird, da es sonst keinen Anreiz für meine Mitarbeiterinnen gibt, effizient zu arbeiten.
   b) Ich frage die Mitarbeiterinnen, was sie über die Höhe des Budgets und die Zuteilung denken. Ich wäge ihre Wünsche gegen den Betrag ab, den sich das Unternehmen meiner Meinung nach leisten kann, und entscheide dann über die Höhe des Budgets und wie es ausgegeben werden soll.
   c) Ich überlasse den Teammitgliedern die Entscheidung über die Höhe und Aufteilung des Budgets, da sie die notwendigen Prozesse und Kosten genau kennen. Ich begleite den Prozess nur, um sicherzustellen, dass er professionell und innerhalb der Unternehmensmöglichkeiten durchgeführt wird.
4. Großartig! Das Budget ist bereitgestellt und das Team arbeitet an der Entwicklung des neuen Produkts. Um sicherzustellen, dass alles reibungslos läuft, möchten Sie die Fortschritte irgendwie verfolgen.
   a) Ich bin mit standardisierten Key Performance Indicators (KPIs) vertraut und habe sie bei meiner letzten Stelle erfolgreich eingesetzt, also werde ich sie auch diesmal verwenden. Ich werde Benchmarks festlegen, von denen ich erwarte, dass die Mitarbeitenden sie erreichen, und sie entsprechend sanktionieren, wenn sie dies nicht tun.
   b) Ich finde bei den Teammitgliedern heraus, welche KPIs sie in der Vergangenheit wirksam genutzt haben. Dann führe ich eine Mischung aus KPIs ein, die sie empfehlen, und standardisierten KPIs, die ich für wichtig halte.
   c) Da meine Mitarbeiterinnen mehr über die Entwicklung von Haarpflegeprodukten wissen als ich, ermutige ich sie, sich geeignete KPIs auszudenken. Ich leite sie sorgfältig an, um sicherzustellen, dass die KPIs in unserem Geschäftskontext Sinn machen und dazu verwendet werden können, die Ursache(n) zu ermitteln, wenn die gewünschten Ziele nicht erreicht werden.
5. Schließlich müssen Sie nur noch die Frage der Organisation der Kommunikation und Koordination lösen, nicht nur innerhalb des Teams, sondern auch mit externen Teams und Abteilungen.
   a) Ich bin die Verantwortliche, also läuft die gesamte Kommunikation über mich. Wenn ein Teammitglied Informationen braucht, an die es allein nicht kommt, kann es sich an mich wenden. Nichts geschieht hinter meinem Rücken.
   b) Ich möchte, dass die Mitglieder innerhalb und außerhalb des Teams bei Bedarf unabhängig voneinander Informationen austauschen. Ich möchte jedoch auf dem Laufenden gehalten werden, damit ich den Austausch von Informationen, die keinen Mehrwert bringen, stoppen kann.
   c) Ich ermutige die Teammitglieder, Informationen nach Bedarf intern und extern auszutauschen, und investiere Zeit und Ressourcen, um diesen Prozess zu erleichtern. Zum Beispiel durch einen internen Workshop zur Ermittlung des Kommunikationsbedarfs und zur Entwicklung von Konzepten, um diesen Bedarf zu decken.

Abkürzungsverzeichnis

ABB	Activity-based Budgeting
AOM	Adaptable Operating Model
APM	Adaptable Portfolio Management
AS	Adjust Strategy
BaFin	Bundesanstalt für Finanzdienstleistungsaufsicht
BB	Beyond Budgeting
bspw.	beispielsweise
bzw.	beziehungsweise
ca.	circa
CDI	Capability Development Iteration
CIR	Cost Income Ratio
CoD	Cost of Delay
CoE	Community of Excellence
CoP	Community of Practice
CTC	Corporate Team Charta
d. h.	das heißt
DIY	Do it Yourself
EIN	Environmental Interaction Network
etc.	et cetera
FoMo	Fear of Missing out
HPI	Hasso-Plattner-Institut
IB	Iteration Backlog
IICO	Incremental Implementation & Continuous Operation
IPS	Iterative Planning Session
IRM	Iteration Review Meeting
IRS	Impact Review Session
KMI	Key Maturity Indicator
KPI	Key Performance Indicator
LB	Lean Budgeting
LTB	Leadership Transfer Board
LTGs	Long-term Goals
max.	maximum
mind.	mindestens
MKB	Management Kanban Board
MoSCoW	Must Have, Should Have, Could Have, Won't Have
MTGs	Mid-term Goals
MVP	Minimum Viable Product
o. ä.	oder ähnlich
OIL	Open-Issue-Liste

OKB	Operation Kanban Board
OKR	Objectives and Key Results
OPV	Organisations- und Prozessmanagement
PB	Participatory Budgeting
PPC	Problem/Potential/Chance
QBR	Quarterly Business Review
RB	Requirement Backlog
RF	Rolling Forecast
ROI	Return on Investment
SAFe	Scaled Agile Framework
SLA	Service Level Agreement
SMART	Strategisch, Messbar, Ambitioniert, aber Realistisch und Terminiert
SoW	Statement of Work
SPOC	Single Point of Contact
STGs	Short-term Goals
SWOT	Strengths, Weaknesses, Opportunities, Threats
TOM	Target Operating Model
TQM	Total Quality Management
u.a.	und andere
u.ä.	und ähnlich
VSM	Viable System Model
WIP	Work in Progress
WSJF	Weighted Shortest Job First
ZBB	Zero-based Budgeting
ZDF	Zahlen, Daten und Fakten

Stichwortverzeichnis

Die Autoren

Andreas Slogar hat in mehr als 20 Ländern, den USA, Europa, dem Nahen Osten und Afrika gearbeitet und umfangreiche Erfahrungen in strategischer und operativer Managementarbeit gesammelt, unter anderem als CIO. Er ist Entwickler und Autor des LaCoCa-Modells und der LaCoCa-Methode. Als Experte ist Slogar darauf spezialisiert, ganze Unternehmen in einen antifragilen Zustand der Zusammenarbeit zu überführen. Darüber hinaus ist er als Autor verschiedener Fachartikel, Podcasts und des Buches »Die agile Organisation« (Hanser Verlag Deutschland, 2018, 2020) und als Sprecher auf diversen Konferenzen tätig.

Lukas C. Jochem arbeitet bei einer renommierten Strategieberatung im Nahen Osten, wo er sich auf Energie- und Nachhaltigkeitsthemen fokussiert. Er hat zwei Master-Abschlüsse in Finance und CEMS International Management von der ESADE Business School und der HEC Paris. Für alternative Führungskonzepte begeistert er sich, seitdem er mit Andreas Slogar in einem agilen Transformationsprojekt bei einer deutschen Versicherung zusammengearbeitet hat.